기본 상수

성질	기호	값	단위
광속도	c	$2.997\,925\,58 \times 10^{8}$	$\mathrm{m\ s^{-1}}$
기본 전하	e	$1.602\,176 \times 10^{-19}$	C
패러데이 상수	$F = N_A e$	$9.648\,53 \times 10^{4}$	$\mathrm{C\ mol^{-1}}$
볼츠만 상수	k	$1.380\,65 \times 10^{-23}$	$\mathrm{J\ K^{-1}}$
기체 상수	$R = N_A k$	$8.314\,47$	$\mathrm{J\ K^{-1}\ mol^{-1}}$
		$8.314\,47 \times 10^{-2}$	$\mathrm{L\ bar\ K^{-1}\ mol^{-1}}$
		$8.205\,74 \times 10^{-2}$	$\mathrm{L\ atm\ K^{-1}\ mol^{-1}}$
		$6.236\,37 \times 10$	$\mathrm{L\ Torr\ K^{-1}\ mol^{-1}}$
		$1.987\,21$	$\mathrm{cal\ K^{-1}\ mol^{-1}}$
플랑크 상수	h	$6.626\,08 \times 10^{-34}$	J s
	$\hbar = h/2\pi$	$1.054\,57 \times 10^{-34}$	J s
아보가드로 상수	N_A	$6.022\,14 \times 10^{23}$	$\mathrm{mol^{-1}}$
원자 질량 단위	m_u	$1.660\,54 \times 10^{-27}$	kg
질량			
전자	m_e	$9.109\,38 \times 10^{-31}$	kg
양성자	m_p	$1.672\,62 \times 10^{-27}$	kg
중성자	m_n	$1.674\,93 \times 10^{-27}$	kg
진공 유전율	ε_0	$8.854\,19 \times 10^{-12}$	$\mathrm{J^{-1}\ C^{2}\ m^{-1}}$
	$4\pi\varepsilon_0$	$1.112\,65 \times 10^{-10}$	$\mathrm{J^{-1}\ C^{2}\ m^{-1}}$
진공 투과도	μ_0	$4\pi \times 10^{-7}$	$\mathrm{J\ s^{2}\ C^{-2}\ m^{-1}} (= \mathrm{T^{2}\ J^{-1}\ m^{3}})$
마그네톤			
보어	μ_B	$9.274\,01 \times 10^{-24}$	$\mathrm{J\ T^{-1}}$
핵	μ_N	$5.050\,78 \times 10^{-27}$	$\mathrm{J\ T^{-1}}$
g 값	g_e	$2.002\,32$	
보어 반지름	a_0	$5.291\,77 \times 10^{-11}$	m
미세 구조 상수	α	$7.297\,35 \times 10^{-3}$	
스테판-볼츠만 상수	σ	$5.670\,51 \times 10^{-8}$	$\mathrm{W\ m^{-2}\ K^{-1}}$
리드베리 상수	R	$1.097\,37 \times 10^{5}$	$\mathrm{cm^{-1}}$
표준 자유 낙하 가속도	g	$9.806\,65$	$\mathrm{m\ s^{-2}}$
중력 상수	G	6.673×10^{-11}	$\mathrm{N\ m^{2}\ kg^{-2}}$

단위 관계

SI 유도 단위	SI 기본 단위	SI 유도 단위	SI 기본 단위
N (뉴턴)	kg m s^{-2}	J (주울)	kg m^2 s^{-2}
Pa (파스칼)	kg m^{-1} s^{-2}	W (와트)	J s^{-1} = kg m^2 s^{-1}
V (볼트)	J C^{-1}	A (암페어)	C s^{-1}
S (지멘스)	Ω^{-1} = A V^{-1}	C (쿨롱)	A s

환산 인자

단위	환산 값
1 eV (전자 볼트)	1.602 18 × 10^{-19} J 96.485 kJ mol^{-1} 8065.5 cm^{-1}
1 cal (칼로리)	4.184 J
1 atm (기압)	101.325 kPa 760 Torr
1 cm^{-1} (파수)	1.9864 × 10^{-23} J
1 Å (옹스트롬)	10^{-10} m

희랍 철자

철자	명칭	철자	명칭	철자	명칭	철자	명칭	철자	명칭
Α, α	알파	Β, β	베타	Γ, γ	감마	Δ, δ	델타	Ε, ε	엡실런
Ζ, ζ	제타	Η, η	에타	Θ, θ	세타	Ι, ι	이오타	Κ, κ	캐퍼
Λ, λ	람다	Μ, μ	뮤	Ν, ν	뉴	Ξ, ξ	자이/크사이	Π, π	파이(pi)
Ρ, ρ	로	Σ, σ	시그마	Τ, τ	타우	Υ, υ	웝실론	Φ, φ	파이(phi)
Χ, χ	카이	Ψ, ψ	프사이	Ω, ω	오메가				

접두어

P	T	G	M	k	d	c	m	μ	n	p	f	a
10^{15}	10^{12}	10^{9}	10^{6}	10^{3}	10^{-1}	10^{-2}	10^{-3}	10^{-6}	10^{-9}	10^{-12}	10^{-15}	10^{-18}
페타	테라	기가	메가	킬로	데시	센티	밀리	마이크로	나노	피코	펨토	아토

물리화학

화학 열역학과 반응 속도론

이민주 지음

PHYSICAL CHEMISTRY

자유아카데미

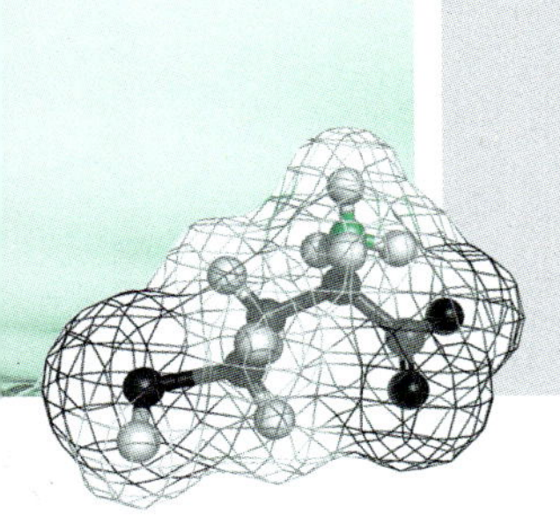

저자 서문

이 책의 집필 동기와 집필 원칙

이 책은 저자가 계획하고 있는 두 권의 물리화학 책 '물리화학: 화학 열역학과 반응 속도론'과 '물리화학: 양자화학과 분자 구조' 중 첫 번째 책이다. 이 책은 학부에서 화학 또는 화학 관련 전공을 하는 학생들을 위한 교재로 한 학기용 교재로 엮었다.

시중에는 외국의 물리화학 교재 번역판이 10여 종이나 판매되고 있고, 대부분의 대학에서 이 책들을 채택하여 학부 교육에 사용하고 있다. 이들 외국 교재들은 학부에서 공부해야 할 내용을 비교적 상세하게 다루고 있다. 저자도 이들 중 하나를 교재로 선택하여 지난 20여 년간 대학에서 강의를 해 오고 있다. 그러나 이들 교재는 우리나라 대학에서 두 학기에 걸쳐 물리화학을 강의하기에는 너무 광범위한 내용을 다루고 있어 두 학기 만에 전 과정을 소화하기가 대단히 어렵다. 이뿐만 아니라 너무 상세하게 소소한 내용까지 기술하여 책의 부피가 매우 두껍고, 매 장마다 과다하게 많은 문제를 수록하여 학생들이 시간상 문제를 전부 풀어 보는 것이 거의 불가능하다. 이에 저자는 오래전부터 학부에서 물리화학을 공부하는 데 필요한 내용을 충분히 담고 있으면서도 두 학기에 물리화학의 주요 내용을 소화하기에 적절한 분량의 교재의 집필이 절실히 필요하다고 생각하게 되었다.

따라서 저자는 지난 20여 년간 대학에서의 강의 경험과 그동안 준비해 온 강의 자료를 바탕으로 학부의 학생들이 꼭 익혀야 할 물리화학 핵심 내용을 중심으로 한 교재 집필을 결심하게 되었다. 이 책을 집필하면서 저자는 그간의 강의 경험을 바탕으로 다음과 같은 원칙에 입각하여 저술하려고 노력하였다.

첫째, 물리화학에서 공부해야 할 핵심 내용을 빠짐없이 기술하되 한 학기에 소화하기에 적절한 분량을 넘지 않는다.

둘째, 일반화학에서 배운 내용으로부터 시작하여 단계적으로 심화시켜 나감으로써 학생들이 물리화학을 학습하는 데 겪는 어려움을 최소화한다.

셋째, 물리화학을 공부하는 데 필요한 수학적 내용은 참고 사항으로 바로 제시하고, 예제 및 연습 문제는 학습한 내용을 숙지하는 데 꼭 필요한 문제만을 엄선하여 최소화하여 학생들이 문제를 풀어 보는 것을 부담스러워하지 않게 한다.

이 책의 구성

이 책은 기존의 외국 교재들이 20~30개 장으로 구성하여 내용에 따라 순서별로 나열한 체제를 탈피하여 다음과 같이 구성하였다.

먼저 이 책 '물리화학: 화학 열역학 및 반응 속도론'은 'I부 화학 열역학'과 'II부 반응 속도론'으로 크게 2부로 나누었다. 각 부는 공부하는 바의 목적에 따라 그 아래에 장을 두었으며, 각 장은 내용에 따라 다시 2~3개의 강으로 구성하였다. 그리고 각 강에는 소주제에 따라 절을 두었다. 따라서 이 책은 부–장–강–절 순의 체제로 체계화하였다. 부–장–강의 제목들은 다음과 같고, 절의 제목들은 차례를 참조하기 바란다.

〈이 책의 체계〉

I부 화학 열역학

1강 에너지와 열역학 기본 변수

1장 기체의 성질

2강 이상 기체

3강 실제 기체

2장 에너지 보존

4강 열역학 제1법칙

5강 엔탈피와 열화학

3장 변화의 방향

6강 열역학 제2법칙과 엔트로피

7강 자유 에너지와 변화의 방향

4장 물리적 변화와 화학적 변화

8강 순물질의 물리적 변화

9강 혼합물의 물리적 변화

10강 화학 반응과 화학 평형

감사의 글

무엇보다 먼저 그동안 저자와 함께 물리화학을 공부해 온 창원대학교 화학과 졸업생들과 재학생들에게 감사를 드린다. 그들과 함께하였기에 이 책이 나올 수 있었음을 밝힌다. 아울러 초고를 꼼꼼히 읽으며 표현이 어색한 부분을 일일이 검토해 준 아내 송희경 박사의 노고에 감사한다. 출간 후에라도 수정 사항이 있을 경우에는 홈페이지(www.freeaca.com) 자료실에 제공할 예정이다. 끝으로 이 책의 출판을 기꺼이 맡아 준 자유아카데미에게 감사를 드리며, 완성도 높은 책으로 세심히 편집을 해 준 자유아카데미 편집부 직원들에게 감사드린다.

2015년 2월
창원대학교 화학과 교수
이 민 주

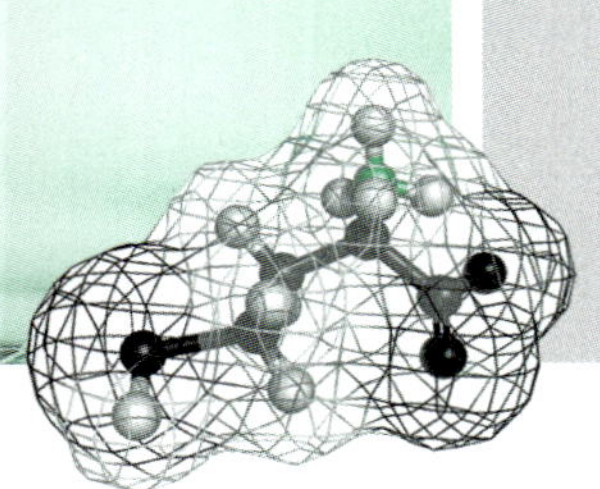

차 례

I부 화학 열역학

II부 반응 속도론

I부
화학 열역학

이 책의 'I부 화학 열역학'에서는 화학에서 에너지와 관련된 주제들을 다룬다. 화학에서 에너지와 관련된 주제를 다루는 학문을 화학 열역학이라고 한다. 화학 열역학 공부의 궁극적인 목적은 화학적 및 물리적 변화에 따라 출입하는 에너지의 양, 변화의 방향, 그리고 평형에 대한 개념을 명확하게 확립하고 이들을 열역학적으로 다루는 방법을 익히는 데 있다.

따라서 I부에서는 위에서 제시한 목적들을 효과적으로 달성하기 위하여 '1강 에너지와 열역학 기본 변수'에서 에너지의 개념과 에너지를 다루기 위한 기본 변수로는 무엇을 사용하는지 살펴보고, 이어서 일에너지를 다루기 위한 '1장 기체의 성질', 내부 에너지 변화와 일 및 열에너지와의 관계를 다루는 '2장 에너지 보존', 엔트로피와 자유 에너지로부터 변화의 방향을 예측하는 '3장 변화의 방향', 그리고 이러한 열역학적 원리들을 물리적 및 화학적 변화에 적용하는 '4장 물리적 변화와 화학적 변화'의 순서로 단계적으로 공부해 나간다.

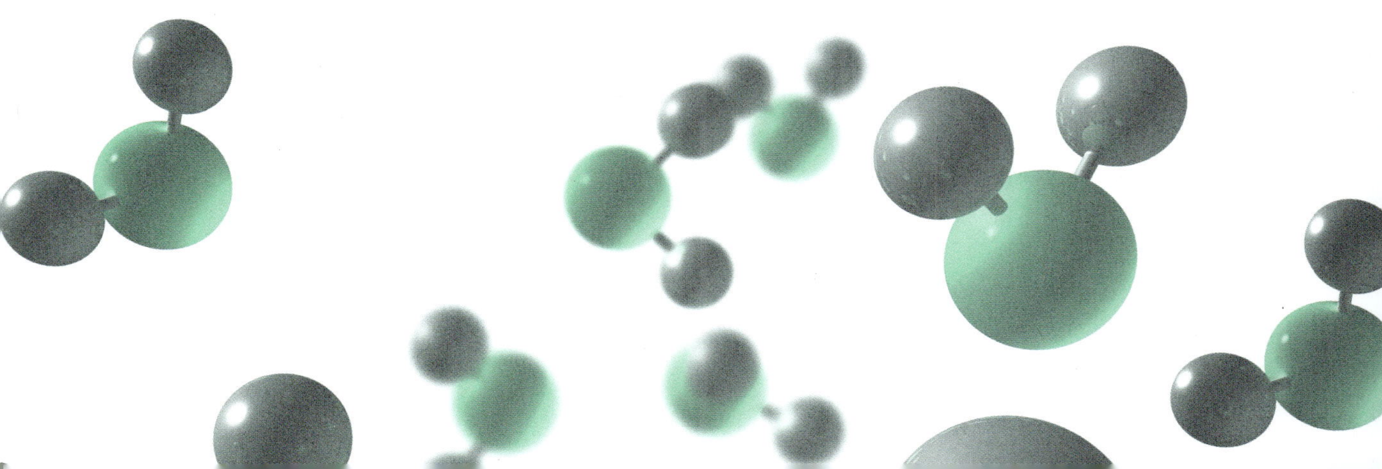

1강 에너지와 열역학 기본 변수

■ 미리 생각해 보기

- 에너지란 무엇일까?
- 물체가 지닌 에너지의 변화는 어떻게 측정하고, 그 변화량은 어떻게 구할까?

1.1 에너지의 정의와 종류

화학적 제 현상은 에너지 이전 및 변환과 관련되어 있다. 열역학은 이러한 에너지의 변화를 다루는 학문으로, 열역학을 제대로 이해하기 위해서는 무엇보다 먼저 에너지의 개념을 명확하게 이해하여야 한다.

에너지의 정의

에너지**(energy, *E*)**는 우리가 일상적인 생활에서 경험하듯이 주방에서 음식을 조리하는 데 이용되기도 하고, 연료를 태울 때 방출되는 에너지를 이용하여 자동차 엔진에서는 기계적 일을 만들어 내고, 화력 발전소에서는 전기적 일을 만들어 낸다. 이와 같이 에너지는 다양한 모습으로 나타난다. 이렇게 다양한 모습으로 나타나는 에너지는 일을 할 수 있는 능력으로 정의된다.

에너지(E): 일을 할 수 있는 능력

에너지의 종류

물체가 가지는 전체 에너지는 운동 에너지와 퍼텐셜 에너지라는 두 종류의 에너지가 기여하여 이루어진다. 이 두 종류의 에너지는 다음과 같이 정의된다.

운동 에너지**(kinetic energy, E_k 또는 T로 표기)**는 물체의 운동에 의한 에너지이다. 속력 v로 운동하는 질량 m인 물체의 운동 에너지는 다음과 같다.

$$E_k = \frac{1}{2}mv^2 \tag{1.1}$$

즉 운동하는 물체가 가지는 운동 에너지는 질량과 속력의 제곱에 비례한다.

퍼텐셜 에너지(potential energy, E_p 또는 V로 표기)는 물체가 그 위치 때문에 갖는 에너지이다. 퍼텐셜 에너지는 물체에 작용하는 상호작용의 종류에 의존하며, 물체에 작용하는 힘의 종류에 따라 다르게 표현된다. 예를 들면 해수면으로부터 높이 h에 위치하는 질량 m인 물체에 작용하는 퍼텐셜 에너지는 중력 퍼텐셜 에너지로 다음과 같다.

$$E_P = mgh \quad \text{(중력 퍼텐셜 에너지)} \tag{1.2}$$

여기에서 'g'는 **자유 낙하 가속도(acceleration of free fall)**라는 상수로 해수면에서 g = 9.81 m s^{-2}이다. 이 식은 해수면에서의 퍼텐셜 에너지를 0으로 잡은 것이다.

화학에서 가장 중요한 퍼텐셜 에너지는 두 전하 사이에 작용하는 정전기적 상호작용 퍼텐셜인 **쿨롱 퍼텐셜 에너지(Coulomb potential energy)**이다. 진공에서 하나의 점 전하 Q_1이 다른 점 전하 Q_2로부터 거리 r만큼 떨어져 있을 때 그 퍼텐셜 에너지는 다음과 같다.

$$E_P = \frac{Q_1 Q_2}{4\pi\varepsilon_0 r} \quad \text{(쿨롱 퍼텐셜 에너지)} \tag{1.3}$$

여기에서 전하 'Q_1, Q_2'의 단위는 C(쿨롱)이며, 'ε_0'은 **진공 유전율(vacuum permittivity)**이라는 상수로 $\varepsilon_0 = 8.85 \times 10^{-12}$ C^2 J^{-1} m^{-1}이다.

따라서 어떤 물체의 전체 에너지는 운동 에너지와 퍼텐셜 에너지를 합한 것이다.

$$E = E_k + E_P \quad \text{(전체 에너지)} \tag{1.4}$$

한 물체가 지니는 에너지 E는 외부로부터 에너지가 공급(또는 제거)되지 않는 한 일정하다. 이것을 **에너지 보존 법칙(law of the conservation of energy)**이라고 하며, 보편적인 자연 법칙으로 에너지는 소멸되지도 생성되지도 않음을 의미한다. 즉 에너지는 한 곳에서 다른 곳으로 이동할 수 있고, 한 형태에서 다른 형태로 바뀔 수는 있어도 전체 에너지의 양은 항상 일정하다.

한 물체(또는 계)가 지닌 에너지 E가 변화할 때는 에너지 변화량이 일 또는 열(또는 일과 열 모두)의 방식으로 나타난다. 열역학에서는 이 일과 열을 측정하여 한 물체(또는 계)의 에너지 변화량(ΔE)을 구하는 데 사용한다.

1.2 일

일(work, w)은 물리학적 정의에 의하면 **대립하는 힘에 맞서서 운동하는 것이다.** 예를 들면 바닥의 저항에 맞서서 물체를 밀어서 운동시키는 것이 일이다.

일(work, w): 대립하는 힘에 맞선 운동

그러므로 일의 양은 대상 물체가 크기가 F인 힘에 맞서서($-F$) 거리 dz 만큼 이동시키는 데 필요한 에너지이다.

$$\text{일} = \text{맞선 힘} \times \text{이동한 거리}$$
$$w = -F \cdot \mathrm{d}z \tag{1.5}$$

여기에서 음(–)의 부호는 대상물에 작용하는 힘이 대립하는 힘과 방향이 반대임을 나타낸다. 따라서 대상물이 이동할 때 다른 변화가 수반되지 않으면 대상물이 속한 계의 내부 에너지는 일한 만큼 에너지가 감소된다.

힘과 압력

뉴턴(Newton, I.)에 의하여 정립된 고전 역학에 의하면 일정한 속도로 운동하는 질량 m인 물체에 **힘(force, F)**이 가해지면 가속도 a가 발생한다. 그러므로 힘의 크기는 다음과 같다.

$$\text{힘} = \text{질량} \times \text{가속도}$$
$$F = ma$$

힘은 크기뿐만 아니라 방향도 갖는 '벡터' 양이다. 힘이 작용하는 방향은 화살표를 이용하여 나타내기도 하며, 그 값은 방향에 따라 힘의 크기에 양(+) 또는 음(–)의 부호를 사용하여 나타낸다. 힘의 SI 단위[1]는 뉴턴(newton, N)으로 $F = ma$로부터 다음과 같이 구해진 유도 단위이다.

---

[1] 국제 표준 단위로 System International d'Unite를 줄인 말이다.

$$N = \text{kg} \times \text{m} \cdot \text{s}^{-2} = \text{kg m s}^{-2}$$

압력(pressure, *P*)은 힘의 세기 성질을 나타내는 것으로 단위 면적당 작용하는 힘이다. 즉 전체 면적에 작용하는 힘을 면적으로 나눈 값이다.

$$\text{압력} = \text{힘} \div \text{면적}$$

$$P = \frac{F}{A} \tag{1.6}$$

여기에서 A는 힘이 작용하는 전체 면적으로 SI 단위는 m^2이며, 압력 P의 SI 단위는 파스칼(pascal, Pa)로 다음과 같이 구해진 SI 유도 단위이다.

$$\text{Pa} = \text{N m}^{-2} = \text{kg m s}^{-2}\ \text{m}^{-2} = \text{kg m}^{-1}\ \text{s}^{-2}$$

해수면의 대기압(1 atm)은 대략 10^5 Pa로 1 Pa는 상당히 작은 압력 단위이다. 과학계는 1 atm과 비슷한 값을 갖는 10^5 Pa을 1 바(bar)로 정의하여 주로 사용한다. 압력을 나타내는 데 주로 사용하는 단위와 환산 인자는 표 1.1과 같다.

표 1.1 주요 압력 단위와 환산 인자

이름	단위	환산 인자
파스칼(pascal)	Pa	$1\ \text{Pa} = 1\ \text{N m}^{-2}$
바(bar)	bar	$1\ \text{bar} = 10^5\ \text{Pa}$
기압(atmosphere)	atm	1 atm = 101 325 Pa = 1.013 25 bar
토르(torr)	Torr	1 Torr = 133.32 Pa 760 Torr = 1 atm 750.06 Torr = 1 bar

팽창 일

어떤 계에서 거리 이동이 아니라 계의 **부피 변화에 의하여 일어나는 일을 팽창 일(expansion work)**이라고 한다. 많은 화학 반응은 기체가 생성되거나 소모되며, 이러한 부피 변화가 일어나는 화학 반응에는 일에 의한 에너지 변화가 수반된다.

위의 1.5와 1.6식으로부터 일 w는 다음과 같이 된다.

$$w = -F \cdot \text{d}z = -P \cdot A \cdot \text{d}z$$

면적 A에 높이 변화 dz를 곱하면 부피 변화 ΔV가 되고, 팽창은 외부 압력(P_{ex})에 맞서는 부피 변화에 의한 일이므로 팽창 일은 다음과 같이 구해진다.

$$w = -P_{ex} \cdot \Delta V \quad \text{(팽창 일)} \tag{1.7}$$

일은 에너지의 일종이므로 일 w의 단위는 J(주울)이며, 다음과 같은 SI 유도 단위이다.

$$\text{J} = \text{kg m}^{-1}\ \text{s}^{-2}\ \text{m}^3 = \text{kg m}^2\ \text{s}^{-2}$$

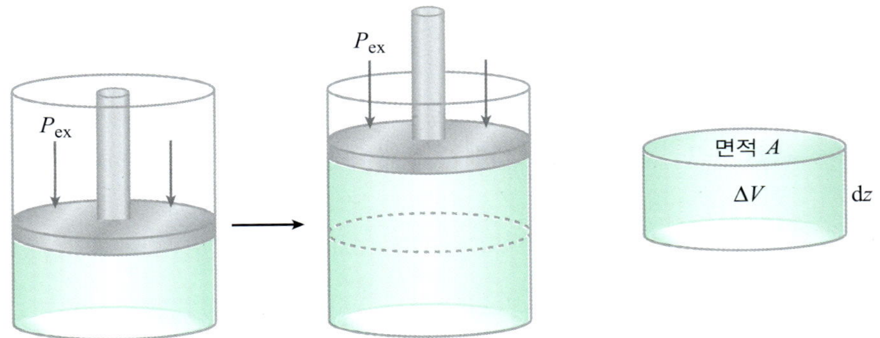

그림 1.1 팽창 일. 밑면의 면적이 A인 피스톤이 외부 압력 P_{ex}에 맞서 dz 만큼 이동하면 부피가 $\Delta V = A$dz 만큼 변화하여 $w = -P_{ex} \cdot \Delta V$ 만큼의 일을 하게 된다.

예제 1.1 0°C 1 bar에서 어떤 수용액 반응에서 1.0 mol의 H_2 기체가 발생하였다. 이 반응 계가 한 일은 얼마인가? (0°C 1 bar에서 기체 1 mol의 부피는 22.4 L, 1 J = 1 Pa m^{3}을 사용하시오.)

풀이 팽창 일을 구하는 1.7식을 적용하여 계산하면 다음과 같이 w 값을 구할 수 있다.

$$\begin{aligned} \boldsymbol{w} &= -P_{ex} \cdot \Delta V \\ &= -(1 \times 10^5\ \text{Pa})(22.4 \times 10^{-3}\ \text{m}^3) \\ &= -2.24 \times 10^3\ \text{Pa m}^3 \\ &\mathbf{= -2.24\ kJ} \end{aligned}$$

여기에서 음(−)의 부호는 계가 외부에 대하여 일을 하고, 그 결과 계의 내부 에너지는 감소하였음을 의미한다.

1.3 열

열(heat, q)은 온도 차이에 의하여 에너지가 이전되는 방식이다. 온도가 서로 다른 물체 간에 이전되는 에너지의 양 q는 각 물질의 고유한 성질로 각 물질이 열을 담을 수 있는 능력인 **열용량(heat capacity, C)**과 온도 변화에 의존하며 다음과 같이 구해진다.

$$q = C\Delta T \qquad (\text{열량}) \tag{1.8}$$

열용량 C는 크기 성질이다. 예를 들면 물 100 g은 물 1 g보다 100배 크기의 열용량을 가진다. 그러므로 물 100 g를 1°C 올리는 데는 물 1 g를 1°C 올리는 데 필요한 에너지의 100배가 필요하다. 따라서 크기 성질인 열용량을 물질의 질량 값에 무관한 세기 성질로 전환하여 사용하는 것이 편리하다. 물질의 열용량을 그 물질의 질량 m으로 나눈 것을 **비열용량(줄여서 비열이라고 부름. specific heat capacity, C_s)**이라고 하며 다음과 같이 구해진다.

$$C_s = \frac{C}{m} \qquad (\text{비열용량, 비열}) \tag{1.9}$$

여기에서 비열용량 C_s의 단위는 $\mathrm{J\,K^{-1}\,g^{-1}}$이다.

한편 열용량을 물질의 몰수 n으로 나눈 것을 **몰열용량(molar heat capacity, C_m)**이라고 하며 다음과 같이 구해진다. 몰열용량 C_m의 단위는 $\mathrm{J\,K^{-1}\,mol^{-1}}$이다.

$$C_m = \frac{C}{n} \qquad (\text{몰열용량}) \tag{1.10}$$

일반적으로 열용량은 온도가 낮아지면 작아지고, 온도가 높아지면 커진다. 그러나 실온과 그 이상의 온도에서는 온도에 따른 변화율이 매우 작아 근사적으로 온도에 무관한 것으로 다루어도 무방하다.

예제 1.2 증류수가 담긴 어떤 비커의 열용량이 0.75 kJ $\mathrm{K^{-1}}$이다. 이 비커에 열을 가하였더니 온도가 5.5 K 상승하였다. 이 비커에 전달된 열은 얼마인가?

풀이 열량을 구하는 1.8식을 적용하여 다음과 같이 q 값을 구할 수 있다.

$$\begin{aligned} \boldsymbol{q} &= C\Delta T \\ &= (0.75\ \text{kJ K}^{-1})(5.5\ \text{K}) \\ &= \mathbf{4.1\ kJ} \end{aligned}$$

양(+)의 값이므로 **비커의 에너지가 4.1 kJ만큼 증가**하였다.

1.4 열역학 기본 변수

지금까지 본 바와 같이 에너지 변화량(ΔE)은 행해진 일 w와 이전된 열 q의 값을 구하여 얻어지며, 이 일과 열은 압력 P, 부피 V, 온도 T를 측정하여 구해진다. 이들의 값은 어렵지 않게 측정할 수 있으며, 이 P, V, T를 열역학 기본 변수라고 한다.

압력 P는 압력계를 사용하여 측정되며, '1.2 일'에서 본 바와 같이 SI 단위는 Pa이다. 일반적으로 10^5 Pa = 1 bar로 정의하여 표준 압력으로 사용한다. 부피 V 역시 다양한 기하학 식을 사용하여 부피를 어렵지 않게 구할 수 있다.[2] 부피의 SI 단위는 m^3이다. 온도 T는 온도계를 사용하여 측정되며, 과학계에서는 **절대 온도(Kelvin temperature)**를 사용한다. 절대 온도의 SI 단위는 K이다. 절대 온도(K)와 섭씨 온도(°C)의 관계는 다음과 같다.

$$T(K) = T(°\text{C}) + 273.15 \tag{1.11}$$

앞으로 다루게 되는 열역학은 어렵지 않게 측정되는 세 변수 P, V, T들과 해당 열역학 함수와의 관계를 도출해 나가며 그 의미를 파악하는 것이라고 할 수 있다.

---

[2] ▶ **참고** 자주 사용하는 부피를 구하는 식들

육면체의 부피: $V = xyz$ (x: 가로의 길이, y: 세로의 길이, z: 높이의 길이)

구의 부피: $V = \frac{2}{3}\pi r^3$ ($\pi = 3.14159\cdots$, r: 원의 반지름)

원기둥의 부피: $V = \pi r^2 h$ (h: 원기둥의 높이)

핵심 개념

1. 에너지(E): 일을 할 수 있는 능력
2. 에너지의 종류
   운동 에너지(E_k 또는 T): 물체의 운동에 의한 에너지
   퍼텐셜 에너지(E_p 또는 V): 물체가 그 위치 때문에 갖는 에너지, 물체에 작용하는 상호작용의 종류에 의존
3. 에너지 보존 법칙: 에너지는 소멸되지도 생성되지도 않음. 즉, 에너지는 한 곳에서 다른 곳으로 이동할 수 있고, 한 형태에서 다른 형태로 바뀔 수는 있어도 전체 에너지의 양은 일정
4. 에너지 변화량(ΔE): 일 또는 열(또는 일과 열 모두)의 방식으로 나타남.
5. 일(w): 대립하는 힘에 맞선 운동
   팽창 일: 외부 압력(P_{ex})에 맞서는 부피 변화에 의한 일
6. 열(q): 온도 차이에 의한 에너지 이전
   - 열용량(C): 물질이 열을 담을 수 있는 능력, 어떤 물질을 1°C 올리는 데 필요한 에너지
   - 비열용량(C_s): 열용량을 물질의 질량 m으로 나눈 값, 어떤 물질 1 g을 1°C 올리는 데 필요한 에너지
   - 몰열용량(C_m): 열용량을 물질의 몰수 n으로 나눈 값, 어떤 물질 1 mol을 1°C 올리는 데 필요한 에너지
7. 열역학 기본 변수: 압력(P), 부피(V), 온도(T)

주요 식

이름	식	설명
운동 에너지	$E_k = \frac{1}{2}mv^2$	입자의 질량과 운동 속도에 의존
쿨롱 퍼텐셜 에너지	$E_P = \frac{Q_1 Q_2}{4\pi\varepsilon_0 r}$	전하 간 상호작용
전체 에너지	$E = E_k + E_P$	운동 에너지와 퍼텐셜 에너지로 구성
팽창 일	$w = -P_{ex} \cdot \Delta V$	정의
열량	$q = C \cdot \Delta T$	정의

연습 문제

1.1 다음 용어를 정의하시오.

(1) 에너지　　(2) 팽창 일　　(3) 열

1.2 상온에서 1.0 L의 부피 플라스크에 1.0 g의 드라이아이스를 넣고 마개를 닫은 후 완전히 기화될 때까지 기다렸다. 이 부피 플라스크에 갇힌 CO_2 기체의 평균 속력이 450 m s^{-1}이라고 가정할 때, 이 CO_2 기체의 운동 에너지는 얼마인가?

1.3 수소 원자의 반지름 $a_0 = 5.29 \times 10^{-11}$ m이다. 수소 원자의 양성자와 전자 간에 작용하는 쿨롱 퍼텐셜 에너지는 얼마인가? (전자의 전하는 -1.6022×10^{-19} C이다.)

1.4 공기가 표준 압력 1.0 bar에서 1.0 L만큼 팽창하였다. 행해진 일은 얼마인가?

1.5 15.3 L의 기체를 50.0 kPa의 외부 압력에서 50.8 L까지 팽창하였다. 이 팽창에서 행해진 일은 얼마인가?

1.6 1.25 mol 150 g의 용액이 들어 있는 반응조에 1.25 kJ의 열을 공급하였더니 4.5°C의 온도 상승이 일어났다. 다음을 구하시오. (용기로부터의 열 손실은 무시하시오.)

(1) 열용량　　(2) 비열용량　　(3) 몰열용량

1.7 18.61 kg의 철(C_m = 25.1 J K^{-1} mol^{-1})을 상온에서 100°C까지 가열하였다. 이 철에 들어간 에너지양은 얼마인가?

1장 기체의 성질

- 2강 이상 기체
- 3강 실제 기체

1장은 화학 열역학을 본격적으로 공부하는 첫 단계이다. 화학 열역학에서 다루는 기체의 성질은 분자의 구조 또는 반응성과 같은 기체 분자 자체의 성질이 아니라 기체계와 열역학 기본 변수인 압력(P), 부피(V), 온도(T)와의 관계이다. 즉 기체계의 특징인 P, V, T의 변화에 따른 높은 압축 또는 팽창성으로 인하여 발생하는 일에너지와의 관계에 관한 것이다.

이러한 기체의 성질과 P, V, T 관계를 다루기 위하여 이 장은 '2강 이상 기체'와 '3강 실제 기체'의 두 강으로 나누어 2강에서는 이상적인 기체계를 대상으로 하여 기체계에 대한 P, V, T 관계로부터 기체 상태식이 어떻게 정립되는지와 팽창 일과 P, V, T 관계를 살펴본다. 이어서 '3강 실제 기체'에서는 이상 기체에 대하여 정립된 기체 상태식을 실제 기체계에 대하여 확장시킨 실제 기체 상태식들과 그 특성을 공부한다.

2강 이상 기체

■ 미리 생각해 보기

- 기체에 압력을 가하면 부피는 어떻게 될까?
- 기체에 열을 가하면(즉 온도를 상승시키면) 부피는 어떻게 될까? 이때 만약 부피 변화가 없다면 압력은 어떻게 될까?
- 고무공에 공기를 더 넣으면 부피는 어떻게 될까? 이때 만약 부피 변화가 없다면 압력은 어떻게 될까?
- 위 세 가지 현상을 하나의 식으로 나타내려면 어떻게 하여야 할까?
- 질소로 채워진 쇠 공에 아르곤 기체를 더 넣으면 공 안의 압력은 어떻게 될까?

2.1 기체의 성질

기체는 물질이 가장 단순한 상태로 존재하는 집합체이다. 기체 상태에서는 분자들이 거의 완전하게 독립적이며 물질의 상태(기체, 액체, 고체) 중에 가장 큰 운동 에너지를 가지고 빠르게 움직인다. 또한 기체 분자는 연속적이며 무질서한 운동을 하며, 온도가 높아지면 속력이 증가하는 성질을 가지고 있다.

이러한 기체의 상태는 '1강 에너지와 열역학 기본 변수'에서 정의한 압력(P), 부피(V), 온도(T) 및 기체 분자의 양(n)의 함수로 나타낼 수 있다.

이상 기체

우리 주위에 있는 기체는 분자 간에 상호작용이 있는 실제 기체이다. 실제 기체의 상호작용은 분자의 종류에 따라 다르다. (실제 기체에 대해서는 3강에서 다룬다.) 그러나 기체 간의 상호작용은 상온(25°C)과 표준 압력(1 bar) 근처에서 매우 미미하여 분자 간에 상호작용이 없다고 가정한 이상 기체**(ideal gas)**로 취급하여 기체의 열역학적 성질을 다룬다. 그러므로 이상 기체는 기체 입자를 부피와 질량이 없는 점입자로 가정한 것이다.

이상 기체: 분자 간에 상호작용이 없다고 가정한 기체

2.2 기체 법칙들과 이상 기체 상태식

기체의 열역학적 성질들은 일찍부터 관찰되고 연구되어 실험 법칙들이 정립되었다.

보일 법칙

기체의 압력과 부피에 관한 관계는 1661년에 아일랜드의 과학자 보일(Boyle, R.)에 의하여 정립되어 **보일 법칙(Boyle's law)**이라고 부른다. 기체의 부피는 온도가 일정할 때 압력을 증가시키면 감소하고, 압력을 감소시키면 증가하는 압력에 반비례하는 관계에 있다. 보일 법칙을 식으로 나타내면 다음과 같다.

보일(Robert Boyle, 1627~1691)
아일랜드의 자연철학자, 화학자, 물리학자. 기체의 압력과 부피의 관계에 대한 법칙을 발견하였고, 근대 화학의 기초를 세웠다.

$$V \propto \frac{1}{P} \quad \text{또는} \quad PV = \text{상수} \tag{2.1}$$

여기에서 '상수'는 온도에 의존하는 값이다.

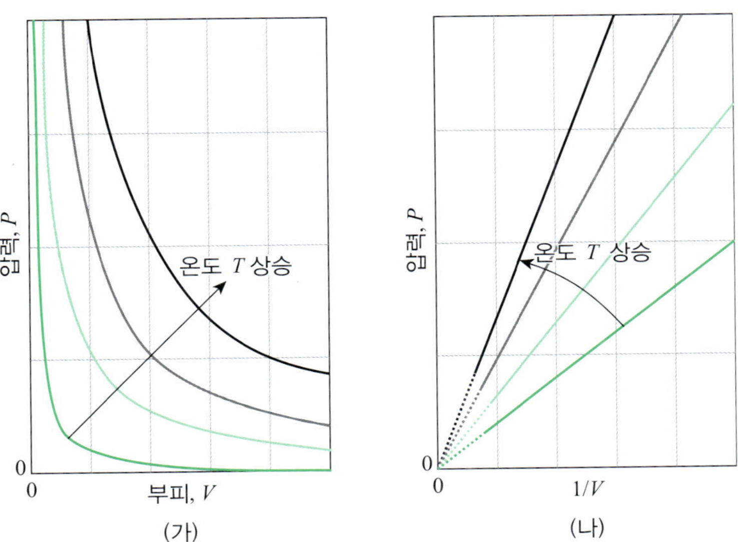

그림 2.1 기체의 압력에 따른 부피 변화. (가) 압력(P)과 부피(V) 관계, 각 곡선은 등온선이라고 한다. (나) 압력(P)과 부피의 역수($1/V$) 관계, 등온선이 직선으로 나타난다.

그림 2.1(가)는 서로 다른 온도에서 보일 법칙에 의하여 예측되는 기체 시료의 압력이 부피 변화에 따라 변하는 모습을 나타낸 것이다. 이 그림에서 각 곡선은 한 온도에서 압력과 부피 관계를 나타낸 것으로 **등온선(isothermal line)**이라고 한다. 이 그림으로는 보일 법칙이 얼마나 잘 압력과 부피의 관계를 나타내 주는지 판단하기 쉽지 않다. 그러나 그림 2.2(나)에서처럼 압력 P를 부피의 역수 $1/V$에 대하여 나타내면 등온선이 직선으로 나타나 일정한 온도에서 기체 시료에 대한 압력과 부피 관계를 보다 명확하게 파악할 수 있다.

샤를 법칙

기체의 온도와 부피(또는 압력)에 관한 관계는 1787년 샤를(Charles, J. A. C.)에 의해 온도와 부피 관계가, 1081년 게이-뤼삭(Gay-Lussac, L. J.)에 의해 온도와 압력 관계가 각각 독립적으로 연구되었다. **기체의 부피(또는 압력)는 압력(부피)이 일정할 때 온도가 높아지면 팽창(증가)하고, 온도가 낮아지면 수축(감소)하는 온도에 비례하는 관계에 있으며**, 이를 **샤를 법칙(Charles' law)**이라고 한다. 기체의 부피(또는 압력)와 온도 관계를 식으로 나타내면 다음과 같다.

$$V \propto T \quad \text{또는} \quad V = \text{상수} \times T \quad (\text{일정 압력에서}) \qquad (2.2a)$$

$$P \propto T \quad \text{또는} \quad P = \text{상수} \times T \quad (\text{일정 부피에서}) \qquad (2.2b)$$

샤를(Jacques Alexandre César Charles, 1746~1823)

프랑스의 과학자, 수학자. 기체의 부피와 온도와의 관계에 대한 법칙을 발견하였다.

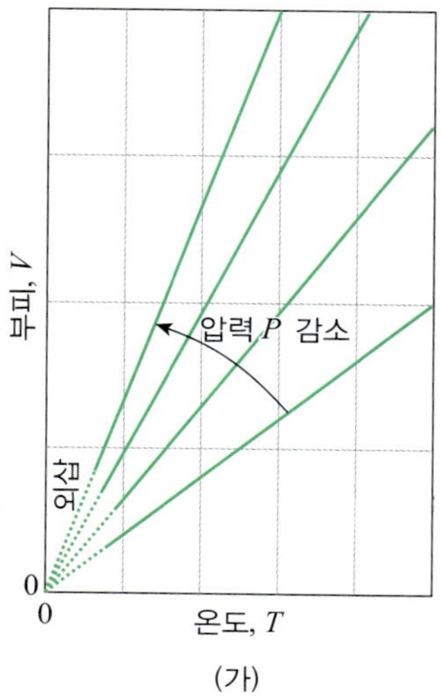

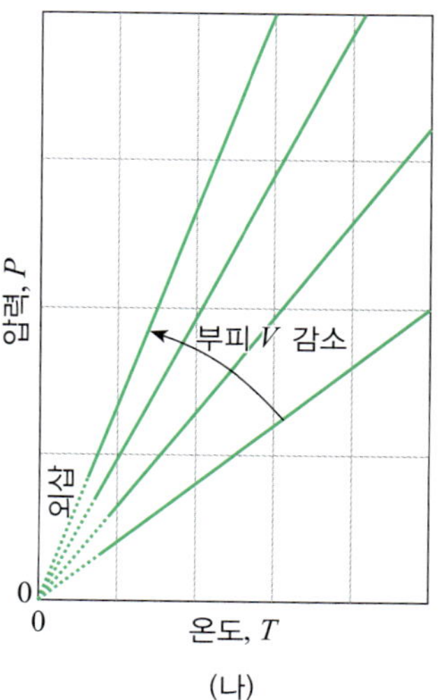

게이-뤼삭(Louis Joseph Gay-Lussac, 1778~1850)

프랑스의 화학자, 물리학자. 기체 반응 법칙을 발견하였고, 유기 분석법을 발전시켰다.

그림 2.2 온도와 기체의 부피 및 압력 관계. (가) 부피(V)와 온도(T) 관계, (나) 압력(P)과 온도(T) 관계. 각 선들은 T = 0 K에서 0으로 수렴된다.

여기에서 2.2a식의 '상수'는 압력에 의존하는 값이며, 2.2b식의 '상수'는 부피에 의존하는 값이다.

위의 그림 2.2(가)는 서로 다른 압력에서 기체 시료의 부피가 온도 변화에 따라 변하는 모습을 나타낸 것이다. 이 그림에서 각 직선은 **등압선(isobaric line)**이라고 한다. 그림 2.2(나)는 서로 다른 부피에서 기체 시료의 압력이 온도 변화에 따라 변하는 모습을 나타낸 것으로 그림에서 각 직선은 **등부피선(isochoric line)**이라고 한다.

그림 2.2(가)에서 기체의 부피는 온도에 대하여 선형으로 변하여 온도가 매우 낮아지면 기체의 부피와 압력은 0에 접근한다. 그러나 부피는 음(−)의 값을 가질 수 없으므로 부피를 0 이하로 내릴 수 없고, 온도 역시 0 이하로 내려갈 수 없다. 따라서 부피가 0에 접근하였을 때의 온도를 **절대 0도(absolute zero)**라고 하여 절대 온도의 기준으로 삼는다. 절대 0도(0 K)와 섭씨 온도와의 관계는 다음과 같다.

$$0\ \text{K} = -273.15°\text{C} \tag{2.3}$$

또한 2.2a식에 의하면 일정 압력에서 온도가 변하면 부피 역시 변한다. 그러므로 일정 압력에서 온도가 변하면 부피 변화에 따른 일이 발생한다. 그러나 2.2b식은 일정 부피 조건이므로 온도가 변하여도 부피 변화가 없어 일은 0이 되며, 온도 변화에 의한 에너지 변화는 $q = C\Delta T$에 의하여 열로 나타난다.

아보가드로의 원리

기체의 부피와 물질의 양과의 관계는 1811년 아보가드로의 가설에 의하여 정립되었다. 아보가드로(Avogadro, A.)는 같은 압력과 같은 온도에서 같은 부피를 가진 기체는 같은 수의 분자가 존재한다고 하였고, 이를 **아보가드로의 원리(Avogadro's principle)**라고 한다. 이를 식으로 나타내면 다음과 같다.

$$V \propto n \quad \text{또는} \quad V = \text{상수} \times n \tag{2.4}$$

여기에서 'n'은 몰수로 분자 수를 mol 단위(1 mol = 6.02214 × 10^{23}개)로 다루는 기호이고, '상수'는 압력과 온도에 의존한다.

아보가드로의 원리는 온도와 압력이 일정할 때 분자 수

아보가드로(Amedeo Avogadro, 1776~1856)

이탈리아의 물리학자, 화학자. 원자의 부피, 액체 비열과 증류 등에 관한 많은 연구를 하였다. 아보가드로 법칙이 널리 알려져 있다.

(즉 몰수)를 두 배로 하면 기체 시료의 부피가 두 배가 되고, 분자 수(즉 몰수)를 반으로 줄이면 부피 역시 반으로 준다는 것을 의미한다. 따라서 기체 분자의 몰수가 증가하면 부피 증가로 인한 일이 발생한다.

이상 기체 상태식

위에서 우리는 기체에 대하여 열역학 기본 변수 P, V, T와 분자 수 n 가운데 서로 다른 두 변수 간에 다음과 같은 함수 관계가 있음을 보았다.

$$\text{보일 법칙} \quad V \propto \frac{1}{P}$$

$$\text{샤를 법칙} \quad V \propto T$$

$$\text{아보가드로의 원리} \quad V \propto n$$

위 세 식을 모두 합하여 하나의 식으로 나타내면 다음과 같은 식이 된다.

$$V \propto \frac{nT}{P}$$

이 식의 비례 관계를 등호로 바꿔주기 위하여 비례 상수 R을 도입하고 기호 $\propto$를 제거하고 PV에 대하여 정리하면 다음과 같은 식이 된다.

$$PV = nRT \quad \text{(이상 기체 상태식)} \tag{2.5}$$

여기에서 'R'은 기체 상수라고 부르며 여러 가지 단위에서의 R 값은 표 2.1과 같다.

2.5식은 위의 기체에 관한 세 법칙을 총괄하여 나타낸 것으로 이상 기체 상태식(**ideal gas equation of state**)이라고 하며, 일정한 n과 T에서는 보일 법칙(PV = 상수), 일정한 n과 P(또는 V)에서는 샤를 법칙(V = 상수 × T, P = 상수 × T)이 되고, 일정한 P와 T에서는 아보가드로의 원리(V= 상수 × n)가 된다.

표 2.1 여러 단위로 나타낸 기체 상수(R)

값	단위
8.314 47	J K^{-1} mol^{-1}
8.314 47 × 10^{-2}	L bar K^{-1} mol^{-1}
8.205 74 × 10^{-2}	L atm K^{-1} mol^{-1}
62.363 7	L Torr K^{-1} mol^{-1}
1.987 21	cal K^{-1} mol^{-1}

예제 2.1 초기 부피가 1500 m^3인 기체를 0°C에서 25°C까지 가열하면서 압력은 1.0 bar에서 10.0 bar로 증가시켰다. 이 기체의 최종 부피는 얼마가 되겠는가?

풀이 온도와 압력이 모두 변할 때, 기체의 최종 부피를 구하는 문제이다. 이상 기체 상태식에서 변하지 않는 값인 R과 n을 소거하면 식은 다음과 같이 된다.

$$PV = \text{상수} \times T$$

우변의 변수들을 좌변으로 넘기면 $\frac{PV}{T}$ = 상수이므로 $\frac{P_i V_i}{T_i} = \frac{P_f V_f}{T_f}$의 관계가 성립된다. 여기에서 아래 첨자 i는 초기(initial), f는 나중(final)을 의미한다. V_f에 대하여 정리하여 계산하면 다음과 같이 된다.

$$\begin{aligned} V_f &= \frac{P_i V_i T_f}{T_i P_f} \\ &= \frac{(1.0\times10^5\ \text{Pa})(1500\ \text{m}^3)(273.15+25\ \text{K})}{(273.15\ \text{K})(10.0\times10^5\ \text{Pa})} = \mathbf{160\ m^3} \end{aligned}$$

2.3 혼합 기체의 성질

기체가 두 가지 이상의 성분으로 구성되어 있으면 각 성분 기체들이 전체 압력에 얼마나 기여하는지를 알아야 할 필요가 있다. 이상 기체 상태식 $PV = nRT$에서 일정한 온도에서 일정한 부피에 들어 있는 기체의 압력은 몰수 n에 의존된다. 따라서 용기 안에 들어 있는 기체 전체의 몰수 중에 한 성분 기체의 몰수를 알면 그 기체가 전체 압력에 얼마나 기여하는지 알 수 있다.

몰분율

혼합물에서 모든 성분의 전체 몰수 중에 각 성분이 차지하는 몰수 비를 몰분율(mole fraction)이라고 하며, 다음과 같은 식으로 나타낼 수 있다.

$$x_J = \frac{n_J}{n_{tot}} \quad (\text{몰분율}) \tag{2.6}$$

$$n_{tot} = n_A + n_B + \cdots$$

여기에서 'x_J'는 J 성분의 몰분율이며, 분모와 분자의 단위 mol은 서로 상쇄되므로 몰분율은 단위가 없는 값이다.

또한 몰분율 x_J는 용기 안에 아무런 성분도 들어 있지 않을 때에는 $x_J = \frac{0}{0}$이 되어 $x_J = 0$이며, 한 종류의 성분만이 들어 있을 때(즉 순물질)에는 $x_J = \frac{n_J}{n_J}$가 되어 $x_J = 1$이다. 마찬가지로 모든 성분 기체들의 전체 몰분율 역시 $x_{tot} = \frac{n_{tot}}{n_{tot}}$가 되어 $x_J = 1$이다. 따라서 각 성분들의 몰분율 합은 다음과 같이 1이 된다.

$$x_A + x_B + \cdots = x_{tot} = 1 \tag{2.7}$$

예제 2.2 어떤 천연가스 135 g 중에 CH_4가 15 g, C_2H_6가 40 g, C_3H_8가 80 g으로 구성되어 있다. 각 구성 성분의 몰분율은 얼마인가?

풀이 혼합물에서 각 성분의 몰분율을 구하는 문제이다.
몰분율을 구하기 위해서는 먼저 각 성분 물질의 몰수를 구해야 한다.
각 성분의 몰수

$$n(CH_4) = 15\text{ g}/(16\text{ g mol}^{-1}) = 0.9375\text{ mol}$$
$$n(C_2H_6) = 40\text{ g}/(30\text{ g mol}^{-1}) = 1.333\text{ mol}$$
$$n(C_3H_8) = 80\text{ g}/(44\text{ g mol}^{-1}) = 1.818\text{ mol}$$

전체 몰수

$$n_{tot} = 0.9375\text{ mol} + 1.333\text{ mol} + 1.818\text{ mol} = 4.089\text{ mol}$$

몰분율을 구하는 2.6식을 적용하면 각 성분의 몰분율은 다음과 같이 구해진다.

$$\boldsymbol{x(CH_4)} = 0.9375\text{ mol}/4.089\text{ mol} = \mathbf{0.229}$$
$$\boldsymbol{x(C_2H_6)} = 1.333\text{ mol}/4.089\text{ mol} = \mathbf{0.326}$$
$$\boldsymbol{x(C_3H_8)} = 1.818\text{ mol}/4.089\text{ mol} = \mathbf{0.445}$$

부분 압력

기체의 압력은 이상 기체 상태식에서 보는 바와 같이 기체 분자의 종류에 관계없이 오로지 기체 분자의 입자 수(즉 몰수 n)에 의존한다. 그러므로 혼합 기체에서 전체 압력은 기체 전체의 몰수 n_{tot}에 의존하며, 각 성분 기체의 압력은 각 성분 기체의 몰수 n_J에 의존한다.

$$P_{tot} = \frac{n_{tot}RT}{V} \quad (2.8a)$$

$$P_J = \frac{n_J RT}{V} \quad (2.8b)$$

각 성분 기체들의 압력을 합하면

$$P_A + P_B + \ldots = (n_A + n_B + \ldots)\frac{RT}{V} = n_{tot}\frac{RT}{V} = P_{tot}$$

그러므로 **전체 압력은 각 성분 기체들의 부분 압력(partial pressure, 줄여서 분압이라고 함)**의 합이다. 이러한 전체 압력에 대한 각 성분 기체의 압력 기여에 관한 성질은 19세기 초 돌턴(Dalton, J.)의 일련의 실험을 통하여 밝혀졌으며, 이를 돌턴의 **분압 법칙(law of partial pressure)**이라고 한다.

돌턴(John Dalton, 1766~1844)

영국의 과학자, 교육자. 원자론, 배수 비례 법칙, 분압 법칙을 연구하였고, 적색 색맹으로 색맹 연구에도 기여하였다. 20 만 건의 기상자료를 측정하여 기상학 발전에도 기여를 하였다.

각 성분 기체의 분압을 몰분율을 사용하여 나타내면 다음과 같고,

$$P_J = x_J P_{tot} \quad \text{(분압의 정의)} \quad (2.9)$$

전체 압력은 다음과 같이 나타낼 수 있다.

$$P_{tot} = P_A + P_B + \ldots = (x_A + x_B + \ldots)P_{tot} \quad \text{(분압 법칙)} \quad (2.10)$$

예제 2.3 예제 2.2의 천연가스를 이상 기체로 가정하였을 때 이 기체들이 595 mL의 용기에 들어 있다면 (1) 상온에서 각 성분 기체의 분압과 (2) 전체 압력은 얼마가 될 것인가?

풀이 혼합 기체의 분압과 전체 압력을 구하는 문제이다.
각 성분 기체들의 상온에서의 압력을 이상 기체 상태식을 사용하여 구하고, 전체 압력은 분압 법칙을 사용하여 구한다.
이상 기체 상태식을 압력에 대하여 정리하면 다음과 같다.

$$P = nRT / V$$

(1) 그러므로 각 성분 기체의 압력은 다음과 같이 구해진다.

$$\boldsymbol{P(CH_4)} = (0.9375\ \text{mol})(8.314 \times 10^{-2}\ \text{L bar K}^{-1}\ \text{mol}^{-1})(298.15\ \text{K})/(595 \times 10^{-3}\ \text{L})$$
$$\mathbf{= 39.1\ bar}$$

$$\boldsymbol{P(C_2H_6)} = (1.333\ \text{mol})(8.314 \times 10^{-2}\ \text{L bar K}^{-1}\ \text{mol}^{-1})(298.15\ \text{K})/(595 \times 10^{-3}\ \text{L})$$
$$\mathbf{= 55.5\ bar}$$

$$\boldsymbol{P(C_3H_8)} = (1.818\ \text{mol})(8.314 \times 10^{-2}\ \text{L bar K}^{-1}\ \text{mol}^{-1})(298.15\ \text{K})/(595 \times 10^{-3}\ \text{L})$$
$$\mathbf{= 75.7\ bar}$$

(2) 전체 압력은 분압 법칙에 의하여 다음과 같이 얻어진다.

$$\begin{aligned} \boldsymbol{P_{tot}} &= P(CH_4) + P(C_2H_6) + P(C_2H_6) \\ &= (39.1 + 55.5 + 75.7)\ \text{bar} \\ &\mathbf{= 170\ bar} \end{aligned}$$

2.4 등온 팽창 일

일반적으로 기체 시료에 압력을 높이거나 낮추면 부피 변화와 함께 온도 변화도 수반된다. 그러므로 압력 변화에 따른 계의 에너지 변화는 일과 열로 나타나게 된다. 그러나 온도를 일정하게 유지하며(항온조 등을 사용하여 열적 평형을 유지) 압력을 변화시키면 압력 변화에 의한 에너지 변화는 모두 일로 나타난다. 이때 일어난 일을 **등온 팽창 일(the work of isothermal expansion)**이라고 하며 다음과 같이 구한다.

일 $w = -P\Delta V$ 에서 전체 부피 변화 ΔV는 미소 단계에서 변화한 부피 dV를 합한 것이므로 $\Delta V = \int_{V_i}^{V_f} \mathrm{d}V$ 이고, 이상 기체 상태식에서 $P = \dfrac{nRT}{V}$ 이므로 일 w는 다음과 같이 고쳐 쓸 수 있다.

$$w = -\int_{V_i}^{V_f} nRT \frac{1}{V} dV$$ [1]

---

[1] $\int_{\tau}^{b} \frac{1}{x} dx = \ln \frac{b}{a}$

여기에서 nRT는 상수이므로

$$w = -nRT\int_{V_i}^{V_f} \frac{1}{V} dV = -nRT \ln\frac{V_f}{V_i} \quad \text{(가역 등온 팽창 일)} \tag{2.11}$$

여기에서 'V_i'는 초기 부피, 'V_f'는 나중 부피이다.

이 결과를 도표로 나타내면 그림 2.3과 같으며 등온 팽창으로 일어난 일의 크기는 등온 곡선 $P = \frac{nRT}{V}$ 의 밑넓이와 같다. 또한 그림 2.3에서 보는 바와 같이 등온 팽창 일은 일정 압력 조건에서 일어난 일보다 크다. 이는 등온 팽창을 하는 경우 각 미소 단계에서 외부 압력과 내부 압력이 평형을 이루며 팽창(이를 가역 팽창이라고 함.)하면 계가 팽창을 하면서 힘을 낭비하지 않기 때문이다. 그러므로 가역적으로 기체가 팽창할 때 최대의 일을 한다.

$$\text{가역 팽창 일} = \text{최대 일} \tag{2.12}$$

일반적인 등온 팽창 일에서는 일정 압력에서 기체가 팽창할 때 일어나는 온도 하락에 의한 열량 $q = C\Delta T$(그림 2.3의 면적 A) 만큼의 에너지 손실을 항온조 등을 사용하여 온도를 일정하게 유지함으로써 주위(즉 항온조)로부터 공급받는다. 따라서 일정 온도에서의 팽창 일과 일정 압력에서의 팽창 일 사이의 에너지 차이는 다음과 같다.

$$w(\text{일정 온도}) - w(\text{일정 압력}) = C\Delta T = q \tag{2.13}$$

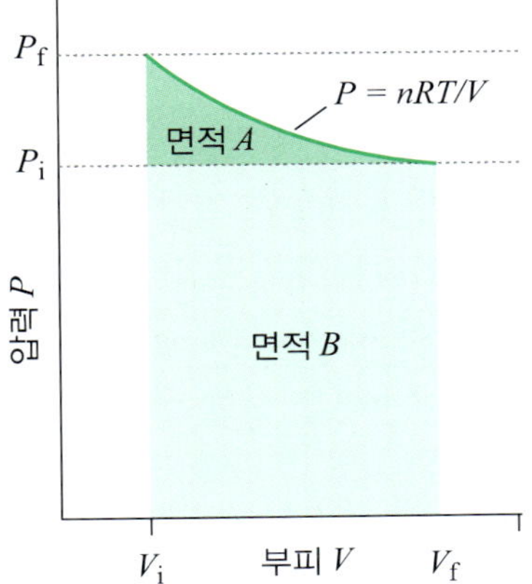

그림 2.3 이상 기체의 가역 등온 팽창 일. 가역 등온 팽창 일의 크기는 곡선 $P = \frac{nRT}{V}$ 의 밑넓이(면적 A + 면적 B)에 해당한다. 면적 B는 일정 압력에서 일어난 일의 크기이다.

예제 2.4 질소 기체 3.0 mol이 50 L 용기에 들어 있다. 이 기체를 100 L로 팽창시켰다. 다음을 구하시오.

(1) 일정 압력 1 bar에서 팽창시켰을 때 일어난 일

(2) 온도를 25°C로 유지하며 팽창시켰을 때 일어난 일

풀이 등압 팽창 일과 등온 팽창 일을 구하는 문제이다.

(1) 일정 압력 조건이므로 $w = -P_{ex}\Delta V$ 를 사용하여 일을 구하면 다음과 같다.

$$\begin{aligned} \boldsymbol{w} &= -P_{ex}\Delta V \\ &= -(1\times10^5\ \text{Pa})\{(100-50)\times10^{-3}\ \text{m}^3\} \\ &= \mathbf{-5.0\times10^3\ J = -5.0\ kJ} \end{aligned}$$

(2) 일정 온도 조건이므로 $w = -nRT\ln\dfrac{V_f}{V_i}$ 을 사용하여 일을 구하면 다음과 같다.

$$\begin{aligned} \boldsymbol{w} &= -nRT\ln\frac{V_f}{V_i} \\ &= -(3.0\ \text{mol})(8.314\ \text{J K}^{-1}\text{mol}^{-1}) \\ &\quad\times(298.15\ \text{K})\ln\left(\frac{100\ \text{L}}{50\ \text{L}}\right) \\ &= \mathbf{-5.2\times10^3\ J = -5.2\ kJ} \end{aligned}$$

2.5 몰부피와 일

아보가드로는 여러 가지 기체들에 대한 일련의 실험을 통하여 같은 압력과 같은 온도에서 기체 분자의 양이 일정하면 분자들의 질량에 관계없이 일정한 부피를 갖는다는 것을 발견하였다. 그는 이러한 현상을 1811년 가설로 발표하였다. 이로써 기체의 부피와 몰수에 관한 아보가드로의 원리가 정립되었다.

아보가드로의 원리에 의하면 기체 분자 1 mol은 정상 상태(normal state, 0°C 1 atm)에서 분자의 종류에 관계없이 22.414 L의 부피를 가진다. 이와 같이 **1 mol의 분자가 차지하는 부피를 몰부피(molar volume, V_m)**라고 하며, 다음과 같이 정의된다.

$$V_m = \frac{V}{n} \quad \text{(몰부피의 정의)} \tag{2.14}$$

기체의 몰부피는 여러 조건에서 기체의 성질을 계산하는 데 매우 유용하다. 기체의 정상 상태에서와 상온(25°C) 및 표준 압력(1 bar)에서의 몰부피는 다음과 같다.

$$V_m\,(0°\text{C, 1 atm}) = 22.414\ \text{L mol}^{-1} \tag{2.15a}$$

$$V_m^{o}\,(25°\text{C, 1 bar}) = 24.789\ \text{L mol}^{-1} \tag{2.15b}$$

여기에서 V_m^{o}의 위첨자 'o'는 압력 조건이 1 bar인 표준 상태를 의미한다.

많은 화학 반응은 기체를 생성하거나 소모한다. 그러므로 일정 압력 조건에서 기체가 관여하는 반응은 기체 분자의 몰수 변화에 따른 기체의 부피 변화가 동반되어 이에 따른 일이 일어나게 된다.

화학 반응에 의한 부피 변화 ΔV는 몰수 변화 Δn에 의존하므로 2.14식으로부터 다음과 같은 식을 얻을 수 있다.

$$\Delta V = V_m \Delta n \tag{2.16}$$

그러므로 몰부피를 사용하여 일을 구하는 식은 다음과 같이 된다.

$$w = -P_{ex} V_m \Delta n \quad \text{(기체 몰수 변화에 의한 일)} \tag{2.17}$$

예제 2.5 산화 질소를 연소하는 반응은 다음과 같다. 상온 표준 상태에서 이 반응이 진행되었을 때, 산화 질소 2.0 mol이 완전히 연소되었다면 이때 일어난 일은 얼마인가?

$$2NO(g) + O_2(g) \rightarrow 2NO_2(g)$$

풀이 기체가 관여되는 반응에서 반응의 결과 기체의 부피 변화에 따라 일어나는 일을 구하는 문제이다. 몰부피 정의를 이용하여 구한다.
변화한 부피에 대하여 식을 고쳐 쓰면 다음과 같다.

$$\Delta V = V_m^{o} \Delta n$$

위의 반응식으로부터 Δn과 ΔV를 계산하면 다음과 같다.

$$\Delta n = (\text{생성물의 몰수}) - (\text{반응물의 몰수})$$

$$= (2.0\ \text{mol}) - (2.0 + 1.0)\ \text{mol} = -1.0\ \text{mol}$$

$$\Delta V = (24.789\ \text{L mol}^{-1})(-1.0\ \text{mol}) = -24.789\ \text{L}$$

그러므로 일어난 일은 다음과 같이 구해진다.

$$\begin{aligned} \boldsymbol{w} &= -P_{\text{ex}}\Delta V \\ &= -(1 \times 10^5\ \text{Pa})(-24.789 \times 10^{-3}\ \text{m}^3) \\ &= \mathbf{2.5 \times 10^3\ J} \end{aligned}$$

이 반응에서 생성물은 2.5×10^3 J 만큼의 일을 받았다.

 핵심 개념

1. **이상 기체**: 분자 간에 상호작용이 없다고 가정한 기체
2. **보일 법칙**: 기체의 부피는 온도가 일정할 때 압력에 반비례
3. **샤를 법칙**: 기체의 부피(또는 압력)는 압력(또는 부피)이 일정할 때 온도에 비례
4. **아보가드로의 원리**: 같은 압력과 같은 온도에서 같은 부피를 가진 기체는 같은 수의 분자가 존재
5. **이상 기체 상태식**: 기체에 관한 세 법칙(보일 법칙, 샤를 법칙, 아보가드로의 원리)을 합하여 기체의 상태를 총괄적으로 나타낸 식
6. **몰분율**: 전체 몰수 중에 각 성분이 차지하는 몰수 비
7. **분압 법칙**: 전체 압력은 각 성분 기체들의 부분 압력(줄여서 분압이라고 함)의 합
8. **가역 등온 팽창 일**: 온도가 일정하게 유지될 때 가역적인 부피 변화에 의하여 일어나는 일
9. **몰부피**: 1 mol의 분자가 차지하는 부피

주요 식

이름	식	설명
이상 기체 상태식	$PV = nRT$	이상 기체에 대한 열역학 기본 변수 간의 관계
몰분율	$x_J = \frac{n_J}{n_{tot}}$	정의
분압	$P_J = x_J P_{tot}$	정의
분압 법칙	$P_{tot} = P_A + P_B + \ldots$	전체 압력은 부분 압력의 합
몰부피	$V_m = \frac{V}{n}$	정의
등온 팽창 일	$w = -nRT \ln \frac{V_f}{V_i}$	온도 일정 조건에서 가역적으로 일어나는 일
일	$w = -P_{ex} V_m \Delta n$	기체 몰수 변화에 의한 일

연습 문제

(아래의 문제를 푸는 데 특별히 언급하지 않으면 표준 상태의 이상 기체로 가정하시오.)

2.1 이상 기체 상태식 $PV = nRT$에서 다음 변수들 간의 관계를 설명하고, 그에 관한 법칙 이름을 말하시오.

(1) P와 T (2) P와 n (3) P와 V

2.2 분압의 개념을 정의하고 돌턴의 분압 법칙을 설명하시오.

2.3 기체 상수 $R = 8.314\ 47 \times 10^{-2}$ L bar K^{-1} mol^{-1}은 0°C, 1 bar에 대한 기체 상수 값이다. 25°C에서 3.0 mol의 기체가 7.3 bar에서 5.0 L의 용기에 들어 있을 때의 기체 상수를 구하시오.

2.4 남극 대륙에 파견되어 있던 대원이 −45°C의 남극 대륙 기지에서 출발하여 인천 공항에 도착하였더니 35°C의 찌는 듯이 더운 날씨였다. 이 대원이 남극 대륙을 출발하기 전에 350 mL의 유리병을 가져왔다. 다음을 구하시오.

(1) 이 대원이 가져온 유리병 속에 들어 있는 공기의 압력은 얼마가 되었겠는가?

(2) 이때 공기가 한 일은 얼마인가?

(3) 이 유리병 속의 공기의 열량 변화는 얼마인가? ($C_m = \frac{3}{2}R$을 사용하시오.)

2.5 문제 2.4의 대원이 유리 병과 함께 1500 mL 고무공을 가져왔을 때 다음을 구하시오.

(1) 이 공의 부피는 얼마가 되었겠는가? (남극 대륙과 한반도의 대기압은 1 bar로 동일한 것으로 가정하시오.)

(2) 공에 들어 있는 공기가 한 일은 얼마인가?

2.6 자동차가 15°C에서 출발하여 485 km를 달렸다. 출발할 때 타이어 공기 압력을 측정하였더니 2.3 bar이었고, 도착 후 다시 측정하니 2.5 bar이었다. 도착하였을 때의 타이어 내부 공기의 온도는 얼마가 되었겠는가? (타이어의 부피 팽창은 무시하시오.)

2.7 25°C 표준 상태에서 기체 상수 R을 구하시오.

2.8 미지의 기체 시료의 몰질량(M)을 측정하기 위하여 500 mL의 부피 플라스크에 담았다. 상온에서 이 기체의 압력이 235 Torr이고, 질량이 257 mg이었다. 이 기체의 몰질량은 얼마인가?

2.9 0°C에서 50 L의 용기에 2.0 mol의 N_2 기체와 3.0 mol의 O_2 기체가 들어 있다. 다음을 구하시오.

(1) 각 기체의 분압 (2) 전체 압력

2.10 어떤 혼합 기체가 725 mg의 메테인, 121 mg의 질소, 30 mg의 산소로 구성되어 있다. 다음을 구하시오.

(1) 각 기체의 몰분율

(2) 전체 압력이 756 Torr일 때 각 기체의 분압

2.11 0.908 bar 26°C에서 어떤 지역의 공기 밀도가 1.138 kg m^{-3}으로 측정되었다. 이 공기가 N_2 80%와 O_2 20%만으로 구성되어 있다고 가정하고 다음을 구하시오.

(1) 각 기체의 몰분율 (2) 각 기체의 분압

2.12 25°C 표준 상태에서 100.0 L 용기에 들어 있는 질소 기체에 200.0 L의 산소 기체를 넣어 혼합하였다. 혼합 후 온도가 26.00°C로 올랐다. 다음을 구하시오.

(1) 혼합 기체의 전체 압력

(2) 혼합 기체에서 각 기체의 분압

2.13 문제 2.12의 과정에 대하여 온도가 25°C로 불변일 때, 다음 질문에 답하시오.

(1) 각 기체에 행해진 일은 얼마인가?

(2) 전체적으로 일어난 일은 얼마인가?

2.14 25°C 표준 상태에서 지름이 10.0 cm인 원통형 실린더에 있는 공기를 높이 10.0 cm에서 25.0 cm로 팽창시켰다. 다음 질문에 답하시오.

(1) 표준 압력 상태에서 일어난 일은 얼마인가?

(2) 온도를 일정하게 유지시키며 팽창시켰을 때 일어난 일은 얼마인가?

2.15 물의 전기 분해 반응은 다음과 같다. 25°C 표준 상태에서 물 100.0 g을 완전히 전기 분해하였을 때 일어나는 일은 얼마인가?

$$2H_2O(l) \rightarrow 2H_2(g) + O_2(g)$$

3강 실제 기체

■ 미리 생각해 보기

- 실제 기체가 이상 기체와 근본적으로 다른 점은 무엇일까?
- 실제 기체에 대한 상태식을 만들 때는 어떤 점이 고려되어야 할까?
- 반데르발스 상태식의 특성은 무엇일까?

3.1 실제 기체

자연계에 존재하는 모든 실제 기체는 질량과 부피를 가지고 있으며 분자 간에 상호작용이 존재한다. 압력이 높고 온도가 낮은 상태에서는 분자 간 상호작용이 커져 이상 기체 법칙에서 벗어나게 된다. 특히 기체 분자들이 매우 가깝게 접근한 상태인 기체가 액체로 변하기 직전에는 이상 기체 법칙에서 크게 벗어난다.

분자 간 상호작용

분자 간의 상호작용은 상대적으로 먼 거리에서 지배적으로 작용하는 인력과 가까운 거리에서 지배적으로 작용하는 반발력이라는 두 종류의 힘에 기인한다. 이 두 종류의 상호작용(인력과 반발력)이 결합되어 그림 3.1과 같은 분자 간 거리에 따른 상호작용 퍼텐셜 곡선을 그리게 된다.

그림 3.1에서 보는 바와 같이 분자 간의 거리가 매우 크면 분자 간 퍼텐셜 에너지는 0에 수렴하여 실제 기체 분자는 상호작용이 거의 없는 이상 기체와 같이 행동한다. 그러나 기체 분자가 분자 지름의 수 배 정도 거리에 접근하게 되면 인력이 작용하여 분자가 서로 잡아 당겨 급격히 가까워지며, 분자가 서로 가깝게 접근하여 접촉하게 되면 반발력이 작용하여 서로 밀쳐내서 다시 멀어지는 왕복 운동을 하게 된다.

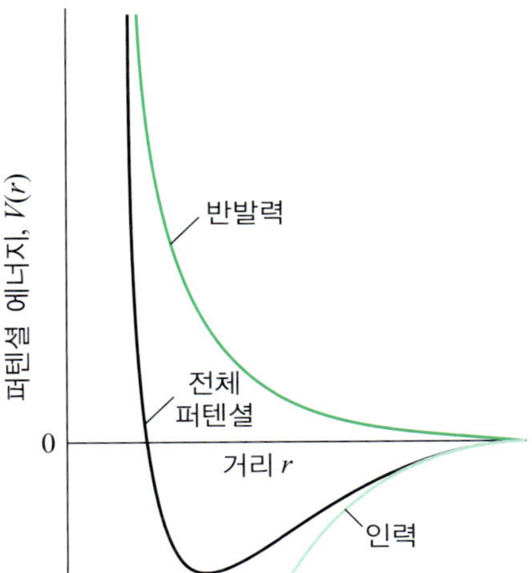

그림 3.1 분자 간 인력과 반발력 및 전체 퍼텐셜 에너지 곡선의 일반적인 모양. 두 분자가 먼 거리에서는 인력이 우세하고, 가까운 거리에서는 반발력이 우세하다.

이때 압력이 낮고 온도가 충분히 높으면 분자의 운동 에너지가 분자간 인력을 극복하여 분자가 서로 완전히 이탈하여 이상 기체와 같은 거동을 하게 된다. 그러나 높은 압력과 낮은 온도 조건에서는 기체 분자들이 인력의 영향권에서 탈출할 만한 충분한 운동 에너지를 갖지 못하게 된다. 이러한 조건에서 분자들은 서로 가까운 거리에 위치하며 상호작용을 하는 비이상 기체로 거동하게 된다. 특히 일정 압력 조건에서 특정한 온도(끓는점) 이하로 내려가면 분자들은 서로 완전하게 접촉된 상태인 액체가 되어 기체 법칙이 더 이상 적용되지 않는다.

압축 인자

실제 기체가 상호작용을 일으켜 이상 기체의 성질로부터 벗어나는 정도를 우리는 압축 인자라는 개념을 도입하여 비이상성을 나타내는 척도로 사용한다. 압축 인자(**compression factor, Z**)는 해당 기체의 몰부피 V_m을 동일 압력, 동일 온도 조건에서의 이상 기체의 몰부피 V_m^i로 나눈 값이다.

$$Z = \frac{V_m}{V_m^i} = \frac{PV_m}{RT} \quad \text{(압축 인자의 정의)} \tag{3.1}$$

이상 기체에 대한 압축 인자 값은 $Z = V_m^i/V_m^i = 1$로 항상 1이며, 실제 기체의 Z 값이 1로부터 얼마나 벗어나는가로 비이상성의 정도를 판단할 수 있다.

실험적으로 얻은 몇 가지 기체의 몰부피 V_m을 가지고 압축 인자 Z 값을 구하여 나타내면 그림 3.2와 같은 결과를 얻는다. 그림 3.2에서 보는 바와 같이 압력이 매우 낮아지면 모든 Z 값은 1에 가까워지며 이상 기체와 같은 성질을 가지게 된다. 그러나 이 Z 값은 일반적으로 압력을 높이면 감소(수소 기체는 예외)하여 1 이하로 내려가다가 압력을 계속 높이면 반전점을 지나 증가하여 매우 높은 압력에서는 $Z > 1$이 된다. $Z > 1$은 그 기체의 몰부피가 이상 기체보다 그 값이 크다는 것을 의미하며, 이러한 조건에서는 분자 간 반발력이 지배적이라는 것을 의미한다. 반면에 $Z < 1$인 영역은 분자 간 인력이 지배적으로 나타나는 조건이다.

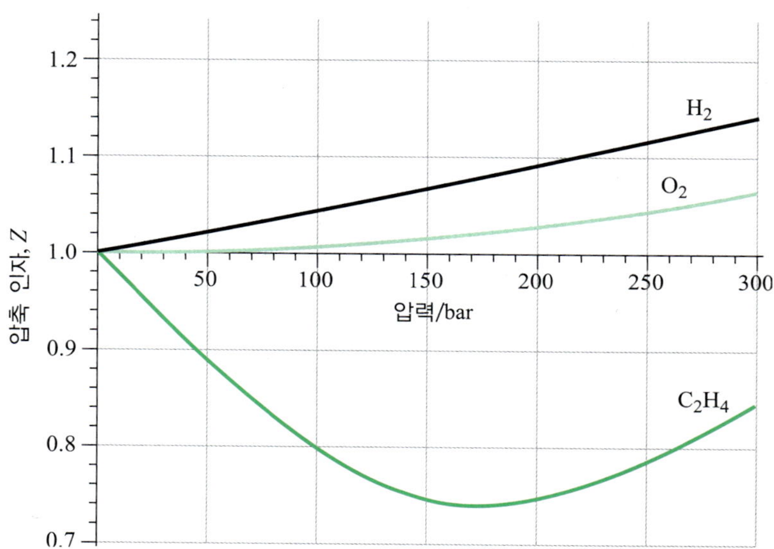

그림 3.2 0℃에서 몇 가지 기체의 압력에 따른 압축 인자. 이상 기체는 모든 압력 조건에서 $Z = 1$이다. $P \to 0$에서 모든 기체들의 $Z \to 1$로 접근한다.

3.2 실제 기체 상태식

실제 기체의 열역학 기본 변수 P, V, T에 대한 관계는 이상 기체 상태식 $PV = nRT$에 압축 인자 Z를 도입하여 유도할 수 있다. 이상 기체 상태식을 $n = 1$ mol일 때에 대하여 표현하면 다음과 같이 쓸 수 있다.

$$PV_m = RT$$

이 식을 이상 기체를 포함한 모든 기체에 적용하기 위하여 압축 인자 Z를 도입하면 다음과 같아진다.

$$PV_m = RTZ \tag{3.2}$$

이 식에서 $Z = 1$일 때는 3.2식은 이상 기체 상태식이 되며, Z에 실제 기체의 값을 사용하면 실제 기체에 대한 상태식이 된다. 그러나 그림 3.2에서 보았듯이 실제 기체의 Z 값은 동일한 온도에서도 P 값에 의존하므로 실제 기체에 적용하여 사용하려면 이러한 변화를 나타낼 수 있는 식으로 표현되어야 할 필요가 있다.

실제 기체의 등온선

우리는 앞의 '2.2 기체 법칙들과 이상 기체 상태식'에서 기체의 압력과 부피에 관한 관계(즉, 보일 법칙)를 도시하면 그림 2.1(가)와 같은 그래프가 작성되는 것을 보았다. 그리고 그림 2.1(가)에 나타난 곡선들을 등온선이라고 하였다. 실제 기체인 CO_2를 예를 들어 등온선을 나타내면 그림 3.3과 같다.

다음 그림 3.3에서 334 K의 온도에서 이상 기체의 등온선과 CO_2 기체의 등온선은 상당한 차이가 있음을 알 수 있다. 더욱이 258 K에서의 CO_2 기체의 압력과 부피 관계를 살펴보면, a 지점을 전후해서는 몰부피가 감소되면 대체로 보일 법칙에 따라 압력이 증가한다. 그러나 몰부피가 b 지점 이하로 감소되면 압력은 더 이상 증가하지 않으며 보일 법칙으로부터 심하게 벗어나기 시작하는 것을 볼 수 있다. 즉, b 지점 이하에서는 액화가 일어나기 시작하여 힘을 가하여 부피를 감소시켜도 CO_2 기체에 의한 압력 증가는 더 이상 발생하지 않게 된다. 액화는 c 지점까지 계속되다 c 지점에서 기체가 모두 액체로 변한다. 기체가 전부 액체로 변하고 나면 몰부피를 조금만 감소시키려고 해도 큰 압력이 필요하므로 c 지점 이하에서는 압력이 급격히 상승하게 된다.

그림 3.3에서 보는 바와 같이 실제 기체에 대한 몰부피 V_m과 압력 P의 관계는 복잡하여 간단한 형태의 식으로 나타내기가 매우 어렵다. 따라서 많은 이론적 또는 실험적 상태식들이 제안되었고, 여기에서는 가장 널리 사용되는 비리알 상태식과 반데르발스 상태식을 중심으로 살펴본다.

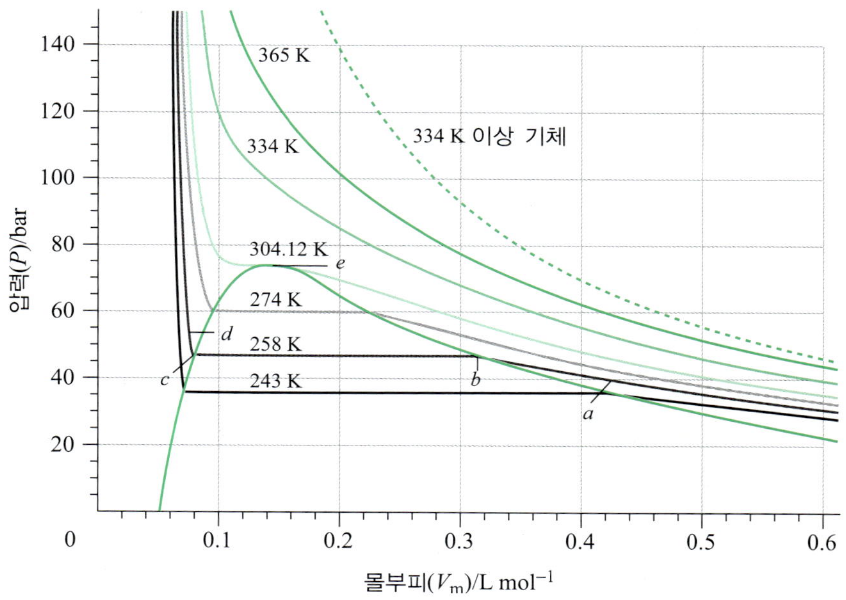

그림 3.3 여러 온도에서의 CO_2의 등온선(실선들)과 이상 기체의 등온선(점선). 304.12 K에서의 등온선은 임계 온도에서의 등온선으로 임계 등온선이라고 부른다.

비리알 상태식

비리알 상태식**(virial equation of state)**은 실제 기체에 대하여 실험적으로 결정하는 실험식이다. 이 식은 일정 온도에서 압력과 부피 관계인 등온선을 오차 범위 내에서 정확한 등온선이 그려질 때까지 $PV_m = RTZ$**에서 압축 인자** Z**를 멱급수로 전개하여 보정**한다. 압축 인자 Z의 몰부피 V_m에 대한 멱급수 전개는 다음과 같다.

$$Z = 1 + \frac{B}{V_m} + \frac{C}{V_m^2} + \cdots \tag{3.3}$$

3.3식을 3.2식에 넣으면 기체 상태식은 다음과 같이 되며 이를 비리알 상태식이라고 한다.

$$PV_m = RT\left(1 + \frac{B}{V_m} + \frac{C}{V_m^2} + \cdots\right) \quad \text{(비리알 상태식)} \tag{3.4}$$

여기에서 'B, C, ……' 등은 온도에 의존하며, B는 둘째 비리알 계수, C는 셋째 비리알 계수, …… 등으로 부른다. 첫째 비리알 계수는 1이다. 일반적으로 몰부피가 전형적인 값을 가질 때는 $C/V_m^2 \ll B/V_m$이므로 C/V_m^2은 무시할 수 있다. 몇 가지 물질에 대한 둘째 비리알 계수는 표 3.1과 같고, 더 많은 자료는 부록에 수록되어 있다.

표 3.1 몇 가지 물질의 둘째 비리알 계수, $B/\text{cm}^3\ \text{mol}^{-1}$

물질	온도	
	273 K	373 K
공기	−13.5	3.4
H_2	13.7	15.6
N_2	−10.5	6.2
O_2	−22	−3.7
Ar	−21.7	−4.2

예제 3.1 0°C에서 1 mol의 공기가 나타내는 압력은 얼마인가? 표 3.1의 비리알 계수를 사용하여 구하시오.(공기 입자의 자체 부피는 무시하시오.)

풀이 비리알 상태식을 사용하여 실제 기체에 대하여 주어진 온도와 몰수에서의 압력을 구하는 문제이다.

비리알 상태식 $PV_m = RT\left(1+\dfrac{B}{V_m}+\dfrac{C}{V_m^2}+\cdots\right)$에서 셋째 항 이하를 삭제한 식을 사용하여 구한다.

3.4식을 둘째 항까지 나타내면 다음과 같다.

$$PV_m = RT\left(1+\frac{B}{V_m}\right)$$

이 식을 P에 대하여 정리하여 계산하면

$$\begin{aligned}\boldsymbol{P} &= RT\left(1+\frac{B}{V_m}\right)/V_m\\ &= (0.083\,144\,7\ \text{L bar K}^{-1}\ \text{mol}^{-1})(273\ \text{K})\\ &\quad\times\left(1+\frac{-13.5\times10^{-3}\ \text{L mol}^{-1}}{22.4\ \text{L mol}^{-1}}\right)/22.4\ \text{L mol}^{-1}\\ &= \mathbf{1.013\,27\ bar}\end{aligned}$$

(이상 기체 1 mol의 0°C에서의 압력은 1.013 25 bar이다.)

또 다른 방법으로는 3.3식에서 압축 인자 Z를 둘째 항까지 먼저 구한 후 3.2식을 사용하여 $P = RTZ/V_m$로 할 수 있다.

반데르발스 상태식

비리알 상태식이 비록 그 계수 값들을 넣어 주기만 하면 실제 기체에 대하여 가장 신뢰할 만한 결과를 제공하기는 하나 표 3.1에서 보듯이 기체의 종류에 따라 비리알 계수 값이 다를 뿐만 아니라 같은 기체에서도 온도에 따라 값이 달라서 사용하기 매우 불편하다. 또한 비리알 상태식은 기체가 액체로 응축하는 현상을 통찰하는 데 어려움이 있다. 따라서 다소 덜 엄밀하더라도 기체들을 포괄적으로 다루는 식이 보다 유용할 때가 많이 있다.

1873년 네덜란드의 물리학자 반데르발스(van der Waals, J.)는 분자 자체의 부피 및 분자 간 인력과 반발력을 고려하여 이상 기체 상태식을 보정한 근사식을 제시하였다. 이 식은 여러 가지 근사적인 실제 기체의 상태식 가운데 가장 보편적으로 사용되고 있다.

실제 기체 분자들은 부피를 가지고 있으므로 분자가 운동하는 공간 V는 $V - nb$로 줄어들게 된다. 여기에서 b는 분자 입자 1 mol의 자체 부피이다. 그러면 이상 기체 상태식 $P = nRT/V$는 다음과 같이 바뀐다.

$$P = \frac{nRT}{V - nb}$$

또한 분자 간에 작용하는 인력은 분자가 용기 벽에 부딪쳐 나타내는 압력을 감소시킨다. 반데르발스는 이 압력 차가 기체 분자 농도의 제곱 $(n/V)^2$에 비례한다고 가정하였다. 그러면 분자 간 상호작용에 의한 압력 감소는 다음과 같이 된다.

$$\text{압력 감소} = a\frac{n^2}{V^2}$$

여기에서 'a'는 비례 상수이다. 그러므로 압력 감소를 고려한 기체 상태식은 다음과 같다.

$$P = \frac{nRT}{V - nb} - a\frac{n^2}{V^2} \quad \text{(반데르발스 상태식 1)} \qquad (3.5a)$$

$$P = \frac{RT}{V_m - b} - \frac{a}{V_m^2} \quad \text{(반데르발스 상태식 2)} \tag{3.5b}$$

이 식을 반데르발스 상태식(**van der Waals equation of state**)이라고 한다. 이 식을 $PV = nRT$와 같은 형식으로 나타내면 다음과 같은 모양이 된다.

$$\left(P + a\frac{n^2}{V^2}\right)(V - nb) = nRT \quad \text{(반데르발스 상태식 3)} \tag{3.5c}$$

$$\left(P + \frac{a}{V_m^2}\right)(V_m - b) = RT \quad \text{(반데르발스 상태식 4)} \tag{3.5d}$$

반데르발스(Johannes Diderik van der Waals, 1837~ 1923)

네덜란드의 물리학자. 분자의 크기와 상호작용을 고려한 기체 상태 방정식인 반데르발스 식을 정의하여 1910년 노벨 물리학상을 수상하였다.

반데르발스 상태식의 상수 'a, b'를 반데르발스 매개변수(parameter)라고 하며, 기체의 종류에 따라 값이 다르다. 몇 가지 분자에 대한 a, b 값은 표 3.2와 같다. 더 많은 자료는 부록에 수록되어 있다.

표 3.2 몇 가지 물질의 반데르발스 및 레드리히–퀑 매개변수

물질	반데르발스		레드리히–퀑	
	a/L^2 bar mol^{-2}	b/10^{-2} L mol^{-1}	a/L^2 bar mol^{-2} K$^{1/2}$	b/10^{-2} L mol^{-1}
H_2	0.2452	2.65	1.427	1.837
O_2	1.382	3.19	17.40	2.203
N_2	1.370	3.87	15.55	2.675
Ar	1.355	3.20	16.86	2.219
CO_2	3.658	4.29	64.63	2.971

이론적으로 유도된 실제 기체 상태식은 여러 가지가 있으며, 그 가운데 레드리히–퀑 식(**Redlich-Kwong equation of state**)은 다음과 같다.

$$P = \frac{RT}{V_m - b} - \frac{a}{\sqrt{T}}\frac{1}{V_m(V_m + b)} \quad \text{(레드리히–퀑 상태식)} \tag{3.6}$$

여기에서 'a, b'는 반데르발스 매개변수와 동일한 기호를 사용하고 있으나 값은 다르다. 레드리히–퀑 식의 매개변수 a, b 값 역시 표 3.2에 수록해 놓았다.

위의 반데르발스 상태식의 주요한 특성은 다음과 같다.

(1) 높은 온도, 큰 몰부피에서 이상 기체와 같은 등온선을 나타낸다.
(2) 응집 효과와 분산 효과가 균형을 이룰 때는 기체와 액체가 공존하는 상태를 나타내 준다.
(3) 임계점에서의 임계 상수들은 반데르발스 매개변수와 관련된다.

이러한 성질은 반데르발스 상태식을 전개하여 V_m에 대하여 정리해 보면 잘 드러난다. 3.5d식에서 반데르발스 상태식은

$$\left(P + \frac{a}{V_m^2}\right)(V_m - b) = RT$$

이고, 이 식을 전개하면

$$PV_m - Pb + a/V_m - ab/V_m^2 - RT = 0$$

이 된다. 이 식의 양변에 $V_m{}^2$을 곱하고 P로 나누면 다음과 같이 된다.

$$V_m^3 - \left(\frac{RT + Pb}{P}\right)V_m^2 + \left(\frac{a}{P}\right)V_m - \frac{ab}{P} = 0 \tag{3.7}$$

이 식은 V_m에 대한 3차 방정식이므로 3개의 근을 가지며, 이 3개의 근은 다음과 같은 경우로 구성될 수 있다.

첫째, 3개의 근 중 하나는 실수이고, 다른 두 개는 허수인 경우로 높은 온도, 큰 몰부피에서 이상 기체와 유사한 등온선을 나타내는 경우이다.

둘째, 3개의 근이 서로 다른 실수인 경우로 기체와 액체가 공존하는 상태이다.

셋째, 3개의 근이 동일한 실수인 경우로 임계 상태에서 이러한 값을 가진다.

반데르발스 상태식을 CO_2 분자에 적용하여 나타내면 그림 3.4와 같다. 이 그림에서 304 K에 대한 곡선은 3개의 근이 동일한 실수인 경우로 임계 등온선이고, 304 K보다 낮은 온도에 대한 곡선은 3개의 근이 서로 다른 실수인 경우이다. 여기에서 파동 모양으로 나타나는 부분을 수평선으로 바꾸어 주면 그림 3.3의 기체와 액체가 공존하는 영역이 된다. 304 K보다 높은 온도에서는 쌍곡선이 그려지며, 이러한 곡선에서는 3개의 근이 하나는 실수이고, 다른 두 개는 허수인 경우이다.

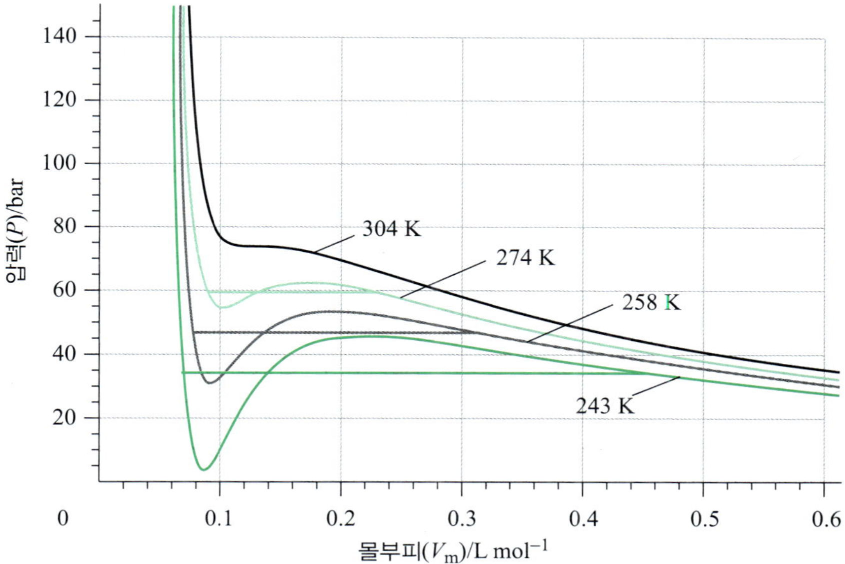

그림 3.4 몇 가지 온도에서의 반데르발스 상태식에 의한 CO_2의 등온선

예제 3.2 반데르발스 식을 이용하여 500 K와 100 bar에서 CO_2의 몰부피를 구하시오.

풀이 반데르발스 상태식을 사용하여 실제 기체의 몰부피를 구하는 문제이다. 3.7식을 사용하여 3차 방정식을 푼다.

$$V_m^3 - \left(\frac{RT + Pb}{P}\right)V_m^2 + \left(\frac{a}{P}\right)V_m + \frac{ab}{P} = 0 \tag{3.7}$$

표 3.2에서 CO_2의 반데르발스 매개변수는 다음과 같다.

$$a = 3.658 \text{ L}^2 \text{ bar mol}^{-2}, \quad b = 4.29 \times 10^{-2} \text{ L mol}^{-1}$$

3.7식을 계산하기 위하여 계수와 절편값을 먼저 계산한다.

$$\begin{aligned} RT/P &= (0.08314 \text{ L bar K}^{-1} \text{ mol}^{-1})(500 \text{ K})/(100 \text{ bar}) \\ &= 0.416 \text{ L mol}^{-1} \end{aligned}$$

$$\frac{RT + Pb}{P} = (0.416 + 0.0429) \text{ L mol}^{-1} = 0.4586 \text{ L mol}^{-1}$$

$$\frac{a}{P} = (3.658 \text{ L}^2 \text{ bar mol}^{-2})/100 \text{ bar} = 3.658 \times 10^{-2} \ (\text{L mol}^{-1})^2$$

$$\frac{ab}{P} = (3.658\ \mathrm{L^2\ bar\ mol^{-2}})(4.29 \times 10^{-2}\ \mathrm{L\ mol^{-1}})/100\ \mathrm{bar}$$
$$= 1.569 \times 10^{-3}\ (\mathrm{L\ mol^{-1}})^3$$

이 값들을 3.7식에 $V_m = x$라고 놓고 식을 다시 쓰면 다음과 같이 된다.

$$x^3 - 0.4586x^2 + 3.658 \times 10^{-2} x - 1.569 \times 10^{-3} = 0$$

이 식은 3차 방정식이며 인수분해가 되지 않으므로 수치해석법을 사용하여 근을 구해야 한다. (MS Excel 프로그램에서 [목표 값 찾기]를 하면 간단하게 해를 구할 수 있다.)
수치해석으로 얻은 실수 값 $x = 0.336$이므로 몰부피는 다음과 같다.

$$\boldsymbol{V_m = 0.336\ \mathrm{L\ mol^{-1}}}$$

등온 팽창 일

그림 3.3에서 보듯이 임계 등온선을 그리는 온도(임계 온도)를 기준으로 이 온도보다 높은 온도에서는 압력 P와 몰부피 V_m의 관계는 이상 기체의 경우와 같이 쌍곡선을 그리며 변화한다. 그러나 임계 온도보다 낮은 온도에서는 P와 V_m의 관계는 V_m의 크기에 따라 영역별로 달라진다.

그러므로 실제 기체의 **등온 팽창 일**(isothermal expansion work)은 다음과 같다.

〈실제 기체의 등온 팽창 일〉

1. $T >$ 임계 온도: $w = -nRT \ln \frac{V_{m,f}}{V_{m,i}}$
2. $T <$ 임계 온도: 그림 3.3에 표시된 영역에 따라 다음과 같이 구분된다.

   b점 이상의 영역: $w = -nRT \ln \frac{V_{m,f}}{V_{m,i}}$

   b점과 c점 사이의 영역: $w = -P_{ex} n \Delta V_m$

   c점 이하의 영역: $w = -nRT \ln \frac{V_{m,f}}{V_{m,i}}$

3.3 임계 상태

우리는 그림 3.3을 통해 258 K에서 CO_2 기체의 몰부피가 b점 이하에서 보일의 법칙을 크게 벗어나는 것을 보았다. 또한 이러한 현상은 그림 3.3에서 보듯이 CO_2의 경우 304.12 K에서부터 시작하여 그 이하의 온도에서 확연하며, 304.12 K 이상에서는 보일의 법칙을 따르는 것을 볼 수 있다. 이와 같이 **보일 법칙을 벗어나기 시작하는 온도를 임계 온도(critical temperature, T_c)**라고 한다.

임계 온도의 특징은 모든 물질은 이 임계 온도 이하에서만 액체로 존재할 수 있으며, 임계 온도 이상에서는 아무리 높은 압력을 가해도 액체상을 얻을 수 없다는 것이다. 임계 온도 T_c에서 등온 곡선은 물질의 상평형에서 매우 중요한 역할을 한다. (상평형은 '8강 순물질의 물리적 변화'와 '9강 혼합물의 물리적 변화'에서 상세하게 다룬다.) 예를 들면 CO_2 기체를 임계 온도 304.12 K를 유지하며 압축시키면 그림 3.3의 e점에서 기체상과 액체상을 구분할 수 없는 상태가 된다. 이 점을 **임계점(critical point)**라고 하며, 임계점에서의 온도, 압력, 몰부피를 각각 임계 온도(T_c), **임계 압력(critical pressure, P_c)**, **임계 몰부피(critical molar volume, $V_{m,c}$)**라고 한다. 이 값들은 각 물질마다 고유한 값을 갖는 성질이며 몇 가지 물질에 대한 임계 상수는 표 3.3과 같다. 더 많은 물질에 대한 자료는 부록에 수록되어 있다.

표 3.3 몇 가지 물질의 임계 상수

물질	T_c/K	P_c/bar	$V_{m,c}$/10^{-3} L mol^{-1}	Z_c
Ar	150.86	48.98	74.57	0.291
N_2	126.20	33.98	90.10	0.292
O_2	154.58	50.43	73.37	0.288
CO_2	304.13	73.75	94.07	0.274

임계 상수들은 반데르발스 매개변수 a, b와 밀접한 관계가 있으며 그 관계는 다음과 같이 유도된다. 등온선은 임계점에서 변곡점을 형성하므로 반데르발스 상태식의 압력 P에 대한 몰부피 V_m의 1차 도함수와 2차 도함수 값은 0이다. 3.5b식을 사용하여 반데르발스 상태식의 도함수를 구하면 다음과 같다.

$$\frac{dP}{dV_m} = -\frac{RT}{(V_m - b)^2} + \frac{2a}{V_m^3} = 0 \tag{3.8a}$$

$$\frac{d^2P}{dV_m^2} = \frac{2RT}{(V_m - b)^3} - \frac{6a}{V_m^4} = 0 \tag{3.8b}$$

이 식들에 $P = P_c$, $V_m = V_{m,c}$, $T = T_c$로 바꾸어 풀면 다음과 같은 관계식을 얻을 수 있다.

$$P_c = \frac{a}{27b^2} \qquad V_{m,c} = 3b \qquad T_c = \frac{8a}{27Rb} \tag{3.9}$$

이 식들로부터 **임계 압축 인자(critical compression factor, Z_c)**를 구하면 다음과 같다.

$$Z_c = \frac{P_c V_{m,c}}{RT_c} = \frac{3}{8}(\text{상수}) \tag{3.10}$$

이 값 $\frac{3}{8}$(즉 0.375)은 표 3.3의 Z_c 값들보다는 작으나 표 3.3에서 보듯이 Z_c 값은 편차가 작은 일정한 값을 나타냄을 알 수 있다. 또한 3.9식을 반데르발스 매개변수 a, b 및 R에 대해서 나타내면 다음과 같다.

$$a = 3P_c V_{m,c}^2 \qquad b = \frac{1}{3}V_{m,c} \qquad R = \frac{8}{3}\frac{P_c V_{m,c}}{T_c} \tag{3.11}$$

레드리히–쿼 상태식의 매개변수에 대해서는 다음과 같다.

$$a = \frac{R^2 T_c^{5/2}}{9P_c(2^{1/3} - 1)} \qquad b = \frac{RT_c(2^{1/3} - 1)}{3P_c} \tag{3.12}$$

3.4 대응 상태 원리

자연 과학에서 대상물들의 성질을 비교하는 데에는 크기 성질을 비교하는 방법과 세기 성질을 비교하는 방법이 있다. 세기 성질은 크기 성질 값을 다른 크기 성질 값으로 나누어 상대적 세기를 나타내는 방법이다. 기체의 임계 상수는 기체의 종류에 따라 고유한 값을 가지므로 이것을 기준으로 열역학 기본 변수를 다음과 같이 나타낼 수 있고 이를 **환산 변수(reduced variable)**라고 하며, 단위가 없는 값이다.

$$P_r = \frac{P}{P_c} \qquad V_r = \frac{V_m}{V_{m,c}} \qquad T_r = \frac{T}{T_c} \quad (\text{환산 변수의 정의}) \tag{3.13}$$

이 환산 변수들을 사용하여 반데르발스 상태식 3.5b를 나타내면 다음과 같다.

$$P_r P_c = \frac{RT_r T_c}{V_r V_{m,c} - b} - \frac{a}{V_r^2 V_{m,c}^2}$$

이 식에 P_c, $V_{m,c}$, T_c, R을 3.9와 3.11식의 관계를 이용하여 매개변수 a, b에 대하여 나타내면 다음과 같아지고,

$$\frac{aP_r}{27b^2} = \frac{8aT_r}{27b(3bV_r - b)} - \frac{a}{9b^2 V_r^2}$$

이것을 P_r에 대하여 정리하면 다음과 같은 식을 얻는다.

$$P_r = \frac{8T_r}{3V_r - 1} - \frac{3}{V_r^2} \quad \text{(환산 반데르발스 상태식)} \tag{3.14}$$

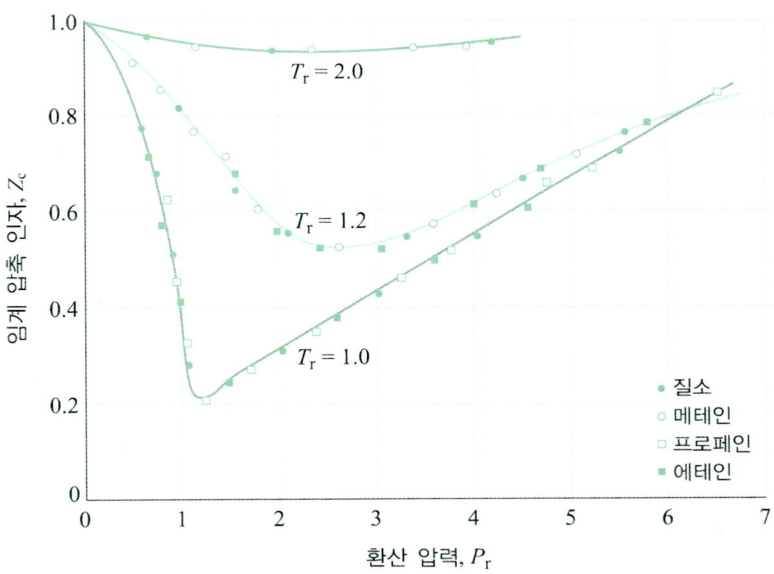

그림 3.5 세 개의 환산 온도에 대해서 네 가지 기체의 압축 인자 Z를 환산 압력 P_r의 함수로 나타낸 그래프

이와 같이 환산 변수를 이용하여 상태식을 나타내면 기체의 종류에 따라 상이한 값을 갖는 매개변수 a, b가 사라진 상태식을 얻을 수 있다. 이 식으로

등온선을 그리면 이상 기체 상태식과 같이 모든 기체에 대하여 동일한 곡선이 나타날 것이다. 따라서 **동일한 환산 부피와 동일한 환산 온도 하의 실제 기체는 동일한 환산 압력을** 나타내야 하며, 그 역도 마찬가지이다. 이와 같이 다른 기체에 대하여 얻어진 환산 변수들이 서로 동일한 값으로 대응하는 성질을 **대응 상태 원리(principle of corresponding states)**라고 한다. 몇 가지 임계 압축 인자 Z_c를 여러 환산 온도에서 환산 압력에 대하여 나타내면 그림 3.5와 같다. 이 그림은 대응 상태 원리가 대체적으로 잘 맞는 것을 보여 준다. 그러나 이 원리는 구형이며 비극성인 분자의 기체에 대해서는 잘 맞으나 극성 분자나 구형이 아닌 분자에 대해서는 잘 맞지 않는다.

예제 3.3 500 K와 100 bar에서 CO_2 분자에 대하여 다음을 구하시오.

(1) 임계점에서의 압축 인자 Z_c

(2) 25°C에서 100.0 L의 환산 압력 P_r

풀이 대응 상태 원리를 적용하는 문제이다.

표 3.3에서 CO_2의 임계 상수를 사용하여 값을 구한다.

CO_2의 임계 상수

$$T_c = 304.13\ \text{K},\ P_c = 73.75\ \text{bar},\ V_{m,c} = 94.07 \times 10^{-3}\ \text{L mol}^{-1}$$

(1) 3.10식을 사용하여 계산하면 다음과 같다.

$$\boldsymbol{Z_c} = \frac{P_c V_{m,c}}{RT_c} = \frac{(73.75\ \text{bar})(94.07 \times 10^{-3}\ \text{L mol}^{-1})}{(0.08314\ \text{L bar K}^{-1}\ \text{mol}^{-1})(304.13\ \text{K})} = \mathbf{0.2744}$$

(2) 3.13식과 예제 3.2에서 구한 V_m을 사용하여 환산 부피와 환산 온도를 구하면 다음과 같다.

$$V_r = \frac{V_m}{V_{m,c}} = \frac{0.336\ \text{L mol}^{-1}}{94.07 \times 10^{-3}\ \text{L mol}^{-1}} = 3.572$$

$$T_r = \frac{T}{T_c}$$
$$= \frac{500\text{ K}}{304.13\text{ K}} = 1.644$$

3.14식을 사용하여 환산 압력을 구하면 다음과 같다.

$$\boldsymbol{P}_r = \frac{8T_r}{3V_r - 1} - \frac{3}{V_r^2}$$
$$= \frac{8(1.644)}{3(3.572) - 1} - \frac{3}{(3.572)^2} = \mathbf{1.119}$$

핵심 개념

1. 실제 기체: 질량과 부피를 가지고 있으며 분자 간에 상호작용이 존재
2. 분자 간 상호작용: 인력과 반발력이라는 두 종류의 힘에 기인
3. 압축 인자(Z): 기체의 몰부피 V_m을 동일 압력, 동일 온도 조건에서 이상 기체의 몰부피 V_m^i로 나눈 값
4. 비리알 상태식: $PV_m = RTZ$에서 압축 인자 Z를 멱급수로 전개하여 보정한 식
5. 반데르발스 식: 분자 자체의 부피와 분자 간 인력과 반발력을 고려하여 이상 기체 상태식을 보정한 근사식
6. 임계 상태
   임계점: 기체와 액체를 구분할 수 없는 상태
   임계 온도(T_c): 보일의 법칙을 벗어나기 시작하는 온도
   임계 압력(P_c): 임계점에서의 압력
   임계 몰부피($V_{m,c}$): 임계점에서의 몰부피
7. 대응 상태 원리: 다른 기체에 대하여 얻어진 환산 변수들이 서로 동일한 값으로 대응하는 성질

주요 식

이름	식	설명
압축 인자	$Z=\frac{V_m}{V_m^i}=\frac{PV_m}{RT}$	정의
비리알 상태식	$PV_m=RT\left(1+\frac{B}{V_m}+\frac{C}{V_m^2}+\cdots\right)$	실험적 결과 자료에 의하여 상수 B, C, … 결정, 각 온도에서의 상수값이 있어야 사용 가능
반데르발스 상태식	$P=\frac{RT}{V_m-b}-\frac{a}{V_m^2}$	이론 식, 각 물질에 대한 파라미터 a, b만으로 모든 온도에 대하여 적용
환산 반데르발스 상태식	$P_r=\frac{8T_r}{3V_r-1}-\frac{3}{V_r^2}$	임계 상수를 기준으로 환산된 상태식

연습 문제

3.1 실제 기체에 대하여 다음에 답하시오.
(1) 분자 간 상호작용의 종류는 어떤 것들이 있는가?
(2) 분자 간 상호작용 결과 퍼텐셜 곡선은 어떠한 모양을 나타내는가?

3.2 압축 인자에 대하여 다음에 답하시오.
(1) 압축 인자를 정의하는 식을 쓰고, 압력과 온도에 따라 어떻게 변하는 지 말하시오.
(2) 압축 인자는 실체 기체의 분자 간 상호 작용의 정도를 어떻게 나타내는가?

3.3 반데르발스 상태식의 유도 과정을 설명하시오.

3.4 반데르발스 상태식의 의의를 말하시오.

3.5 낮은 압력에서 **반데르발스 기체의 압축 인자** Z가 다음과 같음을 보이시오.

$$Z = 1 + \left(b - \frac{a}{RT}\right)\frac{P}{RT}$$

3.6 임계 온도보다 낮은 온도에서 영역별로 등온 팽창 일을 구하는 식을 쓰시오.

3.7 반데르발스 상태식 $P = \dfrac{RT}{V_m - b} - \dfrac{a}{V_m^2}$ 로부터 임계 상수 $P_c = \dfrac{a}{27b^2}$, $V_{m,c} = 3b$, $T_c = \dfrac{8a}{27Rb}$ 가 됨을 유도하시오.

3.8 부피가 25.00 L인 용기에 Ar 기체 1 mol이 들어 있다. 0°C에서 다음을 구하시오.
(1) 이 기체를 이상 기체로 가정하였을 때 나타나는 압력
(2) 둘째 비리알 계수까지 사용하여 비리알 상태식으로 계산하였을 때의 압력
(3) 이 기체를 반데르발스 기체로 가정하였을 때 나타나는 압력

3.9 25.00 L 용기에 들어 있는 수소 기체의 압력이 0°C에서 1.360 bar를 나타내었다. 이 기체가 100.0°C가 되었을 때 압력이 얼마가 되겠는가?
(1) 이상 기체로 가정하였을 때

(2) 둘째 비리알 계수까지 사용하여 비리알 상태식으로 계산할 때 (몰부피는 이상 기체로 가정하였을 때 얻은 값을 사용하시오.)

(3) 반데르발스 기체로 가정하였을 때(몰부피는 이상 기체로 가정하였을 때 얻은 값을 사용하시오.)

3.10 위의 문제 3.8에서 구한 P(비리알)과 P(반데르발스)를 사용하여 다음 두 경우에서 100°C에서의 몰부피와 압축 인자를 구하시오.

(1) 둘째 비리알 계수까지 사용하여 비리알 상태식으로 계산할 때

(2) 반데르발스 기체로 가정하였을 때(몰부피는 MS Excel 프로그램을 사용하여 구한다.)

3.11 CO_2를 반데르발스 기체로 취급할 때 243 K, 35.0 bar에서 다음을 구하시오.

(1) 응축이 시작될 때와 응축이 완료될 때의 몰부피

(2) 초기 몰부피 0.50 L mol^{-1}에서부터 등온 압축시켰다면, CO_2 기체 1 mol이 완전히 응축되었을 때까지 일어난 일

3.12 구형 분자의 부피는 $V = b/4N_A$로 추정된다. 여기에서 b는 반데르발스 매개변수이고, N_A는 아보가드로 수이다. 메테인 분자의 반지름이 얼마가 될 것으로 예측되는가?

3.13 부록의 표 3.3의 임계 상수를 사용하여 다음을 구하시오.

(1) CH_3OH의 반데르발스 매개변수 a, b

(2) 임계 상태에서의 기체 상수 R

2장

에너지 보존

- 4강 열역학 제1법칙
- 5강 엔탈피와 열화학

2장은 부피 변화에 의한 일 에너지에 이어 온도 변화와 관련된 열 에너지를 다룬다. 일과 열은 서로 밀접하게 관련되어 있어 어떤 계의 내부 에너지 변화량은 일 또는 열로 나타나게 된다. 이러한 현상은 에너지 보존에 관한 법칙인 열역학 제1법칙으로 다룰 수 있다. 따라서 이 장의 첫 번째 강인 '4강 열역학 제1법칙'에서 물리적 및 화학적 변화에 수반되는 일과 열 에너지 변화를 제1법칙을 적용하여 구하는 방법을 배운다. 이어서 4강에서 익힌 열역학 제1법칙을 토대로 하여 '5강 엔탈피와 열화학'에서 열적 변화량(열량)에 초점을 두고 물리적 및 화학적 변화에 다른 에너지 변화를 다루는 방법을 공부한다.

4강 열역학 제1법칙

■ 미리 생각해 보기

- 계의 내부 에너지는 어떠한 에너지들로 구성될까?
- 어떤 계의 내부 에너지 값 변화는 어떻게 나타날까?
- 부피 변화에 의한 내부 에너지의 변화는 어떻게 구할까?
- 온도 변화에 의한 내부 에너지의 변화는 어떻게 구할까?
- 압력과 열용량은 내부 에너지와 어떤 관계에 있을까?

4.1 계와 주위

우리는 '1.1 에너지의 정의와 종류'에서 "한 물체가 지니는 에너지는 외부로부터 에너지가 공급(또는 제거)되지 않는 한 일정하다."라고 하였고, "이것을 에너지 보존 법칙이라고 한다."라고 하였다. 즉, "에너지는 한 곳에서 다른 곳으로 이동할 수는 있어도 전체 에너지 양은 일정하다."라는 것이 에너지 보존 법칙이라고 하였다. 따라서 에너지 보존 법칙을 다루기 위하여 가장 먼저 '한 곳'과 '다른 곳'에 대한 정의부터 시작하여야 한다.

계와 주위의 정의

열역학에서 **계(system)**는 우리가 **관심의 대상으로 삼는 부분**을 말한다. 예를 들면 화학 반응에서 우리는 반응물, 중간 생성물, 최종 생성물에 관심을 가지므로 이러한 반응이 일어나는 반응조 내부가 계가 될 수 있다. 그리고 **주위(surrounding)**는 **계를 제외한 우주의 나머지 부분**을 말한다.

우리가 관심을 갖는 계는 성격에 따라 다음과 같이 세 가지로 구분한다.

- **열린계(open system)**: 계와 주위 상호 간에 물질과 에너지를 교환할 수 있는 계

  (예) 뚜껑도 없고, 열이 잘 전달되는 금속과 같은 물질로 만들어진 용기에

들어 있는 반응 계. 이런 용기에 들어 있는 반응물에는 외부에서 반응물을 첨가(또는 제거)할 수도 있고, 외부에서 반응 계를 가열(또는 냉각)하여 에너지를 공급(또는 제거)할 수 있다.

- 닫힌계(**closed system**): 계와 주위 상호 간에 에너지를 교환할 수는 있어도 물질을 교환할 수는 없는 계
  (예) 뚜껑이 밀봉되어 있으나, 열이 잘 전달되는 금속과 같은 물질로 만들어진 용기에 들어 있는 반응 계. 이런 용기에 들어 있는 반응물에는 외부에서 반응물을 첨가(또는 제거)할 수는 없으나, 외부에서 반응 계를 가열(또는 냉각)하여 에너지를 공급(또는 제거)할 수는 있다.
- 고립계(**isolated system**): 계와 주위 상호 간에 물질과 에너지 어느 것도 교환할 수 없는 계
  (예) 뚜껑이 밀봉되어 있고, 단열제로 만들어진 용기에 들어 있는 반응 계. 이런 용기에 들어 있는 반응물에는 외부에서 반응물을 첨가(또는 제거)할 수도 없고, 외부에서 반응 계를 가열(또는 냉각)하여 에너지를 공급(또는 제거)할 수도 없다.

열역학에서 계와 주위의 에너지 합은 항상 보존되어야 한다. 따라서 열역학적 현상을 다루는 데 계의 분류는 매우 중요하다. 그러므로 어떤 계의 열역학적 현상은 그 계의 성격에 따라 구분되어 다루어진다.

4.2 상태 함수와 완전 미분

앞으로 다루어질 열역학 함수들은 열역학적 변화 과정에 독립적인 함수와 종속적인 함수의 두 종류가 있다. 이 가운데 변화 과정에 독립적인 함수를 상태 함수라고 하고, 변화 과정에 종속적인 함수를 경로 함수라고 한다.

상태 함수와 경로 함수

상태 함수(**state function**)는 계의 현재 상태에만 의존하고 그 상태가 어떤 과정을 거쳐서 현 상태를 이루고 있는지에는 무관한 함수이다. 예를 들면 '1.1 에너지의 정의와 종류'에서 다룬 퍼텐셜 에너지 E_p는 현재 위치(중력 퍼텐셜의 경우 h, 쿨롱 퍼텐셜의 경우 r)가 어디인가에 따라 그 값이 결정될 뿐 어떤 경로를 거쳐 그 위치에 도달하였는지는 그 값에 영향을 주지 않는다. 이와 같은 성질을 가지는 함수를 상태 함수라고 하며, 앞으로 다룰 열역학 함수 중에서

내부 에너지, 엔탈피, 엔트로피, 자유 에너지 등이 상태 함수에 속한다. 반면 일과 열은 경로에 의존한다. 일의 경우를 보면 '1.2 일'에서 보았듯이 일 $w = -F{\cdot}dz$로 힘에 맞서서 움직인 거리 dz에 따라 일의 양이 변한다. 이와 같이 **경로에 의존하는 함수를 경로 함수(path function)**라고 한다.

어떤 열역학 함수가 상태 함수인지 또는 경로 함수인지를 아는 것은 열역학 함수를 수학적으로 다루는 데 있어서 매우 중요하다. 열역학 함수들을 수학적 성질을 이용하면 함수들 간의 여러 연관 관계를 얻을 수 있다. 이러한 연관 관계를 이용하면 열역학 기본 변수 P, V, T 등으로 측정하기 곤란한 열역학적 함수들을 나타낼 수 있으므로 어렵지 않게 그 값을 구할 수 있게 된다.

완전 미분과 불완전 미분

상태 함수는 경로에 무관한 함수이므로 상태 함수의 미분값을 임의의 경로에 따라 적분한 값은 적분의 상한과 하한에서의 함수값 차이로 나타난다. 예를 들어 어떤 미분 $dz_1 = y dx$를 점 $A(x_1, y_1)$에서 점 $B(x_2, y_2)$까지 적분하는 경우 이 적분은 다음과 같이 표현된다.

$$I_1 = \int_{x_1}^{x_2} y dx \tag{4.1}$$

이 적분의 값 I_1은 그림 4.1에서 보는 바와 같이 y가 두 점 A, B 사이를 어떤 경로를 따라 가느냐에 따라 곡선 밑면의 넓이가 달라진다. 이러한 미분을 **불완전 미분(inexact differential)**이라고 하며, 경로 함수의 미분이다.

한편 미분 $dz_2 = x dy$를 점 $A(x_1, y_1)$에서 점 $B(x_2, y_2)$까지 적분하는 경우 이 적분은 다음과 같이 표현된다.

$$I_2 = \int_{y_1}^{y_2} x dy \tag{4.2}$$

이 적분의 값 I_2는 그림 4.1에서 곡선과 y축 사이의 넓이와 같다. 이 적분 값 역시 경로에 의존한다. 그러므로 미분 $dz_2 = x dy$도 불완전 미분으로 경로 함수이다.

이번에는 두 불완전 미분의 합 $dz = y dx + x dy$의 적분을 살펴보자.

$$I = \int_{x_1}^{x_2} y dx + \int_{y_1}^{y_2} x dy = I_1 + I_2 \tag{4.3}$$

이 적분 값 I는 그림 4.1에서 보는 바와 같이 $I = I_1 + I_2$는 경로에 무관하며 처음 상태와 나중 상태에만 의존한다. 따라서 두 불완전 미분의 합 $\mathrm{d}z = y\mathrm{d}x + x\mathrm{d}y$는 경로에 무관한 미분이다. 이와 같이 그 적분 값이 경로에 무관한 미분을 완전 미분(**exact differential**)이라고 한다. 위에서 본 바와 같이 완전 미분 $\mathrm{d}z = y\mathrm{d}x + x\mathrm{d}y$는 함수 $z = xy$의 미분 $\mathrm{d}(x, y)$이고, 두 불완전 미분은 이 완전 미분 중에 각 변수 x와 y에 대한 편미분이다.

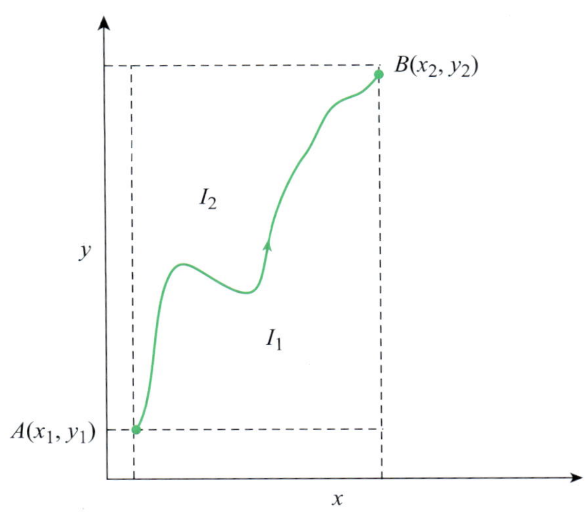

그림 4.1 완전 미분과 불완전 미분에 대한 적분. 두 불완전 미분 $\mathrm{d}z = y\mathrm{d}x$와 $\mathrm{d}z = x\mathrm{d}y$의 적분 값 I_1과 I_2는 각각 경로에 의존한다. 그러나 이 두 불완전 미분의 적분 값의 합 $I = I_1 + I_2$는 경로에 무관하다.

열역학적 양은 두 개 이상의 변수를 가진 함수인 경우가 많다. 예를 들어 어떤 양 z가 x와 y의 함수 $z = z(x, y)$라면, 이 함수의 완전 미분은 다음과 같다.

$$\mathrm{d}z = \left(\frac{\partial z}{\partial x}\right)_y \mathrm{d}x + \left(\frac{\partial z}{\partial y}\right)_x \mathrm{d}y \quad \text{(완전 미분, } z\text{: 상태 함수)} \tag{4.4}$$

반면 다음과 같이 한 변수만에 대한 미분은 불완전 미분이다.

$$\mathrm{d}z = \left(\frac{\partial z}{\partial x}\right)_y \mathrm{d}x \quad \text{(불완전 미분, } z\text{: 경로 함수)} \tag{4.5a}$$

$$\mathrm{d}z = \left(\frac{\partial z}{\partial y}\right)_x \mathrm{d}y \quad \text{(불완전 미분, } z\text{: 경로 함수)} \tag{4.5b}$$

'1장 에너지와 열역학 기본 변수'에서 다룬 일 w와 열량 q에 대하여 위에서 본 미분의 성질을 적용하면 다음과 같이 일 w와 열량 q의 성격을 확인할 수 있다. 일은 $w = -P\Delta V$ 이므로 P와 V의 함수이고, $q = C\Delta T$ 로 C와 T의 함수이다.

$$w = w(P,V) \qquad q = q(C,T) \tag{4.6}$$

여기에서 일 w의 미분량 $dw = -PdV$ 이고, 열량 q의 미분량 $\mathrm{d}q = C\mathrm{d}T$이므로 각각 두 변수 중에 하나의 변수만에 대한 미분 값이다. 따라서 dw와 dq는 다음과 같은 불완전 미분이 된다.

$$\mathrm{d}w = \left(\frac{\partial w}{\partial V}\right)_{\mathrm{P}} \mathrm{d}V \quad \text{(불완전 미분)} \tag{4.7a}$$

$$\mathrm{d}q = \left(\frac{\partial q}{\partial T}\right)_{\mathrm{C}} \mathrm{d}T \quad \text{(불완전 미분)} \tag{4.7b}$$

4.7a와 4.7b식은 불완전 미분이므로 일 w와 열량 q는 경로에 의존하는 경로 함수이다.

일 w와 열량 q: 경로에 의존하는 경로 함수

4.3 내부 에너지와 열역학 제1법칙

열역학에서는 **계의 전체 에너지**를 일반적인 에너지와 구분하여 **내부 에너지 (internal energy, *U*)**라고 부르고, 일반적으로 사용하는 에너지와 구분하기 위하여 기호 U로 표기한다. 내부 에너지는 계를 구성하는 모든 물질의 온도와 압력 등에 따른 모든 운동 에너지와 위치에 따른 퍼텐셜 에너지의 합이다. 즉 내부 에너지는 계를 형성하고 있는 분자들이 가지고 있는 전체 에너지를 의미하며, 다음과 같이 나타낼 수 있다.

$$U = E_{\mathrm{k}} + E_{\mathrm{p}} \quad \text{(내부 에너지 구성 요소)} \tag{4.8}$$

내부 에너지와 열역학 기본 변수와의 관계

분자의 운동은 온도가 높아지면 빨라지고 온도가 낮아지면 느려진다. 그러므로 분자들의 내부 에너지의 구성 요소의 하나인 운동 에너지 $E_{\mathrm{k}} = \frac{1}{2}mv^2$ 은 높은 온도에서는 큰 값을 갖고, 낮은 온도에서는 작은 값을 갖는 온도 T에 의존하는 함수이다. 따라서 온도와 내부 에너지는 다음과 같은 관계를 갖는다.

온도 T 상승(하락) → 분자의 운동 에너지 증가(감소)
→ 내부 에너지 증가(감소)

한편 퍼텐셜 에너지 E_p는 1.2와 1.3식에서 보았듯이 거리에 의존하는 함수로 부피 V가 커지면 분자 간 거리가 증가하고, 부피 V가 작아지면 분자 간 거리가 감소하여 퍼텐셜 에너지 E_p 값은 부피에 의존한다. 특히 화학에서 가장 중요한 쿨롱 퍼텐셜 $E_P = \dfrac{Q_1Q_2}{4\pi\varepsilon_0 r}$는 분자 간 거리 r에 반비례한다. 그러므로 거리 r이 증가하면 쿨롱 퍼텐셜 에너지는 감소하고, 거리 r이 감소하면 쿨롱 퍼텐셜 에너지는 증가한다. 따라서 내부 에너지는 다음과 같이 부피 V에 의존한다.

부피 V 증가(감소) → 분자 간 거리 r 증가(감소) → 쿨롱 퍼텐셜 감소(증가)
→ 내부 에너지 감소(증가)

또한 압력은 보일의 법칙에 의하여 부피와 반비례 관계임으로 압력 P가 증가하면 부피 V가 감소하고, 압력 P가 감소하면 부피 V가 증가한다. 따라서 내부 에너지는 다음과 같이 압력 P에 의존하는 관계에 있다.

압력 P 증가(감소) → 부피 V 감소(증가) → 쿨롱 퍼텐셜 증가(감소)
→ 내부 에너지 증가(감소)

그러므로 내부 에너지 U는 열역학 기본 변수 P, V, T의 함수로 다음과 같이 표현될 수 있다.

$$U = U(P,V,T) \tag{4.9}$$

상태 함수로서의 내부 에너지

4.9식에서 보듯이 내부 에너지 U는 P, V, T의 함수이다. 만일 압력이 일정하면 압력 P는 상수가 되므로 4.9식은 다음과 같이 부피 V와 온도 T의 함수가 된다.

$$U = U(V,T) \tag{4.10}$$

그러므로 내부 에너지의 미분 $\mathrm{d}U = \mathrm{d}U(V,T)$ 는 수학적으로 다음과 같이 전개된다.

$$\mathrm{d}U = \left(\frac{\partial U}{\partial V}\right)_{\mathrm{T}} \mathrm{d}V + \left(\frac{\partial U}{\partial T}\right)_{\mathrm{V}} \mathrm{d}T \quad \text{(완전 미분)} \tag{4.11}$$

이 식은 위의 4.4식에서 보듯이 불완전 미분 $\left(\frac{\partial U}{\partial V}\right)_{\mathrm{T}} \mathrm{d}V$ 와 $\left(\frac{\partial U}{\partial T}\right)_{\mathrm{V}} \mathrm{d}T$ 의 합으로 $\mathrm{d}U$는 완전 미분이 된다. 따라서 내부 에너지 U는 경로에 의존하지 않는 상태 함수이다.

내부 에너지 U: 경로에 의존하지 않는 상태 함수

예제 4.1 함수 $z = f(x,y)$ 가 완전 미분이려면 교차 편미분이 다음의 조건을 만족하여야 한다. 이상 기체의 부피에 대한 미분 $\mathrm{d}V_{\mathrm{m}}$이 완전 미분임을 보이시오.

$$\left[\frac{\partial}{\partial y}\left(\frac{\partial z}{\partial x}\right)_y\right]_x = \left[\frac{\partial}{\partial x}\left(\frac{\partial z}{\partial y}\right)_x\right]_y \quad \text{(오일러의 완전 미분 기준)}$$

풀이 오일러의 완전 미분 기준을 적용하여 이상 기체에 대한 $\mathrm{d}V_{\mathrm{m}}$이 완전 미분임을 증명하는 문제이다.
이상 기체 상태식을 V에 대하여 정리하여 미분하면 다음과 같다.

$$V_{\mathrm{m}} = \frac{RT}{P}$$

$$\begin{aligned}
\mathrm{d}V_{\mathrm{m}} &= \left(\frac{\partial V_{\mathrm{m}}}{\partial P}\right)_{\mathrm{T}} \mathrm{d}P + \left(\frac{\partial V_{\mathrm{m}}}{\partial T}\right)_{\mathrm{P}} \mathrm{d}T \\
&= \left[\frac{\partial}{\partial P}\left(\frac{RT}{P}\right)\right]_{\mathrm{T}} \mathrm{d}P + \left[\frac{\partial}{\partial T}\left(\frac{RT}{P}\right)\right]_{\mathrm{P}} \mathrm{d}T \\
&= -\frac{RT}{P^2}\mathrm{d}P + \frac{R}{P}\mathrm{d}T
\end{aligned}$$

V_{m}의 P에 대한 편미분 $-\frac{RT}{P^2}$와 V_{m}의 T에 대한 편미분 $\frac{R}{P}$에 대하여 교차 편미분을 구하면 다음과 같아진다.

$$\left[\frac{\partial}{\partial T}\left(-\frac{RT}{P^2}\right)\right]_P = -\frac{R}{P^2} \quad \left[\frac{\partial}{\partial P}\left(\frac{R}{P}\right)\right]_T = -\frac{R}{P^2}$$

그러므로 $\left[\frac{\partial}{\partial T}\left(\frac{\partial V_m}{\partial P}\right)_T\right]_P = \left[\frac{\partial}{\partial T}\left(\frac{\partial V_m}{\partial T}\right)_P\right]_T$ 이다.

따라서 이상 기체의 부피에 대한 미분 dV_m은 완전 미분이다.

열역학 제1법칙

내부 에너지는 상태 함수이므로 그 변화량 ΔU는 처음 상태와 나중 상태에만 의존하여 ΔU는 다음과 같다.

$$\Delta U = U_f - U_i \tag{4.12}$$

여기에서 아래 첨자 'f'는 나중 상태를 의미하고, 'i'는 처음 상태를 의미한다.

계의 내부 에너지는 그 계가 물질과 에너지가 출입할 수 없는 고립계이면 내부 에너지는 변할 수 없다. 이와 같은 사실을 **열역학 제1법칙(the 1st law of thermodynamics)**이라고 한다.

열역학 제1법칙: 고립계의 내부 에너지는 일정하다.

이러한 내부 에너지는 계에 일을 해주거나 열을 가하면 변화시킬 수 있다. 따라서 계의 내부 에너지 변화량 ΔU와 일 w 및 열 q 사이에는 다음과 같은 관계가 성립된다.

$$\Delta U = w + q \quad \text{(열역학 제1법칙의 수식 표현)} \tag{4.13}$$

이 식은 열역학 제1법칙에 대한 수식적 표현으로 고립계에서는 외부로부터의 일 및 열과 같은 에너지가 출입되지 않으므로 다음과 같은 관계가 성립되어 내부 에너지는 일정하다.

$$w = 0 \quad q = 0 \quad \therefore \Delta U = 0 \quad \text{(고립계)} \tag{4.14}$$

여기에서 ΔU, w, q의 부호는 계의 입장에서 계의 에너지가 증가하는 변화이면 양(+)의 부호, 계의 에너지가 감소하는 변화이면 음(−)의 부호를 붙인다. 따라서 주위로부터 일이나 열로 계에 에너지가 전달되었으면 w, q, ΔU의 부호는 양(+)이 되고, 계가 일이나 열로 주위에 에너지를 방출하였으면 w, q, ΔU의 부호는 음(−)이 된다.

4.4 팽창 일

우리는 '1.2 일'과 '1.3 열'에서 열역학 기본 변수로 정의되는 일과 열량에 대한 정의식을 보았다. 이 식들을 바탕으로 내부 에너지와 일과 열의 관계를 살펴보자.

팽창 일의 일반적 표기

우리는 '1.2 일'의 1.7식에서 팽창 일은 $w = -P_{ex}\Delta V$로 정의되는 것을 보았다. 그러므로 계가 일정한 외부 압력 P_{ex}에 대항하여 미소한 부피 변화 dV 만큼 변화할 때의 일 dw는 다음과 같이 된다.

$$dw = -P_{ex}dV \tag{4.15}$$

부피가 V_i에서 V_f로 변화할 때 일어나는 전체 일 w는 영역 V_i에서 V_f까지 미소 변화한 일 $dw = -P_{ex}dV$를 모두 합한 적분값이므로 다음과 같은 적분식으로 표기된다.

$$w = -\int_{V_i}^{V_f} P_{ex}dV \tag{4.16}$$

자유 팽창 일과 일정 압력 팽창 일

외부로부터 계에 맞서는 압력이 있고, 그 압력이 일정하면(예를 들면 대기압은 항상 일정한 세기로 지표면에 있는 모든 계에 동일한 압력을 가한다.) 일정한 압력(등압) 하에서 일어나는 **등압 일(isobaric work)**은 4.15식에서 P_{ex}가 일정한 값인 상수이므로 다음과 같이 계산된다.

$$w = -\int_{V_i}^{V_f} P_{ex}dV = -P_{ex}\int_{V_i}^{V_f} dx = -P_{ex}(V_f - V_i)$$

여기에서 $V_f - V_i$는 나중 상태와 처음 상태의 부피 차이므로 ΔV로 나타내면 다음과 같이 쓸 수 있다.

$$w = -P_{ex}\Delta V \quad \text{(등압 팽창 일)}$$

위 식은 '1.2 일'의 1.7식이며, 그림 4.1과 같이 압력 P와 부피 V 좌표계에서 일정한 외부 압력 P_{ex}에서 부피 변화 ΔV에 의하여 만들어지는 면적에 해당한다.

한편 **맞서는 압력이 없는 상황에서의 팽창**을 자유 팽창(**free expansion**)이라고 하고, 자유 팽창에서는 외부 압력 $P_{ex} = 0$이므로 1.7식에서 일 w는 다음과 같이 된다.

$$w = -(0 \times \Delta V) = 0$$

그러므로 자유 팽창에 의한 일 w는 다음과 같다.

$$w\,(\text{자유 팽창}) = 0 \tag{4.17}$$

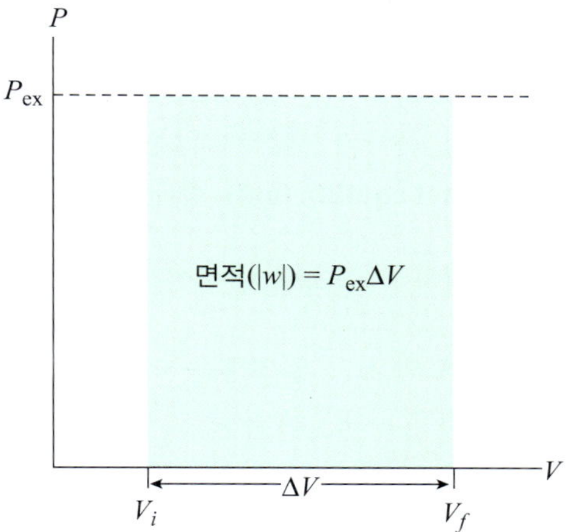

그림 4.2 일정 압력 P_{ex}에 맞서서 팽창하는 일. 일정 압력에서 팽창하는 일 w의 크기는 가로가 ΔV이고 높이가 P_{ex}인 사각형의 면적과 같다.

가역 팽창 일

열역학에서 계의 어떤 상태 변수가 무한소만큼 변화하였을 때, 계와 주위가 역학적 평형을 이루며 역방향으로 변화가 일어날 수 있는 과정을 가역 과정(**reversible process**)이라고 한다. 반면 계가 주위와 역학적 평형을 이루지 않은 채 변화하는 과정은 비가역 과정(**irreversible process**)이라고 한다.

가역 과정 가운데 상태 변수 부피 V가 미소하게 변화하며 팽창하면 계의 내부 압력 P는 외부 압력 P_{ex}와 평형을 유지하며 팽창하게 된다. 이와 같이 계의 내부 압력이 외부 압력과 평형을 유지하며 가역적으로 팽창하는 것을 가역 팽창(**reversible expansion**)이라고 한다. 계가 가역 팽창할 때는 팽창에 의한 에너지 손실이 최소가 되므로 일어나는 일의 크기 $|w| = P_{ex}\Delta V$는 최대가 된다.

그러므로 계가 가역적으로 한 일 $w_{rev} = -|w|$로 최소가 되어 비가역 팽창 일은 가역 팽창 일보다 항상 크다. 즉 동일한 부피가 팽창될 때 일어나는 일은 가역 팽창에서 최소이다.

가역 팽창에서 계는 최소의 일을 하며, $w_{rev} \le w_{irrev}$이다.

여기에서 아래 첨자 'rev'는 가역(reversible) 과정을 나타내며, 'irrev'는 비가역 (irreversible) 과정을 나타낸다.

열평형과 열역학 제0법칙

우리는 열이 온도가 높은 곳에서 낮은 곳으로 흐르는 것을 경험적으로 잘 알고 있다. 고정된 양의 물질이 담겨 있는 두 고립계를 접촉시키면 두 계는 열을 주고받으며 최종적으로 더 이상 온도가 변하지 않는 상태에 도달하게 된다. 이와 같은 상태를 **열평형(thermal equilibrium)** 상태라고 한다.

열평형: 두 고립계의 온도가 동일하여 열적인 변화가 일어나지 않는 상태

만일 A, B, C 세 고립계 사이에 A 와 B가 열평형을 이루고 있고($T_A = T_B$), B와 C 역시 열평형을 이루고 있으면($T_B = T_C$), A와 C 역시 열평형 상태에 있다($T_A = T_C$)는 것은 경험적 사실이다. 이 경험적 사실을 **열역학 제0법칙(the 0th law of thermodynamics)**이라고 한다.

열역학 제0법칙: $T_A = T_B$이고 $T_B = T_C$이면, $T_A = T_C$이다.

등온 가역 팽창 일

계가 주위와 **열평형($T_{sys} = T_{surr}$)**을 유지하며 부피가 팽창하는 것을 **등온 팽창 (isothermal expansion)**이라고 한다.

이상 기체가 각 미소 단계에서 $P = P_{ex}$를 유지하며 등온 팽창을 하면, 각 미소 단계의 압력은 이상 기체 상태식 $PV = nRT$로부터 다음과 같이 된다.

$$P = \frac{nRT}{V}$$

그러므로 부피가 V_i에서 V_f로 변하는 가역 과정에서의 일은 다음과 같이 쓸 수 있다.

$$w_{\text{rev}} = -\int_{V_i}^{V_f} P\text{d}V = -\int_{V_i}^{V_f} \frac{nRT}{V}\text{d}V$$

여기에서 n과 R은 상수이고, T 역시 일정한 온도로 상수이므로 nRT를 적분 기호 밖으로 내보내 적분을 풀면 다음과 같이 된다.

$$\begin{aligned} w_{\text{rev}} &= -nRT\int_{V_i}^{V_f} \frac{1}{V}\text{d}V \\ &= -nRT\ln\frac{V_f}{V_i} \quad \text{(이상 기체의 가역 등온 팽창 일)} \end{aligned}$$

이 식은 우리가 '2.4 등온 팽창 일'에서 다룬 2.11식이다.

또한 반데르발스 기체의 가역 등온 팽창 일은 3.5a식을 적용하면 다음과 같이 얻어진다.

$$\begin{aligned} w_{\text{rev}} &= -\int_{V_i}^{V_f}\left(\frac{nRT}{V-nb} - \frac{an^2}{V^2}\right)\text{d}V \\ &= -\int_{V_i}^{V_f}\left(\frac{nRT}{V-nb}\right)\text{d}V + \int_{V_i}^{V_f}\left(\frac{an^2}{V^2}\right)\text{d}V \\ &= -nRT\ln\frac{V_f - nb}{V_i - nb} - an^2\left(\frac{1}{V_f} - \frac{1}{V_i}\right)^{1} \end{aligned}$$

(반데르발스 기체의 가역 등온 팽창 일) (4.18)

등부피 일

일정 부피에서 일어나는 일은 일정한 부피(등부피)에서는 부피 변화가 없으므로 $\Delta V = 0$이 된다. 따라서 등부피에서 일어나는 일은 다음과 같다.

$$w = -P_{\text{ex}} \times 0 = 0 \quad \text{(등부피 일)} \tag{4.19}$$

즉, 자유 팽창에서처럼 부피가 일정한 조건에서는 일(**isometric work**)이 일어나

---

[1] ▶ **참고**

$$\int_a^b \frac{1}{x}dx = \ln\frac{b}{a}$$

$$\int_a^b x^n\text{d}x = \frac{1}{n+1}\left(\frac{1}{b} - \frac{1}{a}\right)$$

지 않는다.

예제 4.2 1.50 mol의 완전 기체가 초기 압력 P_i = 15.0 bar, 초기 부피 V_i = 4.50 L에서 나중 압력 P_f = 10.0 bar로 가역 등온 팽창하였다. 이 과정에서 이 기체가 한 일은 얼마인가?

풀이 가역 과정에서 등온 팽창 일을 구하는 문제이다.
가역 등온 팽창 일을 구하려면 등온의 온도 T와 나중 부피 V_f를 알아야 한다.
이상 기체 상태식을 사용하여 온도 T와 V_f를 계산하면 다음과 같다.

$$T = \frac{P_i V_i}{nR} = \frac{(15.0 \text{ bar})(4.50 \text{ L})}{(1.50 \text{ mol})(0.08314 \text{ L bar K}^{-1} \text{ mol}^{-1})} = 541 \text{ K}$$

$$V_f = \frac{nRT}{P_f} = \frac{(1.50 \text{ mol})(0.08314 \text{ L bar K}^{-1} \text{ mol}^{-1})(541 \text{ K})}{(10.0 \text{ bar})} = 6.75 \text{ L}$$

그러므로 가역 등온 팽창 일은 다음과 같이 구해진다.

$$\begin{aligned} \mathbf{w}_{\mathbf{rev}} &= -nRT \ln \frac{V_f}{V_i} \\ &= -(1.50 \text{ mol})(0.08314 \text{ J K}^{-1} \text{ mol}^{-1})(541 \text{ K}) \ln \frac{6.75}{4.50} \\ &= -2740 \text{ J} = \mathbf{-2.74 \text{ kJ}} \end{aligned}$$

4.5 열량

내부 에너지의 변화량 $\Delta U = w + q$ 에서 두 번째 항은 열에 의한 변화 **열량(heat quantity, q)**이다. 열량 q는 '1.3 열'에서 보았듯이 $q = C\Delta T$ 이므로 미소 과정에 대한 열량은 다음과 같다.

$$dq = CdT \tag{4.20}$$

열용량

어떤 계에 열을 가하면 온도가 올라가며 내부 에너지가 증가한다. 내부 에너지 변화 dU와 온도 변화 dT의 비는 그 계가 열을 얼마나 효과적으로 저장할 수 있는가의 척도가 되며 이를 열용량(**heat capacity, *C***)이라고 하고 다음과 같은 식으로 정의한다.

$$C = \frac{\mathrm{d}q}{\mathrm{d}T} \quad \text{(열용량의 정의)} \tag{4.21}$$

이 열용량은 부피가 일정할 때와 압력이 일정할 때의 값이 달라 조건을 구분하여 다루어야 한다.

등부피 열용량

등부피 계에 열을 가하였을 때 내부 에너지 변화는 다음과 같이 얻어진다.

$$\mathrm{d}U = \mathrm{d}w + \mathrm{d}q$$

여기에서 부피가 일정하므로 등부피 일 $\mathrm{d}w = 0$이 되고 내부 에너지의 미소 변화량 dU는 다음과 같이 된다.

$$\mathrm{d}U = \mathrm{d}q = C\mathrm{d}T$$

이 식을 열용량 C에 대하여 정리하고 등부피 조건임을 나타내면 다음과 같이 된다.

$$C_\mathrm{V} = \left(\frac{\partial U}{\partial T}\right)_\mathrm{V} \quad \text{(등부피 열용량)} \tag{4.22}$$

여기에서 아래 첨자 'V'는 등부피 조건임을 나타낸다.

등압 열용량

등압 계에서는 일 $\mathrm{d}w \neq 0$이므로 외부에서 가해 준 열의 일부는 일을 하는 데 소모되고 남은 열량만 계의 내부 에너지에 저장된다. 따라서 이때 계의 내부 에너지로 변화한 열량은 외부에서 가해 준 열량 q와 다르며 이를 q_p로 나타내며 다음과 같이 정의된다.

$$dq_P = C_P dT$$

여기에서 아래 첨자 'P'는 등압 조건임을 말한다.

그러므로 내부 에너지의 미소 변화량 dU는 다음과 같다.

$$dU = dq_P = C_P dT$$

이 식을 등압 열용량 C_P에 대하여 정리하고 등압 조건임을 나타내면 다음과 같이 된다.

$$C_P = \left(\frac{\partial U}{\partial T}\right)_P \quad \text{(등압 열용량)} \tag{4.23}$$

열량

4.20식에서 미소 열량 변화는 dq = CdT이므로 등부피와 등압에서의 미소 열량 변화는 다음과 같다.

$$dq_V = C_V dT = \left(\frac{\partial U}{\partial T}\right)_V dT \quad \text{(등부피 열량)} \tag{4.24}$$

$$dq_P = C_P dT = \left(\frac{\partial U}{\partial T}\right)_P dT \quad \text{(등압 열량)} \tag{4.25}$$

예제 4.3 1.00 mol의 이상 기체($C_{V,m}$ = 12.47 J K^{-1} mol^{-1})가 일정 압력 P_{ex} = 15.0 bar에서 부피가 V_i = 4.50 L에서 6.75 L로 팽창되었다. 다음을 구하시오.

(1) 내부 에너지의 변화량 ΔU

(2) 일 w

(3) 열량 q

풀이 일정 압력 조건에서 부피 팽창에 따른 열역학 함수들의 변화량을 구하는 문제이다.

(1) $\Delta U = q = C_V \Delta T$이므로 ΔU는 다음과 같이 구해진다.

$$\begin{aligned}\Delta U &= C_{V,m}(T_f - T_i) = C_{V,m}\frac{1}{R}(P_f V_f - P_i V_i) \\ &= (12.47\ \text{J K}^{-1}\ \text{mol}^{-1})(1/0.08314\ \text{L bar K}^{-1}\ \text{mol}^{-1}) \\ &\quad \times (15.0\ \text{bar} \times 6.75\ \text{L} - 15.0\ \text{bar} \times 4.50\ \text{L}) \\ &= \mathbf{5.06\ kJ}\end{aligned}$$

(2) 일정한 압력에서의 일

$$\begin{aligned} \boldsymbol{w} &= -P_{ex}\Delta V \\ &= -(15.0\times10^5\ \text{Pa})[(6.75-4.50)\times10^{-3}\,\text{m}^3] = \mathbf{-3.38\ kJ} \end{aligned}$$

(3) 내부 에너지의 변화량 $\Delta U = w + q$이므로 q는 다음과 같다.

$$\begin{aligned} \boldsymbol{q} &= \Delta U - w \\ &= 5.06\ \text{kJ} - (-3.38\ \text{kJ}) = \mathbf{8.44\ kJ} \end{aligned}$$

4.6 내부 에너지와 열역학 함수들의 관계

우리는 '4.2 상태 함수와 완전 미분'에서 열역학 함수들을 수학적 성질을 이용하여 함수들 간의 여러 연관 관계를 얻을 수 있다고 하였다. 내부 에너지 U에 대하여 수학적 성질을 적용하면 다음과 같은 다른 열역학 함수들과의 연관 관계를 알 수 있다.

에너지에 대한 기본 변수는 P, V, T이므로 내부 에너지 U를 이들에 대한 함수로 나타내면 다음과 같다.

$$U = U(P, V, T)$$

이 식은 압력이 일정하면 압력 P가 상수가 되어 다음과 같이 부피 V와 온도 T만의 함수가 된다.

$$U = U(V, T)$$

이 식에 대한 전체 미분은 다음과 같이 전개된다.

$$\mathrm{d}U = \left(\frac{\partial U}{\partial V}\right)_T \mathrm{d}V + \left(\frac{\partial U}{\partial T}\right)_V \mathrm{d}T \tag{4.26}$$

열역학 제1법칙에 의하면 $\mathrm{d}U = \mathrm{d}w + \mathrm{d}q$ 이고, $\mathrm{d}w = -P\mathrm{d}V$, $\mathrm{d}q = C\mathrm{d}T$ 이므로 $\mathrm{d}U$는 다음과 같이 쓸 수 있다.

$$\mathrm{d}U = -P_{ex}\mathrm{d}V + C\mathrm{d}T \tag{4.27}$$

4.26과 4.27식을 비교하면 우리는 다음과 같은 관계를 얻을 수 있다.

$$P_{ex} = -\left(\frac{\partial U}{\partial V}\right)_T \quad C_V = \left(\frac{\partial U}{\partial T}\right)_V \tag{4.28}$$

즉 외부 압력 P_{ex}는 온도가 일정한 상태에서 부피가 변할 때 일어나는 내부 에너지 변화율의 음(−)의 값이며, 열용량 C_V는 부피가 일정할 때 온도 변화에 따른 내부 에너지의 변화율임을 알 수 있다.

또한 여기에서 $\left(\frac{\partial U}{\partial V}\right)_T$ 는 외부 압력 P_{ex}와 크기는 같으나 방향이 반대인 값을 가지는 것으로 **내부 압력(internal pressure)**이라고 하며 π_T 로 나타낸다.

$$\pi_T = \left(\frac{\partial U}{\partial V}\right)_T \quad \text{(내부 압력의 정의)} \tag{4.29}$$

핵심 개념

1. **계**: 관심의 대상으로 삼는 부분
   주위: 계를 제외한 우주의 나머지 부분
   열린계: 계와 주위 상호 간에 물질과 에너지를 교환할 수 있는 계
   닫힌계: 계와 주위 상호 간에 에너지를 교환할 수는 있어도 물질을 교환할 수는 없는 계
   고립계: 계와 주위 상호 간에 물질과 에너지 어느 것도 교환할 수 없는 계
2. **상태 함수**: 계의 현재 상태에만 의존하는 함수(P, V, T, U, H, S, G 등)
   경로 함수: 경로에 의존하는 함수(w, q)
3. **완전 미분**: 적분값이 경로에 무관한 미분
   불완전 미분: 적분값이 경로에 의존하는 미분
4. **내부 에너지(U)**: 계의 전체 에너지, $U = U(P, V, T)$
5. **열역학 제1법칙**: 고립계의 내부 에너지는 일정하다.
6. **자유 팽창**: 맞서는 압력이 없는 상황에서의 팽창
7. **가역 과정**: 계와 주위가 역학적 평형을 이루며 역방향으로 변화가 일어날 수 있는 과정
   비가역 과정: 계가 주위와 역학적 평형을 이루지 않은 채 변화하는 과정
   가역 팽창: 계의 내부 압력이 외부 압력과 평형을 유지하며 가역적으로 팽

창하는 것. 최소의 일을 하며, $w_{rev} \le w_{irrev}$

8. **열평형**: 두 고립계의 온도가 동일하여 열적인 변화가 일어나지 않는 상태
   열역학 제0법칙: $T_A = T_B$이고 $T_B = T_C$이면, $T_A = T_C$이다.
9. **등온 팽창**: 계가 주위와 열평형($T_{sys} = T_{surr}$)을 유지하며 부피가 팽창하는 것
10. **열용량(C)**: 계가 열을 얼마나 효과적으로 저장할 수 있는가의 척도

주요 식

이름	식	설명
내부 에너지	$U = E_k + E_p$	내부 에너지는 계의 전체 에너지로 운동 에너지와 퍼텐셜 에너지로 구성
열역학 제1법칙	$\Delta U = w + q$	정의
등압 팽창 일	$dw = -P_{ex}dV$	압력이 일정할 때 일어나는 미소 일
이상 기체의 가역 등온 팽창 일	$w_{rev} = -nRT\ln\frac{V_f}{V_i}$	이상 기체가 온도가 일정할 때 하는 일
반데르발스 기체의 가역 등온 팽창 일	$w_{rev} = -nRT\ln\frac{V_f - nb}{V_i - nb} - an^2\left(\frac{1}{V_f} - \frac{1}{V_i}\right)$	반데르발스 기체가 온도가 일정할 때 하는 일
열용량	$C = \frac{dq}{dT}$	정의
등부피 열용량	$C_V = \left(\frac{\partial U}{\partial T}\right)_V$	부피가 일정할 때의 열용량의 열역학적 의미
등압 열용량	$C_P = \left(\frac{\partial U}{\partial T}\right)_P$	압력이 일정할 때의 열용량의 열역학적 의미
열량	$dq = CdT$	미소 열량의 정의
외부 압력	$P_{ex} = -\left(\frac{\partial U}{\partial V}\right)_T$	외부 압력의 열역학적 의미
내부 압력	$\pi_T = \left(\frac{\partial U}{\partial V}\right)_T$	정의

연습 문제

4.1 내부 에너지 U를 정의하고 설명하시오.

4.2 다음의 관계를 설명하시오.

(1) 불완전 미분과 경로 함수

(2) 완전 미분과 상태 함수

4.3 열역학 제1법칙에 대한 수식적 표현을 쓰고, 그 의미를 설명하시오.

4.4 등압 팽창 일과 가역 등온 팽창 일 간의 차이를 도표를 그려 말하시오.

4.5 열용량 C의 개념을 설명하고, 열용량을 정의하시오.

4.6 이상 기체 상태식 $PV_m = RT$에서 다음이 상태 함수임을 보이시오. (오일러의 완전 미분 기준을 이용하시오.)

(1) 압력 P (2) 온도 T

4.7 일정 부피 용기에 들어 있는 이상 기체 시료 1 mol을 1.00 bar 0°C에서 가역적으로 100°C까지 가열하였다. 다음을 구하시오. (이상 기체의 등부피 열용량 $C_{v,m} = \frac{3}{2}R$ 이다.)

(1) 최종 압력 P_f (2) 일 w (3) 열량 q (4) ΔU

4.8 756 torr, 100°C에서 물 100.0 g을 모두 증발시키는 데 226.0 kJ의 열이 공급되었다. 100°C에서 물의 밀도 $d = 0.958 \text{ g mL}^{-1}$이고, 수증기를 이상 기체로 가정하였을 때 다음을 구하시오.

(1) 수증기가 한 일의 양 (2) 내부 에너지 변화량

4.9 상온에서 NH_3 기체 1.00 mol이 외부 압력 3.00 bar에 대하여 15.0 L에서 45.0 L로 팽창되었다. 이 과정에서 온도가 일정하게 유지되었고, 이상 기체로 가정하였을 때 다음을 구하시오.

(1) 출입한 열량 (2) 일어난 일의 양

(3) 내부 에너지 변화량

4.10 문제 4.9의 NH_3 기체를 반데르발스 기체로 취급할 때 다음을 구하고, 문제 4.9의 결과와 비교하시오. (부록의 표 3.2 자료를 이용하시오.)

(1) 출입한 열량 (2) 일어난 일의 양

(3) 내부 에너지 변화량

4.11 3강의 연습 문제 3.10에서 CO_2를 반데르발스 기체로 취급할 때 243 K, 35.0 bar에서 CO_2의 응축 시작 몰부피는 0.3710 L mol^{-1}, 응축 완료 몰부피는 0.06599 L mol^{-1}로 구해졌다. 1.00 mol의 CO_2 기체를 초기 몰부피 0.50 L mol^{-1}로부터 완전히 응축시켰을 때, 다음을 구하시오. (부록의 표 3.2 자료를 이용하시오.)

(1) 응축이 완료될 때까지 일어난 일

(2) 응축이 완료될 때까지 변화한 내부 에너지

4.12 내부 압력 $\left(\frac{\partial U}{\partial V}\right)_T = T\left(\frac{\partial P}{\partial T}\right)_V - P$ 의 관계에 있다. 이 관계식으로부터 이상 기체에서 $dU = C_V dT$ 임을 보이시오.

4.13 반데르발스 상태식 $P = \frac{nRT}{V - nb} - \frac{an^2}{V^2}$을 사용하여 반데르발스 기체에 대하여 $\left(\frac{\partial U}{\partial V}\right)_T = T\left(\frac{\partial P}{\partial T}\right)_V - P$ 의 관계로부터 다음을 구하시오.

(1) 내부 압력 π_T

(2) 등온 내부 에너지 변화량 ΔU_T

4.14 문제 4.13에서 구한 식과 부록의 표 3.2 자료를 사용하여 1.00 mol의 N_2 기체가 일정한 온도 200 K에서 3.28 L에서 0.788 L로 변하였을 때에 대하여 다음을 구하시오.

(1) 내부 압력 π_T

(2) 내부 에너지 변화량 ΔU_T

5강 엔탈피와 열화학

■ 미리 생각해 보기

- 열역학에서는 왜 엔탈피라는 에너지를 정의하여 사용하는 걸까?
- 등부피 변화와 등압 변화에서 열용량 C는 어떻게 다를까?
- 열의 출입이 차단된 단열 변화에서 열역학 기본 변수들의 관계는 어떻게 될까?
- 물리적 및 화학적 변화가 일어날 때 출입되는 열량은 어떻게 구할까?

5.1 엔탈피

'4.4 팽창 일'과 '4.5 열량'에서 내부 에너지의 변화에 따라 출입하는 열량은 등부피 조건과 등압 조건에서 서로 다름을 보았다. 등부피 상태에서는 $w = 0$이므로 외부에서 계에 들어온 열이 모두 내부 에너지로 축적되나, 등압 상태에서는 $w \neq 0$이므로 외부에서 들어온 열의 일부만 내부 에너지로 전환된다. 그러므로 등압 조건에서 계의 열량 변화는 등부피 조건에서의 열량 변화와 구분하여 다룰 필요가 있다.

엔탈피의 정의

등압 조건에서 계에 출입하는 에너지 가운데 열의 형태로만 출입하는 에너지를 엔탈피(**enthalpy, *H***)라고 부르며 기호로는 H로 나타낸다. 내부 에너지를 압력과 부피 및 엔탈피 H의 함수로 나타내면 다음과 같다.

$$U = -PV + H$$

이 식을 엔탈피 H에 대해서 정리하면 다음과 같다.

$$H = U + PV \quad \text{(엔탈피의 정의)} \tag{5.1}$$

이 식은 엔탈피의 성질을 정의하며, 이에 따라 등압 조건에서 출입하는 열량인 엔탈피 변화량은 다음과 같이 구해진다.

$$\Delta H = \Delta(U + PV) = \Delta U + P\Delta V + V\Delta P$$

이때 등압($\Delta P = 0$)이므로 위의 세 번째 항 $V\Delta P = 0$이 되어 엔탈피 변화량은 다음과 같이 된다.

$$\Delta H = \Delta U + P\Delta V \quad \text{(엔탈피 변화량)} \tag{5.2}$$

5.2 등부피 변화와 등압 변화

어떤 계가 한 상태에서 다른 상태로 변할 때 내부 에너지 U 및 엔탈피 H의 변화는 일어난 일 w와 출입한 열량 q로부터 구해질 수 있다.

등부피에서 열역학 함수들의 관계

등압 상태에서 내부 에너지 U는 부피 V와 온도 T의 함수가 되므로 그 미분 dU는 '4.6 내부 에너지와 열역학 함수들의 관계'에서 다룬 다음과 같은 4.26식이 된다.

$$\mathrm{d}U(V,T) = \left(\frac{\partial U}{\partial V}\right)_{\mathrm{T}} \mathrm{d}V + \left(\frac{\partial U}{\partial T}\right)_{\mathrm{V}} \mathrm{d}T$$

이 식의 첫 번째 항은 등압 상태에서 부피 변화만에 의한 내부 에너지 변화이고, 두 번째 항은 등압 상태에서 온도 변화만에 의한 내부 에너지 변화이다.

등압 상태에서 내부 에너지의 미분 $\mathrm{d}U = -P_{\mathrm{ex}}\mathrm{d}V + \mathrm{d}q$ 이므로 다음과 같은 관계가 성립된다.

$$\left(\frac{\partial U}{\partial V}\right)_{\mathrm{T}} \mathrm{d}V + \left(\frac{\partial U}{\partial T}\right)_{\mathrm{V}} \mathrm{d}T = -P_{\mathrm{ex}}\mathrm{d}V + \mathrm{d}q$$

이 식을 dq에 대하여 정리하면 다음과 같다.

$$\mathrm{d}q = \left(\frac{\partial U}{\partial T}\right)_{\mathrm{V}} \mathrm{d}T + \left[P + \left(\frac{\partial U}{\partial V}\right)_{\mathrm{T}}\right] \mathrm{d}V \tag{5.3}$$

여기에서 열량 변화 dq가 부피가 일정한 상태에서 일어나면 5.3식은 다음과 같이 축소된다.

$$dq_V = \left(\frac{\partial U}{\partial T}\right)_V dT$$

여기에서 'q_V'는 등부피 열량을 의미하며, 등부피 열용량 C_V는 다음과 같이 정의된다.

$$C_V = \frac{dq_V}{dT} = \left(\frac{\partial U}{\partial T}\right)_V \quad \text{(등부피 열용량의 정의)} \tag{5.4}$$

그러므로 C_V는 등부피에서 온도 변화에 대한 내부 에너지 변화율이며, 내부 에너지의 미소 변화는 다음과 같이 된다.

$$dU = C_V dT = dq_V \tag{5.5}$$

따라서 관심의 대상이 되는 온도 변화 ΔT에서의 내부 에너지 변화량 ΔU는 다음과 같다.

$$\Delta U = \int_{T_i}^{T_f} C_V dT = C_V \Delta T = q_V \quad \text{(등부피 열역학 함수 관계)} \tag{5.6}$$

등압에서 열역학 함수들의 관계

등부피 상태에서 엔탈피 H를 압력 P와 온도 T의 함수로 나타내면 그 미분 dH는 다음과 같이 표현된다.

$$dH(P,T) = \left(\frac{\partial H}{\partial P}\right)_T dP + \left(\frac{\partial H}{\partial T}\right)_P dT \tag{5.7}$$

등부피 상태에서 엔탈피의 미분 $dH = dU + VdP$ 이고, $dU = dq$ 이므로 다음과 같은 관계가 성립된다.

$$\left(\frac{\partial H}{\partial P}\right)_T dP + \left(\frac{\partial H}{\partial T}\right)_P dT = dq + VdP$$

압력이 일정하면 $dP = 0$이므로, 이 식은 다음과 같이 축소된다.

$$dq_P = \left(\frac{\partial H}{\partial T}\right)_P dT$$

여기에서 'q_P'는 압력이 일정할 때의 열량을 의미하며, 등압 열용량 C_P는 다음과 같이 정의된다.

$$C_P = \frac{dq_P}{dT} = \left(\frac{\partial H}{\partial T}\right)_P \quad \text{(등압 열용량의 정의)} \tag{5.8}$$

그러므로 C_P는 등압에서 온도 변화에 따른 엔탈피 변화율이 되며, 엔탈피의 미소 변화 dH와 전체 엔탈피 변화량 ΔH는 다음과 같다.

$$dH = C_P dT = dq_P \tag{5.9}$$

$$\Delta H = \int_{T_i}^{T_f} C_P dT = C_P \Delta T = q_P \quad \text{(등압 열역학 함수 관계)} \tag{5.10}$$

따라서 등부피 및 등압 상태에서 열역학 함수들 간의 관계는 다음과 같다.

〈열역학 함수들 간의 관계〉

등부피 상태

$$\Delta U = q_V = C_V \Delta T \qquad C_V = \left(\frac{\partial U}{\partial T}\right)_V$$

등압 상태

$$\Delta H = q_P = C_P \Delta T \qquad C_P = \left(\frac{\partial H}{\partial T}\right)_P$$

C_P와 C_V의 관계

일반적으로 등압 열용량 C_P는 등부피 열용량 C_V보다 큰 값을 가진다. 이는 등압 조건에서는 외부에서 가한 열의 일부가 계의 부피 팽창에 의한 일로 변환되는 반면, 등부피 조건에서는 일이 발생하지 않아 계의 온도를 상승시키는 데 모두 사용되기 때문이다. 이상 기체의 경우 등압 상태에서 1 mol의 기체를 1°C 올리는 동안 부피가 ΔV 만큼 팽창하면 $P\Delta V = R(T + 1) - RT = R$이 되므로 등압 조건에서는 1 mol의 기체를 1°C 올리는 데 등부피 상태보다 항상 R 만큼의 열량을 더 필요로 한다.

이러한 관계는 이상 기체에 대해서 5.8식으로부터 다음과 같이 유도될 수 있다.

$$C_P = \left(\frac{\partial H}{\partial T}\right)_P = \left[\frac{\partial(U+PV)}{\partial T}\right]_P = \left[\frac{\partial(U+nRT)}{\partial T}\right]_P$$
$$= \left(\frac{\partial U}{\partial T}\right)_P + \left[\frac{\partial(nRT)}{\partial T}\right]_P$$

동일한 물질이 온도가 1°C 올라감에 따라 증가하는 내부 에너지는 일정하므로 $\left(\frac{\partial U}{\partial T}\right)_P = \left(\frac{\partial U}{\partial T}\right)_V$ 이다. 따라서 위 식은 다음과 같이 된다.

$$C_P = \left(\frac{\partial U}{\partial T}\right)_V + \left[\frac{\partial(nRT)}{\partial T}\right]_P = C_V + nR$$

그러므로 이상 기체에 대한 C_P와 C_V의 관계는 다음과 같이 정리된다.

$$C_P - C_V = nR \quad \text{또는} \quad C_{P,m} - C_{V,m} = R \quad (\text{이상 기체}) \qquad (5.11)$$

실제 기체 및 액체와 고체는 분자 간 상호작용으로 인하여 부피가 팽창할 때 팽창 일 외에 분자 간 상호작용을 극복하는 일이 필요하다. 따라서 이러한 물질들에 대한 $C_{P,m}$과 $C_{V,m}$의 차는 R보다 크다. 모든 물질에 보편적으로 적용되는 $C_{P,m}$과 $C_{V,m}$의 관계는 다음과 같이 유도될 수 있다.

5.3식과 5.4식을 결합하면 dq는 다음과 같다.

$$dq = C_V dT + \left[P + \left(\frac{\partial U}{\partial V}\right)\right]_T dV$$

양변을 dT로 나누고, 등압에서 $dq/dT = C_P$를 적용하면 위 식은 다음과 같이 된다.

$$C_P - C_V = \left[P + \left(\frac{\partial U}{\partial V}\right)\right]_T \left(\frac{\partial V}{\partial T}\right)_P \qquad (5.12)$$

이 식에서 $\left(\frac{\partial U}{\partial V}\right)_T$ 는 내부 압력 π_T 이고, $\left(\frac{\partial V}{\partial T}\right)_P$ 는 등압 조건에서 온도 변화에 따른 부피 변화율로 단위 부피당 값은 다음과 같이 정의되는 **팽창 계수 (expansion coefficient, α)**가 된다.

$$\alpha = \frac{1}{V}\left(\frac{\partial V}{\partial T}\right)_P \quad \text{(팽창 계수의 정의)} \tag{5.13}$$

그러므로 5.12식은 다음과 같이 고쳐 쓸 수 있다.

$$C_P - C_V = \alpha(P + \pi_T)V \tag{5.14}$$

이 식의 우변에서 αPV는 계가 팽창을 하며 외부의 압력을 밀어내는 데 하는 일이며, $\alpha\pi_T V$는 계의 분자들을 서로 떼어놓는 데 하는 일이다.

5.14식에서 π_T는 측정이 용이한 변수가 아니므로 5.14식을 열역학 기본 변수 P, V, T로 나타내면 다음과 같이 된다.

$$C_P - C_V = \frac{\alpha^2 TV}{\kappa_T} \quad \text{(모든 물질)} \tag{5.15}$$

여기에서 'κ_T'는 일정한 온도에서 압력 변화에 따른 부피 변화율로 등온 압축률 **(isothermal compressibility, κ_T)**이라고 하며 다음과 같이 정의된다.

$$\kappa_T = -\frac{1}{V}\left(\frac{\partial V}{\partial P}\right)_T \quad \text{(등온 압축률의 정의)} \tag{5.16}$$

따라서 C_P와 C_V의 관계는 다음과 같다.

〈C_P와 C_V의 관계〉

$$C_{P,m} - C_{V,m} = R \quad \text{(이상 기체)}$$

$$C_P - C_V = \frac{\alpha^2 TV}{\kappa_T} \quad \text{(모든 물질)}$$

몇 가지 물질의 팽창 계수 α와 등온 압축률 κ_T는 표 5.1과 같다. 보다 많은 물질에 대한 값은 부록에 수록해 놓았다.

표 5.1 몇 가지 물질의 298 K에서의 팽창 계수 α 및 등온 압축률 κ_T

물질	$\alpha/10^{-6}\ K^{-1}$	$\kappa_T/10^{-6}\ bar^{-1}$
Al(*s*)	69.3	1.33
Cu(*s*)	49.5	0.702
$H_2O(s)$	166	
Hg(*l*)	181	3.91
$H_2O(l)$	204	45.9
$CCl_4(l)$	1140	103

예제 5.1 298.15 K, 표준 상태에서 He(*g*)의 $C_{P,m}{}^{o}$는 20.79 J K^{-1} mol^{-1}이다. 다음을 구하시오. (He(*g*)를 이상 기체로 가정하시오).

(1) 1.50 mol의 He 기체를 일정한 부피의 단단한 용기에 넣고 373.15 K로 가열하였을 때의 내부 에너지 변화량 ΔU

(2) 이 기체를 일정한 압력에서 373.15 K로 가열하였을 때의 엔탈피 변화량 ΔH와 일 w

풀이 등압 열용량 $C_{P,m}{}^{o}$로부터 열역학 함수들의 변화량을 구하는 문제이다.

(1) 등부피에서 $\Delta U = C_V \Delta T$를 사용하여 구한다.

이상 기체이므로 $C_P - C_V = R$이고, 따라서 $C_{V,m}{}^{o}$는 다음과 같이 된다.

$$C_{V,m}{}^{o} = C_{P,m}{}^{o} - R$$
$$= (20.79 - 8.341)\text{J K}^{-1}\ \text{mol}^{-1} = 12.48\ \text{J K}^{-1}\ \text{mol}^{-1}$$

$$\boldsymbol{\Delta U} = nC_{V,m}{}^{o}\Delta \text{T}$$
$$= (1.50\ \text{mol})(12.48\ \text{J K}^{-1}\ \text{mol}^{-1})\{(373.15 - 298.15)\text{K}\}$$
$$\mathbf{= 1.40\ kJ}$$

(2) 등압에서 $\Delta H = C_P \Delta T$와 $\Delta H = \Delta U - w$로 구한다.

$$\boldsymbol{\Delta H} = nC_{P,m}{}^{o}\Delta T$$
$$= (1.50\ \text{mol})(20.79\ \text{J K}^{-1}\ \text{mol}^{-1})\{(373.15 - 298.15)\text{K}\}$$
$$\mathbf{= 2.34\ kJ}$$

$$\boldsymbol{w} = \Delta U - \Delta H$$
$$= (1.40 - 2.34) = \mathbf{-0.94\ kJ}$$

등부피에서 엔탈피의 온도 의존

등부피에서 온도 변화에 따른 내부 에너지의 변화 $\left(\frac{\partial U}{\partial T}\right)_V = C_V$ 이고, 등압에서 온도 변화에 따른 엔탈피의 변화 $\left(\frac{\partial H}{\partial T}\right)_P = C_P$ 임을 보았다. 그러면 등부피에서 온도 변화에 따른 엔탈피 변화 $\left(\frac{\partial H}{\partial T}\right)_V$ 는 어떻게 될까?

등부피에서 엔탈피 H의 압력 P와 온도 T에 대한 미분 dH는 5.7식에서 보았듯이 다음과 같다.

$$\mathrm{d}H(P,T) = \left(\frac{\partial H}{\partial P}\right)_T \mathrm{d}P + \left(\frac{\partial H}{\partial T}\right)_P \mathrm{d}T$$

여기에서 $\left(\frac{\partial H}{\partial T}\right)_P = C_P$ 이므로 이 식은 다음과 같이 된다.

$$\mathrm{d}H = \left(\frac{\partial H}{\partial P}\right)_T \mathrm{d}P + C_P \mathrm{d}T \tag{5.17}$$

양변을 dT로 나누고 등부피 조건임을 나타내면 이 식은 다음과 같이 된다.

$$\left(\frac{\partial H}{\partial T}\right)_V = \left(\frac{\partial H}{\partial P}\right)_T \left(\frac{\partial P}{\partial T}\right)_V + C_P \tag{5.18}$$

이 식을 **오일러 순환 관계(Euler chain relation)**와 팽창 계수 α 및 등온 압축률 κ_T로 나타내면 다음과 같이 된다. (이 유도 과정은 연습 문제 5.4에서 풀어보게 될 것이다.) [1]

---

[1] ▶ **참고** 오일러 순환 관계

어떤 양 z가 x와 y의 함수 $z=z(x,y)$라면

$$dz = \left(\frac{\partial z}{\partial x}\right)_y \mathrm{d}x + \left(\frac{\partial z}{\partial y}\right)_x \mathrm{d}y \tag{1}$$

z가 일정한 조건에서 x가 변하면

$$0 = \left(\frac{\partial z}{\partial x}\right)_y + \left(\frac{\partial z}{\partial y}\right)_x \left(\frac{\partial y}{\partial x}\right)_z$$

첫 번째 항을 좌변으로 넘기면

$$\left(\frac{\partial z}{\partial x}\right)_y = -\left(\frac{\partial z}{\partial y}\right)_x \left(\frac{\partial y}{\partial x}\right)_z \tag{2}$$

$$\left(\frac{\partial H}{\partial T}\right)_V = \left[1 - \frac{\alpha}{\kappa_T}\left(\frac{\partial T}{\partial P}\right)_H\right] C_P \tag{5.19}$$

여기에서 $\left(\frac{\partial T}{\partial P}\right)_H$ 는 아래의 '5.3 단열 변화'에서 유도되는 주울–톰슨 계수 μ_{JT}이다. μ_{JT}를 사용하여 위 식을 나타내면 **등부피에서 엔탈피의 온도 의존 (isochoric temperature dependence of enthalpy)** 관계는 다음과 같이 표현된다.

$$\left(\frac{\partial H}{\partial T}\right)_V = \left[1 - \frac{\alpha \mu_{JT}}{\kappa_T}\right] C_P \quad \text{(등부피에서 엔탈피의 온도 의존)} \tag{5.20}$$

5.3 단열 변화

지금까지 우리는 계와 주위가 열을 교환할 수 있는 닫힌계를 대상으로 열역학적 현상을 논의하였다. 이제 **계와 주위 간에 열 교환이 없는 단열 과정(adiabatic process)**에 대한 열역학적 현상을 살펴보자.

단열 변화에서의 *P–V*, *V–T* 관계

어떤 계가 열 출입 없이 부피가 변하면 그 계는 열을 얻거나 잃지 않는 상태로 일을 하게 된다. 따라서 계의 내부 에너지 미소 변화 dU는 다음과 같이 된다.

$$\mathrm{d}U = \mathrm{d}w = -P_{ex}\mathrm{d}V$$

이 식은 계가 외부에 대해서 일을 하면(즉 부피가 팽창하면) 내부 에너지는

$\left(\frac{\partial z}{\partial y}\right)_x$ 와 $\left(\frac{\partial y}{\partial x}\right)_z$ 의 역수를 취하면

$$\left(\frac{\partial z}{\partial y}\right)_x = 1/\left(\frac{\partial y}{\partial z}\right)_x \tag{3a}$$

$$\left(\frac{\partial y}{\partial x}\right)_z = 1/\left(\frac{\partial x}{\partial y}\right)_z \tag{3b}$$

식 3a와 3b를 식 2에 대입하면 다음과 같은 **오일러 순환 관계식**을 얻는다.

$$\left(\frac{\partial x}{\partial y}\right)_z \left(\frac{\partial y}{\partial z}\right)_x \left(\frac{\partial z}{\partial x}\right)_y = -1 \tag{4}$$

감소하고, 계가 외부로부터 일을 받으면(즉 부피가 수축하면) 내부 에너지는 증가한다는 것을 의미한다. 이때 5.5식에서 보았듯이 $\mathrm{d}U = C_\mathrm{V}\mathrm{d}T$이므로 $\mathrm{d}T$는 $\mathrm{d}U$와 비례 관계에 있어 단열 과정의 부피 변화와 온도 간에는 다음과 같은 관계가 있다.

〈단열 과정의 부피 변화 ΔV와 온도 T 관계〉

부피 팽창($\Delta V > 0$) → 내부 에너지 감소 → 온도 T 하락
부피 수축($\Delta V < 0$) → 내부 에너지 증가 → 온도 T 상승

어떤 계의 C_V가 관심을 갖는 온도 범위에서 온도에 무관하게 일정한 값을 가진다면 내부 에너지 변화량 ΔU는 다음과 같이 된다.

$$\Delta U = C_\mathrm{V}\int_{T_\mathrm{i}}^{T_\mathrm{f}}\mathrm{d}T = C_\mathrm{V}(T_\mathrm{f} - T_\mathrm{i}) = C_\mathrm{V}\Delta T \tag{5.21}$$

단열 과정에서 $q = 0$이므로 $\Delta U = w_\mathrm{ad}$로 다음과 같은 관계를 얻는다.

$$w_\mathrm{ad} = C_\mathrm{V}\Delta T \tag{5.22}$$

여기에서 아래 첨자 'ad'는 단열 과정임을 나타낸다. 이 식은 가역, 비가역에 상관 없이 단열 과정에서 일어나는 일은 처음과 나중 상태의 온도 차에만 의존함을 보여 준다.

단열 변화가 가역적으로 일어나면 외부 압력(P_ex)은 평형 압력(P)과 같으므로 이상 기체의 경우 다음의 관계가 성립된다.

$$\mathrm{d}w_\mathrm{ad} = -P\mathrm{d}V = C_\mathrm{V}\Delta T$$

이상 기체의 압력은 이상 기체 상태식에서 $P = \dfrac{nRT}{V}$이므로 위 식은 다음과 같이 된다.

$$C_\mathrm{V}\frac{\mathrm{d}T}{T} = -nR\frac{\mathrm{d}V}{V}$$

이 식을 부피가 V_i에서 V_f로, 온도는 T_i에서 T_f로 변하는 과정에 대하여 구하면 다음과 같은 결과를 얻는다.

$$C_V \int_{T_i}^{T_f} \frac{dT}{T} = -nR \int_{V_i}^{V_f} \frac{dV}{V}$$

$$C_V \ln \frac{T_f}{T_i} = -nR \ln \frac{V_f}{V_i} = nR \ln \frac{V_i}{V_f}$$

여기에서 $C_V/nR = c$라고 놓으면(몰 단위를 사용하면 $c = C_{V,m}/R$), 위 식은 다음과 같이 된다.

$$\ln\left(\frac{T_f}{T_i}\right)^c = \ln \frac{V_i}{V_f}$$

$$\left(\frac{T_f}{T_i}\right)^c = \frac{V_i}{V_f} \tag{5.23}$$

그러므로 가역 단열 변화에 대하여 온도와 부피 사이에 다음과 같은 관계식을 얻을 수 있다.

$$V_i T_i^c = V_f T_f^c \quad (\text{가역 단열 과정의 } V\text{–}T \text{ 관계}) \tag{5.24}$$

이 식을 T_f에 대하여 정리하면 다음과 같이 된다.

$$T_f = T_i \left(\frac{V_i}{V_f}\right)^{1/c} \tag{5.25}$$

이상 기체에서 $\frac{T_f}{T_i} = \frac{P_f V_f}{P_i V_i}$ 이므로 5.23식을 $\frac{T_f}{T_i}$에 대하여 정리하여 5.25식을 대입하면 다음과 같은 관계를 얻는다.

$$\frac{T_f}{T_i} = \left(\frac{V_i}{V_f}\right)^{1/c} = \frac{P_f V_f}{P_i V_i}$$

이 식을 $\frac{P_f}{P_i}$에 대하여 정리하면 다음과 같이 된다.

$$\frac{P_f}{P_i} = \frac{V_i}{V_f}\left(\frac{V_i}{V_f}\right)^{1/c} = \left(\frac{V_i}{V_f}\right)^{1/c+1}$$

여기에서 $1/c + 1 = \gamma$라고 놓으면 가역 단열 변화에 대하여 온도와 부피 사이에 다음과 같은 관계식을 얻을 수 있다.

$$\frac{P_f}{P_i} = \left(\frac{V_i}{V_f}\right)^{\gamma}$$

$$P_iV_i^{\gamma} = P_fV_f^{\gamma} \quad \text{(가역 단열 과정의 } P\text{–}V \text{ 관계)} \tag{5.26}$$

여기에서 'γ'는 열량비로 $\gamma = C_{P,m} / C_{V,m}$ 이다.

따라서 단열 변화에서 열역학 기본 변수들 간의 관계는 다음과 같다.

〈열역학 기본 변수들 간의 관계〉

$$V_iT_i^{c} = V_fT_f^{c} \quad c = C_{V,m} / R \quad \text{(가역 단열 과정의 } V\text{–}T \text{ 관계)}$$

$$P_iV_i^{\gamma} = P_fV_f^{\gamma} \quad \gamma = C_{P,m} / C_{V,m} \quad \text{(가역 단열 과정의 } P\text{–}V \text{ 관계)}$$

예제 5.2 298.15 K, 표준 상태에서 1.00 mol의 이상 기체를 가역 단열적으로 팽창시켜 그 부피를 두 배가 되게 하였다. 다음을 구하시오. 이 이상 기체의 $C^{o}_{V,m} = \frac{3}{2}R$ 이다.

(1) 최종 압력

(2) 최종 온도

풀이 단열 변화에서 열역학 기본 변수들의 관계를 이용하는 문제이다.

(1) 가역 단열 과정에서 P–V 관계는 다음과 같다.

$$P_iV_i^{\gamma} = P_fV_f^{\gamma} \quad \gamma = C_{P,m}/C_{V,m}$$

여기에서 $C^{o}_{V,m} = \frac{3}{2}R$ 이므로 $C^{o}_{p,m} = \frac{3}{2}R + R = \frac{5}{2}R$이다. 따라서 γ는 다음과 같다.

$$\gamma = \frac{5}{2}R \div \frac{3}{2}R = \frac{5}{3}$$

위의 P–V 관계식을 P_f에 대하여 정리하고 계산하면 다음과 같이 된다.

$$\boldsymbol{P_f} = P_i\left(\frac{V_i}{V_f}\right)^{\gamma} = (1.00\ \text{bar})\left(\frac{V_i}{2.00\ V_i}\right)^{5/3}$$

$$= \mathbf{0.315\ bar}$$

(2) 가역 단열 과정에서 V–T 관계는 다음과 같다.

$$V_{\mathrm{i}}T_{\mathrm{i}}^{\mathrm{c}} = V_{\mathrm{f}}T_{\mathrm{f}}^{\mathrm{c}} \qquad c = C_{\mathrm{V,m}} / R$$

여기에서 $C^{\mathrm{o}}_{\mathrm{V,m}} = \dfrac{3}{2}R$ 이므로 c는 다음과 같다.

$$c = \frac{3}{2}R \div R = \frac{3}{2}$$

위의 V–T 관계 식을 T_{f}에 대하여 정리하고 계산하면 다음과 같이 된다.

$$\boldsymbol{T_{\mathrm{f}}} = T_{\mathrm{i}}\left(\frac{V_{\mathrm{i}}}{V_{\mathrm{f}}}\right)^{1/c} = (298.15\ \mathrm{K})\left(\frac{V_{\mathrm{i}}}{2.00\ V_{\mathrm{i}}}\right)^{2/3}$$
$$= \mathbf{187.82\ K}$$

주울–톰슨 계수

1853년 주울(Joule, J.)과 톰슨(Thompson, W.)은 기체에 대한 실험(**주울–톰슨 실험, Joule-Thompson experiment**)을 통하여 단열 상태에서 압력 변화에 따른 온도 변화를 측정하였다. 이들은 그림 5.1과 같은 등엔탈피 팽창 실험으로 **등엔탈피 과정(isoenthalpic process)**에서의 압력 변화에 따른 온도 변화 효과를 측정하였다.

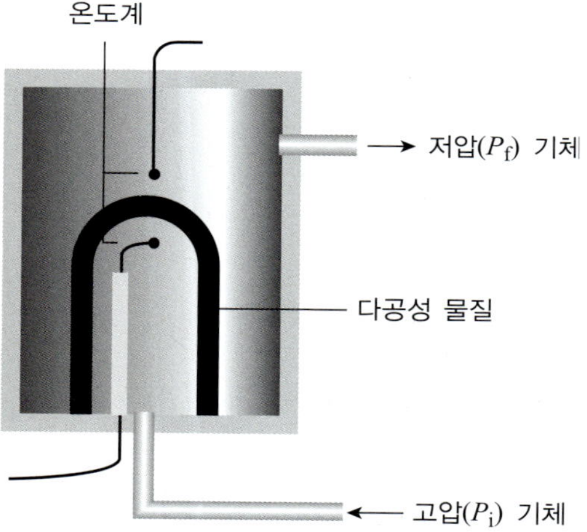

그림 5.1 주울–톰슨 효과 측정 장치. 전체 장치는 단열화 되어 있으며, 기체는 다공성 물질을 통해서 등엔탈피 팽창을 한다.

그림 5.1처럼 단열 벽으로 둘러싸인 장치에서 다공성 물질을 통하여 높은 압력 P_i에서 낮은 압력 P_f 쪽으로 기체를 유출시키면, 일반적으로 낮은 압력 쪽의 온도가 높은 압력 쪽의 온도보다 낮아진다. 이러한 현상을 **주울–톰슨 효과(Joule-Thompson effect)**라고 한다. 이 과정은 단열 과정(q = 0)이므로 일어난 일 w는 다음과 같다.

$$w = w_{고압} + w_{저압}$$

그림 5.1의 장치에서 기체가 다공성 물질을 통과할 때 고압 쪽에서 미세 구멍으로 들어가는 기체는 뒤에서 주입되는 고압에 의하여 등온 압축된다. 이 때 압력은 P_i이고, 부피는 V_i로부터 0으로 변한다. 따라서 이 기체에 일어난 일 $w_{고압}$은 다음과 같이 된다.

$$w_{고압} = -P_i(0 - V_i) = P_iV_i$$

한편 다공성 물질을 통과하여 저압 쪽으로 뿜어져 나오는 기체는 등온 팽창한다. 이때 압력은 P_f이고, 부피는 0으로부터 V_f로 변하여 기체에 일어난 일 $w_{저압}$은 다음과 같이 된다.

$$w_{저압} = -P_f(V_f - 0) = -P_fV_f$$

그러므로 전체 일 w는 다음과 같다.

$$w = P_iV_i - P_fV_f \tag{5.27}$$

단열 팽창에서 내부 에너지 변화량 $\Delta U = w$이므로 다음과 같은 관계가 성립된다.

$$\begin{aligned} \Delta U &= U_f - U_i = P_iV_i - P_fV_f \\ U_f + P_fV_f &= U_i + P_iV_i \end{aligned} \tag{5.28}$$

엔탈피의 정의로부터 $H = U + PV$ 이므로 위 식은 다음과 같이 된다.

$$H_f = H_i \quad dH = 0 \tag{5.29}$$

그러므로 주울–톰슨 팽창은 엔탈피 변화 없이 압력 변화에 따라 온도가 변하는 등엔탈피 과정이다.

이 과정에서 엔탈피는 압력 P와 온도 T의 함수이므로 $H(P, T)$로 표현되며, 그 전체 미분은 다음과 같다.

$$dH = \left(\frac{\partial H}{\partial P}\right)_T dP + \left(\frac{\partial H}{\partial T}\right)_P dT = 0 \tag{5.30}$$

5.8식에서 $\left(\frac{\partial H}{\partial T}\right)_P = C_P$ 이므로 위 식은 다음과 같이 쓸 수 있다.

$$\left(\frac{\partial H}{\partial P}\right)_T dP + C_P dT = 0$$

$$C_P dT = -\left(\frac{\partial H}{\partial P}\right)_T dP \tag{5.31}$$

이 식의 양변을 $C_P dP$로 나누면, 엔탈피가 일정할 때 압력 P와 온도 T에 대하여 다음과 같은 관계가 얻어진다.

$$\left(\frac{\partial T}{\partial P}\right)_H = -\left(\frac{\partial H}{\partial P}\right)_T / C_P \tag{5.32}$$

여기에서 $\left(\frac{\partial T}{\partial P}\right)_H$ 를 **주울–톰슨 계수(Joule-Thompson coefficient, μ_{JT})**라고 하며 다음과 같이 정의된다.

$$\mu_{JT} = \left(\frac{\partial T}{\partial P}\right)_H \quad \text{(주울–톰슨 계수의 정의)} \tag{5.33}$$

주울–톰슨 계수 μ_{JT}는 등엔탈피 과정에서 압력 변화에 따른 온도 변화율로 이상 기체에서는 0이나, 실제 기체의 μ_{JT}는 0이 아니다. 실제 기체에 대해서 μ_{JT}는 분자 간 인력과 반발력에 의존하여 기체의 종류에 따라 다르며 한 기체에서도 압력과 온도에 따라 그 값의 부호가 바뀐다. **이 부호가 바뀌는 온도(즉 $\mu_{JT} = 0$)를 반전 온도(inversion temperature, T_I)**라고 한다.

주울–톰슨 계수 μ_{JT}는 반전 온도를 중심으로 다음과 같은 성질을 가진다.

$\mu_{JT} > 0$: $dP < 0$이면 $dT < 0$, 기체가 팽창할 때 온도 하락
$\mu_{JT} < 0$: $dP < 0$이면 $dT > 0$, 기체가 팽창할 때 온도 상승

수소와 헬륨을 제외한 모든 기체의 주울–톰슨 계수는 실온과 그 이하의 온도에서 양(+)의 값을 갖는다. 수소와 헬륨은 반전 온도가 매우 낮아 온도를

상당히 낮춘 후 팽창시켜야 기체 팽창에 의한 온도 하락 효과를 볼 수 있다. 몇 가지 물질의 주울-톰슨 계수와 반전 온도 및 끓는점은 표 5.2와 같다. 더 많은 자료는 부록에 수록해 놓았다. 이 주울-톰슨 계수의 성질은 기체를 액화시키는 데 널리 이용되고 있다.

표 5.2 몇 가지 물질의 1 atm 298 K에서의 주울-톰슨 계수 μ_{JT}와 반전 온도 T_I

물질	μ_{JT}/K atm^{-1}	T_I/K
공기	0.189 (323 K)	603
He	−0.062	40
H_2	−0.03	202
N_2	0.27	621
O_2	0.31	764
CO_2	1.11 (300 K)	1500

5.4 열화학

어떤 계에 물리적 또는 화학적 변화가 일어나면 그 계의 에너지가 열 또는 일로 변환된다. 계의 에너지가 변화할 때 열로 이전되는 에너지를 다루는 분야를 **열화학(thermochemistry)**이라고 한다. 일반적으로 많은 물리적 및 화학적 변화는 대기압이라는 일정한 압력 조건에서 일어난다. 이러한 상태에서 계가 흡수 또는 방출하는 열량 q는 계의 엔탈피 변화량 ΔH로 나타낼 수 있다. 즉, 어떤 계의 물리적 또는 화학적 변화에서 $\Delta H > 0$이면 그 변화는 열을 흡수하는 과정으로 **흡열 과정(endothermic process)**이고, $\Delta H < 0$이면 열을 방출하는 과정으로 **발열 과정(exothermic process)**이다.

물리적 변화에서의 ΔH

화학에서 중요하게 다루는 물리적 변화는 얼음이 물로, 또 물이 수증기로 변하는 것과 같은 상전이다. **상전이(phase transition)**는 물질이 한 상에서 다른 상으로 전환되는 것을 말하며, **상(phase)**은 계 전체에 걸쳐 물리적 상태와 조성이 균일한 상태를 말한다.

일반적으로 엔탈피 변화 ΔH는 표준 조건에서 일어나는 과정의 값을 가지고 나타낸다. 표준 조건으로는 어떤 명시된 온도에서 1 bar 압력에서의 순수한 상태를 **표준 상태(standard state)**로 정의하여 사용한다.

표준 상태: 명시된 온도에서 1 bar 압력에서의 순수한 상태

이때 온도는 표준 상태의 정의에 포함되지 않으며, 온도는 임의로 지정될 수 있다. 예를 들면 25°C에서 물의 표준 상태는 25°C, 1 bar에서 순수한 액체 상태의 물을 의미하며, 4°C에서 물의 표준 상태는 4°C, 1 bar에서 순수한 액체 상태의 물을 의미한다.

이와 같은 **표준 상태에서 물리적 상태 변화에 수반되는 엔탈피 변화를 표준 전이 엔탈피(standard enthalpy of transition, $\Delta_{trs}H^{o}$)**라고 한다. 상전이에 따른 표준 전이 엔탈피로는 표준 증발 엔탈피, 표준 용융 엔탈피, 표준 승화 엔탈피가 있다.

표 5.3 몇 가지 물질의 전이 온도에서 표준 전이 엔탈피 $\Delta_{trs}H^{o}$

물질	용융		증발	
	T_f/K	$\Delta_{fus}H^{o}$/kJ mol^{-1}	T_b/K	$\Delta_{vap}H^{o}$/kJ mol^{-1}
Ar	83.81	1.118	87.29	6.506
He	3.3	0.021	4.22	0.084
H_2O	273.15	6.008	373.15	40.656 (44.016, 298 K에서)
NH_3	195.4	5.652	239.7	23.35

표준 증발 엔탈피(standard enthalpy of vaporization, $\Delta_{vap}H^{o}$)는 표준 상태에서 순수한 액체 1 mol이 1 bar의 압력에서 순수한 기체 1 mol로 증발될 때 수반되는 엔탈피 변화량이다. 예를 들면 H_2O의 표준 증발 엔탈피 $\Delta_{vap}H^{o}$는 다음과 같다.

$$H_2O(l) \longrightarrow H_2O(g) \quad \Delta_{vap}H^{o}(373.15\ \text{K}) = 40.7\ \text{kJ mol}^{-1}$$

이 예에서 보듯이 표준 엔탈피는 어떤 온도든지 정의할 수 있다. 그러나 관례적으로 열역학 자료는 25.00°C(298.15 K)의 값을 보고하고 있다. 몇 가지 물질의 전이 온도에서 표준 증발 엔탈피 $\Delta_{vap}H^{o}$는 표 5.3과 같다. 보다 많은 물질에 대한 상전이 표준 엔탈피 $\Delta_{trs}H^{o}$는 부록에 수록해 놓았다.

또 하나의 일반적인 상전이는 고체가 녹아서 액체가 되는 **녹음(용융, fusion)**이다. **표준 상태에서 순수한 고체 1 mol이 순수한 액체 1 mol로 녹을 때 수반되는 엔탈피 변화량을 표준 용융 엔탈피(standard enthalpy of fusion, $\Delta_{fus}H^{o}$)**라고 한다. 몇 가지 물질의 전이 온도에서 표준 증발 엔탈피 $\Delta_{fus}H^{o}$는 표 5.3과 같다. 보다 많은 물질에 대해서는 부록에 수록되어 있다. 0°C에서 H_2O 1 mol의 표준 용융 엔탈피 $\Delta_{fus}H^o$는 6.01 kJ로 얼음이 물로 변화할 때의 상전이에 대한 열화학 반응식은 다음과 같다.

$$H_2O(s) \longrightarrow H_2O(l) \quad \Delta_{fus}H^o(273.15\ K) = 6.01\ kJ\ mol^{-1}$$

위에서 본 두 상전이 과정인 증발과 용융의 역과정을 각각 **응축(condensation)**과 **응고(얼음, freezing)**라고 한다. 물질이 응축되거나 응고될 때는 물질이 증발되거나 용융될 때 공급된 열이 다시 방출되므로 이때의 엔탈피 변화량은 각각 증발 엔탈피와 용융 엔탈피의 음(−)의 값이다. 그러므로 **역전이에 대한 엔탈피 변화량은 항상 정방향 전이 엔탈피의 음(−)의 값**이다. 그러므로 식으로 표현하면 다음과 같다.

$$\Delta_{trs}H^o(\text{정방향}) = -\Delta_{trs}H^o(\text{역방향}) \tag{5.34}$$

그러므로 H_2O의 응축과 응고에 대한 열화학 반응식은 다음과 같다.

$$H_2O(g) \longrightarrow H_2O(l) \quad \Delta_{cond}H^o(373.15\ K) = -40.7\ kJ\ mol^{-1}$$
$$H_2O(l) \longrightarrow H_2O(s) \quad \Delta_{freez}H^o(273.15\ K) = -6.01\ kJ\ mol^{-1}$$

엔탈피는 상태 함수로 상전이에서 엔탈피 변화량의 크기는 변화의 경로에는 무관하다. 위에서 본 증발과 응축, 용융과 응고 엔탈피의 크기가 서로 같은 것도 엔탈피가 상태 함수이기 때문이다. 한편 고체에서 기체로 직접 변하는 상전이는 승화(sublimation)라고 한다. **표준 상태에서 1 mol의 고체가 승화될 때의 엔탈피 변화량을 표준 승화 엔탈피(standard enthalpy of sublimation, $\Delta_{sub}H^o$)**라고 하고, 엔탈피의 상태 함수 성질로부터 다음과 같이 구해진다.

$$\Delta_{sub}H^o = \Delta_{fus}H^o + \Delta_{vap}H^o \tag{5.35}$$

예를 들면 H_2O의 0°C에서 표준 증발 엔탈피는 45.07 kJ mol^{-1}이고, 표준 용융 엔탈피는 6.01 kJ mol^{-1}이다. 그러므로 H_2O의 0°C에서 표준 승화 엔탈피는 다음과 같다.

$$H_2O(l) \longrightarrow H_2O(g) \quad \Delta_{vap}H^o(273.15\ K) = 45.07\ kJ\ mol^{-1}$$
$$H_2O(s) \longrightarrow H_2O(l) \quad \Delta_{fus}H^o(273.15\ K) = 6.01\ kJ\ mol^{-1}$$

$$H_2O(s) \longrightarrow H_2O(g) \quad \Delta_{sub}H^o(273.15\ K) = (45.07 + 6.01)\ kJ\ mol^{-1} = 51.08\ kJ\ mol^{-1}$$

화학적 변화에서의 ΔH

화학 반응에 수반되는 엔탈피를 반응 엔탈피라고 한다. 반응 엔탈피는 위에서 보았듯이 반응물과 생성물의 에너지 값이 그 상태에 따라 다르므로 반응 엔탈피 역시 달라진다. 따라서 어떤 반응에 대한 열화학 반응식을 쓸 때는 반응물과 생성물의 상태를 반드시 표기해야 한다. 예를 들면 메테인의 연소 반응에 대한 열화학 반응식은 다음과 같이 표기한다.

$$CH_4(g) + 2O_2(g) \longrightarrow CO_2(g) + 2H_2O(l) \qquad \Delta_r H^o = -890\ \text{kJ mol}^{-1}$$

어떤 **반응에 대하여 표준 상태에서 측정되거나 계산된 엔탈피 변화량**을 **표준 반응 엔탈피(standard enthalpy of reaction, $\Delta_r H^o$)**라고 하며, 생성물들의 전체 엔탈피에서 반응물들의 전체 엔탈피를 뺀 값이다. 예를 들어 A + 2B → 3C + 4D와 같은 반응에 대한 표준 반응 엔탈피는 다음과 같이 구해진다.

$$\Delta_r H^o = \{3H_m{}^o(\text{C}) + 4H_m{}^o(\text{D})\} - \{H_m{}^o(\text{A}) + 2H_m{}^o(\text{B})\}$$

이 식을 일반화하면 다음과 같이 표현된다.

$$\Delta_r H^o = \sum_{\text{생성물}} \nu H_m^o - \sum_{\text{반응물}} \nu H_m^o \quad (\text{표준 반응 엔탈피 정의}) \tag{5.36}$$

여기에서 'ν'는 반응식에 나타나는 화학량적 계수이다.

표준 반응 엔탈피 중에는 특별한 이름을 가지고 있는 것들도 있다. 예를 들면 **유기 화합물이 완전히 산화될 때의 표준 반응 엔탈피**는 **표준 연소 엔탈피 (standard enthalpy of combustion, $\Delta_c H^o$)** 라고 한다.

표준 생성 엔탈피

표준 반응 엔탈피는 5.31식에서와 같이 생성물들과 반응물들의 절대 엔탈피 차이로 정의되나 반응에 관여하는 각 물질들의 절대 엔탈피는 실험적으로 결정할 수 없다. 따라서 표준 상태에서 각 물질들에 대한 엔탈피 기준을 정하여 그 기준에 대한 상대적인 값으로 각 물질에 대한 엔탈피 값으로 사용한다.

각 물질에 대한 엔탈피 기준은 298.15 K, 표준 상태에서 가장 안정한 상태에 있는 원소 물질의 에너지를 0으로 잡는다. 예를 들면 산소의 원소 물질인 O_2, O_3, O 가운데 298.15 K, 1 bar에서 가장 안정한 상태는 기체 상태의 O_2이므로 $O_2(g)$의 에너지를 0으로 놓는다.

이렇게 모든 원소 물질들에 대한 기준이 정해지면 화합물은 원소들이 결합하여 생성된 것이므로 기준 원소 물질로부터 그 화합물이 생성될 때의 표준 반응 엔탈피를 구할 수 있다. 이렇게 구해진 표준 반응 엔탈피를 그 화합물의 **표준 생성 엔탈피(standard enthalpy of formation, $\Delta_f H^o$)** 라고 한다.

표준 생성 엔탈피($\Delta_f H^o$): 기준 상태의 원소 물질로부터 그 물질을 형성하는 데 필요한 표준 반응 엔탈피

예를 들어 25°C, 표준 상태에서 수소 기체 1 mol과 산소 기체 0.5 mol이 반응하여 물 1 mol이 생성될 때 285.83 kJ만큼의 열이 방출되었다면 반응식과 물의 생성 엔탈피는 다음과 같다.

$$H_2(g) + \frac{1}{2} O_2(g) \longrightarrow H_2O(l) \qquad \Delta H^o = -285.83 \text{ kJ}$$

$$\Delta_f H^o[H_2O(l)] - \{\Delta_f H^o[H_2(g)] + \frac{1}{2} \Delta_f H^o[O_2(g)]\} = -285.83 \text{ kJ}$$

$$\Delta_f H^o[H_2O(l)] - (0 + \frac{1}{2} \times 0) = -285.83 \text{ kJ}$$

그러므로 물의 몰당 생성 엔탈피는 다음과 같다.

$$\Delta_f H^o[H_2O(l)] = -285.83 \text{ kJ mol}^{-1}$$

이와 같이 구해진 몇 가지 물질의 표준 생성 엔탈피 $\Delta_f H^o$는 표 5.4와 같다. 화학에서 일반적으로 많이 접하는 물질들에 대한 표준 생성 엔탈피는 부록의 표 5.4에 실어 놓았다.

표 5.4 몇 가지 물질의 298.15 K, 표준 상태에서 표준 생성 엔탈피 $\Delta_f H^o$

물질	$\Delta_f H^o$/kJ mol^{-1}	물질	$\Delta_f H^o$/kJ mol^{-1}
$Li^+(aq)$	−278.49	$N_2(g)$	0
$LiH(g)$	140.6	$NO_2(g)$	33.18
$Na^+(aq)$	−240.12	$NH_3(g)$	−46.11
$NaOH(s)$	−425.61	$NH_4^+(aq)$	−132.51
$NaCl(s)$	−411.15	$NH_4Cl(s)$	−314.43
$Cl_2(g)$	0	$O_2(g)$	0
$Cl^-(aq)$	−167.16	$OH^-(aq)$	−229.99
$HCl(g)$	−92.31	C(*s*,흑연)	0
$H_2(g)$	0	$CO_2(g)$	−393.51
$H_2O(l)$	−285.83	$H_2CO_3(aq)$	−699.65

반응 엔탈피 계산과 반응 엔탈피의 온도 의존

반응물과 생성물의 표준 생성 엔탈피 자료를 이용하면 표준 반응 엔탈피는 다음과 같이 어렵지 않게 계산할 수 있다.

$$\Delta_r H^\circ = \sum_{\text{생성물}} \nu H_f^\circ - \sum_{\text{반응물}} \nu H_f^\circ \quad \text{(표준 반응 엔탈피 계산)} \tag{5.37}$$

여기에서 'v'는 화학 반응식의 양론 계수이다.

엔탈피는 상태 함수이므로 여러 단계를 거쳐 일어나는 반응이라고 하더라도 전체 반응의 엔탈피는 각 단계 반응의 엔탈피의 합과 같다. 이를 헤스의 법칙 **(Hess's law)**이라고 한다.

헤스의 법칙: 어떤 전체 반응이 여러 반응으로 나뉘는 경우
그 전체 반응의 엔탈피는 각 반응의 엔탈피 합과 같다.

헤스의 법칙은 다음과 같은 경우에 매우 유용하게 사용된다. 예를 들어 에탄올 생성 반응의 엔탈피를 구하기 위하여 에탄올을 구성하는 원소들에 대한 기준 물질로 화학 반응식을 작성하면 다음과 같다.

$$2C(s,\ \text{흑연}) + 3H_2(g) + \frac{1}{2}O_2(g) \longrightarrow C_2H_5OH(l)$$

이 반응에서 반응물들을 반응 용기에 넣고 직접 반응을 시키면 에탄올은 생성되지 않는다. 그러나 다음의 반응들은 실제로 일어나므로 그 엔탈피 변화를 측정할 수 있다.

$$\text{(1)}\ C(s,\ \text{흑연}) + O_2(g) \longrightarrow CO_2(g) \qquad \Delta_r H^\circ = -393.51\ \text{kJ}$$

$$\text{(2)}\ H_2(g) + \frac{1}{2}O_2(g) \longrightarrow H_2O(l) \qquad \Delta_r H^\circ = -285.83\ \text{kJ}$$

$$\text{(3)}\ C_2H_5OH(l) + 3O_2(g) \longrightarrow 2CO_2(g) + 3H_2O(l) \qquad \Delta_r H^\circ = -1366.82\ \text{kJ}$$

위의 반응식에 대하여 (1) × 2, (2) × 3을 하고, (3)에 대해서는 반응물과 생성물의 자리를 바꾸면 다음과 같이 된다.

$$\text{(4)}\ 2C(s,\ \text{흑연}) + 2O_2(g) \longrightarrow 2CO_2(g) \qquad \Delta_r H^\circ = -782.02\ \text{kJ}$$

$$\text{(5)}\ 3H_2(g) + \frac{3}{2}O_2(g) \longrightarrow 3H_2O(l) \qquad \Delta_r H^\circ = -857.49\ \text{kJ}$$

$$\text{(6)}\ 2CO_2(g) + 3H_2O(l) \longrightarrow C_2H_5OH(l) + 3O_2(g) \qquad \Delta_r H^\circ = 1366.82\ \text{kJ}$$

이제 위의 (4), (5), (6)을 모두 더하면 다음과 같이 된다.

$$2\mathrm{C}(s,\ \text{흑연}) + 3\mathrm{H_2}(g) + \frac{1}{2}\mathrm{O_2}(g) \longrightarrow \mathrm{C_2H_5OH}(l)$$

$$\Delta_r H^\circ = -782.02\ \mathrm{kJ} - 857.49\ \mathrm{kJ} + 1366.82\ \mathrm{kJ} = -277.69\ \mathrm{kJ}$$

이와 같이 헤스의 법칙을 사용하여 구한 에탄올의 표준 생성 엔탈피 $\Delta_f H^\circ$는 −277.69 kJ이다. 따라서 헤스의 법칙을 이용하면 실제로 반응이 일어나기 어려운 반응에 대한 반응 엔탈피를 알려진 일련의 관련 반응들로부터 구할 수 있게 해준다.

많은 반응에 대하여 자료로부터 표준 반응 엔탈피를 구할 수 있으나 대부분의 경우 이러한 값들은 상온(298.15 K)의 값들이다. 그러나 실제 상황에서는 298.15 K가 아닌 다른 온도에서의 엔탈피 값이 필요한 경우가 많다. 임의의 온도에서의 표준 반응 엔탈피는 등압 엔탈피를 구하는 식 $dH = C_P dT$로부터 다음과 같이 구할 수 있다. 어떤 물질의 온도가 T_i(예를 들면 298.15 K)에서 T_f로 변하였다면 그 물질의 T_f에서의 표준 반응 엔탈피는 다음과 같다.

$$\begin{aligned}\Delta_r H^\circ(T_f) &= \Delta_r H^\circ(T_i) + \Delta H \\ &= \Delta_r H^\circ(T_i) + \int_{T_i}^{T_f} \Delta_r C_P^\circ \mathrm{d}T \\ &= \Delta_r H^\circ(T_i) + \Delta_r C_P^\circ (T_f - T_i)\quad \text{(키르히호프의 법칙)}\end{aligned} \tag{5.38a}$$

이 식을 **키르히호프의 법칙(Kirchhoff's law)**이라고 한다. 여기에서 $\Delta_r C_P^\circ$는 다음과 같이 구해지는 값이다.

$$\Delta_r C_P^\circ = \sum_{\text{생성물}} \nu C_{P,m}^\circ - \sum_{\text{반응물}} \nu C_{P,m}^\circ \tag{5.38b}$$

그러므로 어떤 물질의 한 온도에서 등압 열용량 $C_{P,m}^\circ$를 알고 온도 차가 크지 않으면(100 K 이내) 다른 온도에서의 표준 반응 엔탈피를 구할 수 있다. 화학에서 많이 접하는 물질들에 대한 등압 열용량 $C_{P,m}^\circ$는 부록의 표 5.4에 주어져 있다.

그러나 온도 차가 큰 경우에는 다음과 같이 급수로 전개되는 **온도 의존 열용량** $C_{P,m}$에 대한 식을 사용한다.

키르히호프(Gustav Robert Kirchhoff, 1824~1887)

독일의 물리학자. 전기회로, 분광학, 흑체 복사, 열역학 분야에 많은 공헌을 하였다. 전기회로와 열역학 분야에 그의 이름을 딴 두 개의 키르히호프의 법칙이 있다.

$$C_{P,m} = a + bT + cT^2 + \cdots \tag{5.39}$$

키르히호프의 법칙에 5.39식을 적용하면 다음과 같이 된다.

$$\Delta_r H^\circ(T_f) = \Delta_r H^\circ(T_i) + \Delta a \cdot (T_f - T_i) + \frac{\Delta b}{2}(T_f^2 - T_i^2) + \frac{\Delta c}{3}(T_f^3 - T_i^3) \tag{5.40}$$

여기에서, a, b, c, … 은 온도에 무관한 매개 변수이며, 몇 가지 물질에 대한 값들은 표 5.5와 같다. 더 많은 자료는 부록에 수록해 놓았다.

표 5.5 298~800 K 영역에서 온도 함수로서의 등압 몰 열용량 $C_{P,m} = a + bT + cT^2$

물질	a/J K^{-1} mol^{-1}	b/10^{-3} J K^{-2} mol^{-1}	c/10^{-5} J K^{-3} mol^{-1}
Cl_2	22.85	65.43	−12.52
CO_2	13.86	79.37	−6.78
H_2	22.66	43.81	−10.84
HCl	29.81	−4.12	6.22
H_2O	33.80	−7.95	2.82
N_2	30.81	11.87	2.40
O_2	32.83	−36.33	11.53

예제 5.3 다음 반응에 대하여 아래 온도에서의 표준 반응 엔탈피 $\Delta_r H^\circ$를 구하시오.

$$\frac{1}{2}H_2(g) + \frac{1}{2}Cl_2(g) \longrightarrow HCl(g)$$

(1) 375 K (2) 800 K

풀이 100 K 이내와 100 K 이상의 온도에서 표준 반응 엔탈피를 구하는 문제이다.

(1) 375 K는 100 K 이내의 온도 영역이므로 부록 3, 표 5.4의 298.15 K에서의 $C_{P,m}{}^\circ$ 값을 사용하여 키르히호프의 법칙으로 $\Delta_r H^\circ$를 구하여도 무방하다.

$$\Delta_r H^\circ(298.15\text{ K}) = \sum_{\text{생성물}} \nu H_f^\circ - \sum_{\text{반응물}} \nu H_f^\circ$$

$$= \Delta_f H^\circ(\text{HCl}, g) - \left\{\frac{1}{2}\Delta_f H^\circ(\text{H}_2, g) + \frac{1}{2}\Delta_f H^\circ(\text{Cl}_2, g)\right\}$$

$$= \{-92.31 - (0+0)\}\ \text{kJ mol}^{-1}$$
$$= -92.31\ \text{kJ mol}^{-1}$$

$$\Delta_r C_P^o = \sum_{\text{생성물}} \nu C_{P,m}^o - \sum_{\text{반응물}} \nu C_{P,m}^o$$
$$= C_{P,m}^o(\text{HCl}, g) - \left\{\frac{1}{2} C_{P,m}^o(\text{H}_2, g) + \frac{1}{2} C_{P,m}^o(\text{Cl}_2, g)\right\}$$
$$= \{29.12 - \left\{\frac{1}{2}(28.82) + \frac{1}{2}(33.91)\right\}\ \text{J K}^{-1}\ \text{mol}^{-1}$$
$$= -2.245\ \text{J K}^{-1}\ \text{mol}^{-1}$$

$$\boldsymbol{\Delta_r H^o(T_f)} = \Delta_r H^o(T_i) + \Delta_r C_P^o(T_f - T_i)$$
$$= -92.31\ \text{kJ mol}^{-1} + (-2.245\ \text{J K}^{-1}\ \text{mol}^{-1})(76.85\ \text{K})$$
$$= -92.31\ \text{kJ mol}^{-1} - 0.17\ \text{kJ mol}^{-1} \mathbf{= -92.48\ kJ\ mol^{-1}}$$

(2) 800 K는 100 K를 벗어나는 온도 영역이므로 $C_{P,m} = a + bT + cT^2$를 적용하여 $\Delta_r H^o$를 구한다.

$$\Delta_r H^o(T_f) = \Delta_r H^o(T_i) + \Delta a \cdot (T_f - T_i) + \frac{\Delta b}{2}(T_f^2 - T_i^2) + \frac{\Delta c}{3}(T_f^3 - T_i^3)$$

$$\Delta_r H^o(298.15\ \text{K}) = -92.31\ \text{kJ mol}^{-1}$$

$$\Delta a(T_f - T_i) = [\{29.81 - \frac{1}{2}(22.66 + 22.85)\}\text{J K}^{-1}\ \text{mol}^{-1}\}]$$
$$\times (800 - 298.15)\text{K} = 3.553\ \text{kJ mol}^{-1}$$

$$\frac{\Delta b}{2}(T_f^2 - T_i^2) = \frac{1}{2}[\{-4.12 - \frac{1}{2}(43.81 + 65.43)\} \times 10^{-3}\ \text{J K}^{-2}\ \text{mol}^{-1}]$$
$$\times (800^2 - 298.15^2)\text{K}^2 = -16.186\ \text{kJ mol}^{-1}$$

$$\frac{\Delta c}{3}(T_f^3 - T_i^3) = \frac{1}{3}[\{6.22 - \frac{1}{2}(-10.84 - 12.52)\} \times 10^{-5}\ \text{J K}^{-3}\ \text{mol}^{-1}]$$
$$\times (800^3 - 298.15^3)\text{K}^3 = 28.968\ \text{kJ mol}^{-1}$$

$$\boldsymbol{\Delta_r H^o(T_f)} = (-92.31 + 3.553 - 16.186 + 28.968)\ \text{kJ mol}^{-1}$$
$$\mathbf{= -75.98\ kJ\ mol^{-1}}$$

핵심 개념

1. 엔탈피(H): 등압 조건에서 계에 출입하는 에너지 가운데 열의 형태로만 출입하는 에너지
2. 팽창 계수(α): 등압 조건에서 온도 변화에 따른 부피 변화율
3. 등온 압축률(κ_T): 일정한 온도에서 압력 변화에 따른 부피 변화율
4. 단열 과정: 계와 주위 간에 열 교환이 없는 과정
5. 주울–톰슨 효과: 등엔탈피 과정에서 압력 변화에 따른 온도 변화 효과
6. 반전 온도(T_I): 주울–톰슨 계수 μ_{JT}의 부호가 바뀌는 온도
7. 열화학: 계의 에너지가 변화할 때 열로 이전되는 에너지를 다루는 학문 분야
8. 흡열 과정: 열을 흡수하는 과정, $\Delta H > 0$
   발열 과정: 열을 방출하는 과정, $\Delta H < 0$
9. 상전이: 물질이 한 상에서 다른 상으로 전환되는 것
   상: 계 전체에 걸쳐 물리적 상태와 조성이 균일한 상태
10. 표준 상태: 명시된 온도에서 1 bar 압력에서의 순수한 상태
11. 표준 전이 엔탈피($\Delta_{trs}H^o$): 표준 상태에서 물리적 상태 변화에 수반되는 엔탈피 변화
    표준 증발 엔탈피($\Delta_{vap}H^o$): 표준 상태에서 순수한 액체 1 mol이 1 bar의 순수한 기체 1 mol로 증발될 때 수반되는 엔탈피 변화량
    표준 용융 엔탈피($\Delta_{fus}H^o$): 표준 상태에서 순수한 고체 1 mol이 순수한 액체 1 mol로 녹을 때 수반되는 엔탈피 변화량
    표준 승화 엔탈피($\Delta_{sub}H^o$): 표준 상태에서 1 mol의 고체가 승화될 때의 엔탈피 변화량
12. 역전이에 대한 엔탈피 변화량: 정방향 전이 엔탈피의 음(−)의 값
13. 표준 반응 엔탈피($\Delta_r H^o$): 화학 반응에서 표준 상태에서 측정되거나 계산된 엔탈피 변화량, 생성물들의 전체 엔탈피에서 반응물들의 전체 엔탈피를 뺀 값
14. 표준 연소 엔탈피($\Delta_c H^o$): 유기 화합물이 완전히 산화될 때의 표준 반응 엔탈피
15. 표준 생성 엔탈피($\Delta_f H^o$): 기준 상태의 원소 물질로부터 그 물질을 형성하는데 필요한 표준 반응 엔탈피
16. 엔탈피 기준: 298.15 K, 표준 상태에서 가장 안정한 상태에 있는 원소 물질의 에너지를 0으로 잡음
17. 헤스의 법칙: 전체 반응의 엔탈피는 각 단계 반응의 엔탈피의 합과 같다.
18. 키르히호프의 법칙: 임의의 온도에서 표준 반응 엔탈피를 구하는 방법

주요 식

이름	식	설명
엔탈피	$H = U + PV$	정의
엔탈피 변화량	$\Delta H = \Delta U + P\Delta V$	내부 에너지 변화량에서 등압 일을 뺀 값
등부피 열용량	$C_V = \dfrac{dq_V}{dT} = \left(\dfrac{\partial U}{\partial T}\right)_V$	정의 등부피에서 온도 변화에 따른 내부 에너지의 변화량
등압 열용량	$C_P = \dfrac{dq_P}{dT} = \left(\dfrac{\partial H}{\partial T}\right)_P$	정의 등압에서 온도 변화에 따른 엔탈피 변화량
열역학 함수들 간의 관계	$\Delta U = q_V = C_V\Delta T$ $\Delta H = q_P = C_P\Delta T$	등부피 상태의 관계 등압 상태의 관계
C_P와 C_V의 관계	$C_{P,m} - C_{V,m} = R$ $C_P - C_V = \dfrac{\alpha^2 TV}{\kappa_T}$	이상 기체의 경우 모든 물질에 대해서
등부피 과정에서 엔탈피의 온도 의존	$\left(\dfrac{\partial H}{\partial T}\right)_V = \left[1 - \dfrac{\alpha\mu_{JT}}{\kappa_T}\right] C_P$	부피가 일정한 상태에서 온도 변화에 따른 엔탈피 변화
팽창 계수와 등온 압축률	$\alpha = \dfrac{1}{V}\left(\dfrac{\partial V}{\partial T}\right)_P$ $\kappa_T = -\dfrac{1}{V}\left(\dfrac{\partial V}{\partial P}\right)_T$	팽창 계수의 정의 등온 압축률의 정의
단열 과정에서 열역학 기본 변수들 간의 관계	$V_i T_i^c = V_f T_f^c$ $c = C_{V,m}/R$ $P_i V_i^\gamma = P_f V_f^\gamma$ $\gamma = C_{P,m}/C_{V,m}$	가역 단열 과정의 V–T 관계 가역 단열 과정의 P–V 관계
주울–톰슨 계수	$\mu_{JT} = \left(\dfrac{\partial T}{\partial P}\right)_H$	정의 등엔탈피에서 압력 변화에 따른 온도 변화
표준 반응 엔탈피	$\Delta_r H^\circ = \sum_{\text{생성물}} \nu H_m^\circ - \sum_{\text{반응물}} \nu H_m^\circ$	정의

이름	식	설명
키르히호프의 법칙	$\Delta_r H^\circ(T_f)$ $= \Delta_r H^\circ(T_i) + \int_{T_i}^{T_f} \Delta_r C_P^\circ \, dT$ $= \Delta_r H^\circ(T_i) + \Delta_r C_P^\circ (T_f - T_i)$	온도가 변하는 과정에서 반응 엔탈피를 구하는 방법
온도 의존 열용량	$C_{P,m} = a + bT + cT^2 + \cdots$	열용량을 온도의 함수로 나타내는 방법

연습 문제

5.1 엔탈피를 정의하는 식을 쓰고, 엔탈피 개념을 설명하시오.

5.2 주울-톰슨 효과와 주울-톰슨 계수에서 반전 온도 T_I의 의의를 설명하시오.

5.3 화학적 변화에서 표준 반응 엔탈피는 $\Delta_r H^o = \sum_{\text{생성물}} \nu H^o_m - \sum_{\text{반응물}} \nu H^o_m$로 정의된다. 그러나 각 물질들의 절대 엔탈피 H는 그 값을 알 수 없다. 이러한 문제점을 열역학에서는 어떻게 해결하는가?

5.4 압력과 온도 변화에 따른 엔탈피 변화는 다음과 같다.

$$\mathrm{d}H = \left(\frac{\partial H}{\partial P}\right)_T \mathrm{d}P + C_P \mathrm{d}T \qquad (5.18)$$

이 식으로부터 오일러 순환 관계식 $\left(\frac{\partial x}{\partial y}\right)_z \left(\frac{\partial y}{\partial z}\right)_x \left(\frac{\partial z}{\partial x}\right)_y = -1$과 팽창 계수 α, 등온 압축률 κ_T, 주울-톰슨 계수 μ_{JT}를 사용하여 등부피에서 온도 변화에 따른 엔탈피 변화가 다음과 같음을 보이시오.

$$\left(\frac{\partial H}{\partial T}\right)_V = \left[1 - \frac{\alpha \mu_{JT}}{\kappa_T}\right] C_P$$

5.5 열역학 제1법칙과 열역학 제2법칙을 결합하면 내부 압력 π_T는 다음과 같고,

$$\pi_T = \left(\frac{\partial U}{\partial V}\right)_T = T\left(\frac{\partial P}{\partial T}\right)_V - P$$

오일러 순환 관계식에 의하면 함수 $z = z(x, y)$에 대하여 다음과 같은 관계를 갖는다.

$$\left(\frac{\partial x}{\partial y}\right)_z \left(\frac{\partial y}{\partial z}\right)_x \left(\frac{\partial z}{\partial x}\right)_y = -1$$

이 관계식들을 이용하여 다음을 구하시오.

(1) 등온 상태에서 $\left(\frac{\partial H}{\partial P}\right)_T = V - T\left(\frac{\partial H}{\partial T}\right)_P$ 임을 보이시오.

(2) 이상 기체에서 $\left(\frac{\partial H}{\partial P}\right)_T = 0$ 임을 보이시오.

5.6 $C^{\circ}_{V,m} = \frac{5}{2}R$ 인 이상 기체 1.00 mol을 1.00 bar, 273.15 K에서 부피가 일정한 단단한 용기에 넣고 가역적으로 350 K까지 가열하였다. 다음을 구하시오.

(1) 내부 에너지 변화량　　(2) 출입한 열량

5.7 메테인 기체 2.00 mol을 1.00 bar, 298.15 K에서 370 K까지 가열하였다. 다음을 구하시오. ($C_{P,m}{}^{\circ}$ 값은 부록의 표 5.4 자료를 이용하고, 이상 기체로 가정하시오.)

(1) 엔탈피 변화량　　(2) 내부 에너지 변화량

(3) 출입한 열량　　(4) 일어난 일

5.8 O_2 기체의 등부피 온도 의존 몰열용량 $C_{V,m}$은 다음과 같이 주어진다.

$$C_{V,m} = a' + b'T + c'T^2$$

여기에서 $a' = 17.23\ \mathrm{J\ K^{-1}\ mol^{-1}}$, $b' = 13.61\times10^{-3}\ \mathrm{J\ K^{-2}\ mol^{-1}}$, $c' = 42.55\times10^{-7}\ \mathrm{J\ K^{-3}\ mol^{-1}}$이다. 2.00 mol의 O_2 기체를 298.15 K에서 750 K로 가열하였을 때 내부 에너지 변화량은 얼마인가?

5.9 문제 5.7의 메테인 기체를 298.15 K에서 700 K까지 가열하였다. 이 과정에서 일어난 엔탈피 변화량은 얼마인가?

5.10 273.15 K에서 25.0 L의 3.00 mol의 질소 기체를 0.800 bar의 외부 압력에 맞서 단열 팽창시켜 부피를 50.0 L가 되게 하였다. 다음을 구하시오. (부록의 열역학 자료에서 $N_2(g)$의 $C_{P,m}{}^{\circ}$ 값을 참조하시오.)

(1) 일 w　　(2) 내부 에너지 변화 ΔU

(3) 온도 변화 ΔT　　(4) 엔탈피 변화 ΔH

5.11 298.15 K에서 2.05 mol의 질소 기체를 1.00 bar에서 2.50 bar로 가역 단열 압축시켰다. 다음을 구하시오. (부록의 열역학 자료에서 $N_2(g)$의 $C_{P,m}{}^{\circ}$ 값을 참조하시오.)

(1) 최종 부피　　(2) 최종 온도　　(3) 일어난 일

5.12 액체 부피의 온도 의존은 다음과 같이 표현된다.

$$V_m = V_m'(a + bT + cT^2)$$

여기에서 V_m'은 298.15 K에서의 부피이다. 어떤 기체가 $a = 0.77$, $b = 3.8 \times 10^{-4}\ K^{-1}$, $c = 1.49 \times 10^{-6}\ K^{-2}$이다. 300 K에서 이 기체의 팽창 계수는 얼마인가?

5.13 어떤 회사에서 수송비를 절감하기 위하여 에탄올의 부피를 줄여 운반하려고 한다. 10°C에 저장되어 있는 에탄올의 부피를 10.0% 줄이려면 얼마만한 압력을 가해야 할까? (부록의 표 5.1에서 κ_T 값을 사용하시오.)

5.14 단열된 냉장실에서 이산화 탄소 기체의 온도를 5.0 K 낮추려고 한다. 압력을 얼마나 떨어뜨려야 할까? (부록의 표 5.2 자료를 사용하시오.)

5.15 298 K에서 물의 증발 엔탈피는 44.016 kJ mol^{-1}이다. 25°C, 1 bar에서 물 100.0 g이 완전히 증발될 때에 대하여 다음을 구하시오.

(1) 엔탈피 변화량 (2) 내부 에너지 변화량

5.16 다음 자료로부터 $B_2H_6(g)$ 합성에 대한 표준 생성 엔탈피를 구하시오.

$$B_2O_3(s) + 3H_2O(g) \longrightarrow B_2H_6(g) + 3O_2(g) \qquad \Delta H^\circ = 1941\ \text{kJ mol}^{-1}$$

$$2B(s) + \frac{3}{2}O_2(g) \longrightarrow B_2O_3(s) \qquad \Delta H^\circ = -2368\ \text{kJ mol}^{-1}$$

$$H_2(g) + \frac{1}{2}O_2(g) \longrightarrow H_2O(g) \qquad \Delta H^\circ = -241.8\ \text{kJ mol}^{-1}$$

5.17 어떤 박테리아는 메테인과 암모니아로부터 다음과 같이 글라이신을 합성한다. 이 반응의 표준 엔탈피 변화량은 얼마인가? 298.15 K로 가정하시오.

$$2CH_4(g) + NH_3(g) + \frac{5}{2}O_2(g) \longrightarrow CH_2(NH_2)COOH(s) + 3H_2O(l)$$

5.18 염화 수소 기체와 산소 기체가 반응하여 염소 기체와 수증기가 생성되는 반응에 대하여 다음 조건에서의 표준 반응 엔탈피를 구하시오.

(1) 298.15 K에서 (2) 380.0 K

3장

변화의 방향

- 6강 열역학 제2법칙과 엔트로피
- 7강 자유 에너지와 변화의 방향

3장은 물리적 및 화학적 변화가 일어날 때 자발적으로 진행되는 변화의 방향을 다루는 방법을 다룬다. 이를 위하여 이 장은 '6강 열역학 제2법칙과 엔트로피'와 '7강 자유 에너지와 변화의 방향'의 두 개의 강으로 나누어 단계적으로 변화의 방향을 예측하는 방법을 공부한다.

'6강 열역학 제2법칙과 엔트로피'에서는 에너지 보존에 관한 법칙인 제1법칙에 이어 자연계의 또 하나의 자명한 법칙인 자발적 변화에 관한 열역학 제2법칙의 개념을 익히고, 이를 정량적으로 다루는 엔트로피의 정의와 엔트로피를 구하는 방법을 다룬다. 이어 '7강 자유 에너지와 변화의 방향'에서는 자유 에너지라는 열역학적 보조 함수를 도입하여 엔탈피 변화와 엔트로피 변화를 총괄적으로 적용하여 변화의 방향을 예측하는 방법을 공부한다.

6강 열역학 제2법칙과 엔트로피

■ 미리 생각해 보기

- 자연계에서 열은 뜨거운 곳에서 차가운 곳으로 흐른다. 이와 같은 자연계의 자발적 변화의 방향은 어떻게 알 수 있을까?
- 자발적 변화를 판단하는 기준은 무엇일까?
- 화학 반응에서 자발적 변화는 어떻게 계산할까?

6.1 엔트로피와 열역학 제2법칙

'1장 에너지 보존'에서 이 우주의 에너지는 일정하며, 이러한 원리를 열역학 제1법칙으로 다루는 방법을 살펴보았다. 열역학 제1법칙은 우리가 관심을 갖는 계에 변화가 일어날 때 그 변화의 과정에서 계의 에너지 변화량을 알 수 있게 해준다. 그러나 제1법칙은 계의 변화가 어느 방향으로 일어날 것인지를 알 수 있게 해주지는 못한다. 이러한 계의 변화가 자발적으로 일어나는 경우 자발적 변화의 방향을 예측하게 하는 것이 열역학 제2법칙이다.

자발적 변화

이 우주에 존재하는 사물은 에너지 공급 없이도 저절로 특정한 방향으로 변화를 일으킨다. 대표적인 예가 기체의 확산이다. 아래의 그림과 같이 한 쪽 용기에 들어 있는 기체는 용기의 마개를 열면 저절로 다른 용기로 확산된다. 이러한 기체의 확산은 두 용기에 서로 다른 기체가 담겨 있는 경우에도 동일한 현상이 일어난다. 이때 일어나는 확산은 '4.4 팽창 일'에서 다룬 '자유 팽창'의 경우로 아무런 일 없이도 저절로 일어난다. 이렇게 **아무런 일 없이도 저절로 일어나는 변화를 자발적 변화(spontaneous change)**라고 한다. 자발적 변화의 역과정은 외부에서 일을 해주어야만 일어나며 이러한 변화는 **비자발적 변화(nonspontaneous change)**라고 한다. 그러므로 자발적 변화의 역과정은 자발적으로 일어나지 않는 비가역 과정이다.

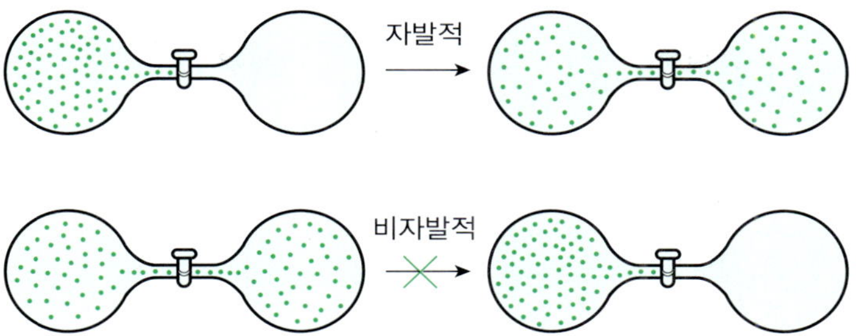

또 다른 자발적 변화의 예는 열의 흐름이다. 열은 항상 뜨거운 곳에서 차가운 곳으로 흐르며 차가운 곳에서 뜨거운 곳으로 흐르지는 않는다. 즉, 열이 온도가 높은 곳에서 온도가 낮은 곳으로 흐르는 것은 자발적으로 일어나며, 온도가 낮은 곳에서 높은 곳으로 흐르는 것은 비자발적 과정으로 일 없이 저절로 일어나지는 않는다.

이 두 대표적인 자발적 변화의 특징은 다음과 같다. 기체 확산의 경우에는 기체 입자들이 한 쪽 용기에 모여 있을 때에는 입자들의 좁은 공간으로 인하여 입자들의 무질서한 운동이 어느 정도 제약을 받는다. 그러나 보다 더 넓은 공간으로 퍼져 나가면 기체 입자들은 더 넓은 공간을 차지하게 됨으로 무질서한 운동을 더 활발하게 할 수 있다. 즉, 좁은 공간에서보다 넓은 공간에서 이 기체 입자 계의 무질서도는 증가한다.

또한 열이 뜨거운 곳에서 차가운 곳으로 이전되는 자발적 변화의 경우에도 높은 온도의 입자들은 높은 운동 에너지를 가지고 무질서도가 높은 운동을 하고, 낮은 온도의 입자들은 낮은 운동에너지와 낮은 무질서도를 가지고 운동하여 계 전체적으로는 무질서도가 높지 않은 상태에 있다. 그러나 온도가 높은 곳에서 낮은 곳으로 열이 전달되면 높은 온도에 있던 입자들의 무질서도는 낮아지고 낮은 온도에서 있던 입자들의 무질서도가 증가하여 계 전체적인 무질서도가 높아진다. 이와 같이 자발적인 변화는 계를 구성하는 입자들의 무질서도를 증가시키는 방향으로의 변화이고, 비자발적인 변화는 무질서도가 감소하는 방향으로의 변화이다.

자발적 변화: 일 없이도 저절로 일어나는 변화, 무질서도 증가
비자발적 변화: 일을 가해야 일어나는 변화, 무질서도 감소

엔트로피

자연계의 자발적 변화 여부는 무질서도의 증가 여부에 따라 결정된다. 따라서 자발적 변화 여부를 다루기 위해서는 무질서도를 다루는 척도가 필요하다.

이 무질서도를 양적으로 다루는 척도로 열역학에서는 **엔트로피(entropy, *S*)**라는 개념을 도입하여 사용한다.

엔트로피(*S*): 무질서도를 양적으로 다루는 척도

이 엔트로피 변화량은 카르노(Carnot) 열기관의 순환 등에 대한 연구를 통하여 다음과 같이 정의되었다.

$$\mathrm{d}S = \frac{\mathrm{d}q_{\mathrm{rev}}}{T} \quad \text{(엔트로피 변화의 정의)} \tag{6.1}$$

여기에서 'q_{rev}'는 가역적으로 공급되는 열량이다. 엔트로피는 현 상태에 의존하는 값으로 상태 함수이다. 그러므로 처음 상태 i와 나중 상태 f 사이에 일어나는 엔트로피 변화량 ΔS는 다음과 같다.

$$\Delta S = \int_{\mathrm{i}}^{\mathrm{f}} \frac{\mathrm{d}q_{\mathrm{rev}}}{T} = \frac{q_{\mathrm{rev}}}{T} \tag{6.2}$$

열역학 제2법칙

'2장 에너지 보존'에서 다룬 열역학 제1법칙은 계와 주위를 합한 우주의 전체 에너지가 불변이라는 자연계의 자명한 원칙을 말한다. 또 하나의 자연계의 자명한 원칙은 자연계(외부로부터 어떠한 형태의 에너지도 공급되지 않는 고립계)에서 **자발적인 변화는 무질서도가 증가하는 방향으로 일어난다**는 것이며, 이에 대한 법칙을 **열역학 제2법칙(the 2nd law of thermodynamics)**이라고 한다.

열역학 제2법칙: 고립계에서 자발적 변화는 무질서도가 증가하는 방향으로 일어난다.

이 열역학 제2법칙을 엔트로피로 나타내면 다음과 같이 표현된다.

고립계에서 자발적인 변화는 엔트로피가 증가하는($\Delta S > 0$) 변화이다.

6.2 엔트로피의 성질

'6.2 엔트로피와 열역학 제2법칙에서' 엔트로피 S는 상태 함수라고 하였다. 엔트로피가 상태 함수라면 엔트로피의 미분 dS가 완전 미분으로 그 적분값이 적분 경로에 무관하여야 한다. 즉, 엔트로피에 대한 순환 적분이 다음과 같아야 한다.

$$\oint \mathrm{d}S = 0 \tag{6.3}$$

여기에서 '$\oint$'는 닫힌 경로에 대한 순환 적분이다. 이 식의 타당성은 카르노 순환 과정에 대한 연구로 증명되었다.

카르노 순환

카르노 순환(Carnot cycle)은 프랑스의 공학자 카르노(Carnot, N. L. S.)의 이름에서 유래한다. 카르노 순환은 높은 온도 T_h의 열원에서 열을 받아 일을 하고, 남은 열을 낮은 온도 T_c의 열원에 보내는 이상적인 열기관의 과정을 말한다. 카르노 순환의 기본 구조는 그림 6.1과 같이 네 개의 가역 단계로 이루어진다.

카르노(Nicolas Leonard Sadi Carnot, 1796~1832)

프랑스의 공학자. 열을 동력으로 변환시키는 카르노 순환 개념을 도입하여 열역학 제2법칙의 기초를 닦았다.

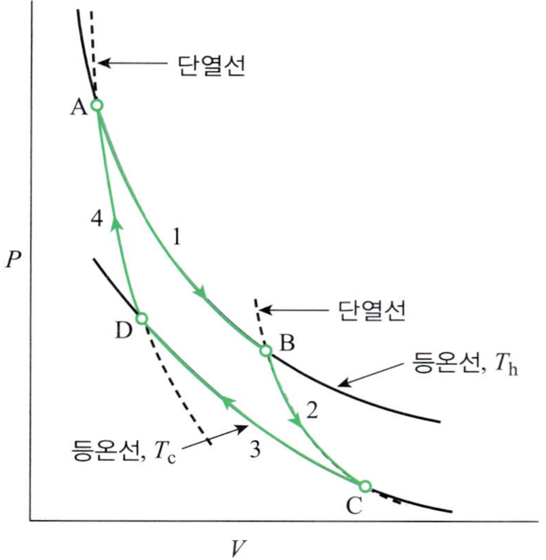

그림 6.1 카르노 순환 기본 구조

- 단계 1: A에서 B로 가역 등온 팽창. 계가 고온 T_h의 열원에서 q_h 만큼의 열량을 흡수, $\Delta S_1 = \frac{q_h}{T_h}$
- 단계 2: B에서 C로 가역 단열 팽창. $q = 0$이므로 $\Delta S_2 = 0$, 계의 온도가 T_h에서 T_c로 하락
- 단계 3: C에서 D로 가역 등온 압축. 계가 저온 T_c의 열수채로 q_c 만큼의 열량을 방출, $\Delta S_3 = \frac{q_c}{T_c}$
- 단계 4: D에서 A로 가역 단열 압축. $q = 0$이므로 $\Delta S_4 = 0$, 계의 온도가 T_c에서 T_h로 상승

이 순환 과정에서 일어나는 전체 엔트로피 변화량은 다음과 같다.

$$\Delta S = \oint \mathrm{d}S = \Delta S_1 + \Delta S_2 + \Delta S_3 + \Delta S_4 = \frac{q_h}{T_h} + \frac{q_c}{T_c} \tag{6.4}$$

열량과 온도 관계

카르노 순환에서 출입하는 열량과 온도 사이에는 다음과 같은 관계가 성립된다.

이상 기체가 부피 V_i에서 V_f로 가역 등온 팽창할 때의 열량 q는 열역학 제1법칙으로부터 다음과 같이 구해진다.

$$\Delta U = q_{rev} + w$$

가역 등온 팽창에서는 가해준 열이 모두 일로 변하는 최소의 일($|w|$은 최대)을 하므로 $\Delta U = 0$으로 놓으면 q_{rev}는 다음과 같이 된다.

$$q_{rev} = -w = nRT \ln \frac{V_f}{V_i} \tag{6.5}$$

그러므로 카르노 순환에서 q_h와 q_c는 다음과 같다.

$$q_h = nRT_h \ln \frac{V_B}{V_A} \tag{6.6a}$$

$$q_c = nRT_c \ln \frac{V_D}{V_C} \tag{6.6b}$$

여기에서 $\frac{V_B}{V_A}$와 $\frac{V_D}{V_C}$ 사이에는 '5.5 단열 변화'에서 얻은 5.24식으로부터 다음과 같은 관계에 있음을 알 수 있다.

$$V_A T_h{}^c = V_D T_C{}^c \qquad V_B T_h{}^c = V_C T_c{}^c$$

이 식에서 온도 항들을 상쇄시키기 위하여 첫 번째 식을 두 번째 식으로 나누면 다음과 같이 부피들 간의 관계를 얻는다.

$$\frac{V_A}{V_B} = \frac{V_D}{V_C} \tag{6.7}$$

이 식을 6.6b식에 대입하면 다음과 같이 된다.

$$q_c = nRT_c \ln\frac{V_D}{V_C} = nRT_c \ln\frac{V_A}{V_B} = -nRT_c \ln\frac{V_B}{V_A}$$

그러므로 카르노 순환에서 이상 기체에 대한 열량과 온도에는 다음과 같은 관계에 있다.

$$\frac{q_h}{q_c} = \left(nRT_h \ln\frac{V_B}{V_A}\right) \Big/ \left(-nRT_c \ln\frac{V_B}{V_A}\right)$$

$$= -\frac{T_h}{T_c} \quad \text{(카르노 순환에서 } q\text{–}T \text{ 관계)} \tag{6.8}$$

열효율과 엔트로피의 상태 함수 성질

열기관의 효율은 고온에서 흡수된 열이 주위에 한 일의 비율로 정한다. 따라서 **열효율(thermal efficiency, ε)**을 식으로 정의하면 다음과 같다.

$$\varepsilon = \frac{|w|}{|q_h|} \quad \text{(열효율의 정의)} \tag{6.9}$$

여기에서 절댓값을 쓰는 이유는 효율은 양의 값을 가져야 하기 때문이다.

열기관이 한 일은 고온의 열원에서 받은 열량과 저온의 열수채에 돌려준 열량의 차이이므로 위 식은 다음과 같이 열량들에 대한 것으로 대체될 수 있다.

$$\varepsilon = \frac{|q_h| - |q_c|}{|q_h|} = 1 - \frac{|q_c|}{|q_h|} \tag{6.10}$$

이 식에서 절댓값 부호를 떼어내고 6.8식의 관계를 이용하여 온도로 나타내면 다음과 같다.

$$\varepsilon = 1 - \frac{T_c}{T_h} \quad \text{(카르노 열효율)} \tag{6.11}$$

6.10식에 절댓값 부호를 떼어내고 6.11식을 결합시키면 다음과 같이 된다.

$$1 + \frac{q_c}{q_h} = 1 - \frac{T_c}{T_h}$$

이 식의 좌변을 우변으로 넘기고 $\frac{q_h}{T_c}$ 를 곱하면 다음과 같이 된다.

$$\frac{q_h}{T_h} + \frac{q_c}{T_c} = 0$$

그러므로 6.4식의 엔트로피의 순환 적분 $\oint dS = \oint \frac{dq_{rev}}{T} = 0$이다. 여기에서 알 수 있는 것은 d$q$는 불완전 미분이므로 q는 경로 함수이나 $\frac{dq_{rev}}{T}$ 는 상태 함수라는 것이다.

그림 6.1의 카르노 순환 과정을 역으로 작동시키면 열 펌프 또는 냉동기가 되며 효율은 열효율의 역으로 계산될 수 있다. 이 역과정에 대한 순환 적분 역시 $\oint dS = 0$ 이 된다. 따라서 엔트로피 ***S***는 정방향 순환 과정과 역방향 순환 과정에 모두 경로에 의존되지 않는 상태 함수임을 알 수 있다.

한편 카르노 열기관의 열효율은 $\frac{T_c}{T_h}$ 값이 작을수록(즉 T_h와 T_c의 온도 차가 클수록) 높아지며, $T_h = T_c$이면 열효율 $\varepsilon = 0$이 되어 일을 할 수 없다. 반면에 $T_c = 0$이거나 $T_h = \infty$이면 그 열기관은 100%의 열효율을 가질 수 있다. 그러나 이 두 조건은 실현 불가능하여 실제로 100%의 열효율을 가지는 열기관은 만들지 못한다. 카르노 냉동기의 효율을 높이기 위해서는 저온의 열원으로부터 열량 $|q_h|$를 제거하는 데 필요한 일을 감소시켜야 한다. 그러나 이 일 역시 0으로 감소시키며 냉동기의 순환을 작동시킬 수는 없다. 이러한 열기관의 효율에 관한 연구를 통하여 열역학 제2법칙이 태동하게 되었으며, 윌리엄 톰슨(켈빈 경, Thompson, W.)은 열역학 제2법칙을 다음과 같이 정의하였다.

높은 온도의 열원에서 낮은 온도의 열수채로
열을 전달하지 않고 순환 과정을 통하여
주위에 일을 할 수 없다.

이 톰슨의 정의는 높은 온도의 열원으로부터 낮은 온도의 열수채로 방출되어야만 일이 일어날 수 있음을 말해 준다. 한편 열역학 제2법칙에 대하여 클라우지우스(Clausius, R. J. E.)는 다음과 같이 정의하였다.

톰슨(William Thompson, 1st Baron Kelvin, 1824~1907)

영국의 물리학자, 공학자. 열역학, 전자기학, 지구물리학 분야에 많은 연구를 하였다. 1892년 남작의 작위를 받아 켈빈 경이 되었다. 그의 열역학에 대한 업적을 기려 절대 온도를 켈빈 온도라고 부르기도 한다.

일정한 양의 일을 하지 않고 낮은 온도의
열원으로부터 높은 온도의 열원으로 열을
이동시키는 것은 불가능하다.

이것은 열은 자발적으로는 높은 온도의 물체에서 낮은 온도의 물체로 흐르며, 그 반대 방향으로는 자발적으로 흐르지 않음을 의미한다.

클라우지우스 정리

엔트로피의 또 하나의 성질인 자발적 변화의 기준을 나타내 주는 것이 클라우지우스 정리로, 다음과 같이 유도될 수 있다.

'4.4 팽창 일'의 '가역 팽창 일'에서 보았듯이 $|dw_{rev}| \geq |dw_{irrev}|$로 비가역 조건에서보다 가역적 조건에서 일어나는 일의 절댓값이 더 크다. 계가 팽창을 하며 주위에 일을 할 때에는 계가 실제로 한 일 dw와 가역적으로 할 수 있는 일 dw_{rev} 모두 음(−)이므로 다음과 같은 관계가 성립된다.

클라우지우스(Rudolf Julius Emanuel Clausius, 1822~1888)

독일의 물리학자, 수학자. 열역학 제2법칙, 엔트로피 개념, virial 정리 등을 제시하였다.

$$-dw_{rev} \geq dw$$
$$dw - dw_{rev} \geq 0 \tag{6.12}$$

한편 내부 에너지는 상태 함수이므로 일이 가역적 또는 비가역적으로 일어나느냐에 관계없이 처음 상태와 나중 상태가 동일하면 그 내부 에너지 변화량은 같아야 한다. 따라서 다음과 같은 관계가 성립된다.

$$dU = dq + dw = dq_{rev} + dw_{rev}$$

이 식을 6.12식과 같은 형태로 고쳐 쓰면 다음과 같은 관계를 얻을 수 있다.

$$dw - dw_{rev} = dq_{rev} - dq \geq 0$$

$$dq_{rev} \geq dq \qquad (6.13)$$

양변을 T로 나누고 엔트로피 변화를 정의하는 식 $dS = \frac{dq_{rev}}{T}$를 대입하면 다음과 같이 된다.

$$\frac{dq_{rev}}{T} = dS \geq \frac{dq}{T} \quad \text{(클라우지우스 부등식)} \qquad (6.14)$$

이 식이 **클라우지우스 정리(Clausius Theorem)**이며, **클라우지우스 부등식(Clausius inequality)**이라고도 부른다.

계가 고립계(즉 단열 상태)이면 $dq = 0$이므로 클라우지우스 부등식은 다음과 같이 된다.

$$dS \geq 0 \quad \text{(고립계에서)} \qquad (6.15)$$

그러므로 고립계에서 자발적 변화가 일어날 때 엔트로피는 감소할 수 없다. 위의 두 식 6.14과 6.15는 반응의 자발성 여부를 판단하는 중요한 기준이 된다.

엔트로피와 내부 에너지 및 엔탈피 관계

일정한 조성으로 이루어진 닫힌계의 과정에 대해서 열역학 제1법칙과 제2법칙을 결합시켜 하나의 식으로 나타내면 열역학 문제를 다루는 데 매우 효과적이다.

'4장 열역학 제1법칙'에서 본 바와 같이 열역학 제1법칙은 다음과 같이 표현된다.

$$dU = dq + dw$$

팽창 일만 일어난다면 이 식은 다음과 같이 된다.

$$dU = dq - P_{ex}dV$$

가역 과정에서 $dq = TdS$이고, $P_{ex} = P$이므로 위 식은 다음과 같이 된다.

$$dU = TdS - PdV \quad \text{(열역학 기본식 1)} \tag{6.16}$$

또한 엔탈피의 정의로부터 dH는 다음과 같다.

$$\mathrm{d}H = \mathrm{d}(U + PV) = \mathrm{d}U + P\mathrm{d}V + V\mathrm{d}P$$

이 식에 6.16식을 대입하면 다음과 같이 된다.

$$\begin{aligned}\mathrm{d}H &= (T\mathrm{d}S - P\mathrm{d}V) + P\mathrm{d}V + V\mathrm{d}P \\ &= TdS + VdP \quad \text{(열역학 기본식 2)}\end{aligned} \tag{6.17}$$

6.16과 6.17식은 **열역학 기본식(fundamental equation of thermodynamics)**으로 열역학을 다루는 데 매우 중요한 식들이다.

이렇게 하여 우리는 열역학 제1법칙과 열역학 제2법칙이 결합된 두 가지 형태의 열역학 기본식이 어떻게 되는지 보았다. 이 식들을 엔트로피에 대하여 표현하면 다음과 같이 된다.

$$\mathrm{d}S = \frac{1}{T}(\mathrm{d}U + P\mathrm{d}V) \tag{6.18a}$$

$$\mathrm{d}S = \frac{1}{T}(\mathrm{d}H - V\mathrm{d}P) \tag{6.18b}$$

절대 엔트로피와 열역학 제3법칙

'1장 에너지 보존'에서 다룬 열역학 함수 중 내부 에너지 U와 엔탈피 H는 그 절댓값은 알 수 없으며, 그 변화량 ΔU와 ΔH만을 측정하거나 계산할 수 있다. 그러나 엔트로피는 무질서도의 성질로부터 그 절댓값을 알 수 있다.

온도가 절대 0도에 도달하고 완전 결정을 이루는 모든 물질은 완전히 질서 정연한 한 가지 형태의 규칙적 배열을 이룬다. 즉 0 K에서 완전 결정체는 무질서도가 0이다. 이를 무질서도의 척도인 엔트로피로 말하면 엔트로피 $S = 0$ 상태이다. 이것이 엔트로피 S의 기준인 절대 엔트로피이며 다음과 같이 표현된다.

절대 엔트로피: $T = 0$ K에서 완전 결정의 엔트로피는 0이다.

이 절대 엔트로피에 대한 기준을 **열역학 제3법칙(the 3rd law of thermodynamics)**이라고 하며 다음과 같이 정리된다.

열역학 제3법칙: 모든 완전 결정체의 엔트로피는 절대 영도(0 K)에서 0이다.

열역학 제3법칙을 분자 수준에서 보면, $T = 0$ K의 완전 결정체는 분자의 배열 방법이 하나뿐인 상태이므로 엔트로피를 배열 방법에 관한 경우의 수로 나타내면 다음과 같이 정의된다.

$$S = k \ln W \quad \text{(엔트로피의 통계 열역학적 정의)} \tag{6.19}$$

이 식은 엔트로피에 대한 통계 열역학적 표현이다. 여기에서 'W'는 배치 방법의 수이다. 따라서 배치 방법이 하나뿐인 $T = 0$ K인 완전결정체의 배치 방법 수 $W = 1$이므로 엔트로피 S는 다음과 같이 된다.

$$S = k \ln 1 = 0$$

아울러 온도가 올라가면 분자의 배열 방법의 수가 증가하여 $W > 1$ 이 된다. 그러므로 $T = 0$ K 이상에서 $S > 0$이 된다.

6.3 엔트로피 계산

열역학 제1법칙에서 계에 변화가 일어나면 q와 w 모두 또는 둘 중에 하나에 변화가 일어남을 보았고, 그 변화량을 계산하는 방법을 배웠다. 마찬가지로 계에 변화가 일어나면 엔트로피에도 변화가 일어난다. 이제 엔트로피 변화량은 어떻게 계산되는지 살펴보자.

부피 및 압력 변화에 따른 엔트로피 변화

부피 변화에 의하여 일어나는 에너지 변화는 일 w로 나타난다. 이상 기체가 부피 V_i에서 V_f로 가역 등온 팽창할 때의 열량 q는 다음과 같이 됨을 다음의 6.5식에서 보았다.

$$q_{rev} = nRT \ln \frac{V_f}{V_i}$$

그러므로 $\Delta S = \dfrac{q_{rev}}{T}$는 다음과 같이 된다.

$$\Delta S = nR \ln \frac{V_f}{V_i} \quad \text{(등온 팽창 엔트로피 변화량 1, 이상 기체)} \tag{6.20a}$$

이 식을 압력에 대하여 표현하면 압력은 다음과 같이 된다.

$$\Delta S = -nR\ln\frac{P_f}{P_i} \quad \text{(등온 팽창 엔트로피 변화량 2, 이상 기체)} \tag{6.20b}$$

이 식들의 의미는 다음과 같다.

1. 엔트로피는 상태 함수이므로 ΔS는 처음과 나중 상태에만 의존한다. 따라서 가역적이건 비가역적이건 상관 없이 이 식은 적용된다.
2. 부피가 팽창하는 과정($V_f > V_i$, $P_f < P_i$)에서 $\ln\frac{V_f}{V_i} > 0$ 이므로 계의 엔트로피는 로그 함수적으로 증가한다.
3. 등온 팽창에서 온도는 엔트로피 변화와 무관하다.

표준 상태에서 $P_i = P^o$이고 $P_f = P$라고 놓으면 6.19b식은 다음과 같이 된다.

$$\Delta S_m{}^o = -R\ln\frac{P}{1\text{ bar}}$$
$$= -R\ln P \quad \text{(표준 상태 몰엔트로피 변화량)} \tag{6.21}$$

여기에서 $\Delta S_m{}^o$는 표준 상태에서 몰엔트로피 변화량이고, 'P'는 단위가 없는 값이다. 그러므로 현 상태의 몰엔트로피 S_m은 다음과 같다.

$$S_m = S_m{}^o + \Delta S_m{}^o = S_m{}^o - R\ln P \quad \text{(몰엔트로피)} \tag{6.22}$$

이 식을 그래프로 나타내면 그림 6.2와 같이 된다.

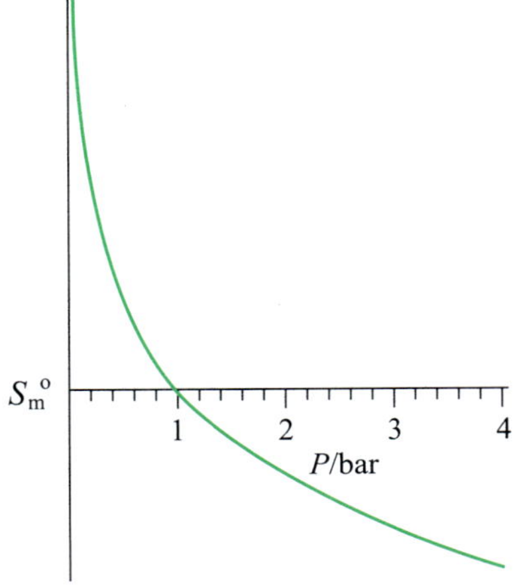

그림 6.2 기체 압력에 따른 이상 기체의 몰엔트로피 변화. 1 bar에서 $S_m = S_m{}^o$가 된다.

예제 6.1 25°C에서 2.00 mol의 이상 기체가 1.00 bar에서 0.50 bar로 가역 등온 팽창되었다. 다음을 구하시오.

(1) 엔트로피 변화량 ΔS

(2) 표준 상태 몰엔트로피 변화량 ΔS_m^o

풀이 등온 팽창 엔트로피 변화량을 구하는 문제이다.

(1) 이상 기체의 압력 변화에 따른 등온 팽창 엔트로피는 다음과 같이 6.20b식을 사용하여 구한다.

$$\begin{aligned}\Delta S &= -nR\ln\frac{P_f}{P_i}\\ &= -(2.00\text{ mol})(8.314\text{ J K}^{-1}\text{ mol}^{-1})\ln\frac{0.50\text{ bar}}{1.00\text{ bar}}\\ &= \mathbf{11.5\ J\ K^{-1}}\end{aligned}$$

(2) 표준 상태 몰엔트로피 변화량은 6.21식을 사용하여 구한다.

$$\begin{aligned}\Delta S_m^o &= -R\ln P = -(8.314\text{ J K}^{-1}\text{ mol}^{-1})\times\ln(0.5)\\ &= \mathbf{5.76\ J\ K^{-1}}\end{aligned}$$

온도 변화에 따른 엔트로피 변화

온도 변화에 따른 엔트로피 변화는 엔트로피 변화를 정의하는 식 $dS = \dfrac{dq_{rev}}{T}$ 와 $dq = CdT$ 로부터 다음과 같이 구해진다.

$$\begin{aligned}\Delta S &= \int_{T_i}^{T_f}\frac{dq_{rev}}{T} = \int_{T_i}^{T_f}\frac{CdT}{T}\\ &= C\ln\frac{T_f}{T_i}\quad\text{(온도 변화에 따른 엔트로피 변화량)}\end{aligned}\tag{6.23}$$

여기에서 'C'는 계의 열용량으로 등부피 조건에서는 등부피 열용량 C_V, 등압 조건에서는 등압 열용량 C_P를 사용한다. 엔트로피 변화량과 온도의 관계를 그래프로 나타내면 그림 6.3과 같이 나타난다.

6.23식의 의미는 다음과 같다.

1. 가열 과정($T_f > T_i$)에서 $\ln \frac{T_f}{T_i} > 0$ 이므로 계의 엔트로피는 로그 함수적으로 증가한다.
2. 계의 열용량이 크면 같은 온도 변화에 대하여 엔트로피의 변화량도 크다. 역으로 말하면 열용량이 큰 계의 엔트로피를 변화시키려면 큰 열량을 필요로 한다.

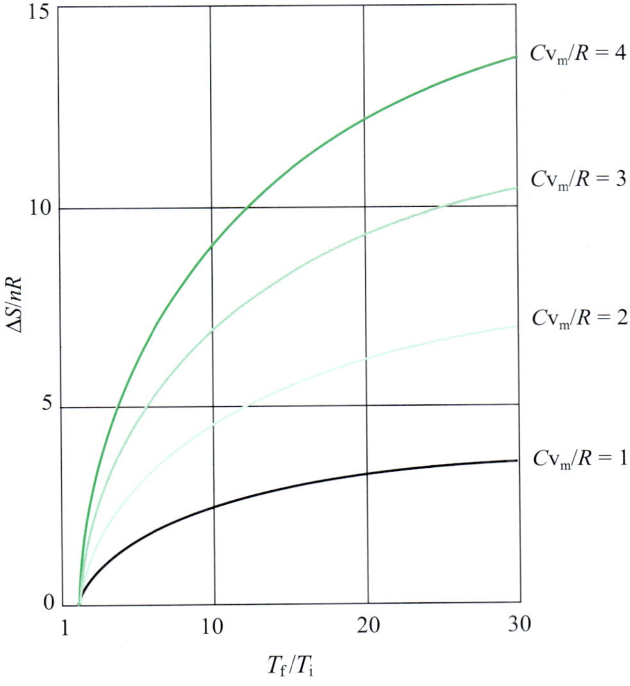

그림 6.3 일정 부피에서 온도에 따른 기체의 엔트로피 변화

상전이에 따른 엔트로피 변화

물질의 상이 변할 때 물질을 구성하는 입자들의 무질서도 역시 변한다. 따라서 물질의 엔트로피 역시 변하게 된다. 물질의 상전이 온도에서 열은 가역적으로 변한다. 예를 들면 어떤 계가 끓는점에 있을 때 주위의 온도가 미소량 오르면 열 에너지가 계에 미소량 전달되며 계의 물질은 전달된 에너지만큼 증발하게 된다. 따라서 계의 엔트로피가 증가하게 된다.

상전이는 일정 압력에서 일어나므로 단위 몰당 전달된 에너지는 전이 엔탈피로 나타낼 수 있고, 몰전이 엔트로피는 다음과 같이 표현될 수 있다.

$$\Delta_{\text{trs}} S_{\text{m}} = \frac{\Delta_{\text{trs}} H}{T_{\text{trs}}} \quad \text{(전이 엔트로피 변화량)} \tag{6.24a}$$

여기에서 아래 첨자 'trs'는 전이를 의미한다. 그러므로 끓는점과 녹는점에서의 몰엔트로피 변화량은 다음과 같다.

$$\Delta_{\text{vap}} S_{\text{m}} = \frac{\Delta_{\text{vap}} H}{T_{\text{b}}} \quad \text{(증발 엔트로피 변화량)} \tag{6.24b}$$

$$\Delta_{\text{fus}} S_{\text{m}} = \frac{\Delta_{\text{fus}} H}{T_{\text{f}}} \quad \text{(용융 엔트로피 변화량)} \tag{6.24c}$$

여기에서 'T_{b}'는 끓는점, 'T_{m}'은 녹는점을 나타낸다.

그러므로 일정 압력에서 상전이 점을 포함하는 온도 영역(0 K ~ T)에서 몰엔트로피는 다음과 같이 구해진다.

$$S_{\text{m}}(T) = \int_0^{T_{\text{f}}} \frac{C_{\text{P,m}}(s)}{T} \mathrm{d}T + \frac{\Delta_{\text{fus}} H}{T_{\text{f}}} + \int_{T_{\text{f}}}^{T_{\text{b}}} \frac{C_{\text{P,m}}(l)}{T} \mathrm{d}T + \frac{\Delta_{\text{vap}} H}{T_{\text{b}}} + \int_{T_{\text{b}}}^{T} \frac{C_{\text{P,m}}(g)}{T} \mathrm{d}T \tag{6.25}$$

이 계산 과정을 그래프로 나타내면 그림 6.4와 같다.

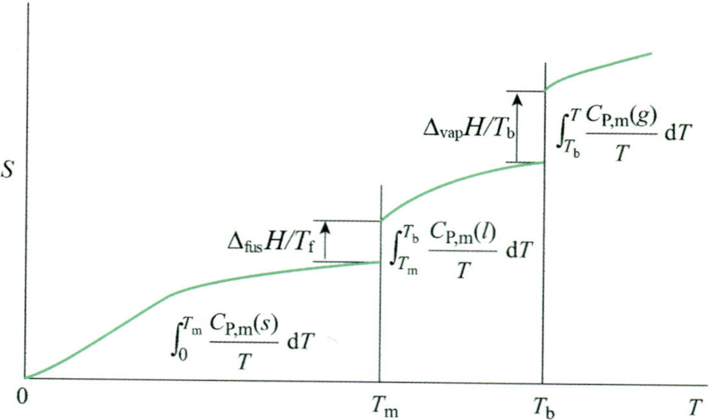

그림 6.4 상전이 점을 포함하는 온도 영역에서의 엔트로피. 엔트로피는 곡선 아래의 면적과 각 상전이 엔트로피를 더한 값이다.

예제 6.2 표준 상태에서 1.00 mol의 H_2O를 −10.0°C에서 130°C까지 가열하였다. 이 과정에서 변화한 엔트로피량은 얼마인가? 부록의 자료를 사용하여 계산하시오.

풀이 등압 조건에서 상전이 점을 포함하는 온도 영역에서의 엔트로피 변화를 구하는 문제이다.
등압에서 상전이 점을 포함하는 온도 영역에서의 엔트로피 변화량은 6.25 식을 이용하여 다음과 같이 구한다.

$$\Delta S(263.15\text{ K} \sim 403.15\text{ K}) = n\Delta S_\text{m}(263.15\text{ K} \sim 403.15\text{ K})$$

$$\Delta S_\text{m}(263.15\text{ K} \sim 403.15\text{ K}) = \int_{263.15}^{273.15} \frac{C_{\text{P,m}}(s)}{T}\,\text{d}T + \frac{\Delta_\text{fus}H}{273.15\text{ K}} + \int_{273.15}^{373.15} \frac{C_{\text{P,m}}(l)}{T}\,\text{d}T + \frac{\Delta_\text{vap}H}{373.15\text{ K}} + \int_{373.15}^{403.15} \frac{C_{\text{P,m}}(g)}{T}\,\text{d}T$$

위 계산을 위하여 부록의 표 5.4와 5.3에서 H_2O의 열용량과 상전이 엔탈피를 찾으면 다음과 같다.

- 열용량

$C_{\text{P,m}}{}^\text{o}(\text{H}_2\text{O}, s) = 36.2\text{ J K}^{-1}\text{ mol}^{-1}$, $C_{\text{P,m}}{}^\text{o}(\text{H}_2\text{O}, l) = 75.29\text{ J K}^{-1}\text{ mol}^{-1}$,
$C_{\text{P,m}}{}^\text{o}(\text{H}_2\text{O, g}) = 33.58\text{ J K}^{-1}\text{ mol}^{-1}$

- 상전이 엔탈피

$\Delta_\text{fus}H^\text{o}(273.15\text{ K}) = 6.008\text{ kJ mol}^{-1}$, $\Delta_\text{vap}H^\text{o}(373.15\text{ K}) = 40.656\text{ kJ mol}^{-1}$

이 값들을 가지고 각 항에 대한 엔트로피 변화를 계산하면 다음과 같다.

$$\int_{263.15}^{273.15} \frac{C_{\text{P,m}}(s)}{T}\,\text{d}T = C_{\text{P,m}}{}^\text{o}\ln\frac{T_\text{f}}{T_\text{i}} = (36.2\text{ J K}^{-1}\text{ mol}^{-1})\ln(273.15/263.15)$$
$$= 1.35\text{ J K}^{-1}\text{ mol}^{-1}$$

$$\int_{273.15}^{373.15} \frac{C_{\text{P,m}}(l)}{T}\,\text{d}T = (75.29\text{ J K}^{-1}\text{ mol}^{-1})\ln(373.15/273.15)$$
$$= 23.49\text{ J K}^{-1}\text{ mol}^{-1}$$

$$\int_{373.15}^{403.15} \frac{C_{\text{P,m}}(g)}{T}\,\text{d}T = (33.58\text{ J K}^{-1}\text{ mol}^{-1})\ln(403.15/373.15)$$
$$= 2.60\text{ J K}^{-1}\text{ mol}^{-1}$$

$$\frac{\Delta_{fus}H}{273.15\ \text{K}} = (6.008\ \text{kJ mol}^{-1})/273.15\ \text{K} = 22.00\ \text{J K}^{-1}\ \text{mol}^{-1}$$

$$\frac{\Delta_{vap}H}{373.15\ \text{K}} = (40.656\ \text{kJ mol}^{-1})/373.15\ \text{K} = 108.95\ \text{J K}^{-1}\ \text{mol}^{-1}$$

그러므로 이 과정에서 변화한 엔트로피는 다음과 같다.

$$\begin{aligned}\mathbf{\Delta S(263.15\ K \sim 403.15\ K)} \\ &= n\Delta S_m(263.15\ \text{K} \sim 403.15\ \text{K}) \\ &= (1.00\ \text{mol})(1.35 + 23.19 + 2.60 + 22.00 + 108.95)\ \text{JK}^{-1}\text{mol}^{-1} \\ &= \mathbf{158.09\ J\ K^{-1}}\end{aligned}$$

6.4 엔트로피와 *P*, *V*, *T* 관계

물리적 및 화학적 양은 크기 성질과 함께 세기 성질로 표현하면 여러 면에서 편리하다. 엔트로피의 압력, 부피, 온도 변화에 따른 변화량(즉 엔트로피의 P, V, T에 대한 세기 성질)은 다음과 같다.

엔트로피와 *V*, *T* 관계

6.18a식에서 $\mathrm{d}S = \frac{1}{T}(\mathrm{d}U + P\mathrm{d}V)$ 이고, 4.26과 5.4식으로부터 $\mathrm{d}U = C_V\mathrm{d}T + \left(\frac{\partial U}{\partial V}\right)_T \mathrm{d}V$ 이므로 이 두 식을 결합하면 다음과 같이 된다.

$$\begin{aligned}\mathrm{d}S &= \frac{1}{T}\left[C_V\mathrm{d}T + \left(\frac{\partial U}{\partial V}\right)_T \mathrm{d}V\right] + \frac{1}{T}P\mathrm{d}V \\ &= C_V\frac{\mathrm{d}T}{T} + \frac{1}{T}\left[P + \left(\frac{\partial U}{\partial V}\right)_T\right]\mathrm{d}V\end{aligned} \tag{6.26}$$

여기에서 엔트로피 S는 상태 함수이므로 S의 미분 $\mathrm{d}S$는 완전 미분이다. 따라서 $\mathrm{d}S$의 두 미분항에 대한 교차 미분은 다음과 같아야 한다. [1]

---

[1] ▶ **참고** 교차 미분 관계식

$\mathrm{d}z(x, y) = P(x, y)\mathrm{d}x + Q(x, y)$에서 d$z$가 완전 미분이면 다음의 관계가 성립된다.

$$\left(\frac{\partial P}{\partial y}\right)_x = \left(\frac{\partial Q}{\partial x}\right)_y$$

$$\left[\frac{\partial}{\partial V}\left(\frac{C_V}{T}\right)\right]_T = \frac{\partial}{\partial T}\left[\frac{1}{T}\left(P + \frac{\partial U}{\partial V}\right)_T\right]_V$$

$$\frac{1}{T}\left[\left(\frac{\partial C_V}{\partial V}\right)\right]_T = \frac{1}{T}\left[\frac{\partial}{\partial T}\left(P + \frac{\partial U}{\partial V}\right)_T\right]_V + \left[P + \left(\frac{\partial U}{\partial V}\right)_T\right]\frac{\partial}{\partial T}\left(\frac{1}{T}\right)$$

$$= \frac{1}{T}\left[\left(\frac{\partial P}{\partial T}\right)_V + \left(\frac{\partial^2 U}{\partial T \partial V}\right)\right]_V - \frac{1}{T^2}\left[P + \left(\frac{\partial U}{\partial V}\right)_T\right]$$

$\left(\frac{\partial U}{\partial T}\right)_V = C_V$ 이므로 위 식은 다음과 같이 된다.

$$\frac{1}{T}\left[\left(\frac{\partial C_V}{\partial V}\right)\right]_T = \frac{1}{T}\left[\left(\frac{\partial P}{\partial T}\right)_V + \left[\left(\frac{\partial C_V}{\partial V}\right)\right]_T\right] - \frac{1}{T^2}\left[P + \left(\frac{\partial U}{\partial V}\right)_T\right]$$

이 식의 둘째 항을 좌변으로 넘기고 T^2을 곱하면 다음과 같이 된다.

$$P + \left(\frac{\partial U}{\partial V}\right)_T = T\left(\frac{\partial P}{\partial T}\right)_V$$

여기에서 $\left(\frac{\partial P}{\partial T}\right)_V$ 는 오일러 순환 관계식과 5.13과 5.16식을 이용하면 다음과 같이 된다.

$$\left(\frac{\partial P}{\partial T}\right)_V = \frac{\alpha}{\kappa_T} \tag{6.27}$$

여기에서 'α'는 팽창 계수이고, 'κ_T'는 등온 압축률이다. 그러므로 $P + \left(\frac{\partial U}{\partial V}\right)_T$ 는 다음과 같다.

$$P + \left(\frac{\partial U}{\partial V}\right)_T = \frac{\alpha T}{\kappa_T}$$

이 식을 6.20식에 대입하면 다음과 같이 된다.

$$\mathrm{d}S = \frac{C_V}{T}\mathrm{d}T + \frac{\alpha}{\kappa_T}\mathrm{d}V \tag{6.28}$$

따라서 다음과 같은 관계가 성립된다.

$$\left(\frac{\partial S}{\partial T}\right)_V = \frac{C_V}{T} \quad \text{(등부피에서 } S\text{–}T \text{ 관계)} \tag{6.29}$$

$$\left(\frac{\partial S}{\partial V}\right)_T = \frac{\alpha}{\kappa_T} \quad \text{(등온에서 } S\text{–}V \text{ 관계)} \tag{6.30}$$

6.29식에서 $\frac{C_V}{T}$는 항상 양(+)의 값을 가지므로 등부피에서 온도가 상승하면 엔트로피는 증가한다. 또한 6.30식에서 κ_T는 항상 양(+)이므로 등온에서 엔트로피는 α에 의존한다. 일반적으로 온도가 상승하면 부피가 증가하므로 $\alpha > 0$으로 엔트로피가 증가한다. 그러나 물의 경우 0℃ ~ 4℃에서는 온도가 상승하면 부피가 감소하여 $\alpha < 0$으로 엔트로피가 감소한다.

엔트로피와 *P*, *T* 관계

6.18b식에서 $dS = \frac{1}{T}(dH - VdP)$이고, 5.7과 5.8식으로부터 $dH = C_P dT + \left(\frac{\partial H}{\partial P}\right)_T dP$이므로 이 두 식을 결합하면 다음과 같이 된다.

$$dS = C_P \frac{dT}{T} + \frac{1}{T}\left[\left(\frac{\partial H}{\partial P}\right)_T - V\right] dP \tag{6.31}$$

엔트로피 S는 상태 함수이므로 dS의 두 미분 항에 대한 교차 미분은 다음과 같다.

$$\frac{1}{T}\left[\left(\frac{\partial C_P}{\partial P}\right)\right]_T = \frac{1}{T}\left[\left(\frac{\partial^2 H}{\partial T \partial P}\right) - \left(\frac{\partial V}{\partial T}\right)_P\right] - \frac{1}{T^2}\left[\left(\frac{\partial H}{\partial P}\right)_T - V\right]$$

$\left(\frac{\partial H}{\partial T}\right)_P = C_P$ 이므로 $\frac{1}{T}\left(\frac{\partial C_P}{\partial P}\right)_T = \frac{1}{T}\left(\frac{\partial^2 H}{\partial T \partial P}\right)$ 이다. 따라서 이 관계를 위 식에 대입하고 우변의 둘째 항을 좌변으로 넘기고 $-T^2$을 곱하면 다음과 같이 된다.

$$\left(\frac{\partial H}{\partial P}\right)_T - V = T\left(\frac{\partial V}{\partial T}\right)_P = -TV\alpha$$

이 식을 6.31식에 대입하면 다음과 같이 된다.

$$dS = \frac{C_P}{T} dT - V\alpha dP \tag{6.32}$$

따라서 다음과 같은 관계가 성립된다.

$$\left(\frac{\partial S}{\partial T}\right)_P = \frac{C_P}{T} \quad \text{(등압에서 } S\text{–}T \text{ 관계)} \tag{6.33}$$

$$\left(\frac{\partial S}{\partial P}\right)_T = -V\alpha \quad \text{(등온에서 } S\text{–}P \text{ 관계)} \tag{6.34}$$

6.33식에서 $\frac{C_P}{T}$는 항상 양(+)의 값을 가지므로 등압에서 온도가 상승하면 엔트로피는 증가한다. 또한 6.34식에서 $\alpha > 0$인 경우에 압력이 증가하면 엔트로피는 감소한다. 그러나 물의 경우 0℃ ~ 4℃에서는 $\alpha < 0$으로 압력이 증가하면 엔트로피는 증가한다.

6.5 화학 반응에서의 엔트로피 변화

화학 반응에서 엔트로피 변화는 반응의 방향을 결정하는 주요 요소 중의 하나이다. 반응 엔트로피를 계산하는 방법은 반응 엔탈피를 계산하는 방법과 유사한 방법을 사용한다.

표준 반응 엔트로피

표준 반응 엔트로피(**standard reaction entropy, $\Delta_r S^o$**)는 표준 상태에서 생성물들과 반응물들의 엔트로피 차이로 다음과 같이 계산된다.

$$\Delta_r S^o = \sum_{\text{생성물}} \nu S_m^o - \sum_{\text{반응물}} \nu S_m^o \quad \text{(표준 반응 엔트로피 계산)} \tag{6.35}$$

여기에서 'ν'는 화학 반응식의 양론 계수이고, 여러 물질들에 대한 표준 몰엔트로피 $S_m{}^o$는 부록의 표 5.4에 수록되어 있다.

예제 6.3 상온 표준 상태에서 다음 반응의 반응 엔트로피 $\Delta_r S^o$는 얼마인가? (부록의 열역학 자료를 이용하시오.)

$$C_6H_{12}(\text{사이클로헥세인}, l) + 9O_2(g) \rightarrow 6CO_2(g) + 6H_2O(g)$$

풀이 부록의 열역학 자료를 활용하여 화학 반응의 엔트로피를 구하는 문제이다.
부록에서 S_m^o를 찾아 6.35식을 사용하여 $\Delta_r S^o$를 구한다.
부록에서 찾은 값은 다음과 같다.

- 반응물:

$$S_m^o(C_6H_{12}, l) = 204.4\ J\ K^{-1}\ mol^{-1},\ S_m^o(O_2, g) = 205.1\ J\ K^{-1}\ mol^{-1}$$

- 생성물:

$$S_m^o(CO_2, g) = 213.7\ J\ K^{-1}\ mol^{-1},\ S_m^o(H_2O, g) = 188.8\ J\ K^{-1}\ mol^{-1}$$

6.35식을 사용하여 $\Delta_r S^o$를 계산하면 다음과 같다.

$$\begin{aligned}\boldsymbol{\Delta_r S^o} &= \sum_{\text{생성물}} \nu S_m^o - \sum_{\text{반응물}} \nu S_m^o \\ &= [(6\ mol)(213.7\ J\ K^{-1}\ mol^{-1}) + (6\ mol)(188.8\ J\ K^{-1}\ mol^{-1})] \\ &\quad - [(1\ mol)(204.4\ J\ K^{-1}\ mol^{-1}) + (9\ mol)(205.1\ J\ K^{-1}\ mol^{-1})] \\ &= \mathbf{364.7\ J\ K^{-1}}\end{aligned}$$

핵심 개념

1. 자발적 변화와 비자발적 변화
   - 자발적 변화: 일 없이도 저절로 일어나는 변화, 무질서도 증가
   - 비자발적 변화: 외부에서 일을 해주어야만 일어나는 변화, 자발적 변화의 역과정, 무질서도 감소
2. 엔트로피(S): 무질서도를 양적으로 다루는 척도, 상태 함수
3. 열역학 제2법칙: 고립계에서 자발적 변화는 무질서도가 증가하는 방향으로 일어난다. 고립계에서 자발적인 변화는 엔트로피가 증가하는($\Delta S > 0$) 변화이다.
4. 절대 엔트로피와 열역학 제3법칙
   - 절대 엔트로피: $T = 0$ K에서 완전 결정의 엔트로피는 0이다.
   - 열역학 제3법칙: 모든 완전 결정체의 엔트로피는 절대 영도(0 K)에서 0이다.
5. 표준 반응 엔트로피($\Delta_r S^o$): 표준 상태에서 생성물들과 반응물들의 엔트로피 차

주요 식

이름	식	설명
엔트로피 변화	$dS = \frac{dq_{rev}}{T}$	정의
카르노 순환에서 q–T 관계	$\frac{q_h}{q_c} = -\frac{T_h}{T_c}$	
열효율	$\varepsilon = 1 - \frac{T_h}{T_c}$	
클라우지우스 정리	$dS \geq \frac{dq}{T}$ $dS \geq 0$ (고립계)	클라우지우스 부등식
제1법칙과 제2법칙의 결합	$dU = TdS - PdV$ $dH = TdS + VdP$	열역학 기본식 1 열역학 기본식 2
엔트로피 정의	$S = k \ln W$	엔트로피의 통계 열역학적 정의
몰엔트로피	$S_m = S_m{}^o - R \ln P$ $\Delta S_m{}^o = -R \ln P$	몰엔트로피와 몰엔트로피 변화량
등온 팽창 엔트로피 변화량	$\Delta S = nR \ln \frac{V_f}{V_i}$ $\Delta S = -nR \ln \frac{P_f}{P_i}$	부피 변화에 따른 엔트로피 변화량 압력 변화에 따른 엔트로피 변화량
온도 변화에 따른 엔트로피 변화량	$\Delta S = C \ln \frac{T_f}{T_i}$	
전이 엔트로피 변화량	$\Delta_{trs} S_m = \frac{\Delta_{trs} H}{T_{trs}}$	
엔트로피와 P, V, T 관계	$\left(\frac{\partial S}{\partial T}\right)_V = \frac{C_V}{T}$ $\left(\frac{\partial S}{\partial V}\right)_T = \frac{\alpha}{\kappa_T}$ $\left(\frac{\partial S}{\partial T}\right)_P = \frac{C_P}{T}$ $\left(\frac{\partial S}{\partial P}\right)_T = -V\alpha$	등부피에서 S–T 관계 등온에서 S–V 관계 등압에서 S–T 관계 등온에서 S–P 관계
표준 반응 엔트로피	$\Delta_r S^o = \sum_{\text{생성물}} \nu S_m^o - \sum_{\text{반응물}} \nu S_m^o$	

연습 문제

6.1 열역학 제2법칙과 제3법칙을 정의하시오.

6.2 고립계에 대한 클라우지우스 부등식을 쓰고, 이 부등식이 의미하는 바를 설명하시오.

6.3 부피와 온도가 동시에 변하는 과정 V_i, T_i V_f, T_f는 두 과정으로 분리하여 다룰 수 있다. 따라서 이 과정에 대한 엔트로피 변화량 ΔS는 다음과 같다.

$$\Delta S = nR \ln \frac{V_f}{V_i} + nC_{V,m} \ln \frac{T_f}{T_i} \tag{1}$$

한편 압력과 온도가 동시에 변하는 과정 P_i, T_i P_f, T_f 과정에 대한 엔트로피 변화량 ΔS는 다음과 같다.

$$\Delta S = -nR \ln \frac{P_f}{P_i} + nC_{P,m} \ln \frac{T_f}{T_i} \tag{2}$$

이상 기체에 대한 $C_{P,m}$과 $C_{V,m}$의 관계와 기체 상태식을 사용하여 (1)식으로부터 (2)식이 되는 것을 보이시오.

6.4 같은 크기의 동일한 금속 덩어리 두 개가 서로 다른 온도 T_1과 T_2에 있다. 이 두 개의 금속 덩어리를 동일한 온도가 될 때까지 접촉시켜 놓았다. 이 금속들의 열용량 C_P가 이 온도 영역에서 일정한 값을 갖는다면, 엔트로피 변화량이 다음과 같이 됨을 보이시오.

$$\Delta S = C_P \ln \frac{(T_1 + T_2)^2}{4T_1T_2}$$

6.5 어떤 금속에 30.0 kJ의 열을 가역 등온적으로 가하였을 때, 다음 조건에서 변화한 엔트로피는 얼마인가?

(1) 0°C (2) 100°C

6.6 어떤 열기관이 200.0°C와 25°C 사이에서 작동한다. 이 열기관이 높은 온도의 열원으로부터 1500 J의 열을 받아 마찰에 의한 손실 없이 일을 한다면 이 열기관이 할 수 있는 일은 얼마인가?

6.7 25°C와 100°C 사이에서 작동하는 열기관이 있다. 이 열기관이 250 J의 일을 하기 위해서 고열원으로부터 받아야 하는 열량은 얼마인가? 마찰에 의한 열손실은 없다고 가정하시오.

6.8 298.15 K에서 이산화 탄소 기체의 표준 몰엔트로피는 213.74 J K^{-1} mol^{-1}이다. 350.0 K에서 이산화 탄소 기체의 표준 몰엔트로피는 얼마인가?

6.9 문제 6.8의 이산화 탄소 기체가 일정한 부피에서 350.0 K가 되었을 때의 몰엔트로피는 얼마인가?

6.10 3.00 mol의 질소 기체를 1.00 bar 25°C에서 5.00 bar 125°C로 변화시켰다. 이 과정에서 발생한 엔트로피 변화량 ΔS는 얼마인가?

6.11 0°C와 100°C의 납 막대를 접촉시켜 온도 평형을 이루게 하였다. 이 온도 평형 과정에서 변화한 엔트로피는 얼마이고, 이 과정이 자발적으로 일어나는지는 어떻게 알 수 있는가? (부록의 열역학 자료를 사용하시오.)

6.12 부록의 표 5.3 자료를 사용하여 표준 상태에서 다음 과정의 상전이 엔트로피를 구하시오.

(1) $Ag(l) \rightarrow Ag(g)$　　(2) $Cl_2(s) \rightarrow Cl_2(l)$

(3) $CO_2(s) \rightarrow CO_2(g)$　　(4) $CH_3OH(l) \rightarrow CH_3OH(g)$

6.13 다음은 공해 물질인 질소 산화물의 생성 반응이다. 298.15 K에서 이 반응의 표준 반응 엔트로피를 구하시오. (부록의 열역학 자료를 사용하시오.)

$$N_2(g) + O_2(g) \rightarrow 2NO(g)$$

6.14 다음은 침전 반응이다. 298.15 K에서 이 반응의 표준 반응 엔트로피를 구하시오. (부록의 열역학 자료를 사용하시오.)

$$Hg(l) + 2HCl(aq) \rightarrow HgCl_2(s) + H_2(g)$$

6.15 다음은 식물의 광합성 반응이다. 298.15 K에서 이 반응의 표준 반응 엔트로피를 구하시오. (부록의 열역학 자료를 사용하시오. $C_6H_{12}O_6(s)$의 S_m^o = 212 J K^{-1} mol^{-1}이다.)

$$6CO_2(g) + 6H_2O(g) \rightarrow C_6H_{12}O_6(s) + 6O_2(g)$$

6.16 다음은 산 염기 반응이다. 298.15 K에서 이 반응의 표준 반응 엔트로피를 구하시오. (부록의 열역학 자료를 사용하시오.)

$$Mg(OH)_2(aq) + H_2SO_4(aq) \rightarrow MgSO_4(s) + 2H_2O(l)$$

7강 자유 에너지와 변화의 방향

■ 미리 생각해 보기

- 물리적 및 화학적 변화에서 계를 중심으로 변화의 자발성을 판단하려면 어떻게 하여야 할까?
- 열역학의 네 가지 주요 함수 *U*, *H*, *A*, *G*와 다른 변수들과의 관계는 무엇을 의미할까?
- 어떤 계가 두 가지 이상의 성분으로 구성된 혼합물일 때 각 성분의 열역학 함수가 전체 계에 기여하는 정도는 어떻게 다루어야 할까?

7.1 계의 자발적 변화 방향

물리적 및 화학적 변화가 자발적으로 일어날 수 있는지의 여부는 6강에서 살펴본 엔트로피의 증가 여부로 알 수 있다. 그러나 엔트로피 증가 여부로 자발적 변화 여부를 판단할 때는 항상 계와 주위의 엔트로피 변화를 합한 우주 전체의 엔트로피 변화 S_{univ}가 증가하는 방향이어야 한다. 그러나 이때 비록 $\Delta S_{univ} > 0$이라고 하여도 항상 계의 엔트로피 변화가 $\Delta S_{sys} > 0$인 것은 아니다. 따라서 계의 자발적 변화 방향을 판단할 수 있는 기준이 필요하다. 이러한 계의 변화에 대한 자발성 여부를 판단하게 하는 기준이 되는 것이 자유 에너지이다.

등부피 변화와 헬름홀츠 자유 에너지

온도 *T*에서 주위와 열적 평형을 이루고 있는 계에 변화가 일어나고, 계와 주위 사이에 에너지가 열로 이전될 때 자발적 변화의 기준은 클라우지우스 정리(6.14식)에 의하면 다음과 같다.

$$\mathrm{d}S \geq \frac{\mathrm{d}q}{T}$$

이 식의 좌변을 우변으로 넘기고 *T*를 곱해 주면 다음과 같이 된다.

$$dq - TdS \leq 0 \tag{7.1}$$

열역학 제1법칙에서 팽창 일만 있는 경우 $dq = dU + PdV$이므로 위 식은 다음과 같이 된다.

$$dU + PdV - TdS \leq 0 \tag{7.2}$$

부피가 일정하면 $dV = 0$이므로 이 식은 다음과 같이 된다.

$$dU - TdS \leq 0 \tag{7.3}$$

7.3식은 U, T, S로 이루어진 함수이므로 이들에 대한 함수를 다음과 같이 정의하여 나타낼 수 있다.

$$A \equiv U - TS \quad \text{(헬름홀츠 에너지의 정의)} \tag{7.4}$$

여기에서 'A'는 헬름홀츠 자유 에너지(**Helmholtz free energy**) 또는 줄여서 헬름홀츠 에너지라고 부르며, 독일의 과학자 헬름홀츠(von Helmholtz, H. L. F.)를 기려서 붙여졌다.

헬름홀츠(Hermann Ludwig Ferdinand von Helmholtz, 1821~1894)

독일의 생리학, 철학, 물리학자. 물리학 분야에서 열역학 이론 정립에 크게 기여하였다.

헬름홀츠 에너지 A는 U, T, S가 모두 상태 함수로, A 역시 상태 함수이며, 그 미분은 다음과 같다.

$$dA = d(U - TS) = dU - TdS - SdT \tag{7.5}$$

등온 조건이면 $dT = 0$이므로 이 식은 다음과 같이 된다.

$$dA = dU - TdS$$

그러므로 7.3식으로부터 다음과 같은 관계가 성립된다.

$$dA_{T,V} \leq 0 \quad \text{(등온, 등부피에서 자발적 변화 조건)} \tag{7.6}$$

여기에서 아래 첨자 'T'와 'V'는 각각 등온 및 등부피 조건임을 나타낸다. 따라서 등온 등부피에서 어떤 변화가 자발적으로 일어나려면 헬름홀츠 에너지 A가 감소하는 변화이어야 하며, 반면에 헬름홀츠 에너지가 증가하는 변화는 비자발적이다. 또한 자발적 또는 비자발적 변화 모두 일어나지 않는 $dA_{T,V} = 0$인 상태는 평형 상태가 된다.

$$dA_{T,V} < 0 \quad (\text{자발적 변화}) \tag{7.7a}$$

$$dA_{T,V} > 0 \quad (\text{비자발적 변화}) \tag{7.7b}$$

$$dA_{T,V} = 0 \quad (\text{평형 상태}) \tag{7.7c}$$

그러므로 $dA_{T,V} < 0$일 때는 우주 전체의 엔트로피 S_{univ}가 증가하고, $dA_{T,V} > 0$일 때는 우주 전체의 엔트로피 S_{univ}가 감소하는 것을 알 수 있다.

등압 변화와 깁스 자유 에너지

일반적으로 대부분의 변화는 일정한 압력 조건에서 일어난다. 따라서 일정한 압력 조건에서 일어나는 변화에 대한 자발성 여부를 판단하는 것이 보다 유용하다.

등압에서 $dq = dH$이므로 7.1식은 다음과 같이 된다.

$$dH - TdS \leq 0 \tag{7.8}$$

이 식은 H, T, S로 이루어진 함수이므로 이들에 대한 함수를 다음과 같이 정의하여 나타낼 수 있다.

$$G \equiv H - TS \quad (\text{깁스 에너지의 정의}) \tag{7.9}$$

여기에서 'G'는 깁스 자유 에너지**(Gibbs free energy)** 또는 깁스 에너지라고 부르며, 미국의 과학자 깁스(Gibbs, J. W.)를 기려서 붙여졌다.

깁스 에너지 G 역시 H, T, S가 모두 상태 함수로 G 역시 상태 함수이며, 그 미분은 다음과 같다.

$$dG = d(H - TS) = dH - TdS - SdT \tag{7.10}$$

등온 조건이면 $dT = 0$이므로 이 식은 다음과 같이 된다.

$$dG = dH - TdS \tag{7.11}$$

그러므로 7.8식으로부터 다음과 같은 관계가 성립된다.

$$dG_{T,P} \leq 0 \quad (\text{등온, 등압에서 자발적 변화 조건}) \tag{7.12}$$

깁스(Josiah Willard Gibbs, 1839~1903)
미국의 과학자. 물리학, 화학, 수학 이론에 많은 공헌을 함. 특히 열역학과 통계 역학 분야에 대한 뛰어난 업적을 남겼다.

여기에서 아래 첨자 'T'와 'P'는 각각 등온 및 등압 조건임을 나타낸다.

따라서 등온 등압에서 어떤 변화가 자발적으로 일어나려면 깁스 에너지 G가 감소하는 변화이어야 하며, 반면에 깁스 에너지가 증가하는 변화는 비자발적이다. 또한 자발적 또는 비자발적 변화 모두 일어나지 않는 $dG_{T,P} = 0$인 상태는 평형 상태가 된다.

$$dG_{T,P} < 0 \quad (\text{자발적 변화}) \tag{7.13a}$$
$$dG_{T,P} > 0 \quad (\text{비자발적 변화}) \tag{7.13b}$$
$$dG_{T,P} = 0 \quad (\text{평형 상태}) \tag{7.13c}$$

따라서 헬름홀츠 에너지와 마찬가지로 $dG_{T,P} < 0$일 때는 우주 전체의 엔트로피 S_{univ}가 증가하고, $dG_{T,P} > 0$일 때는 우주 전체의 엔트로피 S_{univ}가 감소하는 변화임을 의미한다.

반응 깁스 에너지

7.11식에 표준 반응 엔탈피 $\Delta_r H^o$와 표준 반응 엔트로피 $\Delta_r S^o$를 적용하면 **표준 반응 깁스 에너지(standard Gibbs energy of reaction, $\Delta_r G^o$)**를 얻을 수 있다.

$$\Delta_r G^o = \Delta_r H^o - T\Delta_r S^o \quad (\text{표준 반응 깁스 에너지 정의}) \tag{7.14}$$

또한 반응 깁스 에너지 계산은 반응 엔탈피를 계산할 때와 마찬가지로 표준 생성 깁스 에너지 $\Delta_f G^o$를 정의하여 사용하면 편리하게 계산할 수 있다. 화학 반응에서 일반적으로 많이 사용되는 물질들의 $\Delta_f G^o$는 부록의 표 5.4에 수록되어 있으며, 기준 상태 원소 물질의 표준 생성 깁스 에너지는 0이다. 이 $\Delta_f G^o$ 값들을 사용하면 다음과 같이 표준 반응 깁스 에너지를 계산할 수 있다.

$$\Delta_r G^o = \sum_{\text{생성물}} \nu \Delta_f G^o - \sum_{\text{반응물}} \nu \Delta_f G^o \tag{7.15}$$

예제 7.1 25°C 표준 상태에서 다음 반응의 표준 엔트로피 변화량 $\Delta_r S^o = -21.1 \text{ J K}^{-1} \text{ mol}^{-1}$이다. 이 반응의 깁스 에너지 변화량 $\Delta_r G^o$는 얼마인가? 또 이 반응은 자발적인가 비자발적인가?

$$Zn(s) + Cu^{2+}(aq) \rightarrow Zn^{2+}(aq) + Cu(s) \quad \Delta_r H^o = -218.7 \text{ kJ mol}^{-1}$$

풀이 화학 반응에서 반응의 자발성 여부를 판단하는 중요한 문제이다. 7.14식으로부터 $\Delta_r G^o$는 다음과 같이 계산된다.

$$\begin{aligned}\boldsymbol{\Delta_r G^o} &= \Delta_r H^o - T\Delta_r S^o \\ &= -218.7\ \text{kJ mol}^{-1} - (298.15\ \text{K})(-21.1\ \text{J K}^{-1}\ \text{mol}^{-1}) \\ &= \mathbf{-212.4\ kJ\ mol^{-1}}\end{aligned}$$

$\Delta_r G^o < 0$이므로 이 반응은 **자발적**으로 일어난다.

7.2 최대 일, 최대 비팽창 일

위에서 본 바와 같이 헬름홀츠 에너지 A와 깁스 에너지 G는 각각 등부피 조건과 등압 조건에서 계의 자발적 변화에 대한 기준을 제공한다. 이에 더하여 헬름홀츠 에너지 변화량은 온도가 일정한 상태에서 변화에 수반되는 최대 일과 같으며, 깁스 에너지 변화량은 온도와 압력이 일정한 상태에서 일어나는 최대 비팽창 일(팽창 이외의 추가적인 일)과 같다는 중요한 결과를 알려 준다.

최대 일

헬름홀츠 에너지 변화 $\mathrm{d}A$와 일 변화 $\mathrm{d}w$의 관계는 클라우지우스 정리로부터 다음과 같이 유도된다. 클라우지우스 부등식 $\mathrm{d}S \ge \dfrac{\mathrm{d}q}{T}$는 위 식에서 다음과 같이 쓸 수 있음을 보았다.

$$\mathrm{d}q - T\mathrm{d}S \le 0$$

열역학 제1법칙에서 $\mathrm{d}q = \mathrm{d}U - \mathrm{d}w$이므로 이 식을 위 식에 대입하면 다음과 같이 된다.

$$\mathrm{d}U - \mathrm{d}w - T\mathrm{d}S \le 0$$

여기에서 $\mathrm{d}U - T\mathrm{d}S = \mathrm{d}A$이므로 위 식에서 다음과 같은 관계가 얻어진다.

$$\begin{aligned}\mathrm{d}A - \mathrm{d}w &\le 0 \\ \mathrm{d}A &\le \mathrm{d}w \end{aligned} \tag{7.16}$$

계가 외부에 하는 일의 값은 음(−)이므로 일의 크기 $|\mathrm{d}w|$로 나타내면 위 식은 다음과 같이 된다.

$$\mathrm{d}A_{\mathrm{T,V}} \ge |\mathrm{d}w|$$

그러므로 계가 할 수 있는 최대 일(**maximum work**)은 다음과 같다.

$$\mathrm{d}w_{\mathrm{max}} = \mathrm{d}A \quad (\text{최대 일}) \tag{7.17}$$

이러한 관계로 헬름홀츠 에너지 A를 최대 일 함수 또는 일 함수라고도 한다. 그리고 헬름홀츠 에너지에 대한 기호 'A'는 일을 의미하는 독일어 'Arbeit'로부터 유래한다. 이 최대 일은 일이 가역적으로 일어날 때 얻을 수 있다.

최대 비팽창 일

헬름홀츠 에너지의 변화량 dA로부터 최대 일을 알 수 있는 것과 같이 깁스 에너지의 변화량 dG로부터 깁스 에너지와 일과의 관계를 얻을 수 있다.

깁스 에너지는 비팽창 일(비 $P\mathrm{d}V$ 일)이 포함되는 변화에서 매우 유용하다. 비팽창 일이 동반되는 과정에서 열역학 제1법칙은 다음과 같이 표현된다.

$$\mathrm{d}U = \mathrm{d}q + \mathrm{d}w_{\text{팽창}} + \mathrm{d}w_{\text{비팽창}} \tag{7.18a}$$

$$\mathrm{d}q = \mathrm{d}U - \mathrm{d}w_{\text{팽창}} - \mathrm{d}w_{\text{비팽창}} \tag{7.18b}$$

등압에서 $\mathrm{d}w_{\text{팽창}} = -P\mathrm{d}V$이고, 7.1식으로부터 $\mathrm{d}q - T\mathrm{d}S \le 0$이므로 위 식은 다음과 같이 쓸 수 있다.

$$\mathrm{d}q - T\mathrm{d}S = \mathrm{d}U + P\mathrm{d}V - T\mathrm{d}S - \mathrm{d}w_{\text{비팽창}} \le 0$$

여기에서 $-\mathrm{d}w_{\text{비팽창}}$을 우변으로 넘기면 다음과 같이 된다.

$$\mathrm{d}U + P\mathrm{d}V - T\mathrm{d}S \le \mathrm{d}w_{\text{비팽창}} \tag{7.19}$$

압력이 일정할 때 열역학 제1법칙 $\mathrm{d}U = \mathrm{d}q - P\mathrm{d}V$를 7.19식에 대입하면 다음과 같이 된다.

$$\mathrm{d}q - T\mathrm{d}S \le \mathrm{d}w_{\text{비팽창}}$$

등압에서 $\mathrm{d}q = \mathrm{d}H$이므로 이 식은 다음과 같이 고쳐 쓸 수 있다.

$$\mathrm{d}H - T\mathrm{d}S \le \mathrm{d}w_{\text{비팽창}} \tag{7.20}$$

여기에서 $\mathrm{d}H - T\mathrm{d}S = \mathrm{d}G$이므로 위 식으로부터 다음과 같은 관계를 얻는다.

$$\mathrm{d}G_{T,P} \le \mathrm{d}w_{\text{비팽창}}$$

$$dG_{T,P} \geq |dw_{비팽창}|$$

그러므로 계가 할 수 있는 최대 비팽창 일**(maximum non-expansion work)**은 다음과 같다.

$$dw_{max,비팽창} = dG \quad (\text{최대 비팽창 일}) \tag{7.21}$$

이 식은 화학 전지나 연료 전지에서 일어나는 전기적 일을 구하는 데 매우 유용하게 사용된다. 7.21식에 의하면 전지 반응 또는 전기 분해 반응에서 일어날 수 있는 최대 일은 dG이므로 이때 일어나는 전기적인 일은 dG보다 클 수 없다.

예제 7.2 25°C 표준 상태에서 수소 기체와 산소 기체를 반응시켜 1 mol의 물을 생성시켰다. 만약 이 반응이 연료 전지에서 일어난다면 최대로 얻을 수 있는 전기 에너지는 얼마인가? 부록의 열역학 자료를 사용하여 구하시오.

풀이 화학 반응에 의한 최대 비팽창 일을 구하는 문제이다.
최대 비팽창일 $dw_{max,비팽창} = dG$이므로 $w_{max,비팽창} = \Delta G$이다. 위 반응에 대하여 부록의 열역학 자료를 사용하여 ΔG를 계산하면 다음과 같이 된다.

반응: $H_2(g) + \frac{1}{2}O_2(g) \rightarrow H_2O(l)$

표준 생성 깁스 에너지: $\Delta_f G^o(H_2, g) = 0$, $\Delta_f G^o(O_2, g) = 0$,
$\Delta_f G^o(H_2O, l) = -237.13 \text{ kJ mol}^{-1}$

$$w_{max,비팽창} = \Delta_r G^o = \sum_{생성물} \nu \Delta_f G^o - \sum_{반응물} \nu \Delta_f G^o$$

$$= -237.13 \text{ kJ mol}^{-1}$$

그러므로 최대로 얻을 수 있는 전기 에너지는 **-237.13 kJ mol^{-1}**이다.

7.3 *U*, *H*, *A*, *G* 관련 도함수의 의미

'6.2 엔트로피의 성질' 6.16과 6.17식에서 열역학 제1법칙과 제2법칙이 결합되어 다음과 같은 두 개의 열역학 기본식이 만들어지는 것을 보았다.

$$dU = TdS - PdV \quad (\text{열역학 기본식 1})$$
$$dH = TdS + VdP \quad (\text{열역학 기본식 2})$$

마찬가지로 두 자유 에너지 헬름홀츠 에너지 A와 깁스 에너지 G에 대해서도 아래와 같이 두 개의 기본식이 만들어진다.

먼저 헬름홀츠 에너지 A에 대한 기본식은 다음과 같이 유도된다. 헬름홀츠 에너지 $A = U - TS$이므로 A의 미분 dA는 다음과 같다.

$$\mathrm{d}A = \mathrm{d}U - T\mathrm{d}S - S\mathrm{d}T$$

이 식에 '열역학 기본식 1' $\mathrm{d}U = T\mathrm{d}S - P\mathrm{d}V$를 결합시켜 정리하면 다음과 같은 d$A$에 대한 기본식이 얻어진다.

$$\begin{aligned}\mathrm{d}A &= (T\mathrm{d}S - P\mathrm{d}V) - T\mathrm{d}S - S\mathrm{d}T \\ &= -S\mathrm{d}T - P\mathrm{d}V \quad \text{(열역학 기본식 3)}\end{aligned} \tag{7.22}$$

마찬가지 방법으로 dG에 대한 기본식을 유도하면 다음과 같이 된다.

$$\begin{aligned}G &= H - TS \\ \mathrm{d}G &= \mathrm{d}H - T\mathrm{d}S - S\mathrm{d}T = (T\mathrm{d}S + V\mathrm{d}P) - T\mathrm{d}S - S\mathrm{d}T \\ &= -S\mathrm{d}T + V\mathrm{d}P \quad \text{(열역학 기본식 4)}\end{aligned} \tag{7.23}$$

이 네 개의 열역학 기본식들은 매우 중요하며, 이 네 기본식으로부터 각 함수들과 열역학 변수들 간의 관계가 다음과 같음을 알 수 있다. 먼저 '기본식 1'에서 내부 에너지 U는 S와 V의 함수로 나타낼 수 있고, U는 상태 함수이므로 dU는 완전 미분으로 다음과 같이 된다.

$$\mathrm{d}U(S,V) = \left(\frac{\partial U}{\partial S}\right)_{\mathrm{V}} \mathrm{d}S + \left(\frac{\partial U}{\partial V}\right)_{\mathrm{S}} \mathrm{d}V \tag{7.24}$$

이 식을 위의 6.16식과 비교하면 다음과 같은 관계가 성립되는 것을 알 수 있다.

$$\left(\frac{\partial U}{\partial S}\right)_{\mathrm{V}} = T \qquad \left(\frac{\partial U}{\partial V}\right)_{\mathrm{S}} = -P \tag{7.25a}$$

나머지 세 기본식들에 대하여 같은 방법을 적용하면 다음과 같은 결과를 얻는다.

$$\left(\frac{\partial H}{\partial S}\right)_{\mathrm{P}} = T \qquad \left(\frac{\partial H}{\partial P}\right)_{\mathrm{S}} = V \tag{7.25b}$$

$$\left(\frac{\partial A}{\partial T}\right)_P = -S \quad \left(\frac{\partial A}{\partial V}\right)_T = -P \tag{7.25c}$$

$$\left(\frac{\partial G}{\partial T}\right)_P = -S \quad \left(\frac{\partial G}{\partial P}\right)_T = V \tag{7.25d}$$

또한 위의 네 열역학 기본식들에 오일러 관계를 적용하면 열역학 기본식의 1차 편미분 계수를 얻을 수 있고, 이들 간에 다음과 같은 유용한 관계를 얻을 수 있다.

$$\left(\frac{\partial T}{\partial V}\right)_S = -\left(\frac{\partial P}{\partial S}\right)_V \tag{7.26a}$$

$$\left(\frac{\partial T}{\partial P}\right)_S = \left(\frac{\partial V}{\partial S}\right)_P \tag{7.26b}$$

$$\left(\frac{\partial P}{\partial T}\right)_V = \left(\frac{\partial S}{\partial V}\right)_T \tag{7.26c}$$

$$\left(\frac{\partial V}{\partial T}\right)_P = -\left(\frac{\partial S}{\partial P}\right)_T \tag{7.26d}$$

이 관계 식들은 **맥스웰 관계식(Maxwell relation)**이라고 한다.[1] 이 열역학 함수들과 관계식들을 정리하면 표 7.1과 같다.

표 7.1 열역학 함수와 중요한 관계식

함수	정의	기본식	*P, V, T*의 관계	맥스웰 관계식
$U(S, V)$	$U = TS - PV$	$dU = TdS - PdV$	$\left(\frac{\partial U}{\partial S}\right)_V = T,\ \left(\frac{\partial U}{\partial V}\right)_S = -P$	$\left(\frac{\partial T}{\partial V}\right)_S = -\left(\frac{\partial P}{\partial S}\right)_V$
$H(S, P)$	$H = U + PV$	$dH = TdS + VdP$	$\left(\frac{\partial H}{\partial S}\right)_P = T,\ \left(\frac{\partial H}{\partial P}\right)_S = V$	$\left(\frac{\partial T}{\partial P}\right)_S = \left(\frac{\partial V}{\partial S}\right)_P$
$A(T, V)$	$A = U - TS$	$dA = -SdT - PdV$	$\left(\frac{\partial A}{\partial T}\right)_V = -S,\ \left(\frac{\partial A}{\partial V}\right)_T = -P$	$\left(\frac{\partial P}{\partial T}\right)_V = \left(\frac{\partial S}{\partial V}\right)_T$
$G(T, P)$	$G = H - TS$	$dG = -SdT + VdP$	$\left(\frac{\partial G}{\partial T}\right)_P = -S,\ \left(\frac{\partial G}{\partial P}\right)_T = V$	$\left(\frac{\partial V}{\partial T}\right)_P = -\left(\frac{\partial S}{\partial P}\right)_T$

[1] ▶ **참고** 맥스웰 관계

함수 $f(x, y)$의 미분 $df = gdx + hdy$이고, df가 완전 미분이면 다음과 같은 관계가 성립된다.

$$\left(\frac{\partial g}{\partial y}\right)_x = \left(\frac{\partial h}{\partial x}\right)_y$$

7.4 자유 에너지의 *P*, *V*, *T* 관계

자유 에너지 A와 G는 화학 반응에서 매우 중요하다. 왜냐하면 이들은 화학 반응에서 자발적 변화의 방향을 결정하는 기준이 되기 때문이다. 따라서 우리는 헬름홀츠 에너지 A가 온도 T와 부피 V에 따라서 어떻게 변하는지, 그리고 깁스 에너지 G는 온도 T와 압력 P에 따라서 어떻게 변하는지를 알 필요가 있다. 그러나 일반적으로 화학 반응은 부피가 일정한 조건에서보다는 압력이 일정한 조건에서 수행되므로 화학적 변화에서는 A보다 G의 변화가 더 중요하다.

먼저 T와 V에 대한 A의 변화는 7.25c식에서 보았듯이 다음과 같다.

$$\left(\frac{\partial A}{\partial T}\right)_{\mathrm{V}} = -S \qquad \left(\frac{\partial A}{\partial V}\right)_{\mathrm{T}} = -P$$

여기에서 S와 P는 항상 양(+)의 값을 가지므로 헬름홀츠 에너지 A는 온도 또는 부피 증가에 따라 항상 감소한다. 따라서 등부피에서 온도가 상승하는 변화와 등온에서 부피가 증가하는 변화는 항상 자발적이다.

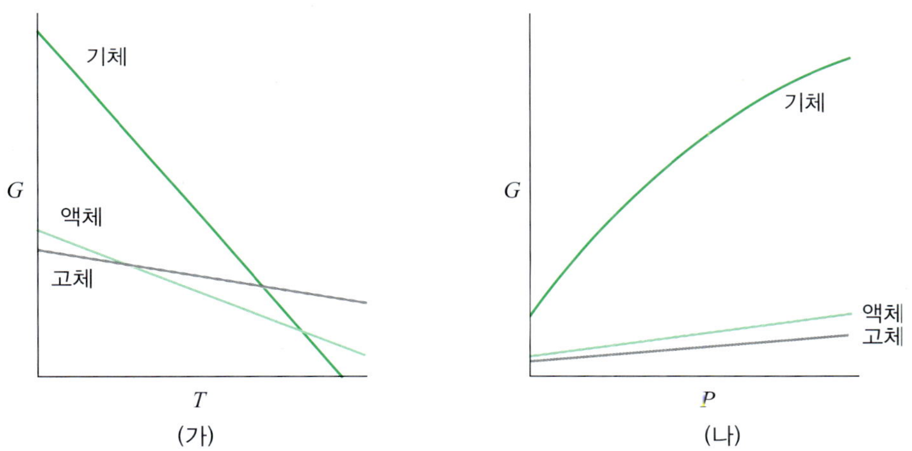

그림 7.1 기체, 액체, 고체의 (가) 온도에 따른 깁스 에너지 변화, (나) 압력에 따른 깁스 에너지 변화

한편 7.25d식에서 T와 P에 대한 G의 변화는 다음과 같다.

$$\left(\frac{\partial G}{\partial T}\right)_{\mathrm{P}} = -S \qquad \left(\frac{\partial G}{\partial P}\right)_{\mathrm{T}} = V$$

여기에서 S와 V는 항상 양(+)의 값을 가지므로 깁스 에너지 G는 등압에서는 온도가 상승하면 감소하고, 등온에서는 압력이 증가하면 증가한다. 따라서 $\left(\frac{\partial G}{\partial T}\right)_P$ 는 각각 그림 7.1(가)와 같이 온도 상승에 따라 몰엔트로피 S_m이 큰 기체, 액체, 고체 순으로 급격하게 감소된다. 그리고 $\left(\frac{\partial G}{\partial P}\right)_T$ 는 그림 7.1(나)와 같이 부피 V가 큰 기체상이 액체상이나 고체상보다 압력에 민감하게 의존한다.

깁스 에너지의 온도와 압력에 따른 변화

깁스 에너지의 온도에 따른 변화를 다루는 것은 $\left(\frac{\partial G}{\partial T}\right)_P = -S$ 로부터 시작한다. 이 식은 온도 변화에 따른 G의 변화가 엔트로피의 음수임을 나타낸다. 여기에서 엔트로피 S는 $G = H - TS$로부터 다음과 같이 된다.

$$S = \frac{H - G}{T}$$

그러므로 $\left(\frac{\partial G}{\partial T}\right)_P = -S$ 는 다음과 같이 엔탈피를 가지고 나타낼 수 있다.

$$\left(\frac{\partial G}{\partial T}\right)_P = -\frac{H - G}{T} \tag{7.27}$$

화학 반응에서 평형을 다룰 때 G보다는 G/T로 다루는 것이 편리하므로 위 식을 $\left(\frac{\partial (G/T)}{\partial T}\right)_P$ 에 대한 식으로 나타내면 다음과 같이 된다.

$$\left(\frac{\partial (G/T)}{\partial T}\right)_P = -\frac{H}{T^2} \quad \text{(깁스-헬름홀츠 식)} \tag{7.28}$$

이 식은 깁스-헬름홀츠 식**(Gibbs-Helmholtz equation)**이라고 하며, ΔG와 ΔH로 나타내면 다음과 같다.

$$\left(\frac{\partial (\Delta G/T)}{\partial T}\right)_P = -\frac{\Delta H}{T^2} \tag{7.29}$$

그러므로 이 식으로부터 계의 엔탈피 변화 ΔH를 알면 깁스 에너지가 임의의 온도에서 온도에 따라 어떻게 변하는지를 알 수 있다.

온도 변화에 의한 최종 온도에서의 깁스 에너지 변화량을 구하기 위하여 7.29

식의 양변에 dT를 곱하고 적분하면 깁스–헬름홀츠 식은 다음과 같이 된다.

$$\int_{T_i}^{T_f} d\left(\frac{\Delta G}{T}\right) = -\Delta H \int_{T_i}^{T_f} \left(\frac{1}{T^2}\right) dT$$

$$\Delta G(T_f) = T_f\left[\frac{\Delta G(T_i)}{T_i} + \Delta H(T_i)\left(\frac{1}{T_f} - \frac{1}{T_i}\right)\right] \tag{7.30}$$

예제 7.3 298.15 K 표준 상태에서 Hg(*g*)의 $\Delta_f G^o$는 31.82 kJ mol^{-1}이고 $\Delta_f H^o$는 61.32 kJ mol^{-1}이다. 400.0 K에서 $\Delta_f G^o$는 얼마가 되겠는가? (298.15 ~ 400.0 K에서 $\Delta_f H^o$는 일정하다고 가정하시오.)

풀이 등압에서 온도 변화에 따른 깁스 에너지의 변화를 구하는 문제이다. 7.30식을 사용하여 ΔG(400.0 K)를 구하면 다음과 같이 계산된다.

$$\boldsymbol{\Delta G(T_f)} = T_f\left[\frac{\Delta G(T_i)}{T_i} + \Delta H(T_i)\left(\frac{1}{T_f} - \frac{1}{T_i}\right)\right]$$

$$= (400.0\ \text{K})\left\{\frac{31.82\ \text{kJ mol}^{-1}}{298.15\ \text{K}} + (61.32\ \text{kJ mol}^{-1}) \times \left(\frac{1}{400.0\ \text{K}} - \frac{1}{298.15\ \text{K}}\right)\right\}$$

$$\mathbf{= 21.73\ kJ\ mol^{-1}}$$

한편 일정한 온도에서 압력에 따른 변화는 화학 열역학 기본식 dG = −SdT + VdP로부터 구해질 수 있다. 온도가 일정하면 dT = 0이므로 이 식은 dG = VdP가 되고, 압력이 P_i에서 P_f로 변할 때 그 적분값 ΔG는 다음과 같이 구해진다.

$$\Delta G = \int_{P_i}^{P_f} V dP \tag{7.31}$$

여기에서 $\Delta G = G_f - G_i$이므로 이 식을 G_f와 몰 양 $G_{m,f}$에 대하여 나타내면 다음과 같이 된다.

$$G_f = G_i + \int_{P_i}^{P_f} V dP \tag{7.32a}$$

$$G_{m,f} = G_{m,i} + \int_{P_i}^{P_f} V_m dP \tag{7.32b}$$

응축상(액체, 고체)에서 몰부피 V_m은 압력에 따라 거의 변하지 않는다. 따라서 7.32b식은 다음과 같이 다룰 수 있다.

$$G_{\mathrm{m,f}} = G_{\mathrm{m,i}} + V_{\mathrm{m}} \int_{P_{\mathrm{i}}}^{P_{\mathrm{f}}} \mathrm{d}P = G_{\mathrm{m,i}} + V_{\mathrm{m}}(P_{\mathrm{f}} - P_{\mathrm{i}}) \quad \text{(응축상)} \qquad (7.33)$$

기체상에 대해서는 기체의 몰부피 V_{m}은 응축상에 비하여 매우 크므로 깁스 에너지는 압력에 크게 의존한다. 이상 기체의 경우 $V_{\mathrm{m}} = RT/P$를 7.32b식에 대입하면 다음과 같이 된다.

$$G_{\mathrm{m,f}} = G_{\mathrm{m,i}} + RT \int_{P_{\mathrm{i}}}^{P_{\mathrm{f}}} \frac{1}{P} \mathrm{d}P = G_{\mathrm{m,i}} + RT \ln \frac{P_{\mathrm{f}}}{P_{\mathrm{i}}} \quad \text{(이상 기체)} \qquad (7.34a)$$

또한 초기 압력이 1 bar이면 이 식은 다음과 같이 표현된다.

$$G_{\mathrm{m}} = G_{\mathrm{m}}^{\circ} + RT \ln P \quad \text{(이상 기체의 몰 깁스 에너지)} \qquad (7.34b)$$

몰 깁스 에너지 G_{m}의 기체 압력 의존 관계는 그림 7.2와 같이 나타난다.

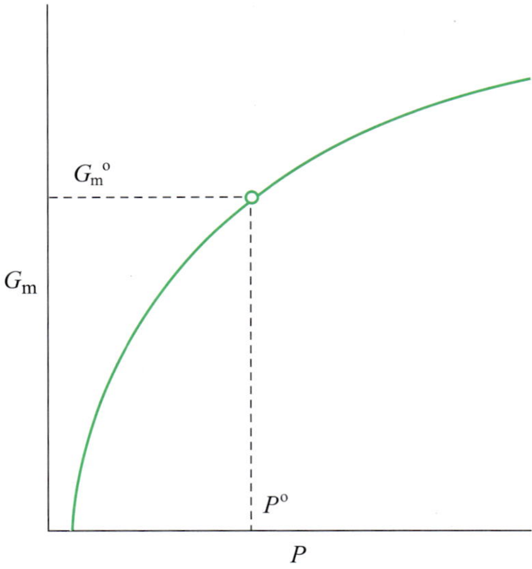

그림 7.2 이상 기체의 몰 깁스 에너지 G_{m}과 압력 P의 관계

예제 7.4 다음 조건에서 일어나는 몰 깁스 에너지의 변화량 ΔG_m을 구하시오.

(1) −10°C에서 밀도가 917 kg m^{-3}인 얼음을 1.00 bar에서 2.00 bar로 등온 가압하였을 때,

(2) 25°C의 수증기를 1.00 bar에서 2.00 bar로 등온 가압하였을 때(수증기는 이상 기체로 가정)

풀이 응축상 물질과 기체상 물질의 등온에서 압력 변화에 따른 깁스 에너지 변화를 구하는 문제이다.

(1) 응축상 물질의 $\Delta G_m = V_m(P_f - P_i)$이므로, 이 계산을 위하여 −10°C 얼음의 몰부피를 밀도로부터 계산하면 다음과 같다.

$$\begin{aligned} V_m &= (18.0 \times 10^{-3}\ \text{kg mol}^{-1})/(917\ \text{kg m}^{-3}) \\ &= 1.96 \times 10^{-5}\ \text{m}^3\ \text{mol}^{-1} \end{aligned}$$

그러므로

$$\begin{aligned} \boldsymbol{\Delta G_m} &= V_m(P_f - P_i) \\ &= (1.96 \times 10^{-5}\ \text{m}^3\ \text{mol}^{-1})(2.00 - 1.00) \times 10^5\ \text{Pa} \\ &= \mathbf{1.96\ J\ mol^{-1}} \end{aligned}$$

(2) 이상 기체이며 초기 압력이 1 bar인 기체의 ΔG_m은 7.34b식에 의하여 다음과 같이 계산된다.

$$\begin{aligned} \boldsymbol{\Delta G_m} &= RT \ln P \\ &= (8.314\ \text{J K}^{-1}\ \text{mol}^{-1})(298.15\ \text{K}) \ln(2.00) \\ &= \mathbf{1.72\ kJ\ mol^{-1}} \end{aligned}$$

7.5 분몰 성질과 화학 퍼텐셜

지금까지 우리는 물질의 출입이 없는 닫힌계를 대상으로 열역학적 성질들을 살펴보았다. 이제 물질의 출입이 가능한 열린계에 대해서 이 열역학적 성질들이 어떻게 다루어지는지 살펴보자.

분몰부피

온도와 압력이 일정한 계에 외부로부터 다른 물질들이 투입되어 혼합되면 그

계의 열역학적 성질은 계를 구성하는 성분들의 양인 몰수 n_i의 함수가 된다. 예를 들어 등온 등압에서 균일 혼합물의 부피는 다음과 같은 함수로 표현될 수 있다.

$$V = f(n_1,\ n_2,\ n_3,\ \cdots)$$

따라서 부피의 미분 dV는 다음과 같다.

$$dV = \sum_i \left(\frac{\partial V}{\partial n_i}\right)_{T,P,n'} dn_i = \sum_i V_{i,m} dn$$

여기에서 아래 첨자 'n''은 다른 모든 물질의 양이 일정함을 의미하고, '$V_{i,m}$'은 성분 i의 **분몰부피(partial molar volume)**를 의미한다.

$$V_{i,m} = \left(\frac{\partial V}{\partial n_i}\right)_{T,P,n'} \quad \text{(분몰부피의 정의)} \tag{7.35}$$

분몰부피는 온도, 압력 및 다른 성분들의 양이 일정한 상태에서 성분 i가 미소량 첨가되었을 때, 첨가된 i의 몰당 변화되는 부피를 말한다.

어떤 혼합물이 두 가지 성분 A와 B로 구성되어 있다면, 이 혼합물에 A가 dn_A, B가 dn_B만큼 첨가되어 조성이 변하면 혼합물의 전체 부피 변화는 다음과 같다.

$$dV = \left(\frac{\partial V}{\partial n_A}\right)_{T,P,n_B} dn_A + \left(\frac{\partial V}{\partial n_B}\right)_{T,P,n_A} dn_B \tag{7.36}$$

이 식을 적분하면 최종 상태의 부피는 다음과 같이 된다.

$$V = \int_0^{n_A} V_{A,m} dn_A + \int_0^{n_B} V_{B,m} dn_B = V_{A,m} n_A + V_{B,m} n_B \tag{7.37}$$

분몰부피는 몰부피와 달리 항상 양(+)의 값을 갖지는 않는다. 예를 들면 황산 마그네슘($MgSO_4$)은 농도가 0에 가까울 때 분몰부피 $V_{i,m}$ = −1.4 cm^3 mol^{-1}이다. 따라서 1 mol의 $MgSO_4$를 다량의 물에 섞으면 부피는 1.4 cm^{3}만큼 작아진다.

분몰 깁스 에너지와 화학 퍼텐셜

분몰 개념은 모든 종류의 상태 함수들에도 적용할 수 있다. 따라서 깁스 에너지에 적용하면 다음과 같이 되고 이를 화학 퍼텐셜(**chemical potential,** $\boldsymbol{\mu_J}$)이라고 부른다.

$$\mu_J = \left(\frac{\partial G}{\partial n_J}\right)_{T,P,n'} \quad \text{(화학 퍼텐셜의 정의)} \tag{7.38}$$

즉, 화학 퍼텐셜은 온도, 압력 및 다른 성분들의 양이 일정한 상태에서 성분 J가 미소량 첨가되었을 때, 첨가된 J의 몰당 변화되는 깁스 에너지를 말한다. 이를 화학 퍼텐셜이라고 부르는 것은 물질 계에서 변화를 일으킬 수 있는 잠재력이 되기 때문이다.

순수한 물질의 경우 $G = n_J G_{J,m}$이므로 화학 퍼텐셜은 다음과 같다.

$$\mu_J = G_{J,m} \quad \text{(순수한 물질)} \tag{7.39}$$

7.35식과 마찬가지 방법을 적용하면 두 성분의 혼합물에 대한 깁스 에너지는 다음과 같이 된다.

$$G = \mu_A n_A + \mu_B n_B \tag{7.40}$$

여기에서 μ_A와 μ_B는 혼합물에서 각 성분의 화학 퍼텐셜로 혼합물의 전체 깁스 에너지는 각 성분의 화학 퍼텐셜 기여의 합임을 알 수 있다.

화학 퍼텐셜은 깁스 에너지에 대해서와 마찬가지로 내부 에너지 U, 엔탈피 H와 헬름홀츠 에너지 A에 대해서도 유사한 방법으로 표현되며 이들에 대한 화학 퍼텐셜은 다음과 같다.

$$\mu_J = \left(\frac{\partial U}{\partial n_J}\right)_{S,V,n'} = \left(\frac{\partial H}{\partial n_J}\right)_{S,P,n'} = \left(\frac{\partial A}{\partial n_J}\right)_{T,V,n'} \tag{7.41}$$

실제 기체의 깁스 에너지와 퓨가시티

실제 기체의 몰부피 $V_m = RT/P$와 같은 간단한 식으로 표현되지 않는다. 따라서 깁스 에너지의 압력 의존도가 식 7.34a 및 7.34b와 같이 간단한 형태의 식으로 표현되지 않는다. 따라서 실제 기체들에 대한 깁스 에너지를 식 7.34a 및 7.34b와 같이 간단한 형태로 나타내기 위하여 퓨가시티(**fugacity,** $\boldsymbol{f}$)라는 새로운 상태 함수를 도입하여 사용한다. 퓨가시티 f는 압력의 단위를 가지는 함수로 실제 기체에 대한 화학 퍼텐셜의 척도가 된다.

$$\mu = \mu^{\circ} + RT\ln\frac{f}{P^{\circ}} \quad \text{(실제 기체의 화학 퍼텐셜)} \qquad (7.42)$$

여기에서 퓨가시티 f 를 압력으로 나눈 비를 **퓨가시티 계수(fugacity coefficient,** φ)라고 한다.

$$\frac{f}{p} = \varphi \quad \text{(퓨가시티 계수의 정의)} \qquad (7.43)$$

퓨가시티 계수 φ는 실제 기체가 이상 기체로부터 얼마나 벗어나는가의 척도가 되며, 기체의 종류 및 압력과 온도에 의존한다. 모든 기체는 압력이 0에 접근하면 이상 기체와 같이 거동하므로 $P \to 0$이면 $\varphi \to 1$이 된다.

$$\lim_{p\to 0}\frac{f}{p} = 1$$

따라서 모든 기체에 대하여 퓨가시티 계수를 사용하여 화학 퍼텐셜을 나타내면 다음과 같이 된다.

$$\mu = \mu^{\circ} + RT\ln\frac{P}{P^{\circ}} + RT\ln\varphi \quad \text{(모든 기체의 화학 퍼텐셜)} \qquad (7.44)$$

질소에 대한 273 K에서 퓨가시티 f와 퓨가시티 계수 φ는 표 7.2와 같다.

표 7.2 질소의 퓨가시티(f)와 퓨가시티 계수(φ)

P/bar	f/bar	φ
1	0.9995	0.9995
10	9.956	0.9956
300	301.6	1.005
1000	1839	1.839

핵심 개념

1. 자유 에너지
   헬름홀츠 에너지(A): 등부피 변화에서 자발성의 척도가 되는 함수
   깁스 에너지(G): 등압 변화에서 자발성의 척도가 되는 함수
2. 분몰부피: 온도, 압력 및 다른 성분들의 양이 일정한 상태에서 한 성분이 미소량 첨가되었을 때, 추가된 성분의 몰당 변화되는 부피
3. 최대 일과 최대 비팽창 일
   최대 일: 계의 자발적 변화에 의하여 일어날 수 있는 최대 한도의 일
   최대 비팽창 일: 팽창 일 이외에 추가적으로 일어날 수 있는 일
4. 화학 퍼텐셜: 다른 변수들이 일정한 상태에서 한 성분이 미소량 첨가되었을 때, 추가된 성분의 몰당 변화되는 G, A, U, H
5. 퓨가시티(f)와 퓨가시티 계수(φ)
   퓨가시티(f): 실제 기체의 화학 퍼텐셜에 대한 압력 척도
   퓨가시티 계수(φ): 퓨가시티를 압력으로 나눈 비

주요 식

이름	식	설명
자유 에너지	$A \equiv U - TS$ $G \equiv H - TS$	헬름홀츠 에너지 정의 깁스 에너지 정의
자발적 변화	$dA_{T,V} < 0$ $dG_{T,P} < 0$	등온, 등부피 기준 등온, 등압 기준
비자발적 변화	$dA_{T,V} > 0$ $dG_{T,P} > 0$	등온, 등부피 기준 등온, 등압 기준
평형	$dA_{T,V} = 0$ $dG_{T,P} = 0$	등온, 등부피 기준 등온, 등압 기준
반응 깁스 에너지	$\Delta_r G^o = \Delta_r H^o - T\Delta_r S^o$ $\Delta_r G^o = \sum_{\text{생성물}} \nu\Delta_f G^o - \sum_{\text{반응물}} \nu\Delta_f G^o$	정의 계산 방법
최대 일 최대 비팽창 일	$dw_{max} = dA$ $dw_{max,\text{비팽창}} = dG$	

이름	식	설명
열역학 기본식	$dA = -SdT - PdV$ $dG = -SdT + VdP$	
깁스 에너지와 온도 관계	$\left(\frac{\partial(G/T)}{\partial T}\right)_P = -\frac{H}{T^2}$	깁스–헬름홀츠 식
깁스 에너지와 압력 관계	$G_f = G_i + \int_{P_i}^{P_f} VdP$ $G_{m,f} = G_{m,i} + V_m(P_f - P_i)$ $G_m = G_m{}^o + RT\ln P$	일반 식 응축상 이상 기체
분몰부피	$V_{i,m} = \left(\frac{\partial V}{\partial n_i}\right)_{T,P,n'}$	정의
화학 퍼텐셜	$\mu_i = \left(\frac{\partial G}{\partial n_i}\right)_{T,P,n'}$ $\mu = \mu^o + RT\ln\frac{f}{P^o}$	정의 실제 기체의 화학 퍼텐셜

연습 문제

(아래의 문제를 푸는 데 특별히 언급하지 않으면 표준 상태의 이상 기체로 가정하시오.)

7.1 헬름홀츠 자유 에너지와 깁스 자유 에너지를 정의하고, 두 자유 에너지 간의 차이점을 말하시오.

7.2 화학 퍼텐셜을 정의하고 그 의미를 설명하시오.

7.3 맥스웰 관계식 $\left(\frac{\partial T}{\partial V}\right)_S = -\left(\frac{\partial P}{\partial S}\right)_V$ 를 열역학 기본식으로부터 유도하시오.

7.4 열역학 기본식 $dU = TdS - PdV$로부터 **열역학 상태식(thermodynamic equation of state)** $\pi_T = T\left(\frac{\partial P}{\partial T}\right)_V - P$ 를 유도하시오.

7.5 등온 내부 압력 π_T 에 대하여 다음과 같은 관계에 있음을 보이시오.
(1) 이상 기체에 대하여 $\pi_T = 0$
(2) 반데르발스 기체에 대하여 $\pi_T = \frac{an^2}{V^2}$

7.6 임의의 온도와 압력에서 실제 기체의 퓨가시티 f는 그 기체의 상태식이 알려져 있으면 계산할 수 있다. 실제 기체에 대한 퓨가시티가 다음과 같음을 증명하시오.

$$f = P_{\exp}\left[\int_0^P \frac{Z-1}{P}\,dP\right]$$

7.7 3강의 연습 문제 3.5에서 **반데르발스 기체의 압축 인자**는 다음과 같음을 보았다. 반데르발스 기체의 퓨가시티를 구하는 식을 유도하시오.

$$Z = 1 + \left(b - \frac{a}{RT}\right)\frac{P}{RT}$$

7.8 부록의 자료를 사용하여 아래의 반응에 대하여 다음을 구하시오.

$$4HCl(g) + O_2(g) \rightarrow 2Cl_2(g) + 2H_2O(l)$$

(1) 298.15 K에서 표준 반응 깁스 에너지 $\Delta_r G^o$를 구하고, 이 반응의 자발성 여부를 판단하시오.

(2) 350.0 K에서 표준 반응 깁스 에너지 $\Delta_r G^\circ$를 구하고, 이 반응의 자발성 여부를 판단하시오.

7.9 298.15 K에서 이상 기체가 압력이 10.0 bar에서 1.0 bar로 감소하는 과정에서 등온 가역적으로 팽창한다. 이 과정에서 최대로 일어날 수 있는 일은 얼마인가?

7.10 298.15 K에서 사염화 탄소(CCl_4)와 벤젠(C_6H_6) 용액은 순수한 물질(x = 1)일 때와 동일 몰($x = 0.5$)에서 각각의 몰부피는 다음과 같다.

사염화 탄소: $V_m(x = 1) = 0.09719\ \text{L mol}^{-1}$ $V_m(x = 0.5) = 0.1001\ \text{L mol}^{-1}$

벤젠: $V_m(x = 1) = 0.08927\ \text{L mol}^{-1}$ $V_m(x = 0.5) = 0.1064\ \text{L mol}^{-1}$

다음을 구하시오.

(1) 이 용액의 몰부피는 얼마인가?

(2) 동일 몰(x = 0.5) 용액 1.00 mol을 만들 때 부피 변화는 얼마나 일어나는가?

7.11 4°C 물을 1 bar에서 500 bar로 압축시켰다. 몰 깁스 에너지 변화량은 얼마인가?

7.12 이상 기체를 25°C에서 등온 가역적으로 1 bar에서 500 bar로 압축시켰다. 몰 깁스 에너지 변화량은 얼마인가?

7.13 298.15 K에서 산소 기체 $\frac{1}{2}$ mol과 수소 기체 $\frac{1}{2}$ mol을 혼합하였다. 혼합에 의한 깁스 에너지의 변화량 $\Delta_{mix}G$와 $\Delta_{mix}S$는 얼마인가?

7.14 부록의 반데르발스 상수를 사용하여 298.15 K, 50.0 bar에서의 질소 기체의 퓨가시티 f를 구하시오.

7.15 298.15 K, 임의의 압력에서 어떤 실제 기체의 퓨가시티 계수 φ가 1.50이다. 이 실제 기체와 이상 기체의 화학 퍼텐셜 차이는 얼마인가?

7.16 질소 기체의 퓨가시티 f는 다음과 같다. 이 기체를 1 bar에서 300 bar로 압축시켰을 때 화학 퍼텐셜 변화량은 얼마인가?

질소의 퓨가시티(f)

P/bar	1	10	100	300	600	1000
f/bar	0.9995	9.956	97.03	301.6	744	1839

4장 물리적 변화와 화학적 변화

- 8강 순물질의 물리적 변화
- 9강 혼합물의 물리적 변화
- 10강 화학 반응과 화학 평형

화학에서 자연계에서 일어나는 변화를 열역학을 적용하여 다루는 경우는 물리적 변화인 상전이와 화학적 변화인 화학 반응이다. 이 가운데 열역학을 적용하는 가장 간단한 경우는 순물질의 상전이다.

따라서 4장은 세 개의 강으로 나누어 가장 간단한 변화인 '8강 순물질의 물리적 변화'로부터 시작하여 조금 더 복잡한 '9강 혼합물의 물리적 변화', 그리고 가장 복잡한 '10강 화학 반응과 화학 평형' 순으로 그동안 배운 열역학적 원리를 적용하는 방법을 익힌다.

8강 순물질의 물리적 변화

■ 미리 생각해 보기

- 어떤 온도와 압력에서 단일 성분 계인 순물질이 어떤 상으로 존재할지는 어떻게 알 수 있을까?
- 순물질의 물리적 상태인 상은 압력과 온도에 따라 변한다. 상의 온도와 압력에 대한 의존 관계를 나타내는 상평형 그림에는 어떤 정보가 들어 있을까?
- 상평형 그림에서 상들 사이의 경계선인 공존 곡선은 어떻게 구할까?

8.1 순수한 물질의 물리적 변화

열역학이 적용되는 가장 간단한 경우가 순물질의 물리적 변화인 상전이 현상이다. 어떤 물질이 가장 안정한 상을 이루는 영역은 일반적으로 온도와 압력을 변수로 사용하는 상평형 그림으로 나타낸다.

어떤 계가 등온 등압에서 평형을 이룰 때의 열역학적 조건은 7.13c식에서 보았듯이 $dG_{T,P} = 0$이다. 이를 깁스 에너지의 분몰 성질인 화학 퍼텐셜로 표현하면 $d\mu_i = 0$으로 상전이 점에서 평형을 이루는 두 상 간의 화학 퍼텐셜이 동일하다는 것을 의미한다. 한 물질의 화학 퍼텐셜은 온도와 압력에 의존하는 함수로 그 물질의 상 안정도도 온도와 압력에 따라 변하게 된다.

상 안정도의 온도 의존

압력이 지나치게 낮지 않으면, 일반적으로 낮은 온도에서는 고체상이 가장 안정한 상으로 가장 작은 화학 퍼텐셜을 가진다. 그러나 온도가 점차 높아짐에 따라 다른 상(액체상 또는 기체상)의 화학 퍼텐셜이 더 작아지면 그림 8.1과 같이 상전이가 일어나게 된다.

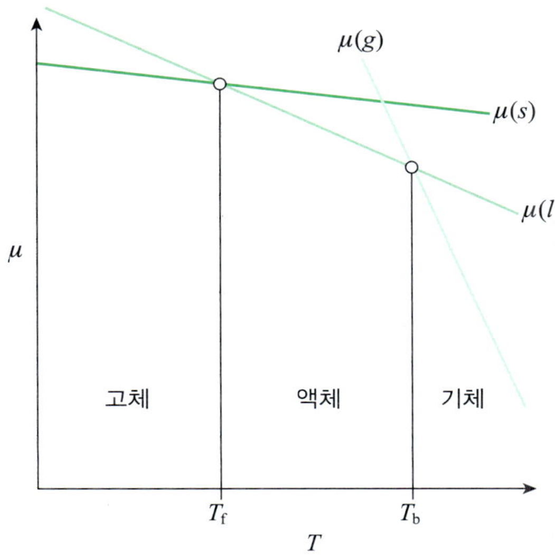

그림 8.1 한 물질의 고체, 액체, 기체상에 대한 화학 퍼텐셜의 온도 의존 및 안정된 상의 개략도

'7.3 *U*, *H*, *A*, *G* 관련 도함수의 의미'의 7.25식과 같이 깁스 에너지의 온도 의존도는 $\left(\frac{\partial G}{\partial T}\right)_P = -S$ 로 순물질의 몰 깁스 에너지는 그 물질의 화학 퍼텐셜과 같아 화학 퍼텐셜의 온도 의존도는 다음과 같다.

$$\left(\frac{\partial \mu}{\partial T}\right)_P = -S_m \quad \text{(화학 퍼텐셜의 온도에 따른 변화)} \tag{8.1}$$

여기에서 S_m은 항상 양(+)이므로 순물질의 화학 퍼텐셜은 온도가 상승함에 따라 감소한다. 또한 항상 $S_m(g) > S_m(l) > S_m(s)$이므로 그림 8.1에서 보는 바와 같이 μ의 T에 대한 그래프의 기울기 역시 $S_m(g) > S_m(l) > S_m(s)$ 순으로 가파르다. 따라서 아주 낮은 온도에서는 $\mu(s) < \mu(l)$, $\mu(g)$로 고체상이 가장 안정하며, 온도가 점차 증가하여 $\mu(l) < \mu(s)$, $\mu(g)$ 영역에서는 액체상, 온도가 매우 높은 영역에서는 $\mu(g) < \mu(s), \mu(l)$이 되어 기체상이 가장 안정해진다.

상 안정도의 압력 의존

고체상 물질에 압력을 가하면 얼음을 제외한 대부분의 물질은 녹는점이 상승한다. 이것은 압력이 고체보다 몰부피가 큰 액체가 생성되는 것을 억제하기 때문이다. 다만 H_2O의 경우에는 액체인 물의 몰부피가 고체인 얼음의 몰부피보다 작아 압력을 가하면 액체가 생성되려는 경향을 가진다.

이러한 녹는점에 미치는 압력 효과를 7.25d식에 의하여 화학 퍼텐셜로 나타내면 다음과 같다.

$$\left(\frac{\partial \mu}{\partial P}\right)_T = V_m \quad \text{(화학 퍼텐셜의 압력에 따른 변화)} \tag{8.2}$$

따라서 압력 변화에 따른 화학 퍼텐셜의 변화는 그 물질의 몰부피와 같으며, 몰부피 $\boldsymbol{V_m}$은 항상 양(+)이므로 압력이 증가하면 화학 퍼텐셜은 증가한다.

대부분의 물질은 $V_m(l) > V_m(s)$이므로 압력이 높아지면 액체의 화학 퍼텐셜 $\mu(l)$이 고체의 화학 퍼텐셜 $\mu(s)$보다 더 크게 증가한다. 따라서 이러한 물질들의 경우 그림 8.2(가)와 같이 녹는점 T_f가 상승한다. 반면 물의 경우에는 $V_m(l) < V_m(s)$로 압력을 높이면 $\mu(s)$가 $\mu(l)$보다 크게 증가하여 그림 8.2(나)와 같이 T_f가 하락한다.

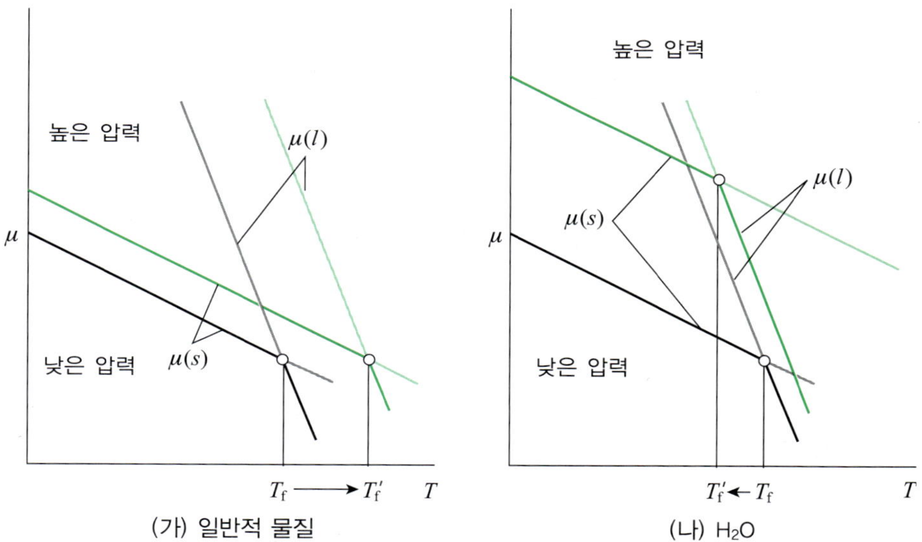

그림 8.2 (가) 일반 물질과 (나) H_2O의 고체, 액체, 기체상에 대한 압력 변화에 따른 화학 퍼텐셜과 녹는점 변화에 대한 개략도

예제 8.1 0°C 얼음과 물에 작용하는 압력을 1 atm에서 2 atm으로 증가시켰다. 다음에 답하시오. (이 조건에서 얼음의 밀도는 0.917 g cm^{-3}, 물의 밀도는 0.999 g cm^{-3}이고, 1 atm = 101325 Pa이다.)

(1) 얼음과 물의 화학 퍼텐셜은 각각 얼마나 변하겠는가?

(2) 이와 같이 압력을 증가시키면 어떤 현상이 나타나겠는가?

풀이 응집체의 압력 변화에 따른 화학 퍼텐셜 변화량을 구하고, 그에 따른 상전이 방향을 예측하는 문제이다.

(1) 8.2식으로부터 $\Delta\mu = V_m \Delta P$이다. 이 식을 사용하여 얼음과 물에 대한 $\Delta\mu$를 계산하면 다음과 같이 된다.

$$\Delta P = (2-1)\ \text{atm} = 1\ \text{atm} = 101325\ \text{Pa}$$

얼음:

$$\begin{aligned} V_m &= (1.802\times10^{-2}\ \text{kg mol}^{-1})/917\ \text{kg m}^{-3} \\ &= 1.965\times10^{-5}\ \text{m}^3\ \text{mol}^{-1} \end{aligned}$$

$$\boldsymbol{\Delta\mu} = (1.965\times10^{-5}\ \text{m}^3\ \text{mol}^{-1})(101325\ \text{Pa}) = \mathbf{1.99\ J\ mol^{-1}}$$

물:

$$\begin{aligned} V_m &= (1.802\times10^{-2}\ \text{kg mol}^{-1})/999\ \text{kg m}^{-3} \\ &= 1.804\times10^{-5}\ \text{m}^3\ \text{mol}^{-1} \end{aligned}$$

$$\boldsymbol{\Delta\mu} = (1.804\times10^{-5}\ \text{m}^3\ \text{mol}^{-1})(101325\ \text{Pa}) = \mathbf{1.83\ J\ mol^{-1}}$$

(2) 위의 계산 결과를 보면 압력 증가에 의하여 얼음의 화학 퍼텐셜이 물의 화학 퍼텐셜에 비하여 크게 올라간다. 따라서 1 atm에서 얼음과 물이 평형 상태에 있었다면 2 atm에서는 얼음이 물로 변하려는 경향이 커져 얼음이 물로 변하는 상전이가 크게 일어날 것이다.

8.2 순수한 물질의 상평형 그림

물질의 물리적 상태 변화를 가장 간결하게 나타내는 방법 중 하나가 **상평형 그림(phase diagram)**으로 나타내는 것이다.

상(phase, *P*)은 계 전체에 걸쳐 화학적 조성과 물리적 상태가 균일한 물질 형태를 말한다. 계 안에 들어 있는 상의 수 P는 계에 들어 있는 성분의 수와 상관 없이 물리적 상태가 계 전체에 걸쳐 동일하면 하나의 상이다. 따라서 기체의 경우 단일 물질의 기체이거나 혼합물의 기체이거나 상관 없이 균일한 하나의 기체상을 이루므로 $P = 1$이다. 마찬가지로 완전히 혼합된 여러 성분으로 혼합된 액체와 수용액에서 완전히 해리되는 염화 나트륨 같은 강전해질의 수용액도 P = 1인 단일상계이다. 반면에 단일 물질이라도 얼음물은 얼음이라는 고체상과 물이라는 액체상이 공존하는 P = 2인 2상계이다. 또한 고체의 경우에 서로 섞이지 않은 상태로 있을 때는 고체 종류의 수만큼의 상의 수를 가지며 서로 균일하게 섞어 합금을 만들면 하나의 상이 된다.

〈상의 수〉

$P=1$: 단일 성분 기체 및 기체 혼합물
단일 성분 액체 및 완전히 혼합된 액체 혼합물
강전해질의 수용액
균일하게 혼합된 고체 합금

$P=2$: 두 상이 공존하는 단일 성분의 물질
완전하게 혼합되지 않은 두 성분의 물질
두 성분으로 구성된 고체 혼합물

$P=3$: 세 상이 공존(즉 삼중점)하는 단일 성분 물질
완전하게 혼합되지 않은 세 성분의 물질

상전이

주어진 압력에서 순수한 물질은 그 물질 고유의 온도(예를 들면 녹는점 또는 끓는점)에서 자발적으로 **상전이(phase transition)**가 일어난다. 예를 들면 1 atm에서 H_2O는 0°C를 기준으로 0°C보다 온도가 낮아지면 물이 얼음으로, 0°C보다 온도가 높아지면 얼음이 물로 상전이를 일으킨다. 이는 H_2O의 경우 1 atm에서 0°C 아래에서는 고체상인 얼음의 화학 퍼텐셜이 액체상인 물의 화학 퍼텐셜보다 작으며, 0°C 위에서는 물의 화학 퍼텐셜이 얼음의 화학 퍼텐셜보다 작다는 것을 의미한다. 또한 0°C에서는 **두 상의 화학 퍼텐셜이 동일하여 두 상이 평형을 이루며 이때의 온도를 전이 온도(transition temperature, T_{trs})**라고 한다.

열린 용기 속에 들어 있는 액체에 열을 가하면 액체 표면으로부터 증발이 일어난다. 그리고 **증발되는 기체의 압력이 외부 압력과 일치되는 온도**가 되면 액체 전체에서 증발이 일어나며 이를 끓음이라고 한다. 그리고 이때의 온도를 **끓는점(boiling point)**이라고 한다. 특히 외부 압력이 1 atm에서 끓는 온도를 **정상 끓는점(normal boiling point, T_b)**이라고 하고, 1 bar에서 끓는 온도를 **표준 끓는점(standard boiling point)**이라고 한다. 1 bar는 1 atm보다 약간 작으므로 표준 끓는점은 정상 끓는점보다 약간 낮다. 예를 들면 물의 정상 끓는점

은 100°C이나 표준 끓는점은 99.6°C이다.

주어진 압력에서 고체상 물질에 열을 가하면 특정 온도에서 고체상이 액체상으로 변하며, 고체상과 액체상이 공존하며 평형을 이루는 온도를 녹는점 **(melting point)** 또는 어는점**(freezing point)**이라고 한다. 끓는점과 마찬가지로 1 atm에서의 온도를 정상 어는점**(normal freezing point, T_f)**이라고 하고, 1 bar에서의 온도를 표준 어는점**(standard freezing point)**이라고 한다. 일반적으로 응집체에 대한 압력의 영향은 미미하므로 정상 어는점과 표준 어는점의 온도 차이는 무시할 수 있을 정도로 작다.

어떤 조건에서는 세 가지 상(일반적으로 기체, 액체, 고체)이 공존하며, 이 세 상의 경계가 만나는 조건을 삼중점**(triple point)**이라고 한다. 삼중점은 물질에 따라 고유한 압력과 온도에서 나타난다. 예를 들어 H_2O의 삼중점은 611 Pa, 273.16 K에서 나타난다. 몇 가지 물질에 대한 T_b, T_f 및 그들의 ΔH_{trs}는 부록의 표 5.3에 수록되어 있고, 삼중점에서의 온도 T_{tp}와 압력 P_{tp}는 표 8.1과 같다. 더 많은 물질에 대한 값은 부록에 수록해 놓았다.

표 8.1 몇 가지 물질에 대한 T_{tp} 와 P_{tp}

물질	T_{tp}/K	P_{tp}/Pa
Ar	83.806	68950
Br_2	280.4	5879
H_2	13.8	7042
H_2O	273.16	611.73
C_3H_6, 프로펜	87.89	9.50×10^{-4}

한편 그림 8.3과 같이 밀폐된 용기에 액체를 넣고 가열하면 끓음 현상이 나타나지 않는다. 이는 온도가 올라감에 따라 증기 압력이 높아지고(그림 8.3 (나)), 이 증기 압력은 액체 표면을 누르는 압력으로 작용하여 끓음 없이 액체의 밀도와 증발된 기체의 밀도가 같아질 때까지 증발이 계속 일어난다. 결국에 액체의 밀도와 기체의 밀도가 같아지며 두 상 사이의 경계가 없어진다(그림 8.3 (다)). 이러한 상태가 '3.3 임계 상태'에서 다룬 임계 상태이며, 이때의 온도를 임계 온도**(critical temperature, T_c)**, 이때의 압력을 임계 압력**(critical pressure, P_c)**이라고 한다. 이러한 상태의 물질은 초임계 유체**(supercritical fluid)**라고 부른다.

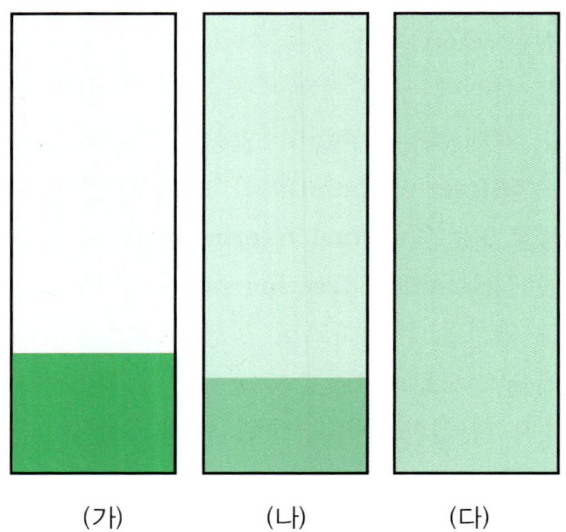

그림 8.3 밀폐된 용기 속의 액체와 기체 평형. (가) 밀폐된 용기에서 액체가 기체와 평형을 이룬 상태, (나) 밀폐된 용기에 가열하면 액체가 증발하며 액체의 밀도는 감소하고, 기체의 밀도는 증가하며 증기압이 상승하는 상태, (다) 최종적으로 액체와 기체 간의 상 경계가 없어져 초임계 유체가 된 상태

상 규칙

1876년 깁스(Gibbs, J. W.)는 임의의 조성을 갖는 계의 자유도 수에 대한 일반적인 관계를 나타내는 다음과 같은 식을 유도하였고, 이를 **상 규칙(phase rule)**이라고 한다.

$$F = C - P + 2 \quad \text{(상 규칙)} \tag{8.3}$$

여기에서 F는 계의 자유도, C는 독립 성분 수, P는 상의 수이다. 독립 성분 수 C는 계에 존재하는 모든 상들을 정의하는 데 필요한 최소 수의 화학종 수로 첨가된 화학종 수보다 적을 수 있다. 이는 계가 평형을 이루고 있을 때에 화학종들 간의 관계가 존재하기 때문이다. 따라서 독립 성분 수는 화학종 수(S)에서 평형 관계 수(R)를 뺀 값과 같다.

$$\text{독립 성분 수}(C) = \text{화학종 수}(S) - \text{평형 관계 수}(R)$$

따라서 상 규칙을 적용하면 단일 성분($C = 1$), 단일 상($P = 1$) 계에서 $F = 1 - 1 + 2 = 2$로 상의 수를 변화시키지 않으며 독립적으로 변화시킬 수 있는 변수는 두 개(온도와 압력)가 되며, 이를 2변수계 또는 2자유도계라고 한다. 한편 두 상이 평형을 이루고 있을 때는 $P = 2$로 $F = 1$이 되어 변수는 한 개(온도 또는 압력)가 되며, 삼중점에서는 $P=3$으로 $F=0$이 된다.

〈단일 성분 계의 자유도〉

단일 상일 때: $C=1, P=1, F=1-1+2=2$(T와 P)

두 상이 평형을 이룰 때: $C=1, P=2, F=1-2+2=1$(T 또는 P)

삼중점에서: $C=1, P=3, F=1-3+2=0$(T와 P 모두 상수)

예제 8.2 다음 반응에 대한 자유도 수를 구하시오.

$$CaCO_3(s) \rightleftharpoons CaO(s) + CO_2(g)$$

(1) 세 상이 모두 평형을 이루고 있을 때

(2) $CaCO_3(s)$와 $CO_2(g)$ 상이 존재할 때

풀이 상 규칙을 적용하여 자유도 수를 구하는 문제이다.
이 반응에 관여하는 화학종과 평형 관계는 다음과 같다.

화학종: $CaCO_3(s)$, $CaO(s)$, $CO_2(g)$

평형 관계: $CaCO_3(s) \rightleftharpoons CaO(s) + CO_2(g)$

그러므로 독립 성분 수는 다음과 같다.

$$C = \text{화학종 수} - \text{평형 관계 수} = 3 - 1 = 2$$

(1) 세 상이 모두 평형을 이루고 있으므로 상의 수 $P = 3$이다. 따라서 자유도 수는 다음과 같다.

$$\boldsymbol{F} = C - P + 2 = 2 - 3 + 2 = \mathbf{1}$$

그러므로 이 경우에는 온도 또는 압력 둘 중에 하나만이 독립적으로 변할 수 있다.

(2) 두 상이 존재하므로 상의 수 $P=2$이다. 따라서 자유도 수는 다음과 같다.

$$\boldsymbol{F} = C - P + 2 = 2 - 2 + 2 = \mathbf{2}$$

그러므로 이 경우에는 현재의 상을 소멸시키지 않으면서 온도와 압력 모두 변화시킬 수 있다.

순물질의 상평형 그림

순물질인 단일 성분 계에서 여러 종류의 상이 존재하는 조건은 압력 대 온도를 나타낸 상평형 그림으로 나타낼 수 있다.

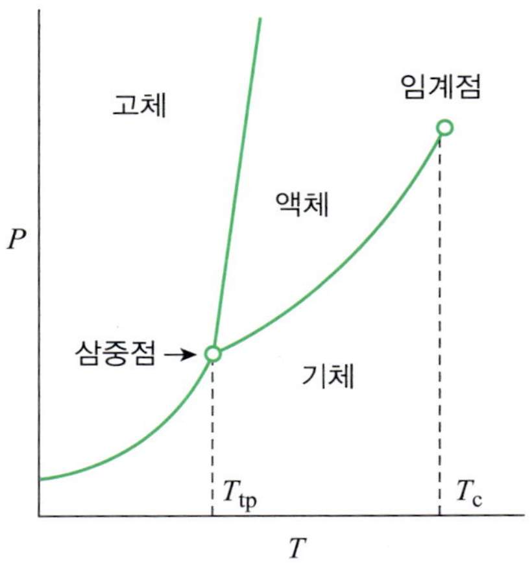

그림 8.4 일반적인 $P-T$ 평면 상평형 그림

단일 성분 계에서는 위에서 본 바와 같이 자유도 F의 최댓값이 2이므로 2차원 그림으로 나타낼 수 있으며, 가장 편리한 변수는 P와 T이므로 일반적으로 $P–T$ 평면 도표로 나타낸다. 일반적인 상평형 그림은 그림 8.4와 같다. 그림 8.4와 같은 전형적인 상평형 그림의 특징은 고체–액체 경계선의 기울기가 양(+)의 값을 가지며, 이것은 압력이 높아질수록 녹는점이 높아지는 것을 의미한다.

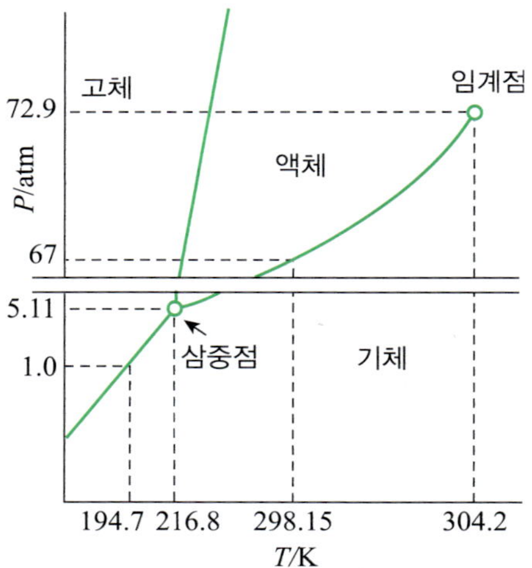

그림 8.5 이산화 탄소(CO_2)의 $P-T$ 상평형 그림

이산화 탄소는 전형적인 상평형 그림을 나타내는 물질로 이산화 탄소의 상평형 그림은 그림 8.5와 같다. 이산화 탄소는 그림에서 보듯이 **삼중점에서의 압력이 5.11 atm으로 대기압보다 매우 높다.** 이는 이산화 탄소는 대기압 하에서는 어떤 온도에서도 액체로 존재할 수 없음을 알 수 있다. 따라서 고체의 이산화 탄소는 대기 중에서 승화가 일어나며, 액체 이산화 탄소를 만들려면 5.11 atm 이상의 압력을 가해주어야 한다. 한편 상온인 298.15 K에서 기체인 이산화 탄소를 액화시키려면 67 atm 이상의 압력이 필요하다는 것도 그림으로부터 알 수 있다.

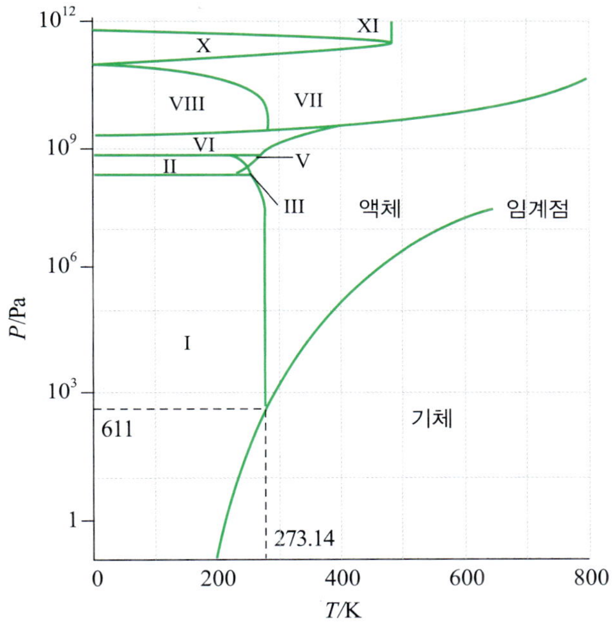

그림 8.6 H_2O의 $P-T$ 상평형 그림

H_2O의 상평형 그림은 그림 8.6과 같다. 그림에서 로마 숫자는 결정 구조가 서로 다른 고체상을 나타낸다. 그림 8.5에서 보듯이 **H_2O의 고체 I–액체 경계선은 가파른 음(−)의 기울기를 가진다.** 따라서 H_2O는 압력을 가하면 녹는점이 내려간다. 그러나 녹는점을 조금만 내리려고 해도 매우 큰 압력을 가해야 하는 것을 알 수 있다. H_2O의 고체, 액체, 기체의 삼중점은 0.01℃, 611 Pa이나 여러 상이한 고체상이 존재하여 이 삼중점 외에도 여러 삼중점이 존재한다.

그림 8.7은 ^4He의 상평형 그림이다. 헬륨은 낮은 온도에서 대부분의 물질들과는 다른 거동을 한다. 일반적으로 대부분의 물질들은 충분히 낮은 온도에

서 고체가 되나, 헬륨은 $T \rightarrow 0$의 극한 상황에서도 매우 높은 압력을 가하지 않으면 고체상이 형성되지 않는다. 뿐만 아니라 헬륨은 온도를 아무리 낮추어도 고체상과 기체상이 평형을 이루지 않는다. 이는 헬륨은 질량이 매우 작은 비활성 기체로 이웃 원자들과 상호작용이 매우 약하기 때문이다. 그림에서와 같이 ^{4}He는 두 종류의 액체상을 가지며 그림에서 He-I로 표시된 상은 일반적인 액체처럼 거동하나, He-II로 표시된 상은 점성을 나타내지 않고 흐르는 성질을 가지는 **초유체(superfluid)**이다. 또한 **λ–선(λ-line)**으로 표시된 경계선은 헬륨에서만 유일하게 나타나는 **액체–액체 경계선**이다.

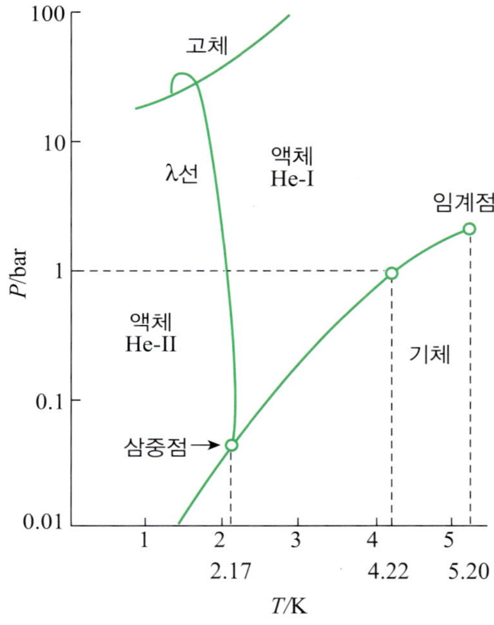

그림 8.7 헬륨(^{4}He)의 $P-T$ 상평형 그림

8.3 상 경계선

두 상(α와 β)이 평형 상태에 있는 상 경계에서는 두 상에서의 압력, 온도, 화학 퍼텐셜이 서로 일치한다. 이러한 사실로부터 두 상이 공존하는 **상 경계선 (phase boundary line)**의 정확한 위치를 찾을 수 있다.

그러므로 두 상 α와 β가 평형 상태에 있으면 두 상의 화학 퍼텐셜은 다음과 같은 조건을 만족시켜야 한다.

$$\mu_\alpha(P,\ T) = \mu_\beta(P,\ T) \tag{8.4}$$

여기에서 압력이 일정한 상태에서 온도를 변화시키거나, 온도가 일정한 상태에서 압력을 변화시키면 상평형 그림에서 보듯이 상 경계선을 벗어나 두 상 중 하나가 없어진다. 그러나 두 화학 퍼텐셜 μ_α와 μ_β를 서로 같게 유지시키며 압력과 온도를 동시에 변화시키면 두 상은 계속 공존하게 된다. 이때 **두 상이 공존하는 압력과 온도 조건을 도시한 선을 공존 곡선(coexistence curve)**이라고 하며, **상평형 그림에서 두 상 간의 경계선**이다.

압력과 온도를 상 경계선을 따라 변화시키면 두 상의 화학 퍼텐셜이 항상 일치되며 이동한다. 따라서 두 상의 화학 퍼텐셜 변화 역시 일치되어 다음과 같이 나타낼 수 있다.

$$\mathrm{d}\mu_\alpha = \mathrm{d}\mu_\beta \tag{8.5}$$

'열역학 기본식 4(7.23식)'에서 $\mathrm{d}G = -S\mathrm{d}T + V\mathrm{d}P$이므로 $\mathrm{d}\mu = -S_\mathrm{m}\mathrm{d}T + V_\mathrm{m}\mathrm{d}P$이다. 그러므로 식 8.5를 $\mathrm{d}P$와 $\mathrm{d}T$에 대하여 나타내면 다음과 같이 된다.

$$-S_\mathrm{m}(\alpha)\mathrm{d}T + V_\mathrm{m}(\alpha)\mathrm{d}P = -S_\mathrm{m}(\beta)dT + V_\mathrm{m}(\beta)\ \mathrm{d}P \tag{8.6}$$

여기에서 $S_\mathrm{m}(\alpha)$와 $S_\mathrm{m}(\beta)$는 각각 두 상 α와 β의 몰엔트로피이고, $V_\mathrm{m}(\alpha)$와 $V_\mathrm{m}(\beta)$는 각각 두 상 α와 β의 몰부피이다. 위 식을 $\mathrm{d}P$와 $\mathrm{d}T$에 대하여 변수 분리하면 다음과 같이 된다.

$$\{S_\mathrm{m}(\beta) - S_\mathrm{m}(\alpha)\}\mathrm{d}T = \{V_\mathrm{m}(\beta) - V_\mathrm{m}(\alpha)\}\mathrm{d}P$$

이 식을 $\dfrac{\mathrm{d}P}{\mathrm{d}T}$에 대하여 정리하면 다음과 같이 되며, 이를 **클라페이롱 식(Clapeyron equation)**이라고 한다.

$$\frac{\mathrm{d}P}{\mathrm{d}T} = \frac{\Delta_\mathrm{trs}S_\mathrm{m}}{\Delta_\mathrm{trs}V_\mathrm{m}} \quad \text{(클라페이롱 식)} \tag{8.7}$$

여기에서 $\Delta_\mathrm{trs}S_\mathrm{m} = S_\mathrm{m}(\beta) - S_\mathrm{m}(\alpha)$이고 $\Delta_\mathrm{trs}V_\mathrm{m} = V_\mathrm{m}(\beta) - V_\mathrm{m}(\alpha)$으로 각각 전이 몰엔트로피와 전이 몰부피이다.

클라페이롱 식은 P–T 상평형 그림에서 상 경계선의 임의의 점에서 상 경계선의 기울기를 계산할 수 있게 한다. 또한 물질에 대하여 $\Delta_\mathrm{trs}S_\mathrm{m}$과 $\Delta_\mathrm{trs}V_\mathrm{m}$을 알면 상평형 그림

클라페이롱(Benoît Paul Émile Clapeyron, 1799~1864)

프랑스의 물리학자, 공학자. 열역학 창시자 중의 한 사람이다.

을 예측할 수 있게 하여 끓는점과 어는점 등 상전이 온도가 압력에 따라 어떻게 변하는지를 예측할 수 있게 한다.

고체-액체 상 경계선

고체 물질에 열을 가하여 용융 온도 T에 도달하면 고체는 녹는다. 이때 고체가 녹는 데 따른 용융 몰 엔탈피 변화 $\Delta_{fus}H_m$가 수반된다. 따라서 용융 온도 T에서 몰 용융 엔트로피는 6.24c식에 의하여 $\Delta_{fus}S_m = \frac{\Delta_{fus}H_m}{T}$가 되어 클라페이롱 식은 다음과 같이 된다.

$$\frac{dP}{dT} = \frac{\Delta_{fus}H_m}{T\Delta_{fus}V_m} \quad \text{(고체-액체 경계선 기울기)} \tag{8.8}$$

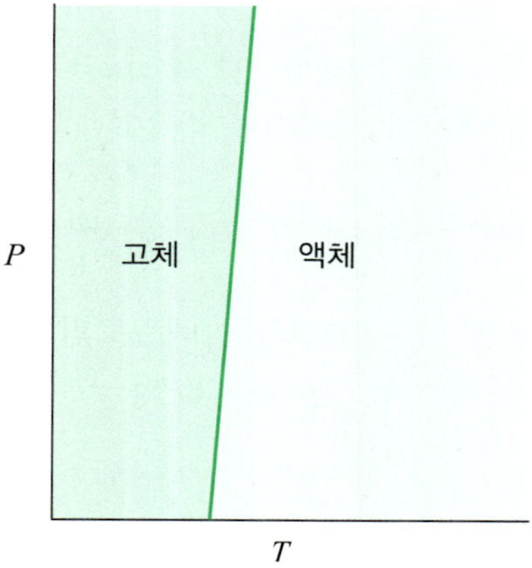

그림 8.8 전형적인 고체-액체 상 경계선 모양

여기에서 $\Delta_{fus}V_m$은 용융 과정에 수반되는 몰부피 변화로 H_2O 이외의 대부분의 물질에서 작은 양(+)의 값을 가진다. 또한 몰 용융 엔탈피 $\Delta_{fus}H_m$도 ^3He를 제외하고 양의 값을 가진다. 따라서 **고체-액체 상 경계선은 일반적으로 그림 8.8과 같이 가파른 양의 기울기를 갖는다.**

$\Delta_{fus}H_m$와 $\Delta_{fus}V_m$는 압력과 온도에 따라 그 값이 크게 변하지 않으므로 이들을 상수로 보면, $\frac{dP}{dT}$를 적분하여 상 경계에 대한 새로운 근사식을 얻을 수 있다. 만약 압력 P^*에서 녹는점이 T^*이고, 압력 P에서 녹는점이 T라면 8.8식에 대한 적분은 다음과 같이 된다.

$$\int_{P^*}^{P} \mathrm{d}P = \frac{\Delta_{\text{fus}} H_{\text{m}}}{\Delta_{\text{fus}} V_{\text{m}}} \int_{T^*}^{T} \frac{1}{T} \mathrm{d}T$$

$$P = P^* + \frac{\Delta_{\text{fus}} H_{\text{m}}}{\Delta_{\text{fus}} V_{\text{m}}} \ln \frac{T}{T^*} \tag{8.9}$$

여기에서 $T \approx T^*$ 이면 $\ln \frac{T}{T^*}$ 는 다음과 같이 전개된다.

$$\ln \frac{T}{T^*} = \ln\left(1 + \frac{T - T^*}{T^*}\right) \approx \frac{T - T^*}{T^*}$$ [1]

따라서 8.9식은 근사적으로 다음과 같이 된다.

$$P = P^* + \frac{\Delta_{\text{fus}} H_{\text{m}}}{T^* \Delta_{\text{fus}} V_{\text{m}}} (T - T^*) \tag{8.10}$$

예제 8.3 어떤 물질이 1 bar에서 어는점이 77.50°C이다. 이 물질이 100 bar에서 어는점이 78.10°C로 변하였다. 다음을 구하시오. (이 물질의 고체 상태 몰부피 $V_{\text{m}}(s) = 1.609 \times 10^{-4}\ \text{m}^3\ \text{mol}^{-1}$ 이고, 액체 상태 몰부피 $V_{\text{m}}(l) = 1.633 \times 10^{-4}\ \text{m}^3\ \text{mol}^{-1}$ 이다.)

(1) 몰 용융 엔탈피 $\Delta_{\text{fus}} H_{\text{m}}$

(2) 몰 용융 엔트로피 $\Delta_{\text{fus}} S_{\text{m}}$

풀이 고체-액체 평형 계에 클라페이롱 식을 적용하는 문제이다.

(1) 고체-액체 평형 계에 대한 클라페이롱 식 $P = P^* + \frac{\Delta_{\text{fus}} H_{\text{m}}}{\Delta_{\text{fus}} V_{\text{m}}} \ln \frac{T}{T^*}$ 에 주어진 값들을 넣어 계산하면 다음과 같이 된다.

---

[1] ▶ **참고**

$-1 < x < 1$ 일 때 $\ln(1 + x) = x - \frac{1}{2}x^2 + \frac{1}{3}x^2 \cdots$

여기에서 $x \ll 1$ 이면 $\ln(1 + x) \approx x$ 가 된다.

$$(100-1)\,\text{bar} = \frac{\Delta_{\text{fus}}H_{\text{m}}}{(1.633-1.609)\times 10^{-4}\ \text{m}^3\ \text{mol}^{-1}} \ln\frac{351.25}{350.65}$$

$$99\times 10^5\ \text{Pa} = \Delta_{\text{fus}}H_{\text{m}} \times 712.35\ \text{m}^{-3}\ \text{mol}$$

그러므로 $\Delta_{\text{fus}}H_{\text{m}}$은 다음과 같다.

$$\mathbf{\Delta_{fus}\boldsymbol{H}_m = 13.90\ kJ\ mol^{-1}}$$ [2]

(2) $\Delta_{\text{fus}}S_{\text{m}} = \dfrac{\Delta_{\text{fus}}H_{\text{m}}}{T_{\text{f}}}$ 이므로 몰 용융 엔트로피 $\Delta_{\text{fus}}S_{\text{m}}$는 다음과 같다.

$$\mathbf{\Delta_{fus}\boldsymbol{S}_m} = \frac{\Delta_{\text{fus}}H_{\text{m}}}{T_{\text{f}}} = \frac{13900\ \text{J mol}^{-1}}{351.25\ \text{K}} = \mathbf{39.57\ J\ K^{-1}\ mol^{-1}}$$

액체-기체 상 경계선

6.24b식에서 몰 증발 엔트로피 $\Delta_{\text{vap}}S_{\text{m}} = \dfrac{\Delta_{\text{vap}}H}{T_{\text{b}}}$ 이다. 따라서 액체-기체 상 경계에 대하여 클라페이롱 식은 다음과 같이 된다.

$$\frac{\mathrm{d}P}{\mathrm{d}T} = \frac{\Delta_{\text{vap}}H_{\text{m}}}{T\Delta_{\text{vap}}V_{\text{m}}} \quad \text{(액체-기체 경계선 기울기)} \tag{8.11}$$

여기에서 몰 증발 엔탈피 $\Delta_{\text{vap}}H_{\text{m}}$은 양(+)의 값을 가지며, 몰부피 변화량 $\Delta_{\text{vap}}V_{\text{m}}$은 큰 양의 값을 가진다. 따라서 고체-액체 상 경계선의 기울기 $\dfrac{\mathrm{d}P}{\mathrm{d}T}$는 양이나 액체-고체 경계선에 비하여 완만한 기울기를 갖는다.

예제 8.4 100°C, 1 atm에서 1 kPa당 물의 끓는점 변화는 얼마인가? 100°C, 1 atm에서 $\Delta_{\text{vap}}H_{\text{m}} = 40.69\ \text{kJ mol}^{-1}$, $V_{\text{m}}(l) = 1.9\times 10^{-5}\ \text{m}^3\ \text{mol}^{-1}$, $V_{\text{m}}(g) = 3019.9\times 10^{-5}\ \text{m}^3\ \text{mol}^{-1}$ 이다.

---

[2] ▶ 참고 $1\ \text{Pa} = 1\ \text{J m}^{-3}$

풀이 액체-기체 상전이 점에서 압력 변화에 따른 상전이 점의 변화 $\frac{\mathrm{d}T}{\mathrm{d}P}$를 구하는 문제이다.

8.11식을 $\frac{\mathrm{d}T}{\mathrm{d}P}$에 대하여 정리하여 계산하면 다음과 같이 압력 변화에 따른 끓는점의 변화를 구할 수 있다.

$$\frac{\mathrm{d}T}{\mathrm{d}P} = \frac{T\Delta_{\mathrm{vap}}V_{\mathrm{m}}}{\Delta_{\mathrm{vap}}H_{\mathrm{m}}}$$
$$= \frac{(373.15\ \mathrm{K})(3019.9 - 1.9) \times 10^{-5}\ \mathrm{m^3\ mol^{-1}}}{40690\ \mathrm{J\ mol^{-1}}}$$
$$= \mathbf{0.2768\ K\ kPa^{-1}}$$

기체의 몰부피는 액체의 몰부피에 비하여 매우 크므로 액체가 기체로 변할 때의 부피 변화 $\Delta_{\mathrm{vap}}V_{\mathrm{m}} \approx V_{\mathrm{m}}(g)$로 놓을 수 있다. 또 기체가 이상적으로 거동한다면 $V_{\mathrm{m}}(g) = \frac{RT}{P}$이므로 8.11식은 다음과 같아진다. 이 식은 **클라우지우스-클라페이롱 식(Clausius-Clapeyron equation)**이라고 한다.

$$\frac{\mathrm{d}P}{\mathrm{d}T} = \frac{\Delta_{\mathrm{vap}}H_{\mathrm{m}}}{T(RT/P)}$$
$$= \frac{P\Delta_{\mathrm{vap}}H_{\mathrm{m}}}{RT^2} \quad \text{(클라우지우스-클라페이롱 식)} \tag{8.12}$$

이 식을 P와 T의 함수들로 변수 분리하면 다음과 같이 정리된다.

$$\frac{\mathrm{d}P}{P} = \frac{\Delta_{\mathrm{vap}}H_{\mathrm{m}}}{RT^2}\mathrm{d}T \tag{8.13}$$

이 식을 압력이 $P^* \rightarrow P$, 온도가 $T^* \rightarrow T$로 변할 때에 대하여 적분하면 다음과 같이 된다.

$$\int_{\mathrm{P^*}}^{\mathrm{P}} \frac{1}{P}\mathrm{d}P = \frac{\Delta_{\mathrm{vap}}H_{\mathrm{m}}}{R} \int_{\mathrm{T^*}}^{\mathrm{T}} \frac{1}{T^2}\mathrm{d}T$$

$$\ln\frac{P}{P^*} = -\frac{\Delta_{\mathrm{vap}}H_{\mathrm{m}}}{R}\left(\frac{1}{T} - \frac{1}{T^*}\right) \tag{8.14}$$

좌변의 ln을 제거2하고 P에 대하여 정리하면 다음과 같은 식을 얻는다.

$$P = P^{*}e^{-\chi} \qquad \chi = \frac{\Delta_{\text{vap}}H_{\text{m}}}{R}\left(\frac{1}{T} - \frac{1}{T^{*}}\right) \tag{8.15}$$

이 식을 압력과 온도에 대하여 나타내면 그림 8.9와 같은 액체–기체 경계선을 얻으며, 이 경계선은 임계점에서 끝난다.

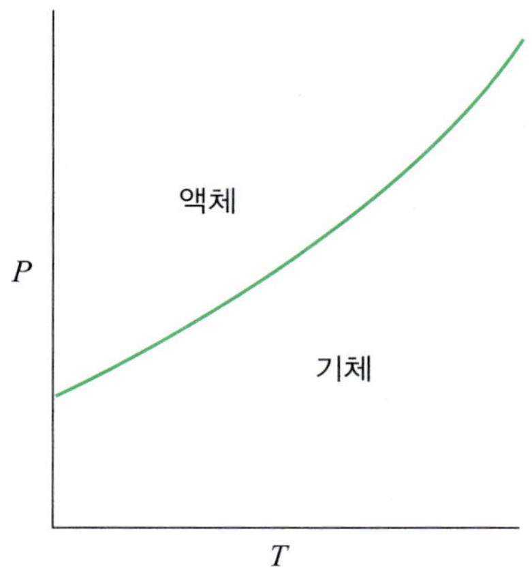

그림 8.9 전형적인 액체–기체 상 경계선의 모양

고체–기체 상 경계선

고체–기체 상평형에 대한 경계선이 액체–기체 경계선을 구하는 식과 다른 점은 액체–기체 경계선을 구하는 식에서 사용한 몰 증발 엔탈피 $\Delta_{\text{vap}}H_{\text{m}}$ 대신 몰 승화 엔탈피 $\Delta_{\text{sub}}H_{\text{m}}$를 사용한다는 것뿐이다. 승화 엔탈피 $\Delta_{\text{sub}}H_{\text{m}} = \Delta_{\text{fus}}H_{\text{m}} + \Delta_{\text{vap}}H_{\text{m}}$로 일반적으로 $\Delta_{\text{sub}}H_{\text{m}} > \Delta_{\text{vap}}H_{\text{m}}$이므로 비슷한 온도 조건, 즉 승화 곡선과 증발 곡선이 만나는 부근에서 승화 곡선은 증발 곡선보다 가파른 기울기를 갖는다(그림 8.4 참조).

8.4 에렌페스트 상전이 분류

상전이는 용융, 증발, 승화뿐만 아니라 고체-고체, 전도체-초전도체, 유체-초유체 전이 등 다양한 종류의 상전이가 있다. 화학 퍼텐셜 등과 같은 물질의 열역학적인 성질을 이용하면 이러한 상전이를 그 성격에 따라 분류할 수 있다. 이러한 열역학적 성질에 따른 분류법을 에렌페스트 분류(**Ehrenfest classification**)라고 한다.

에렌페스트(Paul Ehrenfest, 1880~1933)

오스트리아의 이론 물리학자. 통계역학과 양자역학 분야에 대한 연구에 기여하였다. 상전이에 대한 에렌페스트 정리가 널리 알려졌다.

1차 상전이

화학 퍼텐셜을 압력이나 온도에 대하여 나타내면 전이점 전후에서 아래의 그림과 같이 기울기가 달라진다. 이와 같이 화학 퍼텐셜의 온도에 대한 1차 도함수가 불연속이 되는 전이를 1차 상전이(**1st order phase transition**)라고 한다.

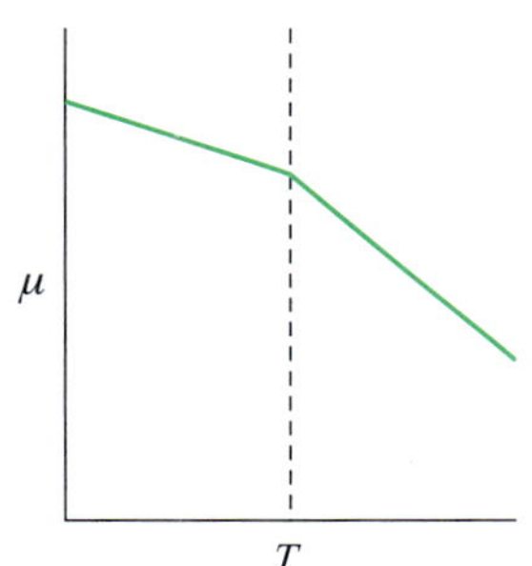

용융, 증발, 승화와 같은 상전이에는 위의 '8.3 상 경계선'에서 보았듯이 엔탈피 변화와 부피 변화가 수반된다. 이러한 상전이들에서는 온도 변화와 압력 변화에 따른 두 상(α와 β) 간의 화학 퍼텐셜 차에는 다음과 같은 관계가 성립된다.

$$\left(\frac{\partial \mu(\beta)}{\partial P}\right)_T - \left(\frac{\partial \mu(\alpha)}{\partial P}\right)_T = V_m(\beta) - V_m(\alpha) = \Delta_{trs}V_m \qquad (8.16)$$

$$\left(\frac{\partial \mu(\beta)}{\partial T}\right)_P - \left(\frac{\partial \mu(\alpha)}{\partial T}\right)_P = -(S_m(\beta) - S_m(\alpha)) = -\Delta_{trs}S_m \qquad (8.17)$$

$$= -\frac{\Delta_{trs}H_m}{T_{trs}}$$

따라서 다음 그림과 같이 부피, 엔탈피, 엔트로피를 온도에 대하여 나타내면 전이점을 전후하여 불연속선이 나타난다. 또한 전이점에서 등압 열용량 $C_P = \dfrac{\Delta_{trs}H}{dT}$ 이고, $\Delta_{trs}H$ 는 일정한 값이므로 온도가 미소하게 변할 때 C_p는 무한대가 된다. 따라서 전이점에서 가열 또는 냉각하여도 전이가 완전하게 일어날 때까지 온도가 변하지 않는다.

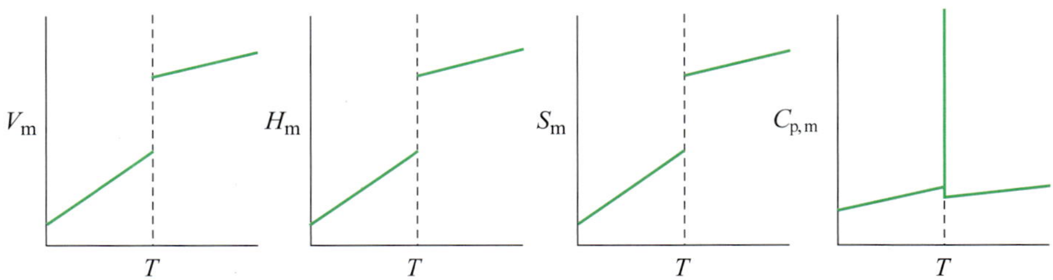

2차 상전이

화학 퍼텐셜의 온도에 대한 1차 도함수는 연속적이나 2차 도함수가 불연속인 상전이를 2차 상전이(**2nd order phase transition**)라고 한다.

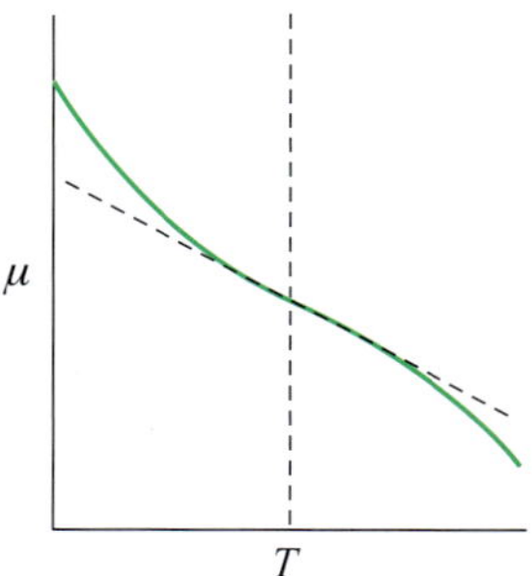

이 경우에는 화학 퍼텐셜 μ는 위의 그림과 같이 상전이를 전후해서 기울기가 같은 연속적인 기울기를 나타낸다.

이러한 경우에는 아래 그림과 같이 상전이점에서 계의 부피, 엔탈피, 엔트로피가 불연속적으로 변하지 않으며, 열용량 C_P는 불연속으로 변하나 무한대가 되지는 않는다. 저온에서 금속의 전도체-초전도체 전이가 2차 상전이에 속한다.

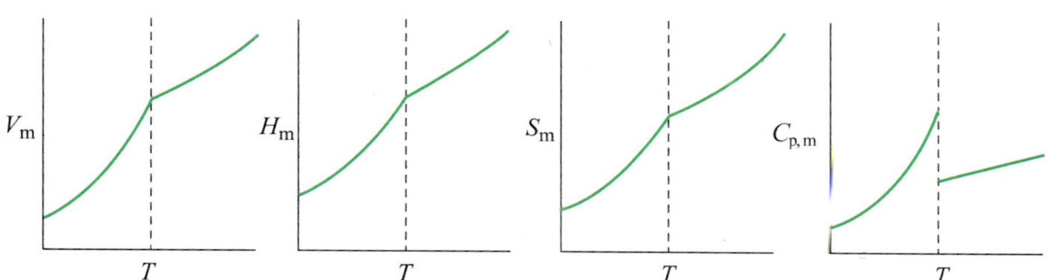

λ-전이(λ-transition)는 1차 상전이는 아니지만 전이 온도에서 열용량 C_P가 무한대가 되는 상전이이다. 이러한 전이를 일으키는 계는 열용량이 전이가 일어나기 훨씬 전부터 커지기 시작하며, 열용량 곡선이 그림 8.10과 같이 그리스 문자 λ와 같은 모양을 그린다. 이러한 λ-전이는 헬륨의 유체-초유체 전이, 합금의 질서-무질서 전이 등에서 볼 수 있다.

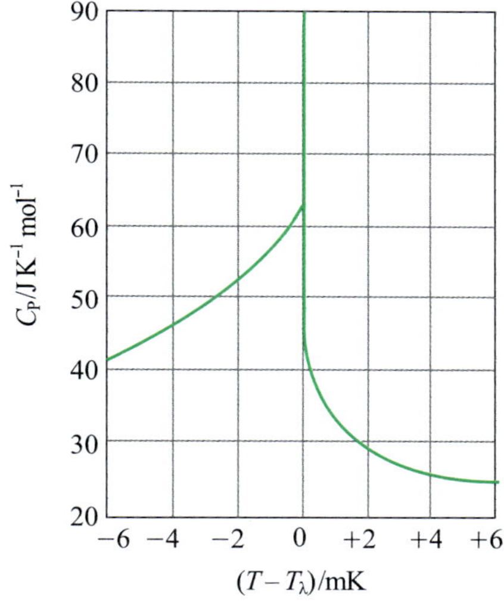

그림 8.10 헬륨 열용량의 λ-곡선

핵심 개념

1. 상 안정도: 화학 퍼텐셜 μ가 작을수록 안정
2. 상 안정도의 P, T 의존
   - 압력 의존: $\left(\frac{\partial \mu}{\partial P}\right)_T = V_m$ 으로 몰부피에 의존
   - 온도 의존: $\left(\frac{\partial \mu}{\partial T}\right)_P = -S_m$ 으로 몰엔트로피의 음(−)의 값에 의존

3. **상**: 계 전체에 걸쳐 화학적 조성과 물리적 상태가 균일한 물질 형태
4. **상평형 그림**: 물질의 물리적 상태 변화를 간결하게 나타낸 그림, 일반적으로 압력 P와 온도 T를 두 변수로 사용하여 나타냄.
5. **상전이**: 물질의 물리적 상태가 한 상태에서 다른 상태로 변화하는 현상 (예) 고체 ↔ 액체, 액체 ↔ 기체, 고체 ↔ 기체
6. **전이 온도**: 두 상의 화학 퍼텐셜이 동일하여 두 상이 평형을 이룰 때의 온도
   - **정상전이 온도**: 1 atm에서의 전이 온도. 정상 어는점(T_f), 정상 끓는점(T_b) 등
   - **표준 전이 온도**: 1 bar에서의 전이 온도. 표준 어는점, 표준 끓는점(T_b) 등
   - **삼중점**: 세 개의 상이 만나는 조건
7. **공존 곡선**: 두 개의 상이 공존하는 압력과 온도 조건을 나타낸 선, 즉 $d\mu_\alpha = d\mu_\beta$인 조건을 만족시키는 선
8. **에렌페스트 상전이 분류**
   - **1차 상전이**: 화학 퍼텐셜의 온도에 대한 1차 도함수가 불연속이 되는 상전이
   - **2차 상전이**: 화학 퍼텐셜의 온도에 대한 1차 도함수는 연속적이나 2차 도함수가 불연속인 상전이
   - **λ–전이**: 1차 상전이가 아니나 전이 온도에서 열용량 C_P가 무한대가 되는 상전이

주요 식

이름	식	설명
상 안정도	$\left(\frac{\partial\mu}{\partial T}\right)_P = -S_m$	상 안정도의 온도 의존
	$\left(\frac{\partial\mu}{\partial P}\right)_T = V_m$	상 안정도의 압력 의존
상 규칙	$F = C - P + 2$	
상평형 조건	$\mu_\alpha(P, T) = \mu_\beta(P, T)$	
클라페이롱 식	$\frac{dP}{dT} = \frac{\Delta_{trs}S_m}{\Delta_{trs}V_m}$	상 경계선의 기울기
클라우지우스–클라페이롱 식	$\frac{dP}{dT} = \frac{P\Delta_{vap}H_m}{RT^2}$	액체–기체 상 경계선의 기울기

연습 문제

(아래의 문제를 푸는 데 특별히 언급하지 않으면 표준 상태의 이상 기체로 가정하시오.)

8.1 화학 퍼텐셜을 온도에 대하여 나타낸 그림 8.1에서 온도 T_f와 T_b에서 상전이가 일어나는 이유를 설명하시오.

8.2 어떤 물질이 압력을 가해도 부피가 변하지 않는 비압축성 물질일지라도 압력에 따라 화학 퍼텐셜이 변한다. 그 이유를 설명하시오.

8.3 그림 8.4에서 각 경계선의 기울기가 다른 이유를 말하시오.

8.4 에렌페스트의 상전이 분류에서 1차 상전이와 2차 상전이를 정의하고, 이들 사이의 차이를 부피, 엔탈피, 엔트로피, 등압 열용량의 관점에서 설명하시오.

8.5 λ-전이의 특징을 설명하고 λ-전이가 나타나는 예를 드시오.

8.6 깁스 에너지는 $G = H - TS$ 로 정의되며 $S = -\left(\frac{\partial G}{\partial T}\right)_P$ 이다. 이들로부터 $C_{p,m} = -T\left(\frac{\partial^2 \mu}{\partial T^2}\right)_P$ 를 유도하시오.

8.7 엔탈피 변화 $dH = C_P dT + V dP$이고, 클라페이롱 식에서 $dP = \frac{\Delta_{trs} H_m}{T\Delta_{trs} V_m} dT$ 이다. 상 경계선을 따라 온도가 변할 때 이 두 식으로부터 엔탈피 변화가 다음과 같이 됨을 보이시오.

$$d\left(\frac{\Delta_{trs} H}{T}\right) = \Delta C_P d \ln T$$

8.8 다음 성분계에서 평형을 이룰 수 있는 상의 최대 수는 몇 개인가?

(1) 단일 성분계 (2) 2-성분계

(3) 3-성분계 (4) n-성분계

8.9 다음 계에서 자유도 수는 몇 개이며, 그 자유도에 대한 변수는 무엇이 되겠는가?

(1) 기체상에서 N_2O_4와 NO_2가 평형을 이루고 있는 계

(2) $CuSO_4(s)$와 $H_2O(g)$가 평형을 이룬 $CuSO_4(s) \cdot 5H_2O(s)$ 계

(3) $Na_2SO_4(s)$가 물에 녹아 평형을 이루고 있는 포화 용액

8.10 얼음의 녹는점을 1 K 변화시키는 데 필요한 압력은 얼마인가? 273.15 K에서 H_2O의 $\Delta_{fus}H^{o} = 6.008\ kJ\ mol^{-1}$ 이고, 273.15 K에서 얼음의 밀도 $d = 0.9168\ g\ mL^{-1}$, 물의 밀도 $d = 0.9998\ g\ mL^{-1}$이다.

8.11 부록의 자료를 사용하여 표준 상태 298.15 K에서 $H_2O(l)$의 증기압을 구하시오.

8.12 벤젠의 정상 끓는점 T_b = 80.09°C이고, 20.00°C에서 액체 벤젠의 증기압 $P_{vap}(l) = 1.19 \times 10^4$ Pa 이다. 다음을 구하시오.

(1) 몰 증발 엔탈피 $\Delta_{vap}H_m$

(2) 몰 증발 엔트로피 $\Delta_{vap}S_m$

8.13 문제 8.10에서 구한 값과 부록의 자료를 사용하여 H_2O의 정상 녹는점과 표준 녹는점 간의 온도 차를 구하시오.

8.14 문제 8.12의 자료와 고체 벤젠의 증기압 $P_{vap}(s) = 1.37 \times 10^2$ Pa과 −44.30°C에서 용융 엔탈피 $\Delta_{fus}H = 9.95\ kJ\ mol^{-1}$ 을 사용하여 삼중점의 온도와 압력을 구하시오.

9강 혼합물의 물리적 변화

■ 미리 생각해 보기

- 물질들이 혼합되어 혼합물이 되면 열역학적인 성질들은 어떻게 변할까?
- 혼합물의 상평형을 다루는 근본적인 원리는 무엇일까?
- 혼합물인 용액은 용매와 용질로 구성된다. 용질의 존재는 용액의 열역학적 성질에 어떠한 영향을 미치게 될까?
- 이상 용액, 이상적 묽은 용액, 실제 용액은 어떠한 차이가 있으며, 각각을 어떻게 다루어야 할까?

9.1 혼합물에 대한 열역학

화학에서는 서로 반응하는 물질들이 섞여 있는 혼합물을 비롯하여 여러 형태의 혼합물을 다룬다. 혼합물은 구성 성분의 혼합 비율에 따라 다양한 조성을 가질 수 있다. 조성 비가 변하는 혼합물에 열역학을 적용하기 위해서는 몇 가지 추가적인 개념이 필요하다.

우리는 이미 '2.3 혼합 기체의 성질'에서 기체 혼합물의 전체 압력이 각 성분 기체의 부분 압력의 합으로 구성되는 것을 보았고, 2.9식에서 각 성분 기체의 분압은 다음과 같이 그 성분 기체의 몰분율에 의하여 결정되는 것을 보았다.

$$P_J = x_J P_{tot} \quad (\text{분압의 정의})$$

여기에서 'P_J'는 J 성분 기체의 분압, 'x_J'는 J 성분 기체의 몰분율, 'P_{tot}'는 혼합 기체가 나타내는 전체 압력이다.

혼합물의 깁스 에너지 변화

이와 같이 혼합물에 열역학을 적용하여 다루려면 각각의 특정 성분이 혼합물에 기여하는 정도인 부분 성질(분몰 성질)을 도입하여 다루어야 한다. 이러한 분몰 성질로 혼합물을 다루는 데 주로 사용되는 것은 '7.5 분몰 성질과 화학 퍼텐셜'에서 다룬 분몰부피와 화학 퍼텐셜이다.

7.40식에서 보았듯이 두 성분 A, B 혼합물의 전체 깁스 에너지는 다음과 같다.

$$G = \mu_A n_A + \mu_B n_B$$

여기에서 'μ_A'와 'μ_B'는 혼합물에서 성분 A와 B의 화학 퍼텐셜이고, 'n_A'와 'n_B'는 성분 A와 B의 몰수이다. 온도와 압력 변화에 따른 깁스 에너지 변화 $\mathrm{d}G = V\mathrm{d}P - S\mathrm{d}T$ 이고, 조성 변화에 따른 깁스 에너지 변화 dG는 7.40식으로부터 $\mathrm{d}G = \mu_A \mathrm{d}n_A + \mu_B \mathrm{d}n_B$ 이므로 다성분 계에 대한 깁스 에너지 변화는 다음과 같다.

$$\mathrm{d}G = V\mathrm{d}P - S\mathrm{d}T + \mu_A \mathrm{d}n_A + \mu_B \mathrm{d}n_B + \cdots \quad \text{(화학 열역학 기본식)} \quad (9.1)$$

이 식을 **화학 열역학 기본식(fundamental equation of chemical thermodynamics)**이라고 한다.

이 식은 온도와 압력이 일정하면 $V\mathrm{d}P - S\mathrm{d}T = 0$이 되어 다음과 같이 된다.

$$\mathrm{d}G = \mu_A \mathrm{d}n_A + \mu_B \mathrm{d}n_B + \cdots \quad (9.2)$$

온도와 압력이 일정할 때의 깁스 에너지 변화는 최대 비팽창 일(7.21식)이므로 다음과 같은 관계가 성립된다.

$$\mathrm{d}w_{\text{max 비팽창}} = \mu_A \mathrm{d}n_A + \mu_B \mathrm{d}n_B + \cdots \quad (9.3)$$

즉 비팽창 일은 계의 조성 변화에서 비롯된 것이다. 예를 들면 화학 전지에서 일어나는 비팽창 일인 전기적 일은 전지 반응에 의한 반응물과 생성물의 조성 변화에 의한 것이다.

2-성분 혼합물의 전체 깁스 에너지는 $G = \mu_A n_A + \mu_B n_B$이므로 계의 조성이 미소하게 변할 때, 깁스 에너지 변화 dG는 다음과 같이 전개된다.

$$\mathrm{d}G = \mu_A \mathrm{d}n_A + \mu_B \mathrm{d}n_B + n_A \mathrm{d}\mu_A + n_B \mathrm{d}\mu_B$$

그러나 온도와 압력이 일정할 때 dG는 9.2식에 의하여 $\mathrm{d}G = \mu_A \mathrm{d}n_A + \mu_B \mathrm{d}n_B$이므로 다음과 같은 관계가 성립된다.

$$n_A \mathrm{d}\mu_A + n_B \mathrm{d}\mu_B = 0 \quad (9.4a)$$

이 식을 일반화하면 다음과 같이 쓸 수 있다.

$$\sum n_J \mathrm{d}\mu_J = 0 \quad \text{(깁스-뒤앙 식)} \qquad (9.4b)$$

이 식을 깁스-뒤앙 식**(Gibbs-Duhem equation)**이라고 하며, 이 식은 혼합물에서 한 성분의 화학 퍼텐셜은 다른 성분의 화학 퍼텐셜의 변화 없이 독립적으로 변할 수 없음을 의미한다. 따라서 2-성분 계에서 한 성분의 분몰 양과 다른 성분의 분몰 양 간에는 다음과 같은 관계가 성립한다.

뒤앙(Pierre Maurice Marie Duhem, 1861 ~1916)

프랑스의 물리학, 수학, 역사학자. 유체역학과 열역학 분야에 많은 기여를 하였다.

$$\mathrm{d}\mu_B = -\frac{n_A}{n_B}\mathrm{d}\mu_A \qquad (9.5)$$

깁스-뒤앙 식의 원리는 분몰부피와 같은 다른 모든 분몰량에도 적용된다.

예제 9.1 25.0°C에서 질량 백분율로 25.0%인 에탄올-물 용액의 밀도가 0.962 g cm^{-3}이고, 에탄올의 분몰부피는 53.40 cm^3 mol^{-1}이다. 물의 분몰부피는 얼마겠는가?

풀이 분몰량을 구하는 문제이다.
혼합물에서 각 성분의 분몰부피는 다음과 같은 관계로부터 구할 수 있다.

$$V = n_A V_A + n_B V_B$$

백분율 값이 주어졌으므로 100 cm^3 용액 중의 전체 질량과 각 성분 물질의 질량은 다음과 같고,

$$m(\text{전체}) = d \times V = (0.962\ \mathrm{g\ cm^{-3}})(100\ \mathrm{cm^3}) = 96.2\ \mathrm{g}$$
$$m(\text{에탄올}) = 96.2\ \mathrm{g} \times 0.25 = 24.05\ \mathrm{g}$$
$$m(\text{물}) = 96.2\ \mathrm{g} \times 0.75 = 72.15\ \mathrm{g}$$

각 성분 물질의 몰수는 다음과 같다.

$$n(\text{에탄올}) = 24.05\ \mathrm{g}/46.07\ \mathrm{g\ mol^{-1}} = 0.5220\ \mathrm{mol}$$
$$n(\text{물}) = 72.15\ \mathrm{g}/18.02\ \mathrm{g\ mol^{-1}} = 4.004\ \mathrm{mol}$$

그러므로 물의 분몰부피는 다음과 같이 구해진다.

$$V_B = (V - n_A V_A)/n_B = [100 - (0.5220 \times 53.40)]/4.004 = \mathbf{18.01\ cm^3\ mol^{-1}}$$

이상 기체 혼합물

낮은 압력에서 실제 기체의 혼합물은 이상 기체처럼 거동한다. 이러한 혼합물을 이상 혼합물**(ideal mixture)**이라고 한다. 기체의 혼합에 의한 열역학적 변화를 살펴보기 위하여 그림 9.1과 같이 서로 다른 용기에 들어 있는 두 기체 A와 B가 하나의 용기에 혼합되는 과정을 고려하자.

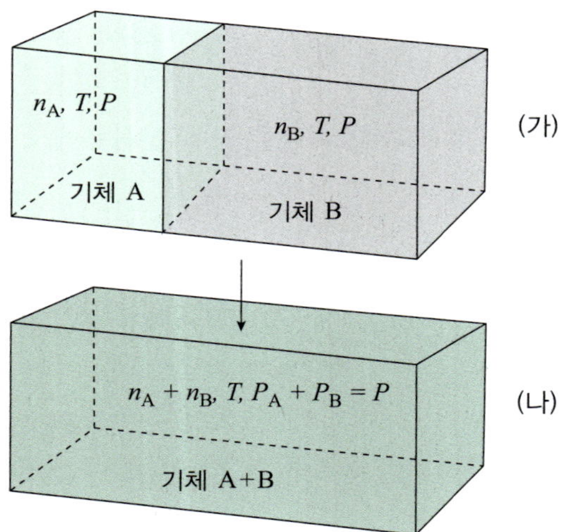

그림 9.1 두 이상 기체 A와 B가 혼합되는 과정

먼저 두 기체가 독립적으로 존재할 때 기체의 화학 퍼텐셜은 순수한 상태의 값을 가지며 7.34b식으로부터 화학 퍼텐셜은 다음과 같이 쓸 수 있다.

$$\mu = \mu^o + RT \ln P \quad \text{(이상 기체 화학 퍼텐셜의 압력 의존)} \qquad (9.6)$$

여기에서 'μ^o'는 **표준 화학 퍼텐셜(standard chemical potential)**로 **1 bar**에서 순수한 기체의 화학 퍼텐셜이고, 'P'는 단위가 없는 값이다.

그림 9.1(가)의 혼합 전 깁스 에너지 G_i는 7.40과 9.6식에 의하여 다음과 같이 된다.

$$G_i = \mu_A n_A + \mu_B n_B = n_A(\mu_A^o + RT \ln P) + n_B(\mu_B^o + RT \ln P) \qquad (9.7a)$$

한편 그림 9.1(나)의 혼합 후 깁스 에너지 G_f는 다음과 같이 된다.

$$G_f = n_A(\mu_A^o + RT\ln P_A) + n_B(\mu_B^o + RT\ln P_B) \tag{9.7b}$$

여기에서 'P_A'와 'P_B'는 각 기체의 분압이고, '$P_A + P_B$'는 전체 압력 P가 된다.

그러므로 9.7b식에서 9.7a식을 뺀 $G_f - G_i = \Delta_{mix}G$ 는 다음과 같이 된다.

$$\Delta_{mix}G = n_A RT\ln\frac{P_A}{P} + n_B RT\ln\frac{P_B}{P} \tag{9.8a}$$

여기에서 '$\Delta_{mix}G$'는 혼합 깁스 에너지**(Gibbs energy of mixing)**라고 한다. 9.8a식은 몰분율(2.6과 2.9식)을 사용하여 나타내면 다음과 같이 표현된다.

$$\Delta_{mix}G = nRT(x_A\ln x_A + x_B\ln x_B) \quad \text{(이상 기체 혼합 깁스 에너지)} \tag{9.8b}$$

그러므로 혼합 엔트로피는 $(\partial G/\partial T)_{P,n} = -S$ 이므로 다음과 같이 되고,

$$\begin{aligned}\Delta_{mix}S &= -\left(\frac{\partial\Delta_{mix}G}{\partial T}\right)_{P,n_A,n_B} \\ &= -nR(x_A\ln x_A + x_B\ln x_B) \quad \text{(이상 기체 혼합 엔트로피)}\end{aligned} \tag{9.9}$$

$\Delta G = \Delta H - T\Delta S$ 이므로 $\Delta_{mix}H$ 는 다음과 같이 된다.

$$\Delta_{mix}H = 0 \quad \text{(이상 기체 혼합 엔탈피)} \tag{9.10}$$

따라서 분자 간 상호작용이 없는 이상 계의 혼합은 순수하게 계의 엔트로피 증가에 기인한다.

9.2 용액에 대한 열역학

액체 혼합물의 열역학적 성질은 기체 혼합물에서와 마찬가지로 액체 혼합물의 깁스 에너지가 조성에 어떻게 의존되는지를 알아야 한다. 여기에서 액체 혼합물의 열역학적 성질을 파악하는 것은 평형 상태에서 액체의 화학 퍼텐셜과 그 증기의 화학 퍼텐셜이 같다는 것에서부터 출발한다.

액체 혼합물이 일정 온도에서 그 증기와 평형을 이루고 있을 때, 각 성분의 화학 퍼텐셜은 다음과 같다.

$$\mu_J(l) = \mu_J(g) \tag{9.11}$$

순수한 물질에 대한 양들을 위 첨자 *를 사용하여 나타내면 순수한 기체 A의 화학 퍼텐셜 $\mu_A^*(g)$는 9.6식으로부터 다음과 같이 나타낼 수 있다.

$$\mu_A^*(g) = \mu_A^o + RT \ln P_A^* \tag{9.12}$$

여기에서 'P_A^*'는 순수한 물질의 증기 압력이다. 따라서 9.11과 9.12식으로부터 순수한 액체 A의 화학 퍼텐셜은 $\mu_A^*(l)$는 다음과 같이 된다.

$$\mu_A^*(l) = \mu_A^o + RT \ln P_A^* \tag{9.13a}$$

액체 속에 다른 성분, 즉 용질이 녹아 있는 혼합물인 용액이 그 증기와 평형 상태에 있을 때 액체 A의 화학 퍼텐셜을 μ_A, 그 증기압을 P_A라고 하면 이때의 액체의 화학 퍼텐셜은 다음과 같이 나타낼 수 있다.

$$\mu_A(l) = \mu_A^o + RT \ln P_A \tag{9.13b}$$

위의 9.13a식을 μ_A^o에 대하여 정리하면 $\mu_A^o = \mu_A^*(l) - RT \ln P_A^*$가 되고, 이 식을 9.13b식에 대입하면 다음과 같이 된다.

$$\begin{aligned}\mu_A(l) &= \mu_A^*(l) - RT \ln P_A^* + RT \ln P_A \\ &= \mu_A^*(l) + RT \ln \frac{P_A}{P_A^*}\end{aligned} \tag{9.14}$$

그러므로 용액 속의 액체의 화학 퍼텐셜은 순수한 액체의 화학 퍼텐셜 $\mu_A^*(l)$과 혼합물에서의 증기압과 순수한 액체에서의 증기압 비 $\dfrac{P_A}{P_A^*}$로부터 구할 수 있다.

이상 용액

만약 증기가 이상 기체라면 한 성분 A의 분압은 그 성분의 몰분율 x_A에 순수한 물질의 증기압 P_A^*를 곱한 값과 같으므로 다음과 같이 표현될 수 있다.

$$P_A = x_A P_A^* \quad \text{(라울의 법칙)} \tag{9.15}$$

이러한 관계는 프랑스의 화학자 라울(Raoult, F. M.)에 의하여 발견되어 이를 **라울의 법칙(Raoult's law)**이라고 한다. 그리고 그림 9.2와 같이 순수한 A에서 순수한 B까지 전체 농도 범위에서 라울의 법칙을 만족시키는 용액을 **이상 용액(ideal solution)**이라고 한다. 그러므로 이상 용액의 경우 성분 A의 화학 퍼텐셜은 다음과 같이 된다.

$$\mu_A(l) = \mu_A^*(l) + RT \ln x_A \quad \text{(이상 용액 성분의 화학 퍼텐셜)} \tag{9.16}$$

라울(François-Marie Raoult, 1830~1901)

프랑스의 화학자. 용액의 성질에 대한 연구에 많은 업적을 남겼다.

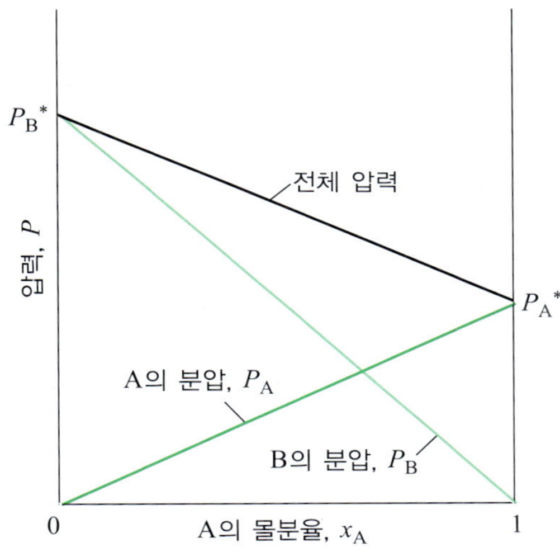

그림 9.2 이상적인 2성분 혼합물에 대한 압력과 몰분율 관계

구성 성분의 구조가 비슷한 물질들이 혼합된 용액의 경우 라울의 법칙을 잘 따르는 이상 용액과 같은 성질을 나타낸다.

이상적 묽은 용액과 실제 용액

이상 용액의 경우 용질 B도 용매 A와 마찬가지로 라울의 법칙을 잘 따른다. 그러나 실제 용액의 경우 용질의 증기압은 그 몰분율에 비례하기는 하나 그 비례 상수가 순수한 물질일 때의 증기압 P^*와 같지 않으며 다음과 같이 주어진다.

$$P_B = x_B K_B \quad \text{(헨리의 법칙)} \tag{9.17}$$

여기에서 'x_B'는 용질의 몰분율이고, 'K_B'는 비례 상수로 단위는 압력이다. 이러한 관계는 영국의 화학자 헨리(Henry, W.)에 의하여 낮은 농도의 실제 용액에 대한 실험으로부터 밝혀졌으며 이를 헨리의 법칙**(Henry's law)**이라고 부른다. 몇 가지 물질에 대한 헨리의 법칙 상수 K_B는 표 9.1과 같고, 보다 많은 자료는 부록에 수록해 놓았다.

헨리(William Henry, 1774~1836)

영국의 화학자. 헨리의 법칙을 개발하였다.

표 9.1 298.15 K에서 몇 가지 물질의 기체에 대한 헨리의 법칙 상수(K_B/bar)

물질	용매	
	물	벤젠
CH_4	4.08×10^4	5.69×10^2
CO	5.84×10^3	1.63×10^3
CO_2	1.65×10^3	1.14×10^2
H_2	7.12×10^4	3.67×10^3
N_2	9.04×10^4	2.39×10^3

여기에서 용매는 라울의 법칙을 따르고, 용질은 헨리의 법칙을 따르는 용액을 이상적 묽은 용액**(ideal dilute solution)**이라고 한다. 이상 용액과 이상적 묽은 용액, 그리고 실제 용액에 대한 라울의 법칙과 헨리의 법칙 사이의 관계는 그림 9.3과 같이 나타난다.

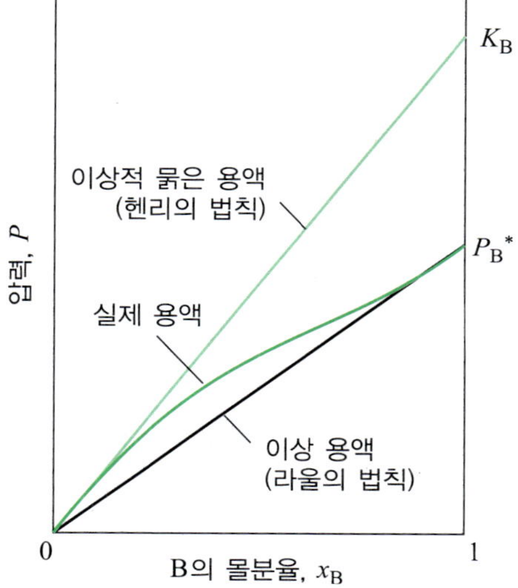

그림 9.3 이상적인 2성분 혼합물에 대한 압력과 몰분율 관계

예제 9.2 수용액 위에서 CO_2의 분압이 1.00 bar일 때 298.15 K에서 CO_2의 몰농도를 구하시오.

풀이 헨리의 법칙으로부터 용액 속의 용질의 농도를 구하는 문제이다. 주어진 값과 표 9.1의 자료를 사용하면 CO_2와 물의 몰분율은 다음과 같이 구해진다.

$$x(CO_2) = P(CO_2)/K(CO_2) = 1 \text{ bar}/1.65 \times 10^3 \text{ bar} = 6.06 \times 10^{-4}$$
$$x(\text{물}) = 1 - 6.06 \times 10^{-4} = 0.9994$$

CO_2의 몰분율이 물의 몰분율에 비하여 매우 작으므로 용액 전체의 몰수 ≈ 물의 몰수로 놓을 수 있다.

$$n_{tot} = 1000 \text{ g}/18.02 \text{ g mol}^{-1} = 55.49 \text{ mol}$$

그러므로 수용액 1 L 중에 녹아 있는 CO_2의 몰수와 몰농도는 다음과 같다.

$$n(CO_2) = (55.49 \text{ mol})\,(6.06 \times 10^{-4}) = 0.0336 \text{ mol}$$
$$\mathbf{[CO_2]} = 0.0336 \text{ mol}/1 \text{ L} = \mathbf{3.36 \times 10^{-2} \text{ mol L}^{-1}}$$

그림 9.3에서 보듯이 모든 실제 용액은 용질의 농도(그림 9.3에서 B의 몰분율)가 증가하면 이상적 묽은 용액에서 벗어난다. 이상 용액에 대하여 유도된 식의 형태를 유지하며 실제 용액에 적용하기 위하여 **활동도(activity, *a*)**라는 개념을 도입하여 화학 퍼텐셜 식(9.16식)을 나타내면 다음과 같이 쓸 수 있다.

$$\mu_A(l) = \mu_A^*(l) + RT \ln a_A \quad (\text{실제 용액 성분의 화학 퍼텐셜}) \qquad (9.18)$$

여기에서 'a_A'는 성분 A의 활동도로 **일종의 유효 몰분율**이다. 9.18식을 9.14식과 비교하면 활동도는 다음과 같다는 것을 알 수 있다.

$$a_A = \frac{P_A}{P_A^*} \quad (\text{활동도를 구하는 식}) \qquad (9.19)$$

이 식으로부터 활동도는 용액일 때 나타내는 증기압을 순수한 물질일 때 나타내는 증기압으로 나눈 값임을 알 수 있다.

9.18식을 보다 일반화하기 위하여 **활동도 계수(activity coefficient, *γ*)**를 도입하여 활동도를 나타내면 다음과 같이 쓸 수 있다.

$$a_A = \gamma_A x_A \quad \text{(활동도 계수의 정의)} \tag{9.20}$$

따라서 9.18식은 다음과 같이 된다.

$$\mu_A(l) = \mu_A^*(l) + RT \ln x_A + RT \ln \gamma_A \tag{9.21}$$

위의 관계들을 용질 B에 대하여 적용하면, 헨리의 법칙을 따르는 이상적 묽은 용액에서 $P_B = K_B x_B$이므로 용질의 화학 퍼텐셜은 다음과 같이 된다.

$$\mu_B = \mu_B^* + RT \ln \frac{P_B}{P_B^*} = \mu_B^* + RT \ln \frac{K_B}{P_B^*} + RT \ln x_B \tag{9.22}$$

여기에서 'K_B'와 'P_B^*'는 용질의 고유한 값으로 상수이므로 위 식 우변의 첫째와 둘째 항을 하나로 묶어서 9.16식과 같은 형태로 나타내면 다음과 같이 표현할 수 있다.

$$\mu_B = \mu_B^o + RT \ln x_B \quad \text{(용질의 화학 퍼텐셜, 이상적 묽은 용액)} \tag{9.23}$$

여기에서 'μ_B^o'은 다음과 같으며 이를 용질의 표준 화학 퍼텐셜이라고 한다.

$$\mu_B^o = \mu_B^* + RT \ln \frac{K_B}{P_B^*} \quad \text{(용질의 표준 화학 퍼텐셜)} \tag{9.24}$$

이상적 묽은 용액에서 벗어나는 경우에는 9.23식에서 x_B 대신 a_B를 사용하면 다음과 같이 되어, 실제 용액에 대한 화학 퍼텐셜을 구하는 식이 된다.

$$\mu_B = \mu_B^o + RT \ln a_B \quad \text{(용질의 화학 퍼텐셜, 실제 용액)} \tag{9.25}$$

여기에서 용질의 활동도 a_B는 다음과 같다.

$$a_B = \frac{P_B}{K_B} \quad a_B = \gamma_B x_B \quad \text{(용질의 활동도)} \tag{9.26}$$

만일 용질의 농도 [B]가 0에 접근하면 활동도, 활동도 계수, 몰분율 사이에는 다음과 같은 관계가 있다.

$$[B] \to 0:\ a_A \to \gamma_A \to 1,\ x_A \to 1$$
$$a_B \to \gamma_B \to 1,\ x_B \to 0$$

9.3 용액의 성질

용액은 용질로 인하여 끓는점 오름, 어는점 내림, 삼투압 같은 현상이 일어난다. 이러한 현상을 용액의 **총괄성(colligative property)**이라고 한다. 총괄성은 **용질의 입자 수에만 의존하고 그 종류에는 무관하다**. 이때 용질은 비휘발성 물질로 증기압에는 아무런 기여를 하지 않는다고 가정한다. 또한 이 용질은 고체 용매 속으로도 녹아 들어가지 않아 용액이 얼 때 용매가 순수한 고체로 분리된다고 가정한다.

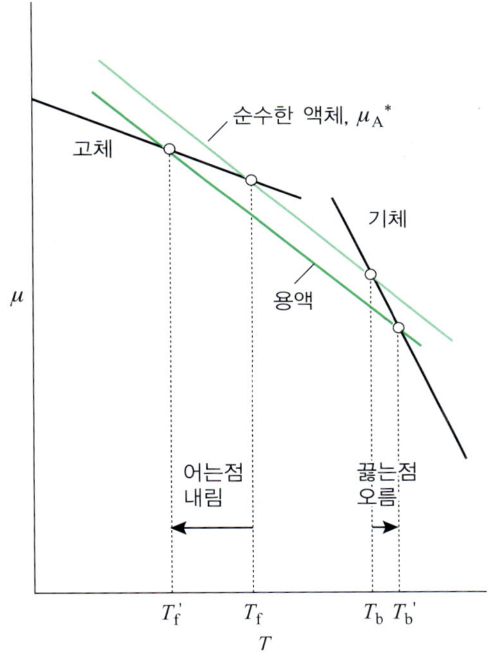

그림 9.4 순수한 물질의 화학 퍼텐셜 μ_A*와 용액 속의 용매의 화학 퍼텐셜 μ_A의 비교. 용액에서는 용매의 화학 퍼텐셜 감소로 인하여 끓는점은 상승하고, 어는점은 하락한다.

끓는점 오름과 어는점 내림

비휘발성 용질이 녹아 있는 용액의 끓음은 아래의 그림과 같이 증발된 용매의 증기와 용액 속에 있는 용매 간의 불균일 평형을 고려하여야 한다.

아래 그림에서 보는 바와 같이 비활성 용질 B가 들어 있는 용액에서 증발된 기체의 화학 퍼텐셜은 $\mu_A^*(g)$이고, 용액 중의 용매 A의 화학 퍼텐셜은 $\mu_A(l)$이 된다. 9.16식에서 $\mu_A(l) = \mu_A^*(l) + RT\ln x_A$이므로 다음과 같은 관계가 성립된다.

$$\mu_A^*(g) = \mu_A^*(l) + RT\ln x_A \tag{9.27}$$

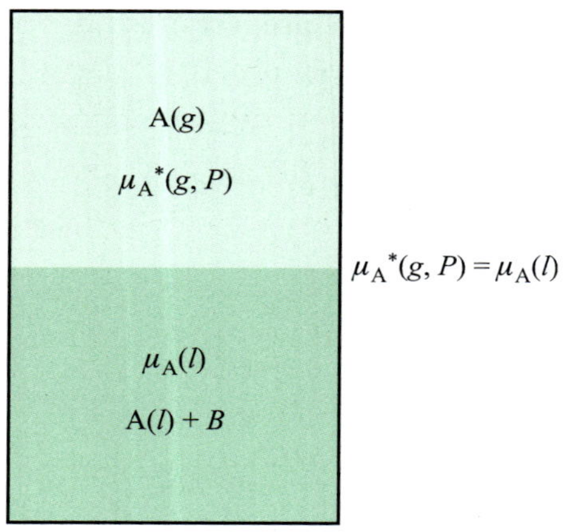

이 식을 $\ln x_A$에 대하여 정리하면 다음과 같이 된다.

$$\ln x_A = \frac{\mu_A^*(g) - \mu_A^*(l)}{RT} = \frac{\Delta_{vap}G(A)}{RT} \tag{9.28}$$

여기에서 '$\Delta_{vap}G(A)$'는 용매 A의 증발 깁스 에너지이다. 조성 변화에 의한 끓는점 간의 변화를 구하기 위하여 이 식의 양변을 온도에 관하여 미분하고, 7.28식의 $\frac{\mathrm{d}(G/T)}{\mathrm{d}T} = -\frac{H}{T^2}$를 적용하면 다음과 같이 된다.

$$\frac{\mathrm{d}\ln x_A}{\mathrm{d}T} = \frac{1}{R}\frac{\mathrm{d}(\Delta_{vap}G(A)/T)}{\mathrm{d}T} = -\frac{\Delta_{vap}H}{RT^2} \tag{9.29}$$

이 식의 양변에 $\mathrm{d}T$를 곱하고 조성은 순수한 용매의 조성 $x_A = 1$(즉 $\ln x_A = 0$)에서 용액의 조성 x_A(즉 $\ln x_A$)까지, 온도는 순수한 용매의 끓는점 T_b에서 용액의 끓는점 T_b'까지에 대하여 적분하면 다음과 같이 된다.

$$\int_0^{\ln x_A} \mathrm{d}\ln x_A = -\frac{1}{R}\int_{T_b}^{T_b'} \frac{\Delta_{vap}H}{T^2}\,\mathrm{d}T \tag{9.30}$$

$$\ln x_A = \frac{\Delta_{vap}H}{R}\left(\frac{1}{T_b'} - \frac{1}{T_b}\right) \tag{9.31a}$$

여기에서 $x_A = 1 - x_B$이므로 위 식은 다음과 같이 된다.

$$\ln(1-x_B) = \frac{\Delta_{vap}H}{R}\left(\frac{1}{T_b'} - \frac{1}{T_b}\right) \tag{9.31b}$$

이상적 묽은 용액에서 $x_B \ll 1$이므로 $\ln(1-x_B) \approx -x_B$로 위 식은 다음과 같이 된다.[1]

$$\begin{aligned} x_B &= \frac{\Delta_{vap}H}{R}\left(\frac{1}{T_b} - \frac{1}{T_b'}\right) \\ &= \frac{\Delta_{vap}H}{R}\left(\frac{T_b' - T_b}{T_b'T_b}\right) = \frac{\Delta_{vap}H}{R}\left(\frac{\Delta T_b}{T_b'T_b}\right) \end{aligned} \tag{9.32}$$

$T_b' \approx T_b$이므로 ΔT_b는 다음과 같다.

$$\Delta T_b = Kx_B \qquad K = \left(\frac{RT_b^2}{\Delta_{vap}H}\right) \tag{9.33}$$

여기에서 'K'는 상수로 **끓는점 오름 상수(boiling point elevation constant)**라고 한다. 따라서 끓는점 변화 ΔT_b는 B의 조성비 x_B에 비례한다. B의 몰분율 x_B는 몰랄 농도 b에 비례하므로 끓는점 오름 ΔT_b는 실용적으로 다음과 같이 사용한다.

$$\Delta T_b = K_b b \qquad \text{(끓는점 오름)} \tag{9.34}$$

여기에서 'K_b'는 실험적으로 측정된 용매의 끓는점 오름 상수이다.

한편 어는점에서는 두 상 액체와 고체에 들어 있는 용매 A의 화학 퍼텐셜이 같아야 하므로 다음과 같은 관계가 성립된다.

$$\mu_A^*(s) = \mu_A^*(l) + RT\ln x_A \tag{9.35}$$

이 식은 9.27식에서 증기의 화학 퍼텐셜 $\mu_A^*(g)$가 $\mu_A^*(s)$로 바뀐 것 외에는 9.27식과 동일하다. 따라서 어는점 내림은 다음과 같이 된다.

---

[1] ▶ **참고**

$-1 < x < 1$ 일 때 $\ln(1-x) = -x - \frac{1}{2}x^2 - \frac{1}{3}x^3 - \cdots$

만일 $x \ll 1$ 이면 $\ln(1-x) \approx -x$

$$\Delta T_f = K_f x_B \qquad K_f = \left(\frac{RT_f^2}{\Delta_{fus}H}\right) \tag{9.36}$$

여기에서 'K_f'는 상수로 **어는점 내림 상수(freezing point depression constant)**라고 하고, 어는점 변화 ΔT_f 역시 B의 조성비 x_B에 비례한다. 어는점 내림 ΔT_f는 실용적으로 다음과 같이 사용한다.

$$\Delta T_f = K_f b \quad (\text{어는점 내림}) \tag{9.37}$$

여기에서 'K_f'는 실험적으로 측정된 용매의 어는점 내림 상수이다.

몇 가지 물질의 어는점 내림 상수(K_f)와 끓는점 오름 상수(K_b)는 표 9.2와 같고, 보다 많은 물질에 대한 자료는 부록에 수록되어 있다.

표 9.2 몇 가지 물질의 어는점 내림 상수(K_f)와 끓는점 오름 상수(K_b)

물질	K_f/K kg mol^{-1}	K_b/K kg mol^{-1}
물	1.86	0.51
벤젠	5.12	2.53
사염화 탄소	30	4.95
페놀	7.27	3.04

9.4 혼합물의 상평형 그림

순수한 물질의 상평형 그림과 같이 혼합물의 상평형 그림 역시 주어진 조건에서 가장 안정한 상이 존재하는 영역을 나타낸다. 그러나 혼합물의 상평형을 다루는 변수는 온도와 압력 외에 조성이 추가된다.

2-성분계 혼합물에서 $C = 2$이므로 자유도 $F = 2 - P + 2 = 4 - P$이다. 여기에서 압력을 일정하게 유지하면 남은 자유도 $F' = 3 - P$가 된다. 이때 자유도 중 하나는 온도이고 다른 하나는 조성인 온도-조성 상평형 그림이 그려진다. 따라서 2-성분계 상평형 그림에서 자유도는 다음과 같이 된다.

〈2-성분계 혼합물의 자유도〉

한 상만이 존재할 때($P = 1$): $F' = 3 - 1 = 2$ (온도와 조성)

두 개의 상이 공존할 때($P = 2$): $F' = 3 - 2 = 1$ (온도 또는 조성)

세 개의 상이 공존할 때($P = 3$): $F' = 3 - 3 = 0$ (모든 변수가 상수)

2-성분계 혼합물의 증기-액체 상평형

이상적인 액체 혼합물인 이상 용액의 상평형 그림은 라울의 법칙을 사용하여 그릴 수 있다. 이상적인 2-성분 액체 A, B 혼합물의 전체 증기압은 다음과 같다.

$$P = P_A + P_B = x_A P_A^* + x_B P_B^* = x_A P_A^* + (1 - x_A) P_B^*$$
$$= P_B^* + (P_A^* - P_B^*) x_A \quad (\text{기포점 선}) \tag{9.38}$$

이 식은 **기포점 선(bubble-point line)**이라고 하며, 그림 9.2의 전체 압력선과 동일하다. 따라서 특정 조성의 2-성분 용액은 기포점 선보다 높은 압력에서는 액체로 존재하다가 압력을 낮추어 기포점 선에 도달하면 증기의 기포가 생기기 시작한다. 이때 기포점 선 상에서의 전체 증기압은 9.38식으로 주어진다.

2-성분 계에서 용액과 평형을 이루고 있는 증기의 조성은 라울의 법칙을 사용하여 쉽게 구할 수 있다. 증기 속에 존재하는 성분 A의 몰분율을 y_A라고 하면 y_A는 다음과 같이 구해진다.

$$y_A = \frac{P_A}{P_A + P_B} = \frac{x_A P_A^*}{P_B^* + (P_A^* - P_B^*) x_A} \tag{9.39}$$

이 식은 증기-액체 평형 상태에서 성분 A의 증기 몰분율 y_A에 대응하는 용액 중의 A의 몰분율 x_A에 적용하면 다음과 같이 된다.

$$x_A = \frac{y_A P_B^*}{P_A^* + (P_B^* - P_A^*) y_A} \tag{9.40}$$

라울의 법칙에서 $P_A = x_A P_A^*$이고, 증기 속의 A의 분압 $P_A = y_A P$이므로 다음과 같은 관계가 성립된다.

$$y_A P = x_A P_A^* \tag{9.41}$$

9.41식에 9.40식을 대입하면 전체 증기압 P를 다음과 같이 증기에서 A의 몰분율 y_A에 대하여 나타낼 수 있다.

$$P = \frac{P_A^* P_B^*}{P_A^* + (P_B^* - P_A^*) y_A} \quad (\text{이슬점 선}) \tag{9.42}$$

이 식을 **이슬점 선(dew-point line)**이라고 한다. 따라서 특정 조성의 2-성분 용액의 계는 이슬점보다 낮은 압력 아래에서 증기 상태로 존재하다가 압력이 이슬점 선 위로 올라가면 액체가 생성되기 시작한다.

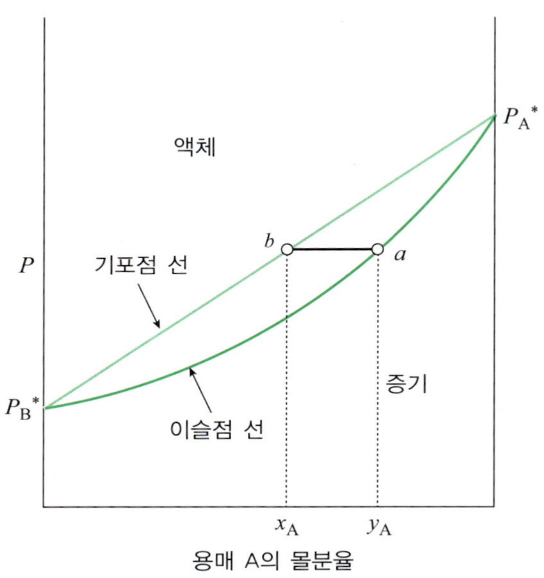

그림 9.5 순수한 물질의 화학 퍼텐셜 μ_A^*와 용액 속의 용매의 화학 퍼텐셜 μ_A의 비교. 용액에서 용매의 화학 퍼텐셜 감소로 인하여 끓는점은 상승하고, 어는점은 하락한다.

9.38식의 기포점 선과 9.42식의 이슬점 선을 도시하면 그림 9.5와 같다. 상평형 그림 9.5에서 기포점 선 위에서 계는 액체 상태로 존재하며, 기포점 선에서 압력은 전체 증기압과 같고(즉 끓기 시작하고), 이 선 바로 아래에서 기포가 생성되기 시작한다. 한편 이슬점 선 아래에서 계는 기체 상태로 존재하며, 이슬점 선 바로 위에서 기체의 응축이 시작된다. 따라서 이슬점 선과 기포점 선 사이의 영역에서는 증기와 액체가 공존하는 평형 상태를 이룬다.

동일한 압력에서 이슬점 선과 기포점 선을 이은 수평선(그림 9.5에서 a점과 b점을 이은 선과 같은 선)을 **연결선(tie line)**이라고 하며, 이 연결선 위의 점들은 평형을 이루고 있는 증기와 액체의 조성을 나타낸다. 따라서 그림 9.5의 연결선 a–b에서 증기와 액체가 공존하는 2–상계의 조성은 a에서 b까지의 범위에서 변할 수 있다. 또한 그 계는 a점에서 모두 증기이며 이때의 증기 A의 몰분율은 y_A이고, b점에서 모두 액체이며 액체 A의 몰분율은 x_A이다. 만일 A의 몰분율이 a점과 b점 사이의 중간에 위치하면 증기의 몰수와 액체의 몰수는 동일하다. 한편 몰수가 동일한 점들을 수직으로 이은 선(아래 그림의 a–b–c–d 선)을 등조성선(isopleth)이라고 한다.

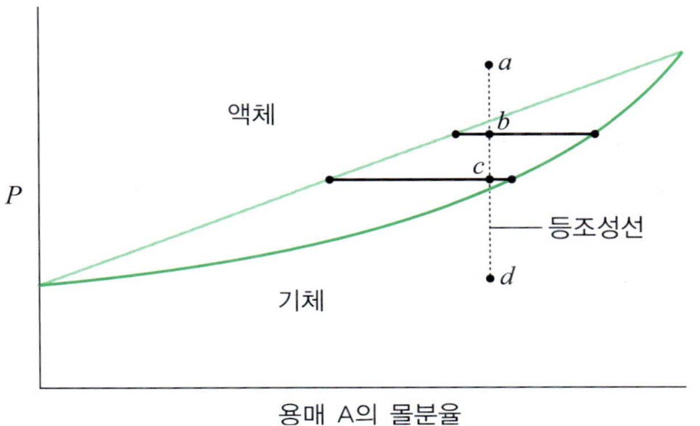

증기와 액체가 공존하는 연결선의 각 점에서 각 상들의 상대적 양은 몰수가 보존된다는 원리로부터 다음과 같은 **지레 규칙(lever rule)**을 적용하여 쉽게 구할 수 있다.

$$n_\alpha l_\alpha = n_\beta l_\beta \quad \text{(지레 규칙)} \tag{9.43}$$

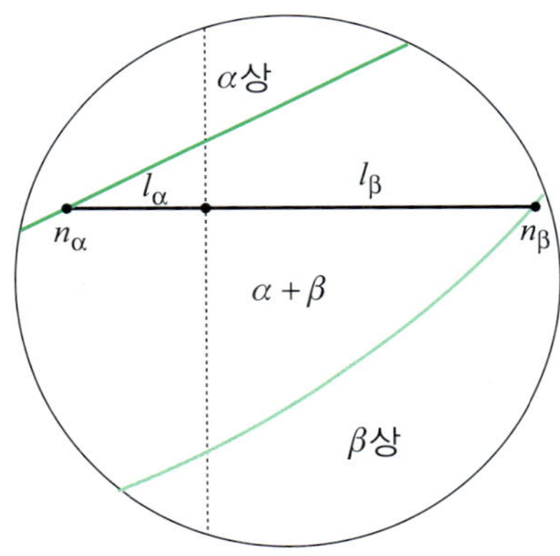

여기에서 n_α와 n_β는 각각 α상과 β상의 몰수, l_α와 l_β는 연결선 위의 한 점에서 각각 기포점 선과 이슬점 선까지의 거리이다.

각 기포점 선과 이슬점 선까지의 거리이다.

예제 9.3 333.15 K에서 순수한 벤젠과 톨루엔의 증기압이 각각 0.513 bar와 0.185 bar이다. 다음을 구하시오.

(1) 기포점 선 식과 이슬점 선 식

(2) 벤젠-톨루엔 혼합물에서 톨루엔의 몰분율이 0.60인 용액에 대하여 증기 중의 톨루엔의 몰분율

풀이 (1) 2-성분계 혼합물의 증기-액체 상평형의 기포점 선과 이슬점 선을 그리는 데 필요한 식들을 구하는 문제이다.

기포점 선: $$\boldsymbol{P} = P_B^* + (P_A^* - P_B^*)x_A$$
$$= 0.513\text{ bar} + (0.185\text{ bar} - 0.513\text{ bar})\,x_{톨루엔}$$
$$\mathbf{= 0.513\ bar - (0.328\ bar)}\,\boldsymbol{x}_{\mathbf{톨루엔}}$$

이슬점 선: $$\boldsymbol{P} = \frac{P_A^* P_B^*}{P_A^* + (P_B^* - P_A^*)y_A}$$
$$= \frac{\mathbf{(0.513)(0.185)\ bar^2}}{\mathbf{0.185\ bar + (0.328\ bar)}\ \boldsymbol{y}_{\mathbf{A}}}$$

(2) 증기 중 톨루엔의 몰분율은 $y_A P = x_A P_A^*$ (9.41식)로부터 다음과 같이 구해진다.

$$\boldsymbol{y}_{\mathbf{A}} = \frac{x_A P_A^*}{P}$$
$$= \frac{(0.60)(0.185\text{ bar})}{0.513\text{ bar} - (0.328\text{ bar})(0.60)} \mathbf{= 0.351}$$

온도-조성 상평형 그림

위에서 우리는 일정한 온도에서 이상적인 2-성분 액체 혼합물에 대한 증기-액체 평형을 다루었다. 이제 일정한 압력에서 혼합물의 증기-액체 평형을 살펴보자.

일정 압력에서 온도-조성 상평형 그림은 끓는점 그림**(boiling point diagram)**이라고도 하며 그림 9.6과 같다.

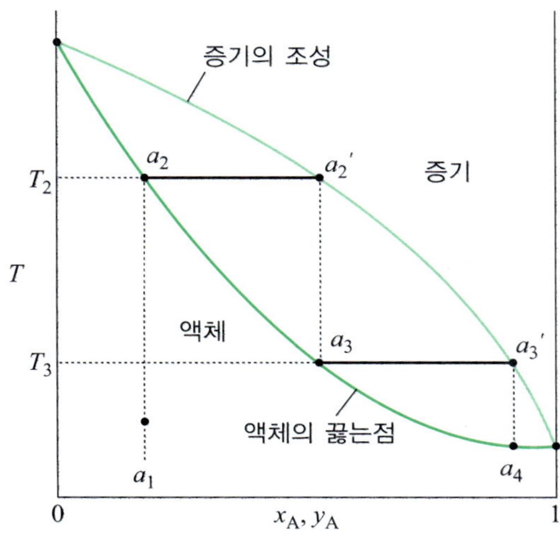

그림 9.6 성분 A가 성분 B보다 휘발성이 큰 이상 용액의 끓는점 그림. 조성이 a_1인 용액을 끓이고 응축시키기를 반복하면 순수한 A($x_A \approx 1$)가 나온다.

2-성분 혼합 용액을 부분적으로 증발시키면 휘발성이 더 큰 성분(A)이 증기 상태에서 더 큰 농도를 지니므로 액체와 평형 증기 사이에 조성의 차가 생긴다. 이 증기를 다시 응축시키면 용액 중에 A의 조성이 더 큰 농축 용액이 생긴다. 이와 같은 증발과 응축을 반복적으로 일으켜 휘발성 액체를 분리하는 방법을 분별 증류(**fractional distillation**)라고 한다. 즉 그림 9.6에서 조성이 a_1인 용액을 가열하여 온도 T_2에 도달하면 용액은 끓기 시작한다. 이때 액체의 조성은 a_2이고 증기의 조성은 a_2'이 된다. 이 증기를 냉각시키면 조성이 a_3인 액체가 생성된다. 또 여기에서 얻은 액체를 재가열하면 온도 T_3에서 끓어 조성이 a_3'인 증기가 생성되고, 이 증기를 냉각시키면 A의 조성이 더 높아진 조성 a_4인 액체가 생성된다. 이 과정을 반복하면 궁극적으로 거의 순수한 A를 얻게 된다.

비이상 혼합물

비이상 용액(**non-ideal solution**)은 라울의 법칙에서 벗어나는 용액으로 음(−)의 편차와 양(+)의 편차 두 가지가 나타난다. 이러한 경우에 기포점 선과 이슬점 선은 최댓값 또는 최솟값에서 서로 수평한 관계를 이룬다. 이와 같이 최댓점 또는 최솟점을 갖는 계를 불변 끓음 혼합물(**azeotropic mixture**)이라고 하며, 불변 끓음 혼합물의 조성에서 증기와 액체는 같은 조성(그림 9.7의 조성 b)을 가진다. 몇 가지 불변 끓음 혼합물의 조성과 끓는점은 표 9.3과 같고, 보다 많은 자료는 부록에 수록해 놓았다.

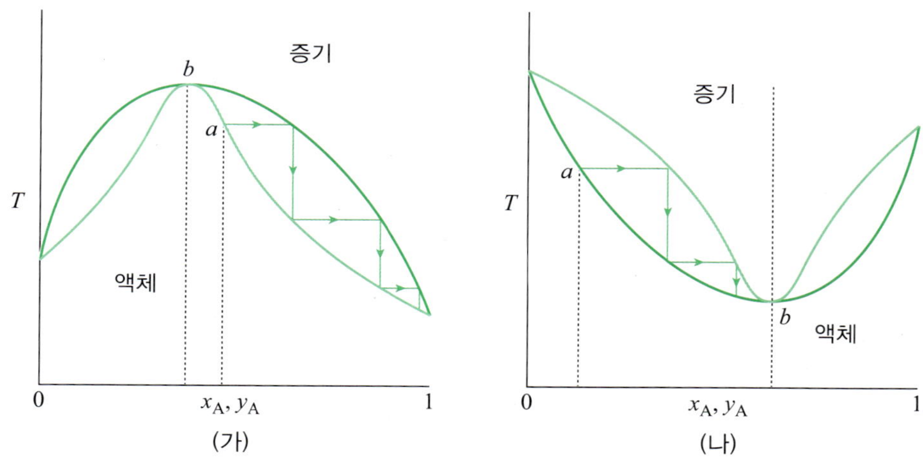

그림 9.7 불변 끓음 혼합물의 끓는점 곡선. (가) 최대 끓는점을 갖는 불변 끓음 혼합물, (나) 최소 끓는점을 갖는 불변 끓음 혼합물

표 9.3 1 atm에서 몇 가지 불변 끓음 혼합물의 조성과 끓는점(°C)

불변 끓음 혼합물	성분의 끓는점	첫 성분의 몰분율	불변 끓는점
물–벤젠	100/80.2	0.295	84.1
물–에탄올	100/78.5	0.096	78.2
에탄올–벤젠	78.5/80.2	0.440	65.2
에탄올–헥세인	78.5/68.8	0.332	67.9
이황화 탄소–프로판온	46.3/56.2	0.608	39.3

불변 끓음 혼합물을 형성하는 계는 그 성분을 단순한 분별 증류로는 분리할 수 없다. 그림 9.7(가)에서 조성 *a*와 같이 최댓점의 오른쪽에서 분별 증류를 하면 순수한 성분 A와 불변 끓음 혼합물로 분리할 수는 있으나 순수한 성분 B는 얻을 수 없다. 반면에 최댓점의 왼쪽에서는 순수한 성분 B와 불변 끓음 혼합물만으로 분리할 수 있다. 그림 9.7(나)의 최소 끓는점을 갖는 불변 끓음 혼합물은 조성 *a*로부터 분별 증류에 의하여 점차 최솟점인 불변 끓음 조성 점(*b*점)까지만 이동한다. 따라서 분별 증류관 꼭대기에서는 불변 끓음 증기가 나온다.

부분 혼합 액체-액체 상평형

모든 온도에서 부분적으로만 섞이는 **부분 혼합 액체(partially miscible liquid)** 계의 온도-조성 상평형 그림은 다음과 같이 그려진다.

헥세인-나이트로벤젠을 혼합하면 액체는 두 개의 액상으로 분리되는데 하나는 헥세인에 나이트로벤젠이 포화된 상이고, 다른 하나는 나이트로벤젠에 헥세인이 포화된 상이다. 두 상에서의 용해도는 온도에 따라 변하므로 두 상의 비율과 조성 역시 그림 9.8과 같이 온도에 따라 변한다.

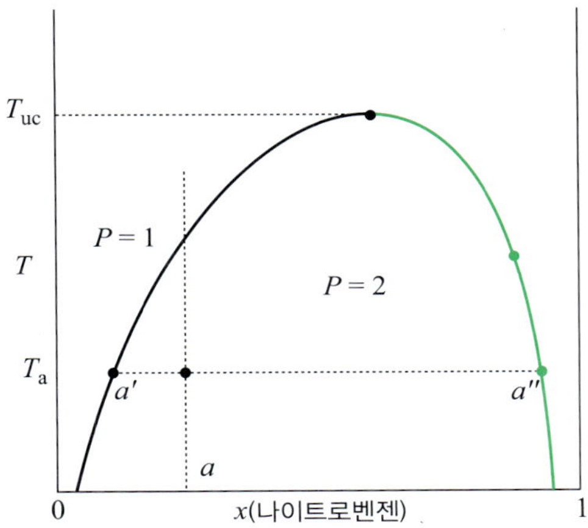

그림 9.8 1 atm에서 헥세인-나이트로벤젠의 온도-조성 상평형 그림

그림 9.8에서 헥세인에 소량의 나이트로벤젠을 가하면 완전히 용해되어 하나의 상(P = 1)을 이룬다. 여기에 나이트로벤젠을 계속 가하면 더 이상 나이트로벤젠이 용해되지 않는 상태에 도달하며 계는 두 개의 상(P = 2)을 가지게 된다. 이 두 상 중 하나는 나이트로벤젠으로 포화된 헥세인의 상이고, 다른 하나는 헥세인으로 포화된 나이트로벤젠의 상이다. 그림 9.8에서 임의의 온도 T_a에서 이 두 상에 대한 각 성분의 조성은 첫 번째 상은 a'의 조성을 갖고, 두 번째 상은 a''의 조성을 갖는다. 평형 상태에 있는 두 상의 조성은 온도에 따라 변하며, 헥세인-나이트로벤젠 혼합물의 경우 온도가 상승하면 혼합성은 증가한다.

따라서 그림 9.8에서 보듯이 두 상계의 영역이 점차 감소하여 온도 T_{uc}에 도달하면 더 이상 상 분리가 일어나지 않게 된다. 이 상 분리가 일어날 수 있는 온도의 상한을 **위 임계 용해 온도(upper critical solution temperature, T_{uc})** 라고 하며, 이 보다 높은 온도에서는 두 성분은 하나의 상(P = 1)으로 완전하게 혼합된다.

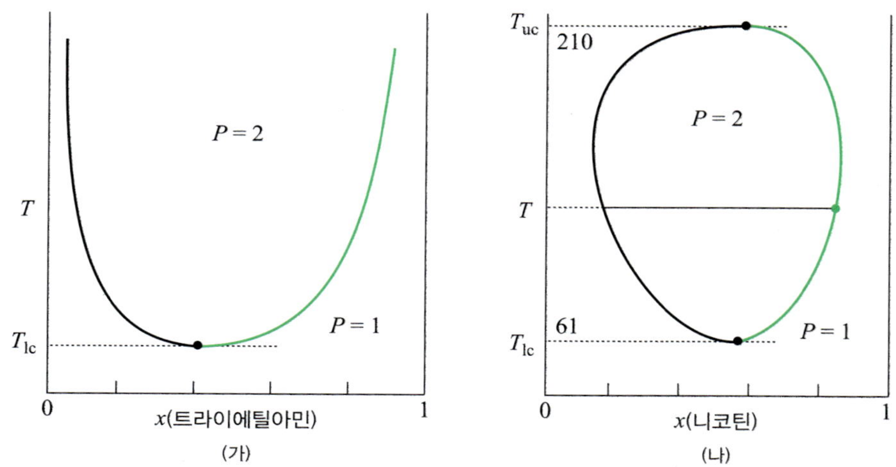

그림 9.9 1 atm에서 (가) 물–트라이에틸아민과 (나) 물–니코틴의 온도–조성 상평형 그림

한편 물–트라이에틸아민 계 같은 경우에는 그림 9.9(가)와 같이 아래 임계 용해 온도(**lower critical solution temperature, T_{lc}**)를 가진다. 이러한 계에서는 T_{lc}보다 낮은 온도에서는 어떤 조성비로나 완전하게 혼합되며 이보다 높은 온도에서는 두 개의 상을 이룬다. 이러한 현상은 두 물질이 낮은 온도에서 착물을 형성하여 완전히 섞이나 온도가 높아지면 착물이 파괴되며 두 물질이 각각 분리되려고 하기 때문에 일어난다.

또 어떤 계는 그림 9.9(나)와 같이 위와 아래에 두 임계 온도를 나타내기도 한다. 이러한 경우는 낮은 온도에서는 착물을 형성하고, 높은 온도에서는 혼합물의 균일화가 일어나는 경우에 나타난다. 물–니코틴 계가 이 경우에 속한다.

액체–고체 상평형

모든 농도에서 액체 상태와 고체 상태에서 모두 완전하게 혼합되는 고체 혼합물(합금)의 간략한 상평형 그림은 그림 9.10과 같다.

그림 9.10에서 보듯이 이러한 성질을 갖는 계의 혼합물은 액상선보다 높은 온도에서 두 물질은 모두 액체로 존재하며, 고상선보다 낮은 온도에서는 모두 고체로 존재한다. 따라서 임의의 조성에서 액상선보다 높은 온도에서 혼합물을 냉각시키면 액상선에서부터 고체 혼합물이 석출되기 시작하여 고상선 아래로 내려가면 모두 초기의 조성과 동일한 고체 혼합물(합금)만 존재하게 된다.

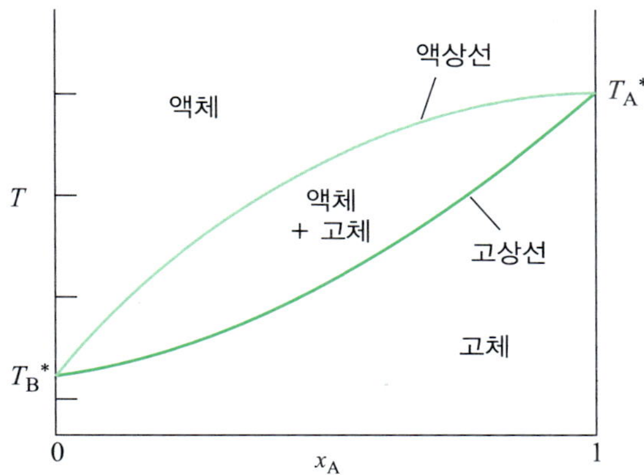

그림 9.10 1 atm에서 합금의 액체-고체 온도-조성 상평형 그림

반면에 액체 상태에서는 두 물질 A와 B가 완전히 혼합되나 고체 상태에서는 거의 혼합되지 않는 계의 상평형 그림은 그림 9.11과 같은 형태를 나타낸다.

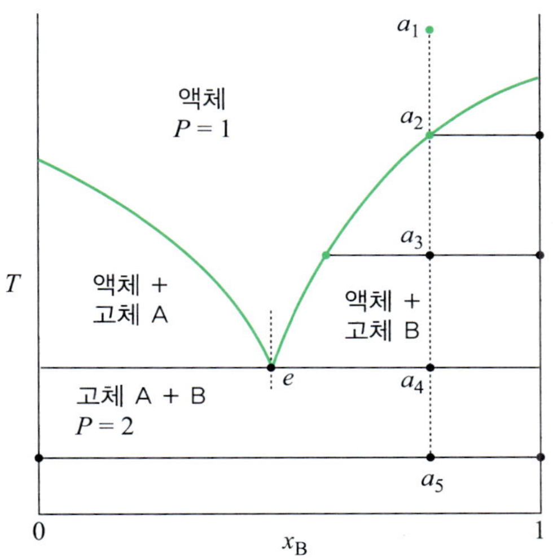

그림 9.11 고체 상태에서는 거의 혼합되지 않으나 액체 상태에서는 완전히 혼합되는 2-성분계의 온도-조성 상평형 그림

그림 9.11에서 조성 a_1의 이 혼합물을 냉각시켜 나가면 다음과 같은 변화가 차례로 일어난다.

- $a_1 \rightarrow a_2$ 냉각: a_2에서 '액체 + 고체 B'의 영역으로 진입하며 고체 B가 석출되기 시작한다.
- $a_2 \rightarrow a_3$ 냉각: a_3에서 '액체 + 고체 B'의 영역으로 완전히 들어와 더 많은 고체 B가 석출되고, 액체 혼합물과 고체 B의 몰질량은 지레 규칙에 의하여 결정된다.
- $a_3 \rightarrow a_4$ 냉각: a_4에서 '고체 A + B'의 영역으로 진입하며 고체 A가 석출되기 시작하고, a_4에서 액체의 조성은 e가 된다.
- $a_4 \rightarrow a_5$ 냉각: 완전하게 '고체 A + B'의 영역으로 진입하여 순수한 고체 A와 고체 B가 석출되어 2상계로 존재한다.

그림 9.11에서 점 e를 수직으로 잇는 등-조성선 위의 점들은 **공융 조성(eutectic composition)**이라고 한다. 공융 조성을 갖는 액체는 단일 온도의 최저 어는점을 가지며, 고체 **A**나 **B** 가운데 어느 것도 먼저 석출되지 않고 고체 **A**와 **B**가 점 $\boldsymbol{e}$에서 동시에 석출된다.

두 물질이 결합하여 A + B ⇌ C가 되는 2-성분 혼합물은 그림 9.12와 같은 상평형 그림을 나타내며, 이 그림은 그림 9.11 두 개가 결합된 형태이다. 이 계에서 화학종은 3개이나 평형 조건 1개를 빼면 독립 성분 수는 2가 된다.

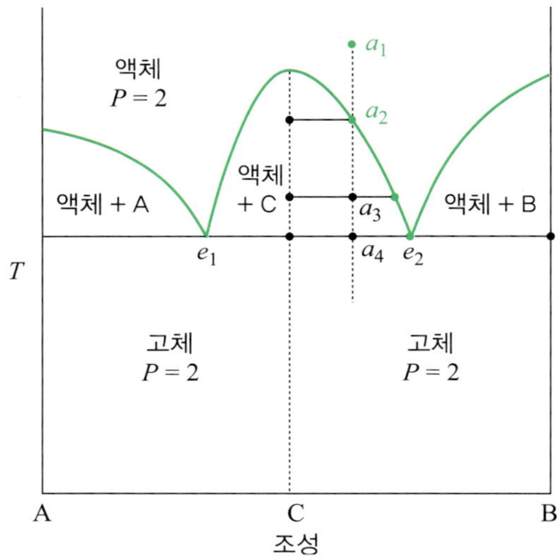

그림 9.12 A + B ⇌ C가 되는 반응 계의 상평형 그림

이 반응 계에서 과량의 B에 A를 혼합한 경우에 계는 생성물 C와 반응에 참여하고 남은 B로 구성된다. 따라서 이 계는 그림 9.12에서 오른쪽의 C와 B로 이루어진 2-성분계 상평형 그림 영역에 해당된다. 반면에 과량의 A에 B를

혼합한 경우에 계는 생성물 C와 반응 후 남은 A로 구성되어 그림 9.12의 왼쪽인 A와 C로 이루어진 2-성분계 상평형을 형성한다. 이러한 계에 대한 상평형 그림의 해석은 그림 9.11을 해석하는 방법과 동일하다.

예제 9.4 다음과 같은 상평형 그림을 나타내는 혼합물에서 조성이 a_1인 용액을 끓여서 그 증기를 응축시킬 때 일어나는 변화를 단계별로 말하시오.

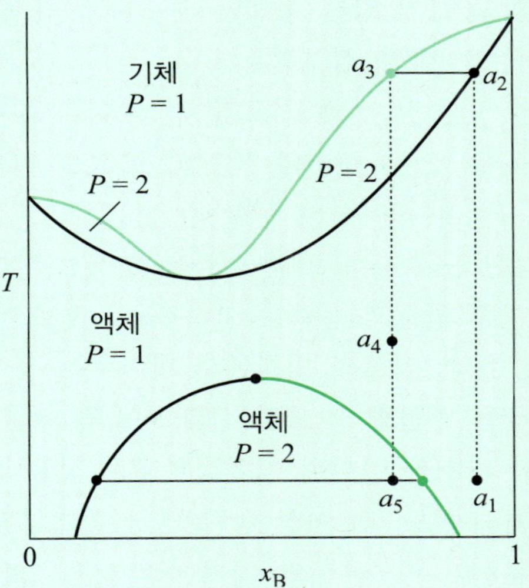

풀이 위 그림은 위 임계 용해 온도가 끓는점보다 낮은 2-성분계의 온도-조성 상평형 그림을 해석하는 문제이다.

조성 a_1의 용액을 끓여서 냉각시켜 나가면 다음과 같은 변화가 차례로 일어난다.

- $a_1 \rightarrow a_2$: 조성이 a_1인 액체를 끓이면 a_2에서 조성이 a_3인 증기가 발생한다.
- $a_3 \rightarrow a_4$: 조성이 a_3인 증기를 냉각시키면 a_4 영역에서 혼합 단일상 용액이 생성된다.
- $a_4 \rightarrow a_5$: a_4 영역의 단일상 용액을 a_5 영역까지 냉각시키면 2상 영역으로 들어가 상 분리가 일어나 액체 A와 액체 B가 공존하는 상태가 된다.

핵심 개념

1. **이상 혼합물**: 낮은 압력에서 이상 기체처럼 거동하는 혼합물
2. **표준 화학 퍼텐셜**: 1 bar에서 순수한 기체의 화학 퍼텐셜
3. **이상 용액**: 전체 농도 범위에서 라울의 법칙을 만족시키는 용액
4. **이상적 묽은 용액**: 용매는 라울의 법칙을 따르고, 용질은 헨리의 법칙을 따르는 용액
5. **활동도(a)**: 실제적인 물질의 농도, 일종의 유효 몰분율
6. **총괄성**: 용질의 입자 수에만 의존하고 그 종류에는 무관한 성질(끓는점 오름, 어는점 내림, 삼투압)
7. **연결선**: 이슬점 선과 기포점 선을 이은 수평선, 연결선 위의 점들은 평형을 이루고 있는 증기와 액체의 조성을 나타내며, 각 상들의 상대적 양은 지레 규칙을 적용하여 구할 수 있음.
8. **등조성선**: 몰수가 동일한 점들을 수직으로 이은 선
9. **분별 증류**: 증발과 응축을 연속적으로 일으켜 휘발성 액체를 분리하는 방법
10. **비이상 용액**: 라울의 법칙에서 벗어나는 용액
11. **불변 끓음 혼합물**: 기포점 선과 이슬점 선은 최댓값 또는 최솟값에서 서로 수평한 관계를 이루며 최댓점과 최솟점을 갖는 계
12. **임계 용해 온도**: 더 이상 상 분리가 일어나지 않게 되는 한계 온도
13. **공융 조성**: 단일 온도의 최저 어는점을 갖는 조성으로 고체가 어는점에서 동시에 석출

주요 식

이름	식	설명
화학 열역학 기본식	$dG = VdP - SdT + \mu_A dn_A + \mu_B dn_B + \cdots$	다성분계에 대한 깁스 에너지 변화
깁스–뒤앙 식	$\sum n_J d\mu_J = 0$	혼합물에서 한 성분의 화학 퍼텐셜은 다른 성분의 화학 퍼텐셜의 변화 없이 독립적으로 변할 수 없음

이름	식	설명
화학 퍼텐셜	$\mu = \mu^{o} + RT\ln P$ $\mu_J(l) = \mu_J^*(l) + RT\ln x_J$ $\mu_J(l) = \mu_J^*(l) + RT\ln a_J$ $\mu_B = \mu_B^{o} + RT\ln x_B$ $\mu_B^{o} = \mu_B^* + RT\ln\frac{K_B}{P_B^*}$	이상 기체 이상 용액 실제 용액 용질 용질의 표준 화학 퍼텐셜
혼합 깁스 에너지	$\Delta_{mix}G = nRT(x_A\ln x_A + x_B\ln x_B)$	이상 기체의 혼합에 의한 깁스 에너지 변화
라울의 법칙	$P_A = x_A P_A^*$	이상 용액
헨리의 법칙	$P_B = x_B K_B$	이상적 묽은 용액
활동도와 활동도 계수	$a_A = \frac{P_A}{P_A^*}$ $a_A = \gamma_A x_A$	활동도를 구하는 식 활동도 계수의 정의
끓는점 오름 어는점 내림	$\Delta T_b = K_b b$ $\Delta T_f = K_f b$	
기포점 선	$P = P_B^* + (P_A^* - P_B^*)x_A$	
이슬점 선	$P = \frac{P_A^* P_B^*}{P_A^* + (P_B^* - P_A^*)y_A}$	
지레 규칙	$n_\alpha l_\alpha = n_\beta l_\beta$	

연습 문제

(아래의 문제를 푸는 데 특별히 언급하지 않으면 표준 상태의 이상 용액으로 가정하시오.)

9.1 일정 온도에서 액체 혼합물의 용액-증기 평형의 기준을 말하고, 그 기준이 적용되는 이유를 설명하시오.

9.2 이상 용액과 이상적 묽은 용액이 무엇인지 설명하시오.

9.3 비휘발성 용질이 녹아 있는 용액에서 총괄성이 나타나는 이유를 설명하시오.

9.4 용질의 활동도를 정의하고 활동도의 성질을 설명하시오.

9.5 25.0°C에서 $K_2SO_4(aq)$의 분몰부피가 다음과 같은 식으로 주어진다. 이 수용액에서 물의 분몰부피를 나타내는 식을 구하시오. 25.0°C에서 순수한 물의 몰부피는 18.08 mL mol^{-1}이다.

$$V_B = 32.28 + 18.22x^{1/2}$$

여기에서 $V_B = V(K_2SO_4)/\text{mL mol}^{-1}$이고, x는 K_2SO_4의 몰랄 농도 수치이다.

9.6 동일한 크기의 두 칸으로 분리된 용기에 25.0°C에서 한쪽 칸에는 질소 기체 3.0 mol, 다른 칸에는 수소 기체 1.0 mol을 넣었다. 다음을 구하시오. (이 기체들은 이상 기체로 가정하시오.)

(1) 칸막이를 제거하여 기체가 서로 혼합하였을 때의 혼합 깁스 에너지 $\Delta_{mix}G$

(2) 같은 압력하에서 서로 혼합하였을 때의 혼합 깁스 에너지 $\Delta_{mix}G$

9.7 25.0°C 표준 상태에서 5.00 mol의 벤젠과 3.00 mol의 톨루엔을 혼합하여 이상 용액을 만들었다. 다음을 구하시오.

(1) 혼합 깁스 에너지 $\Delta_{mix}G$

(2) 혼합 엔트로피 $\Delta_{mix}S$

(3) 혼합 엔탈피 $\Delta_{mix}H$

9.8 두 액체 A와 B를 혼합하면 이상 용액이 된다. 298 K에서 순수한 A와 B의 증기압은 각각 65 Torr와 86 Torr이다. 이 온도에서 A의 몰분율이 35%인 용액과 평형을 이루는 증기의 조성 몰분율을 구하시오.

9.9 61.0°C에서 벤젠의 증기압이 54.0 kPa이다. 500 g의 벤젠에 51.0 g의 비휘발성 화합물을 녹였더니 증기압이 49.0 kPa로 떨어졌다. 이 화합물의 몰질량을 구하시오.

9.10 25°C에서 액체 A에 녹아 있는 물질 B의 증기압을 측정하였더니 다음과 같았다.

x_B	0	0.20	0.40	0.60	0.80	1
P_A/Torr	350	250	160	90	35	0
P_B/Torr	0	40	85	140	200	275

(1) 부분 증기 압력 곡선을 그리시오.
(2) 각 성분에 대한 헨리의 법칙 상수를 구하시오.

9.11 60°C에서 순수한 벤젠과 톨루엔의 증기압은 각각 0.513 bar와 0.185 bar이다. 벤젠의 몰분율이 0.300인 용액에서 벤젠과 톨루엔의 활동도는 얼마인가?

9.12 어떤 물질 5.50 g을 사염화 탄소 125 g에 녹였더니 끓는점이 0.794 K 상승하였다. 다음을 구하시오.
(1) 이 물질의 몰질량
(2) 어는점 내림
(3) 사염화 탄소의 증기압 강하율

9.13 1 atm에서 두 액체 A와 B의 혼합물에 대하여 온도-조성 관계를 측정하였더니 다음과 같았다. 다음의 표에서 x는 평형을 이루고 있는 증기 속에서의 몰분율이고, y는 액체 속에서의 몰분율이다. A와 B의 끓는점은 각각 128°C와 191°C이다.

T/°C	130	140	150	160	170	180
x_A	0.99	0.89	0.77	0.62	0.45	0.25
y_A	0.94	0.71	0.50	0.33	0.19	0.08

(1) 이 혼합물의 온도-조성 상평형 그림을 그리시오.
(2) $y_A = 0.40$인 액체와 평형을 이루고 있는 증기의 조성을 구하시오.

9.14 문제 9.13의 혼합물에 대하여 조성 y_A = 0.21인 액체를 분별 증류관에 넣어 분별 증류하여 y_A = 0.99 이상인 액체를 얻으려고 한다. 이 분별 증류관의 이론단수는 최소 얼마이어야 하는가?

9.15 다음 상평형 그림의 각 영역에 표지를 붙이시오. 표지는 존재하는 물질과 그 물질의 상을 나타내시오.

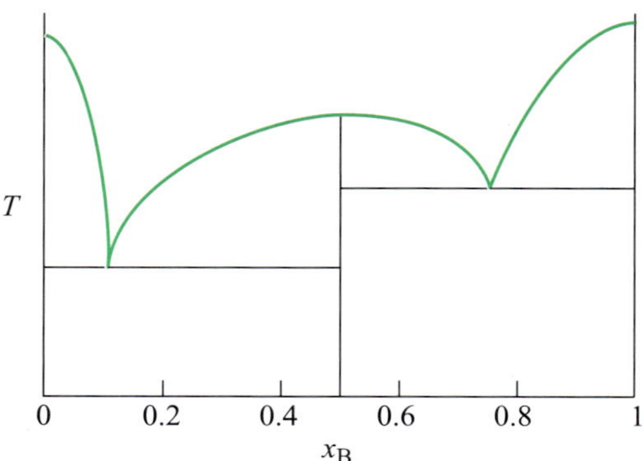

9.16 다음은 은과 주석의 상평형 그림이다. 조성이 *a*와 *b*인 액체를 냉각할 때 나타나는 현상을 온도 영역별로 기술하시오.

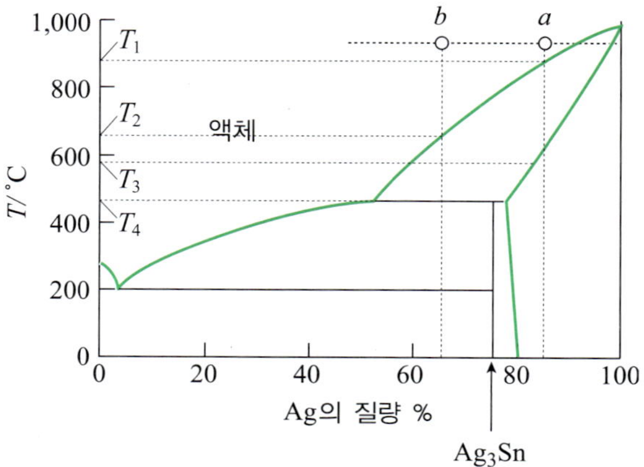

10강 화학 반응과 화학 평형

■ 미리 생각해 보기

- 일반적으로 화학 반응은 반응물과 생성물의 농도가 더 이상 변하지 않는 동적 평형 상태를 향하여 진행된다. 임의의 반응 조건에서 열역학적 평형 상태는 어떻게 예측할 수 있을까?
- 많은 화학 반응은 용액 속에서 일어난다. 용액 속에서 일어나는 다양한 반응들을 열역학적으로는 어떻게 다룰까?

10.1 화학 반응과 화학 평형의 본질

일정한 온도와 압력에서 모든 자발적 변화는 깁스 에너지가 낮아지는 방향으로 진행된다. 화학 반응 역시 깁스 에너지가 낮아지는 방향으로 자발적으로 진행된다. 따라서 화학 반응에서 자발적 변화의 열역학적 기준은 $\Delta G < 0$로 화학 반응**(chemical reaction)**은 그 반응계의 깁스 에너지가 최소가 되도록 반응물과 생성물의 조성을 조정하는 현상이다.

화학 반응: 반응계의 깁스 에너지가 최소가 되도록 반응물과 생성물의 조성을 조정하는 현상

반응 깁스에너지

반응 A $\rightleftharpoons$ B를 생각해 보자. 반응물 A의 미소량이 생성둘 B로 변하면 A의 변화량은 $-dn_A$가 되고 B의 변화량은 $+dn_B$가 된다. 이 변화에서 A는 계의 전체 깁스 에너지에 $-\mu_A dn_A$만큼 영향을 주고, B는 $+\mu_B dn_3$만큼 영향을 준다. 따라서 전체 깁스 에너지 변화는 다음과 같다.

$$dG = \mu_B dn_B - \mu_A dn_A$$

이 반응에서 $dn_A = dn_B$이므로 dn이라고 놓으면 이 식은 다음과 같이 쓸 수 있다.

$$dG = (\mu_B - \mu_A)dn \tag{10.1}$$

이 식의 좌변을 dn으로 나누고 일정 영역에 대하여 적분하면 몰당 깁스 에너지의 변화량은 다음과 같이 되며, 이를 **반응 깁스 에너지(reaction Gibbs energy, $\Delta_r G$)**라고 한다.

$$\Delta_r G = \int \frac{dG}{dn} = \frac{\Delta G}{\Delta n} \quad \text{(반응 깁스 에너지의 정의)} \tag{10.2}$$

그러므로 반응 A $\rightleftharpoons$ B에 대한 반응 깁스 에너지는 다음과 같이 된다.

$$\Delta_r G = \mu_B - \mu_A \tag{10.3}$$

이 $\Delta_r G$를 다음과 같은 일반적인 반응 형태에 적용하면

$$aA + bB \rightleftharpoons cC + dD$$

반응 깁스 에너지는 다음과 같이 나타낼 수 있다.

$$\Delta_r G = (c\mu_C + d\mu_D) - (a\mu_A + b\mu_B) \tag{10.4}$$

여기에서 물질의 화학 퍼텐셜 μ는 9.5식에서 보았듯이 그 물질이 포함된 혼합물의 조성에 영향을 받는다. 따라서 화학 반응에서 $\Delta_r G$는 그림 10.1과 같이 조성에 따라 변한다. 이 그림에서 보듯이 $\Delta_r G$는 농도 변화에 따른 깁스 에너지 변화 곡선의 기울기임을 알 수 있다. 또한 혼합물 중에 반응물 A와 B의 농도가 높으면 μ_A와 μ_B 값이 커서 $\Delta_r G < 0$으로 생성물이 많아지는 방향으로 반응이 진행된다. 반면에 혼합물 중에 생성물 C와 D의 농도가 높으면 μ_C와 μ_D 값이 커서 $\Delta_r G > 0$으로 반응물이 많아지는 방향으로 반응이 진행된다. 그리고 $\Delta_r G = 0$인 조성에서는 반응이 진행되지 않으며 이러한 상태를 평형이라고 한다.

$$\Delta_r G = 0 \quad \text{(화학 평형의 기준)} \tag{10.5}$$

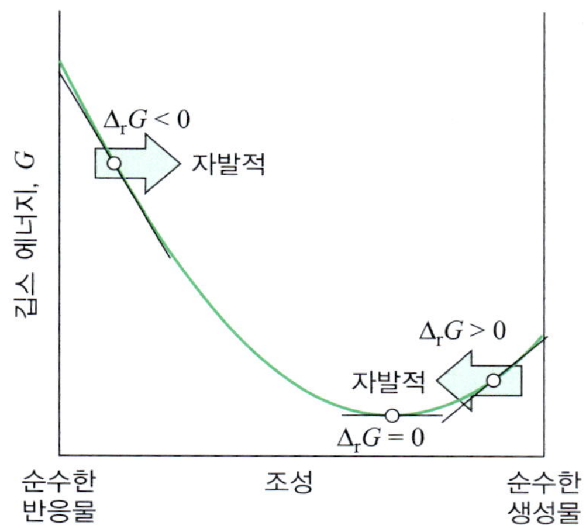

그림 10.1 혼합물의 조성에 따른 깁스 에너지 변화

따라서 일정한 온도와 압력에서 자발적 반응의 방향은 다음과 같이 반응 깁스 에너지를 가지고 판단할 수 있다.

$\Delta_r G < 0$: 자발적 반응의 방향은 정방향이다.

$\Delta_r G > 0$: 자발적 반응의 방향은 역방향이다.

$\Delta_r G = 0$: 반응은 평형 상태에 있다.

화학 평형

반응이 평형에 이르면 깁스 에너지가 최소가 되어 화학 반응은 어느 한쪽 방향으로 진행되지 않는다. 따라서 **화학 평형(chemical equilibrium)**에서 반응물과 생성물의 조성은 더 이상 변하지 않는다.

화학 평형: 반응계의 깁스 에너지가 최소가 되어 반응물들과 생성물들의 조성이 더 이상 변하지 않는 상태

화학 평형은 열역학적으로는 다음과 같이 다루어진다. 반응 A $\rightleftharpoons$ B에서 A와 B가 이상 기체일 경우 9.6식($\mu = \mu^{\circ} + RT \ln P$)을 10.3식에 적용하면 다음과 같이 된다.

$$\Delta_r G = \mu_B - \mu_A$$
$$= (\mu_B{}^o + RT\ln P_B) - (\mu_A{}^o + RT\ln P_A) = \Delta_r G^\circ + RT\ln\frac{P_B}{P_A} \qquad (10.6)$$

부분 압력비 $\frac{P_B}{P_A}$를 Q로 나타내면 이 식은 다음과 같이 된다.

$$\Delta_r G = \Delta_r G^\circ + RT\ln Q \qquad Q = \frac{P_B}{P_A} \qquad (10.7)$$

여기에서 '$\Delta_r G^\circ$'는 표준 반응 깁스 에너지이고, Q는 반응 **지수(reaction quotient)**라고 한다.

평형에서 $\Delta_r G = 0$ 이고 반응 지수 Q는 **평형 상수(equilibrium constant, *K*)**라는 특정한 값을 갖는다.

$$K = \left(\frac{P_B}{P_A}\right)_{eq} \quad (\text{평형 상수의 정의}) \qquad (10.8)$$

그러므로 평형에서 10.7식은 다음과 같이 된다.

$$0 = \Delta_r G^\circ + RT\ln K$$

이 식은 다음과 같이 고쳐 쓸 수 있다.

$$\Delta_r G^\circ = -RT\ln K \qquad (10.9)$$

이 식은 표준 반응 깁스 에너지와 평형 상수의 관계를 나타내는 식으로 화학 열역학에서 매우 중요한 식들 중 하나이다. 이 식은 부록의 표 5.4와 같은 열역학 자료로부터 평형 상수를 예측하게 해주며, 역으로 평형 상수로부터 $\Delta_r G^\circ$을 결정할 수 있게 한다.

일반적인 반응에 대해서 $\Delta_r G^\circ$는 다음과 같이 표현된다.

$$\Delta_r G^\circ = \sum_J \nu_J \Delta_f G^\circ(J) \qquad (10.10)$$

여기에서 'ν_J'는 화학 반응식에 나타나는 화학종들의 화학량적 계수이다. 예를 들면 A + 2B → 3C + 4D 반응에서 $\nu_A = -1$, $\nu_B = -2$, $\nu_C = 3$, $\nu_D = 4$ 이다. 또한 반응 지수는 다음과 같이 정의된다.

$$Q = \frac{\text{생성물의 활동도}}{\text{반응물의 활동도}} \tag{10.11a}$$

이 식은 화학량적 계수를 사용하여 나타내면 다음과 같이 쓸 수 있다.

$$Q = \prod{}_{\mathrm{J}} a_{\mathrm{J}}^{\nu_{\mathrm{J}}} \tag{10.11b}$$

그러므로 일반적인 반응에 대하여 평형 상수는 다음과 같다.

$$K = \left(\prod{}_{\mathrm{J}} a_{\mathrm{J}}^{\nu_{\mathrm{J}}}\right)_{\mathrm{eq}} \tag{10.12}$$

예제 10.1 부록의 표 5.4 자료를 사용하여 298.15 K에서 다음 반응의 평형 상수를 구하시오.

$$H_2(g) + I_2(g) \rightarrow 2HI(g)$$

풀이 표준 반응 깁스 에너지로부터 평형 상수를 구하는 문제이다.
부록의 자료를 사용하여 표준 반응 깁스 에너지를 계산하면 다음과 같다.

$$\Delta_r G° = 2(1.70\ \text{kJ mol}^{-1}) - (19.33\ \text{kJ mol}^{-1} + 0) = -15.93\ \text{kJ mol}^{-1}$$

10.9식을 $\ln K$에 대하여 정리하여 계산하면 다음과 같다.

$$\ln K = -\frac{\Delta_r G°}{RT} = -\frac{-15930\ \text{J mol}^{-1}}{(8.314\ \text{J K}^{-1}\ \text{mol}^{-1})(298.15\ \text{K})} = 6.426$$

그러므로 평형 상수는 다음과 같이 계산된다.

$$\boldsymbol{K = e^{6.426} = 618}$$

10.2 화학 평형에 영향을 주는 인자

일반화학에서 배웠듯이 평형은 압력, 온도, 반응물과 생성물의 농도에 영향을 받는다. 일반화학에서 외부의 변화에 의하여 화학 반응의 평형이 이동하는 방향을 예측하는 일반적인 원리를 **르샤틀리에 원리(Le Châtelier's principle)** 라고 하는 것을 알고 있을 것이다.

르샤틀리에(Henri Louis Le Châtelier, 1850~1936)
프랑스의 화학자. 화학 평형에 대한 르샤틀리에 원리로 널리 알려졌다.

> **르샤틀리에 원리:** 평형 상태에 있는 계에 외부에서 변화를 가하면, 계는 그 변화를 완화시키는 방향으로 반응을 일으켜 새로운 평형을 찾아간다.

압력의 영향

평형 상수는 10.9식에서 보듯이 표준 압력에서 정의된 $\Delta_r G°$에 의존한다. 따라서 평형 상수 K는 평형이 실제로 이루어지는 압력과는 무관하며 주어진 온도에서 상수이다. 그러므로 기체 반응계에 압력을 변화시키면 각 성분들의 부분 압력은 변하지만 이들의 비는 변하지 않는다.

이상 기체 반응 $A \rightleftharpoons 2B$를 생각해 보자. 이 반응에 대한 평형 상수는 다음과 같다.

$$K = \frac{P_B^2}{P_A}$$

그러므로 이 식에서 각 성분의 부분 압력이 변함에도 불구하고 K 값이 일정하게 유지되려면 P_A의 변화와 $P_B{}^2$의 변화가 서로 상쇄될 때만 가능하다. 만약 외부에서 압력을 가하였을 때 K 값이 일정하게 유지되려면 P_A는 P_B에 비하여 더 급격하게 증가되어야 한다. 즉 압축에 의하여 A의 분자 수는 증가하고, B의 분자 수는 감소하는 방향으로 반응이 진행되어야 한다. 이 압축 효과는 다음과 같이 정량적으로 다룰 수 있다.

반응:	A	$\rightleftharpoons$	2B
초기 몰질량:	n		0
평형 몰질량:	$n(1-\alpha)$		$2n\alpha$

여기에서 'α'는 A가 B로 분해되는 해리도이다.

이 반응의 평형 상태에서 존재하는 몰분율은 다음과 같고,

$$x_A = \frac{n(1-\alpha)}{n(1-\alpha)+2n\alpha} = \frac{1-\alpha}{1+\alpha}$$

$$x_B = \frac{2n\alpha}{n(1-\alpha)+2n\alpha} = \frac{2\alpha}{1+\alpha}$$

평형 상수는 다음과 같이 된다.

$$K = \frac{P_B^2}{P_A} = \frac{x_B^2 P^2}{x_A P} = \frac{\{2\alpha/(1+\alpha)\}^2 P}{(1-\alpha)/(1+\alpha)} = \frac{4\alpha^2 P}{1-\alpha^2}$$

그러므로 α는 다음과 같다.

$$\alpha = \left(\frac{1}{1+4P/K}\right)^{1/2} \tag{10.13}$$

따라서 A와 B의 몰질량은 압력에 의존한다.

온도의 영향

르샤틀리에 원리에 의하면 평형 상태에 있는 계는 온도가 올라가면 열을 흡수하는 방향으로, 온도가 내려가면 열을 방출하는 방향으로 평형이 이동된다. 즉, 온도 변화를 최소화하는 방향으로 반응이 진행된다.

온도가 평형 상수에 미치는 영향은 반트호프 식**(van't Hoff equation)**으로 나타내며 다음과 같이 유도된다. 온도 T_1에서 10.9식은 다음과 같다.

$$\Delta_r G° = -RT_1 \ln K_1$$

여기에서 $\Delta_r G° = \Delta_r H° - T\Delta_r S°$ 이므로 $\ln K_1$은 다음과 같이 된다.

$$\ln K_1 = -\frac{\Delta_r G°}{RT_1} = -\frac{\Delta_r H°}{RT_1} + \frac{\Delta_r S°}{R}$$

이 식은 다른 온도 T_2에서는 다음과 같이 된다.

$$\ln K_2 = -\frac{\Delta_r H°}{RT_2} + \frac{\Delta_r S°}{R}$$

반트호프(Jacobus Henricus van't Hoff, 1852~1911)

네덜란드의 물리화학자, 생화학자. 반응 속도, 화학 평형, 삼투압에 대한 많은 연구 업적을 남겼고, 1901년 제1회 노벨 화학상을 수상하였다.

따라서 $\ln K_1$과 $\ln K_2$ 사이의 차는 다음과 같다.

$$\Delta \ln K = \ln K_2 - \ln K_1 = \frac{\Delta_r H^\circ}{R}\left(\frac{1}{T_1} - \frac{1}{T_2}\right) \quad \text{(반트호프의 법칙)} \tag{10.14}$$

그러므로 $T_2 > T_1$인 경우, 즉 온도가 높아진 때에는 10.14식에서 괄호 안이 양수가 된다. 따라서 $\Delta_r H^\circ > 0$인 흡열 반응에서 $\ln K_2 > \ln K_1$, 즉 $K_2 > K_1$로 평형 상수는 온도 증가에 따라 커진다. 그리고 $\Delta_r H^\circ < 0$인 발열 반응에서 $\ln K_2 < \ln K_1$, 즉 $K_2 < K_1$로 평형 상수는 온도 증가에 따라 작아진다. 이 반트호프의 법칙은 서로 다른 온도에서 측정한 평형 상수로부터 표준 반응 엔탈피 $\Delta_r H^\circ$를 구하는 데 유용하게 사용된다.

예제 10.2 다음 자료는 몇 가지 온도에서 $H_2(g) + Cl_2(g) \rightleftharpoons 2HCl(g)$ 반응의 평형 상수를 측정한 것이다. 다음을 구하시오.

T/K	300	500	1,000
K	3.9×10^{31}	4.1×10^{18}	5.2×10^{8}

(1) 이 반응의 표준 반응 엔탈피
(2) 700 K에서의 평형 상수

풀이 여러 온도에서 측정한 평형 상수로부터 반트호프의 법칙을 사용하여 표준 반응 엔탈피와 700 K에서의 평형 상수 예측값을 구하는 문제이다.

반트호프의 법칙 $\Delta \ln K = -\frac{\Delta_r H^\circ}{R}\left(\frac{1}{T_2} - \frac{1}{T_1}\right) = -\frac{\Delta_r H^\circ}{R}\Delta\left(\frac{1}{T}\right)$이므로 $-\ln K$와 $\frac{1}{T}$를 도시하면 다음과 같은 직선이 나오고, 이 직선의 기울기는 $\frac{\Delta_r H^\circ}{R}$이다.

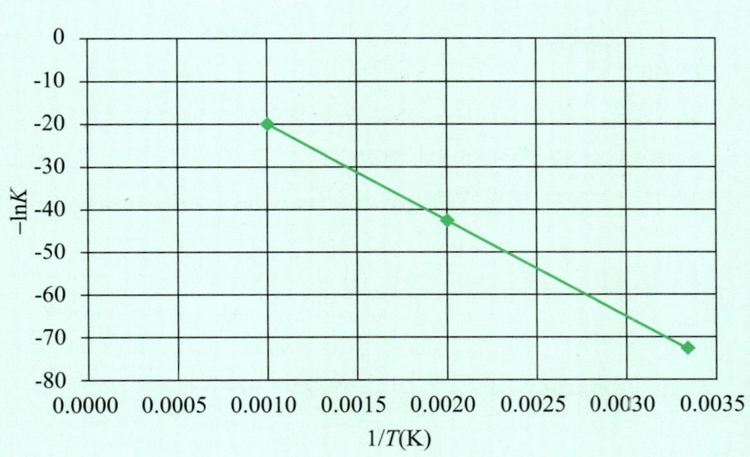

(1) 이 직선에 대한 선형 회귀선은 $-\ln K = -22.565 \times 10^3 \dfrac{1}{T} + 2.4144$ 이므로 기울기는 다음과 같다.

$$\frac{\Delta_r H°}{R} = -22.565 \times 10^3 \text{ K}$$

따라서 $\Delta_r H°$ 는 다음과 같이 구해진다.

$$\boldsymbol{\Delta_r H°} = (-22.565 \times 10^3 \text{ K})(8.314 \text{ J K}^{-1} \text{ mol}^{-1})$$
$$\mathbf{= -188 \text{ kJ mol}^{-1}}$$

(2) 위에서 구한 회귀선 식 $-\ln K = -22.565 \times 10^3 \dfrac{1}{T} + 2.4144$ 에 T = 700 K를 대입하면 다음과 같이 700 K에서의 평형 상수를 구할 수 있다.

$$\ln K = (22.565 \times 10^3)\frac{1}{700} - 2.4144 = 29.821$$

$$\therefore \boldsymbol{K} = e^{29.821} \mathbf{= 8.94 \times 10^{12}}$$

10.3 양성자 이동 평형

브뢴스테드의 산·염기 이론에 의하면 수용액 중에서 산은 양성자를 주고, 염기는 양성자를 받는다. 따라서 산·염기 반응에서의 평형은 산에서 해리되어 나온 양성자가 염기로 전달되는 양성자 이동 평형(**proton transfer equibrium**)이다.

브뢴스테드(Johannes Nicolaus Brønsted, 1879~1947)

덴마크의 물리화학자. 1923년 Arrhenius의 산·염기 개념을 확장시킨 새로운 산·염기 이론을 발표하였고, 전자 친화도에 대한 많은 연구와 산과 염기의 촉매에 대한 Brønsted 촉매 식을 세웠다.

산의 탈양성자화와 염기의 양성자화

산은 물에서 이온으로 해리되어 다음과 같이 양성자 이탈(**deprotonation**) 반응에 의한 평형이 일어난다.

$$\mathrm{HA}(aq) + \mathrm{H_2O}(l) \rightleftharpoons \mathrm{H_3O^+}(aq) + \mathrm{A^-}(aq)$$

여기에서 'HA'는 산(acid)을 의미한다.

수용액에서 물은 용매이므로 그 활동도로 놓으므로 산의 해리 평형 상수인 산도 상수(**acidity constant, K_a**)는 다음과 같이 정의된다.

$$K_a = \frac{a_{H^+}\, a_{A^-}}{a_{HA}} = \frac{m_{H^+}\, m_{A^-}\gamma_\pm^2}{m^\circ\, m_{HA}\gamma_{HA}} \quad \text{(산도 상수의 정의)} \qquad (10.15)$$

여기에서 'm'은 몰랄 농도이고 'm°'는 표준 몰랄 농도(1 mol kg^{-1})로 K_a가 상수가 되게 하기 위하여 사용된다. H^+는 수화된 양성자 H_3O^+를 간단히 나타내기 위하여 사용하였다. '$\gamma_\pm$'는 이온의 평균 활동도 계수(부록의 표 10.1 참조)이고, 'γ_{HA}'는 해리되지 않은 산의 활동도 계수로 HA는 해리되지 않은 비전해질이므로 묽은 용액에서 1에 가까워 근사적으로 $\gamma_{HA} = 1$로 다룬다.

산도 상수는 흔히 상용 로그를 사용하여 pK_a로 나타내며 pK_a는 다음과 같이 정의된다.

$$\mathrm{p}K_a = -\log K_a \qquad (10.16)$$

산도 상수 pK_a 값은 양성자 전달이 일어나는 정도를 나타내며 pK_a 값이 클수록 해리된 탈양성자화된 화학종 A^-의 농도가 낮아 더 약한 산이 된다. 몇 가지 약산에 대한 산도 상수는 표 10.2와 같고, 더 많은 물질에 대한 값은 부록에 수록해 놓았다.

표 10.2 298.15 K에서 몇 가지 약산의 K_a 및 pK_a

화합물명	화학식	K_a	pK_a
아이오딘산(iodic acid)	HIO_3	1.7×10^{-1}	0.77
클로로에탄산(chloroethanoic acid)	$HC_2H_2O_2Cl$	1.36×10^{-3}	2.87
아질산(nitrous acid)	HNO_2	7.1×10^{-4}	3.15
플루오린화수소산(hydrofluoric acid)	HF	6.3×10^{-4}	3.20
사이안산(cyanic acid)	$HOCN$	3.5×10^{-4}	3.46
폼산(formic acid)	$HCHO_2$	1.8×10^{-4}	3.75
바비투르산(barbitutic acid)	$HC_4H_3N_2O_3$	9.8×10^{-5}	4.01
에탄산(ethanoic acid)	$HC_2H_3O_2$	1.4×10^{-5}	4.76
하이드라조산(hydraxoic acid)	HN_3	1.8×10^{-5}	4.74
뷰탄산(butanoic acid)	$HC_4H_7O_2$	1.5×10^{-5}	4.83
프로판산(propanoic acid)	$HC_3H_5O_2$	1.4×10^{-5}	4.87
하이포염소산(hypochlorous acid)	$HOCl$	4.0×10^{-8}	7.40
사이안화수소산(hydrocyanic acid)	HCN	6.2×10^{-10}	9.21
페놀(phenol)	HC_6H_5O	1.0×10^{-10}	9.99
과산화 수소(hydrogen peroxide)	H_2O_2	1.8×10^{-12}	11.74

염기는 양성자 받개로 염기는 물과 반응하여 다음과 같이 **양성자 첨가(protonation)**가 된 자신의 짝산 BH^+와 OH^- 이온을 생성한다.

$$B(aq) + H_2O(l) \rightleftharpoons BH^+(aq) + OH^-(aq)$$

여기에서 B는 염기(base)를 의미한다. 염기에 대한 해리 평형 상수인 **염기도 상수(basicity constant, K_b)**는 다음과 같이 정의된다.

$$K_b = \frac{a_{BH^+}\, a_{OH^-}}{a_B} = \frac{m_{BH^+}\, m_{OH^-} \gamma_\pm^2}{m^\circ m_B \gamma_B} \quad \text{(염기도 상수의 정의)} \qquad (10.17)$$

염기도의 세기는 K_b 값에 의하여 결정된다. 즉 $K_b > 1$이면 강염기로 용액 중에서 완전히 양성자화된 화학종 BH^+로 존재한다. 약염기는 $K_b < 1$이며 물 속에서 완전히 양성자화되지 않는다. pK_a와 마찬가지로 pK_b는 다음과 같이 정의된다.

$$pK_b = -\log K_b \qquad (10.18)$$

몇 가지 약염기에 대한 염기도 상수는 표 10.3과 같다. 더 많은 물질에 대한 값은 부록에 수록해 놓았다.

표 10.3 298.15 K에서 몇 가지 약염기의 K_b 및 pK_b

화합물명	화학식	K_b	pK_b
뷰틸아민(butylamine)	$C_4H_9NH_2$	5.9×10^{-4}	3.23
메틸아민(methylamine)	CH_3NH_2	4.6×10^{-4}	3.34
암모니아(ammonia)	NH_3	1.8×10^{-5}	4.75
하이드록실아민(hydroxylamine)	$HONH_2$	6.6×10^{-9}	8.18
피리딘(pyridine)	C_5H_5N	1.5×10^{-9}	8.82
아닐린(aniline)	$C_6H_5NH_2$	7.7×10^{-10}	9.11

순수한 물은 **자체 이온화(autoionization)**라고 하는 물 분자들 사이에 양성자를 주고받는 다음과 같은 **자체 양성자 이전(autoprotolysis)**에 의한 평형을 이룬다.

$$H_2O(l) + H_2O(l) \rightleftharpoons H_3O^+(aq) + OH^-(aq)$$

$$K = \frac{a_{H^+}\, a_{OH^-}}{a_{H_2O}^2}$$

물의 활동도 $a_{H_2O} = 1$이므로 물의 **자체 양성자 이전 상수(autoprotolysis consatant, K_w)**는 다음과 같다.

$$K_w = a_{H^+}\, a_{OH^-} \qquad pK_w = -\log K_w \tag{10.19}$$

25°C에서 $K_w = 1.0 \times 10^{-14}$이고, $pK_w = 14.00$이다.

짝산과 짝염기 K_a와 K_b 사이에는 서로 상관 관계가 있다. 산과 그 짝염기의 가역 반응은 다음과 같다.

$$HA(aq) \rightleftharpoons H^+(aq) + A^-(aq) \qquad K_a = \frac{a_{H^+}\, a_{A^-}}{a_{HA}}$$

$$A^-(aq) + H_2O(l) \rightleftharpoons OH^-(aq) + HA(aq) \qquad K_b = \frac{a_{OH^-}\, a_{HA}}{a_{A^-}}$$

두 상수 K_a와 K_b의 곱을 취하면 다음과 같은 관계를 얻는다.

$$K_a \times K_b = \frac{a_{H^+}\, a_{A^-}}{a_{HA}} \times \frac{a_{OH^-}\, a_{HA}}{a_{A^-}} = a_{H^+}\, a_{OH^-} = K_w \tag{10.20}$$

이 식에 상용 로그를 취하고 음의 부호를 곱하면 다음과 같이 된다.

$$-\log K_a K_b = -(\log K_a + \log K_b) = -\log K_w$$

따라서 다음과 같은 관계식을 얻는다.

$$pK_a + pK_b = pK_w \tag{10.21}$$

예제 10.3 표 10.3의 자료를 사용하여 298.15 K에서 메틸아민의 양성자 첨가 반응과 짝산의 양성자 이탈 반응식을 쓰고, 짝산의 pK_a 값을 구하시오.

풀이 염기성 물질의 양성자 첨가 반응과 그 짝산의 양성자 이탈 반응식을 쓰고, 10.21식의 $pK_a + pK_b = pK_w$ 관계를 사용하여 짝산의 pK_a 값을 구하는 문제이다.

- 메틸아민의 양성자 첨가 반응

$$CH_3NH_2 + H_2O \rightleftharpoons CH_3NH_3^+ + OH^- \quad pK_b = 3.34$$

- 짝산의 양성자 이탈 반응

$$CH_3NH_3^+ + H_2O \rightleftharpoons CH_3NH_2 + H_3O^+ \quad pK_a = ?$$

- 짝산의 pK_a

$pK_a + pK_b = pK_w$를 pK_a에 대하여 정리하여 계산하면 다음과 같이 된다.

$$\mathbf{p}\boldsymbol{K}_\mathbf{a} = pK_w - pK_b = 14.00 - 3.34 = \mathbf{10.66}$$

다양성자산과 양쪽성 양성자성 화학종

다양성자산(**polyprotic acid**)은 두 개 이상의 양성자를 줄 수 있는 산이다. 예를 들어 황산 H_2SO_4는 두 개의 양성자까지 줄 수 있으며, 인산 H_3PO_4는 세 개까지 양성자를 줄 수 있다. 이 다양성자산의 연속적인 평형은 다음과 같다.

$$H_3A(aq) + H_2O(l) \rightleftharpoons H_3O^+(aq) + H_2A^-(aq) \qquad K_{a1} = \frac{a_{H^+}a_{H_2A^-}}{a_{H_3A}} \tag{10.22a}$$

$$H_2A^-(aq) + H_2O(l) \rightleftharpoons H_3O^+(aq) + HA^{2-}(aq) \qquad K_{a2} = \frac{a_{H^+}a_{HA^{2-}}}{a_{H_2A^-}} \tag{10.22b}$$

$$HA^{2-}(aq) + H_2O(l) \rightleftharpoons H_3O^+(aq) + A^{3-}(aq) \qquad K_{a3} = \frac{a_{H^+}a_{A^{3-}}}{a_{HA^{2-}}} \tag{10.22c}$$

다양성자산에서 양성자 이탈은 첫 번째보다 두 번째가 어렵고, 두 번째보다는 세 번째가 어렵기 때문에 $K_{a1} > K_{a2} > K_{a3}$이다. 몇 가지 다양성자산의 연속적 산도 상수는 표 10.4와 같다. 이 표는 부록에도 수록해 놓았다.

표 10.4 298.15 K에서 몇 가지 다양성자산의 연속적 산도 상수

화합물명, 화학식	K_{a1}	K_{a2}	K_{a3}	pK_{a1}	pK_{a2}	pK_{a3}
탄산, H_2CO_3	4.3×10^{-7}	5.6×10^{-11}		6.37	10.25	
황화수소산, H_2S	1.3×10^{-7}	7.1×10^{-15}		6.88	14.15	
옥살산, $(COOH)_2$	5.9×10^{-2}	6.5×10^{-5}		1.23	4.19	
인산, H_3PO_4	7.6×10^{-3}	6.2×10^{-8}	2.1×10^{-13}	2.12	7.21	12.67
아인산, H_2PO_3	1.0×10^{-2}	2.6×10^{-7}		2.00	6.59	
황산, H_2SO_4	강산	1.2×10^{-7}			1.92	
아황산, H_2SO_3	1.5×10^{-2}	1.2×10^{-7}		1.81	6.91	

양쪽성 화학종(**amphiprotic chemical species**)은 양성자를 줄 수도 있고 받을 수도 있는 분자나 이온으로 산으로 작용할 수도 있고 염기로도 작용할 수 있는 물질이다. 예를 들면 HCO_3^-는 양성자를 내어 놓고 CO_3^{2-}를 형성하는 산으로 작용하기도 하고, 양성자를 받아 H_2CO_3를 형성하는 염기로도 작용한다. 이러한 화학종이 녹아 있는 수용액이 산성인가 염기성인가 하는 것은 다음과 같이 구한다.

$$pH = \frac{1}{2}(pK_{a1} + pK_{a2}) \tag{10.23}$$

이 식은 염의 몰농도가 K_w/K_{a1}와 K_w/K_{a2}보다 매우 클 때 잘 맞는다.

10.4 전자 이동 평형과 전기 화학

전자가 이동하는 **산화·환원 반응(redox reaction)**은 양성자가 이동하는 산·염기 반응과 함께 화학적 반응의 거의 모든 반응에 적용된다. 연소, 호흡, 광합성, 화학 전지 및 부식은 전자 또는 원자군에 속한 전자가 한 성분에서 다른 성분으로 이동하는 산화·환원 반응이다.

이온의 이동

용액 속의 이온의 이동은 농도를 알고 있는 용액의 전기저항을 측정하여 알 수 있다. 시료의 저항(R)은 길이 L에 비례하고 단면적 A에 반비례한다. 따라서 저항 R은 다음과 같이 표현된다.

$$R = \rho \frac{L}{A} \tag{10.24}$$

여기에서 비례 상수 'ρ'는 **고유 저항(specific resistivity)**이라고 하며 단위는 Ω m (옴-미터)이다. 고유 저항의 역수는 **전도도(conductivity, κ)**로 단위는 $\Omega^{-1}\ m^{-1}$이다. Ω의 역수는 국제 전기 전도도 단위인 지멘스(siemens, S)로 $1\ S = 1\ \Omega^{-1}$이다.

몰전도도(molar conductivity, Λ_m)는 전도도 κ가 결정되면 다음과 같이 구할 수 있다.

$$\Lambda_m = \frac{\kappa}{M} \tag{10.25}$$

여기에서 'M'은 용질의 몰농도이다. 따라서 Λ_m의 단위는 $S\ m^2\ mol^{-1}$이 된다.

강전해질의 몰전도도는 **콜라우슈(Kohlrausch, F. W. G.)**가 발견한 경험식에 의하여 다음과 같이 결정된다.

$$\Lambda_m = \Lambda_m{}^{\circ} - KM^{1/2} \tag{10.26}$$

여기에서 '$\Lambda_m{}^{\circ}$'은 이온이 다른 이온들과 상호작용이 없는 **한계 몰전도도(limiting molar conductivity)**로 대단히 낮은 농도에서의 몰전도도이고, 'K'는 계수, 'M'은 몰농도이다.

이온들이 서로 멀리 떨어져 있어 상호작용이 거의 없으면, 한계 몰전도도는 한쪽 방향으로의 양이온의 이동과 반대 방향으로의 음이온의 이동으로 분리하여 다음과 같

콜라우슈(Friedrich Wilhelm Georg Kohlrausch, 1840~1910)
독일의 물리학자. 전해질의 전도성과 그 거동, 탄성 및 열전도도에 관한 연구를 하였다.

이 다룰 수 있다.

$$\Lambda_m = \lambda_+ + \lambda_- \tag{10.27}$$

표 10.5 몇 가지 양이온과 음이온의 이온 전도도(mS m^2 mol^{-1})

양이온	λ_+	음이온	λ_-
H_3O^+	34.96	OH^-	19.91
Li^+	3.87	F^-	5.54
Na^+	5.01	Cl^-	7.64
K^+	7.35	Br^-	7.81
Rb^+	7.78	I^-	7.68
Cs^+	7.72	CO_3^{2-}	13.86
Mg^{2+}	10.60	NO_3^-	7.15
Ca^{2+}	11.90	SO_4^{2-}	16.00
Sr^{2+}	11.89	$HCOO^-$	5.46
NH_4^+	7.35	CH_3COO^-	4.09

여기에서 'λ_+'와 'λ_-'는 각각 양이온과 음이온의 이온 **전도도(ionic conductivity)**이다. 몇 가지 이온의 이온 전도도는 표 10.5와 같고, 이 표는 부록에도 수록해 놓았다.

약전해질의 몰전도도는 농도에 따라 더 복잡한 형태가 되어 농도에 따라 변한다. 이온 농도는 초기 농도에 연관되므로 몰전도도를 측정하면 산도 상수 K_a를 결정할 수 있다.

전기 화학 전지

전기 화학 전지는 내부에서 일어나는 자발적 반응에 의하여 전기가 발생하는 **갈바니 전지(galvanic cell)**와 외부에서 가해준 전류에 의하여 비자발적 반응이 진행되는 **전해 전지(electrolytic cell)**로 구분된다. 전지는 한 물질에서 다른 물질로 전자가 이동하는 산화·환원 반응을 이용하는 전기 화학적 장치이다.

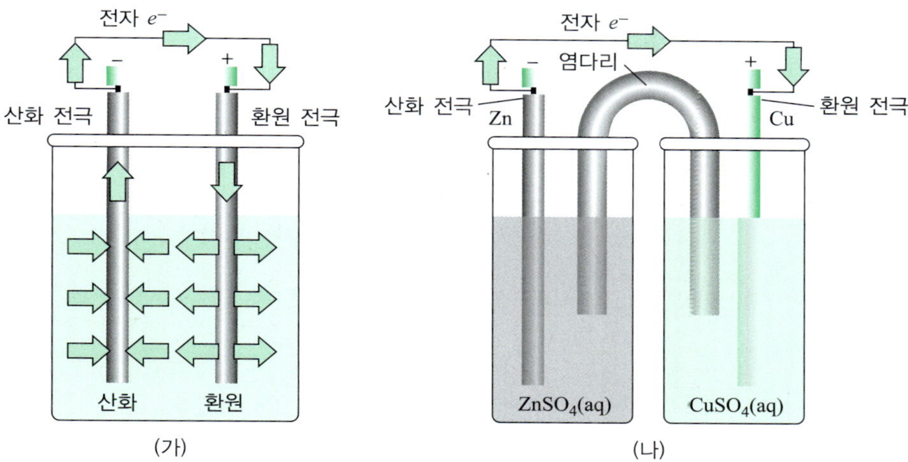

그림 10.2 갈바니 전지 개념도. (가) 두 전극이 하나의 전해질을 갖는 갈바니 전지, (나) 염다리로 전해질이 분리된 갈바니 전지

모든 산화·환원 반응은 다음과 같이 두 개의 **환원 반쪽 반응(reduction half reaction)**의 차로 나타낼 수 있다.

$$Cu^{2+}\text{의 환원 반응: } Cu^{2+}(aq) + 2e^- \rightarrow Cu(s)$$
$$Zn^{2+}\text{의 환원 반응: } Zn^{2+}(aq) + 2e^- \rightarrow Zn(s)$$
$$\text{두 반응의 차: } Cu^{2+}(aq) + Zn(s) \rightarrow Cu(s) + Zn^{2+}(aq)$$

반쪽 반응은 환원제와 산화제 간에 전자의 이동을 나타내 주는 개념적인 반응이다. 반쪽 반응에서 Cu^{2+}/Cu, Zn^{2+}/Zn과 같은 화학종을 **산화·환원 쌍(redox couple)**이라고 하며 다음과 같이 표시한다.

$$\text{반쪽 반응: } Ox + ne^- \rightarrow Red \qquad \text{쌍: } Ox/Red \tag{10.28}$$

전지에서 산화 반응이 일어나는 전극을 **산화 전극(anode)**, 환원 반응이 일어나는 전극을 **환원 전극(cathode)**이라고 한다. 갈바니 전지(그림 10.2)에서 산화 전극에서 방출된 전자는 외부 회로를 통하여 환원 전극으로 전달된다. **산화·환원 전극(redox electrode)**은 일반적으로 Fe^{3+}/Fe^{2+}와 같이 두 산화 상태가 0이 아닌 같은 원소의 쌍으로 이루어지며 그 평형은 다음과 같다.

$$Ox + ne^- \rightarrow Red \qquad Q = \frac{a_{Red}}{a_{Ox}} \tag{10.29}$$

전지는 상의 경계는 수직선('|'), 혼합 가능한 두 액체 간 접촉은 수직 점선('⋮'), 염다리는 이중 수직선('‖')으로 하여 다음과 같이 표기한다.

$$\mathrm{Pt}(s)|\mathrm{H_2}(g)|\mathrm{HCl}(aq)|\mathrm{AgCl}(s)|\mathrm{Ag}(s) \qquad (10.30\mathrm{a})$$

$$\mathrm{Zn}(s)|\mathrm{ZnSO_4}(aq)\vdots\,\mathrm{CuSO_4}(aq)|\mathrm{Cu}(s) \qquad (10.30\mathrm{b})$$

$$\mathrm{Zn}(s)|\mathrm{Zn^{2+}}(aq)\|\mathrm{Cu^{2+}}(aq)|\mathrm{Cu}(s) \qquad (10.30\mathrm{c})$$

10.30b와 10.30c식의 전지에서 두 환원 반쪽 반응은 다음과 같다.

$$\text{전지 오른쪽}(R)\text{: } \mathrm{Cu^{2+}}(aq) + 2e^- \rightarrow \mathrm{Cu}(s)$$

$$\text{전지 왼쪽}(L)\text{: } \mathrm{Zn^{2+}}(aq) + 2e^- \rightarrow \mathrm{Zn}(s)$$

그러므로 전체 전지 반응식은 다음과 같다.

$$\text{전체 반응: } R - L = \mathrm{Zn}(s) + \mathrm{Cu^{2+}}(aq) \rightarrow \mathrm{Zn^{2+}}(aq) + \mathrm{Cu}(s)$$

전지의 전위와 깁스 에너지의 관계

화학 전지는 산화·환원 반응에 따른 전자의 이동을 외부 회로를 통하여 흐르게 함으로써 전기적인 일을 하게 한다. 이때 일어나는 일의 세기는 두 전극 사이의 **전위차(potential difference)**에 의하여 결정된다. 전기 화학에서 전위차는 볼트(V, 1 V = 1 J C^{-1}) 단위를 사용한다.

'7.2 최대 일, 최대 비팽창 일'의 7.21식에서 보았듯이 계가 할 수 있는 최대 비팽창 일은 다음과 같다.

$$\mathrm{d}w_{\text{max,비팽창}} = \mathrm{d}G$$

여기에서 최대 비팽창 일 $\mathrm{d}w_{\text{max,비팽창}}$은 가역 과정에서 일어나는 일이므로 전지가 평형을 이룰 때 측정된 전위차인 **전지 전위(cell potential, E_{cell})**를 사용하면 반응 깁스 에너지와 전지 전위 사이에는 다음과 같은 관계가 성립된다.

$$\Delta_r G = -\nu F E_{\text{cell}} \qquad (10.31)$$

패러데이(Michael Faraday, 1791~1867)

영국의 물리학자, 화학자. 전자기학과 전기 화학 분야에 큰 기여를 하였고, 벤젠을 발견하였다. 패러데이는 어린 시절 정식 교육을 거의 받지 못했음에도 역사적으로 매우 훌륭한 과학자로 기록되는 업적을 남겼다.

여기에서 'ν'는 화학량적 계수이고, 'F'는 비례 상수로 패러데이 상수(Faraday constant)라고 하며, 전자 1 mol 당 전하의 크기로 다음

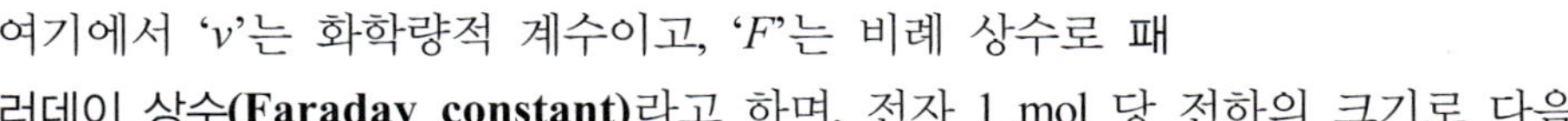

과 같은 값이다.

$$F = eN_A = (1.602176 \times 10^{-19}\ \mathrm{C})(6.02214 \times 10^{23}\ \mathrm{mol^{-1}})$$
$$= 96.485\ \mathrm{kC\ mol^{-1}}$$

10.31식에서 ν와 F는 양(+)이므로 $\Delta_r G$와 E_{cell}의 부호는 서로 반대이다. 반응이 정방향으로 자발적이면 $\Delta_r G < 0$이므로 $E_{cell} > 0$이고, 역방향으로 자발적이면 $\Delta_r G > 0$이므로 $E_{cell} < 0$이다. 그리고 평형에서는 $\Delta_r G = 0$이므로 $E_{cell} = 0$이다.

〈전지 반응의 자발성〉
$E_{cell} > 0$일 때: 정반응이 자발적
$E_{cell} < 0$일 때: 역반응이 자발적
$E_{cell} = 0$일 때: 평형 상태

전지의 전위와 평형 관계

농도에 따른 전지 전위 E_{cell}의 크기는 '10.1 화학 평형과 화학 평형의 본질'에서 다룬 10.7식의 농도에 따른 반응 깁스 에너지로부터 얻어진다.

$$\Delta_r G = \Delta_r G^\circ + RT \ln Q$$

여기에서 '$\Delta_r G^\circ$'는 표준 반응 깁스 에너지이고, 'Q'는 반응 지수이다.

10.31식을 E_{cell}에 대하여 정리하면 다음과 같이 된다.

$$E_{cell} = -\frac{\Delta_r G}{\nu F} \qquad (10.32)$$

이 식에 10.7식을 대입하면 다음과 같이 된다.

$$E_{cell} = -\frac{\Delta_r G^\circ}{\nu F} - \frac{RT}{\nu F} \ln Q$$

여기에서 $-\frac{\Delta_r G^\circ}{\nu F}$는 표준 전지 전위(**standard cell potential,** E_{cell}°)이다. 따라서 위 식은 다음과 같이 되며, 네른스트 식(**Nernst equation**)이라고 한다.

$$E_{cell} = E_{cell}^\circ - \frac{RT}{\nu F} \ln Q \quad \text{(네른스트 식)} \qquad (10.33)$$

전지 반응이 평형에 도달하면 $Q = K$이고 $E_{cell} = 0$이므로 네른스트 식은 다음과 같이 된다.

$$0 = E_{cell}{}^{\circ} - \frac{RT}{\nu F}\ln K$$

따라서 표준 전지 전위와 평형 상수 K의 관계는 다음과 같다.

$$\ln K = \frac{\nu F}{RT} E_{cell}{}^{\circ} \quad (10.34a)$$

$$K = e^{\nu F E_{cell}{}^{\circ} / RT} \quad (10.34b)$$

예제 10.4 수용액 중에서 탄산염과 탄산염수소의 이온 평형은 다음과 같다. 부록의 표 5.4의 자료를 사용하여 HCO_3^-/CO_3^{2-}, H_2 쌍의 표준 전위를 구하시오.

$$HCO_3^-(aq) + e^- \rightarrow CO_3^{2-}(aq) + \frac{1}{2}H_2(g)$$

풀이 표준 반응 깁스 에너지와 표준 전지 전위의 관계로부터 전자이동 반응의 표준 전위를 구하는 문제이다.
부록의 표 5.4 자료로부터 표준 반응 깁스 에너지를 계산하면 다음과 같다.

$$\begin{aligned}\Delta_r G^\circ &= \Delta_f G^\circ(CO_3^{2-}, aq) + \tfrac{1}{2}\Delta_f G^\circ(H_2, g) - \Delta_f G^\circ(HCO_3^-, aq)\\ &= -527.81\ \mathrm{kJ\ mol^{-1}} + 0 - (-586.77\ \mathrm{kJ\ mol^{-1}})\\ &= 58.96\ \mathrm{kJ\ mol^{-1}}\end{aligned}$$

10.32식을 표준 상태에 대하여 적용하여 계산하면 다음과 같이 표준 전위를 구할 수 있다.

$$\begin{aligned}\boldsymbol{E^\circ} &= -\frac{\Delta_r G^\circ}{\nu F} = -\frac{58.96\ \mathrm{kJ\ mol^{-1}}}{(1)(96.485\ \mathrm{kC\ mol^{-1}})} = -0.6111\ \mathrm{J\ C^{-1}}\\ &= \mathbf{-0.6111\ V}\end{aligned}$$

표준 환원 전위

전지에서 각 전극은 전지의 전체 전위에 독립적으로 기여한다. 그러나 두 전극 중에 어느 한 전극이 전체 전위에 기여하는 정도를 분리해서 측정하는 것은 불가능하다. 따라서 어느 한 전극의 값을 0으로 정하여 그 값을 기준으로 하면 다른 전극의 상대적인 값을 정하여 사용한다.

이때 기준 **전극(reference electrode)**으로 삼는 전극은 **표준 수소 전극(standard hydrogen electrode, SHE)**으로 다음과 같다.

$$\mathrm{Pt}(s)\,|\,\mathrm{H_2}(g)\,|\,\mathrm{H^+}(aq) \qquad E^\circ = 0 \quad (\text{모든 온도}) \tag{10.35}$$

따라서 SHE를 기준으로 하여 임의의 Ox/Red 쌍의 표준 환원 전위는 다음과 같이 구성된 전지의 전위를 측정함으로써 결정할 수 있다.

$$\mathrm{Pt}(s)\,|\,\mathrm{H_2}(g)\,|\,\mathrm{H^+}(aq)\,\|\,\mathrm{Ox}(aq)\,|\,\mathrm{Red}(s) \tag{10.36}$$

예를 들면 Zn^{2+}/Zn 쌍의 표준 환원 전위는 다음과 같다.

$$\mathrm{Pt}(s)\,|\,\mathrm{H_2}(g)\,|\,\mathrm{H^+}(aq)\,\|\,\mathrm{Zn^{2+}}(aq)\,|\,\mathrm{Zn}(s) \qquad E^\circ = -0.76\ \mathrm{V}$$

상온에서 몇 가지 물질의 표준 환원 전위는 표 10.6과 같고, 더 많은 물질에 대한 자료는 부록에 수록해 놓았다.

표 10.6 298.15 K에서 몇 가지 물질의 표준 환원 전위

환원 반쪽 반응	E°/V
$F_2(g) + 2e^- \rightarrow 2F^-(aq)$	+2.87
$Fe^{3+}(aq) + e^- \rightarrow Fe^{2+}(aq)$	+0.77
$Cu^{2+}(aq) + 2e^- \rightarrow Cu(s)$	+0.34
$AgCl(s) + e^- \rightarrow Ag(s) + Cl^-(aq)$	+0.22
$H^+(aq) + e^- \rightarrow \frac{1}{2}H_2(g)$	0(정의)
$Zn^{2+}(aq) + 2e^- \rightarrow Zn(s)$	−0.76
$Na^+(aq) + e^- \rightarrow Na(s)$	−2.71

그러므로 전지의 전체 표준 환원 전위는 다음과 같이 구할 수 있다.

$$E_{cell}^{\circ} = E_{R}^{\circ} - E_{L}^{\circ} \qquad (10.37)$$

여기에서 E_{R}°은 오른쪽 전극의 표준 환원 전위이고, E_{L}°은 왼쪽 전극의 표준 환원 전위이다.

전지 반응에서 정반응이 자발적이면 $E_{cell}^{\circ} > 0$이고 $K > 1$이므로 다음과 같이 전기 화학적 서열(**electrochemical series**)이 정해지는 원칙을 말할 수 있다.

$E_{R}^{\circ} > E_{L}^{\circ}$이면 $K > 1$이므로 낮은 E°의 쌍은 높은 E°의 쌍을 환원시키고, 높은 E°의 쌍은 낮은 E°의 쌍을 산화시킨다.

예를 들면 $E^{\circ}(Zn^{2+}/Zn) = -0.76$ V이고 $E^{\circ}(Cu^{2+}/Cu) = +0.34$ V이므로 표준 상태에서 Zn은 Cu^{2+}를 환원시킨다. 따라서 반응은 다음과 같이 된다.

$$Zn(s) + CuSO_4(aq) \rightleftharpoons ZnSO_4(aq) + Cu(s) \qquad K > 1$$

핵심 개념

1. 화학 반응: 반응계의 깁스 에너지가 최소가 되도록 반응물들과 생성물들의 조성을 조정하는 현상
2. 화학 평형: 반응계의 깁스 에너지가 최소가 되어 반응물들과 생성물들의 조성이 더 이상 변하지 않는 상태
3. 화학 평형의 기준: $\Delta_r G = 0$
4. 자발적 반응의 방향
   $\Delta_r G < 0$: 자발적 반응의 방향은 정방향
   $\Delta_r G > 0$: 자발적 반응의 방향은 역방향
   $\Delta_r G = 0$: 반응은 평형 상태
5. 르샤틀리에 원리: 평형 상태에 있는 계에 외부에서 변화를 가하면, 계는 그 변화를 완화시키는 방향으로 반응을 일으켜 새로운 평형을 찾아간다.
6. 양성자 이동 평형: 산·염기 반응에서 산에서 해리되어 나온 양성자가 염기로 전달되는 평형

7. 양성자 이탈과 양성자 첨가 반응
   산의 양성자 이탈: $HA(aq) + H_2O(l) \rightleftharpoons H_3O^+(aq) + A^-(aq)$
   염기의 양성자 첨가: $B(aq) + H_2O(l) \rightleftharpoons BH^+(aq) + OH^-(aq)$
8. 물의 자체 양성자 이전

$$H_2O(l) + H_2O(l) \rightleftharpoons H_3O^+(aq) + OH^-(aq)$$

9. 다양성자산: 두 개 이상의 양성자를 줄 수 있는 산
10. 양쪽성 양성자성 화학종: 양성자를 줄 수도 있고 받을 수도 있는 분자나 이온, 산으로 작용할 수도 있고 염기로도 작용할 수 있음.
11. 전도도(κ): 고유 저항의 역수
    몰전도도(Λ_m): 물질 1 mol 당 전도도
    한계 몰전도도: 대단히 낮은 농도에서의 몰전도도
    이온 전도도: 이온의 몰전도도
12. 전지의 전극
    산화 전극(anode): 산화 반응이 일어나는 전극
    환원 전극(cathode): 환원 반응이 일어나는 전극
13. 전지 전위(E_{cell}): 전지가 평형을 이룰 때 측정된 전위차
14. 전지 반응의 자발성
    $E_{cell} > 0$일 때: 정반응이 자발적
    $E_{cell} < 0$일 때: 역반응이 자발적
    $E_{cell} = 0$일 때: 평형 상태
15. 표준 수소 전극(기준 전극, SHE): 각 전극의 전위를 측정하기 위하여 정한 전위의 기준

$$Pt(s)|H_2(g)|H^+(aq) \qquad E^\circ = 0$$

16. 전기 화학적 서열 원칙
    낮은 E°의 쌍은 높은 E°의 쌍을 환원시키고, 높은 E°의 쌍은 낮은 E°의 쌍을 산화시킨다.

주요 식

이름	식	설명
반응 깁스 에너지	$\Delta_r G = \int \frac{dG}{dn} = \frac{\Delta G}{\Delta n}$	정의
	$\Delta_r G = \Delta_r G^\circ + RT \ln Q$ (Q: 반응 지수)	반응 깁스 에너지와 농도 관계
	$\Delta_r G^\circ = -RT \ln K$ (K: 평형 상수)	표준 반응 깁스 에너지와 평형 관계
	$\Delta_r G = -\nu F E_{cell}$	반응 깁스 에너지와 전지 전위 관계
반트 호프의 법칙	$\Delta \ln K = \ln K_2 - \ln K_1 = \frac{\Delta_r H^\circ}{R}\left(\frac{1}{T_1} - \frac{1}{T_2}\right)$	온도가 평형 상수에 미치는 영향
산도 상수(K_a)	$K_a = \frac{a_{H^+} a_{A^-}}{a_{HA}} = \frac{m_{H^+} m_{A^-} \gamma_\pm^2}{m^\circ m_{HA} \gamma_{HA}}$ $pK_a = -\log K_a$	정의
염기도 상수(K_b)	$K_b = \frac{a_{BH^+} a_{OH^-}}{a_B} = \frac{m_{BH^+} m_{OH^-} \gamma_\pm^2}{m^\circ m_B \gamma_B}$ $pK_b = -\log K_b$	정의
자체 양성자 이전 상수	$K_w = a_{H^+} a_{OH^-}$ $pK_w = -\log K_w$	정의
K_a, K_b, K_w의 관계	$K_a \times K_b = K_w$ $pK_a + pK_b = pK_w$	
몰전도도	$\Lambda_m = \frac{\kappa}{M}$	정의
	$\Lambda_m = \Lambda_m^\circ - \mathrm{K} M^{1/2}$	콜라우슈 식
	$\Lambda_m = \lambda_+ + \lambda_-$	이온의 몰전도도
네른스트 식	$E_{cell} = E_{cell}^\circ - \frac{RT}{\nu F} \ln Q$	전지 전위와 농도 관계
전지 반응 평형 상수	$\ln K = \frac{\nu F}{RT} E_{cell}^\circ$ $K = e^{\nu F E_{cell}^\circ / RT}$	표준 전지 전위와 평형 상수 관계

연습 문제

10.1 질소와 수소로부터 암모니아를 생성하는 반응의 표준 반응 깁스 에너지 $\Delta_r G°(298.15\ K) = -16.5\ kJ\ mol^{-1}$이다. N_2, H_2, NH_3의 분압이 각각 3.0, 2.0, 5.0 bar일 때 다음을 구하시오. (N_2, H_2, NH_3를 이상 기체로 가정하시오.)

(1) 반응 지수 Q

(2) 반응 깁스 에너지 $\Delta_r G$

(3) 자발적 반응의 방향

10.2 몇 가지 온도에 대하여 물의 pK_w를 측정하였더니 다음과 같았다. 물의 표준 양성자 첨가 엔탈피를 구하시오. ($\ln x = \ln 10 \times \log x$이다.)

T/K	283.15	288.15	293.15	298.15	303.15	308.15
pK_w	14.535	14.364	14.167	13.997	13.833	13.680

10.3 부록의 표 10.2와 10.3 자료를 사용하여 다음 물질의 양성자 이탈 또는 양성자 첨가 분율을 구하시오.

(1) 0.50 M 옥살산

(2) 0.25 M 황산수소산

(3) 0.50 M 하이드라진

(4) 0.25 M 니코틴

10.4 부록의 표 10.4 자료를 사용하여 298.15 K에서 0.025 M H_3PO_4의 pH를 구하시오.

10.5 0.010 M 에탄산의 몰전도도는 1.65 mS m^{-2} mol^{-1}이다. 이 용액의 pK_a를 구하시오. (표 10.5 자료를 활용하시오.)

10.6 298.15 K에서 $AgNO_3$의 한계 몰전도도 $\Lambda_m° = 13.34$ mS m^{-2} mol^{-1}이다. 부록의 표 10.5 자료를 사용하여 다음을 구하시오.

(1) KCl과 KNO_3의 한계 몰전도도

(2) AgCl의 한계 몰전도도

10.7 어떤 강전해질 용액에 대하여 일련의 농도 시료에 대한 저항을 측정하였더니 이 용액의 전지 상수($C = \kappa R$)는 0.206 cm^{-1}이다. 다음과 같은 결과를 얻었다. 다음을 구하시오.

M/mol L^{-1}	0.001	0.005	0.010	0.020	0.050
R/Ω	1670	342	175	89	38

(1) 한계 몰전도도

(2) 콜라우슈 경험식의 계수 K

10.8 메탄산(HCOOH)의 $K_a = 1.83 \times 10^{-4}$이다. 부록의 표 10.5의 자료를 사용하여 0.0200 M 메탄산의 몰전도도를 구하시오.

10.9 전극 반응이 $Mg(s) + Cl_2(g) \rightarrow MgCl_2(aq)$인 전지를 만들었다. 각 전극의 반쪽 반응을 쓰고, 부록의 표 10.6의 자료를 사용하여 표준 전극 전위를 구하시오.

10.10 부록의 표 10.6의 표준 환원 전위 자료를 사용하여 298.15 K에서 다음 반응의 평형 상수를 구하시오.

(1) $Pb(s) + Pb^{4+}(aq) \rightleftharpoons 2Pb^{2+}(aq)$

(2) $Zn(s) + 2AgCl(s) \rightleftharpoons ZnCl_2(aq) + 2Ag(s)$

(3) $Sn(s) + CuSO_4(aq) \rightleftharpoons Cu(s) + SnSO_4(aq)$

(4) $2Au(s) + Au^{3+}(aq) \rightleftharpoons 3Au^{+}(aq)$

10.11 부록의 표 10.6의 표준 환원 전위 자료를 사용하여 다음 전지들의 표준 전위를 구하고, 자발성 여부를 판단하시오.

(1) $Pt(s) | H_2(g) | HCl(aq) | H_2(g) | Pt(s)$

(2) $Pt(s) | Cl_2(g) | HCl(aq) || HBr(aq) | Br_2(l) | Pt(s)$

(3) $Fe(s) | FeSO_4(aq) || MnSO_4(aq), H^{+}(aq) | MnO_2(s) | Pt(s)$

10.12 다음 반응을 이용하여 만들어지는 전지를 표기하고, 부록의 표 10.6의 표준 환원 전위 자료를 사용하여 표준 전위를 구하시오.

(1) $Fe(s) + PbSO_4(aq) \rightarrow FeSO_4(aq) + Pb(s)$

(2) $2H_2(g) + O_2(g) \rightarrow 2H_2O(l)$

(3) $Hg_2Cl_2(s) + H_2(g) \rightarrow 2HCl(aq) + 2Hg(l)$

10.13 문제 10.11의 (1)과 (2)의 전지에 대하여 표준 반응 깁스 에너지와 표준 반응 엔탈피를 구하시오.

'Ⅱ부 반응 속도론'은 화학 반응의 속도와 반응 속도를 결정하는 인자들을 다룬다. 반응 속도론을 공부하는 목적은 시간에 따른 물질의 변화를 다루는 방법을 익히는 것이다. 이러한 변화는 분자들의 운동의 결과로 나타나며, 변화의 속도는 반응 법칙이라고 하는 수학식을 사용하여 다룰 수 있다.

따라서 Ⅱ부는 두 개의 장으로 나누어 분자들의 운동을 다루는 기본 원리와 몇 가지 전형적인 반응 모형에 대한 속도 법칙을 다루는 '5장 분자의 운동과 반응 속도'와 다양한 형태의 반응들에 대하여 속도 법칙을 적용하는 '6장 복잡한 반응'으로 구분하여 단계적으로 공부해 나간다.

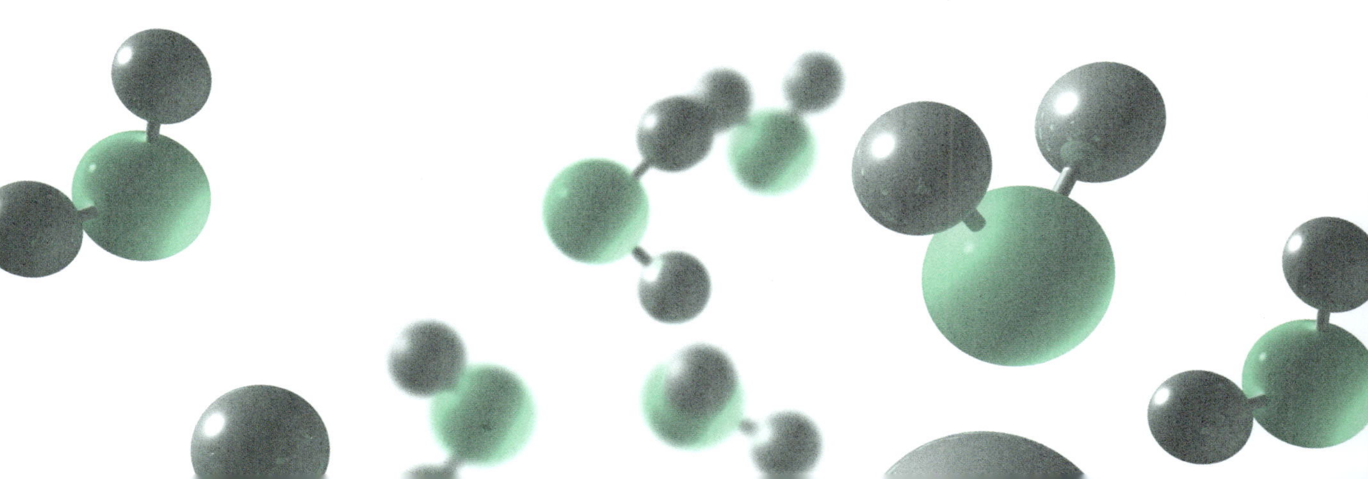

분자의 운동과 반응 속도

- 11강 분자의 운동
- 12강 반응의 속도

5장은 운동하는 분자의 성질로부터 시작하여 화학 반응의 속도를 다루는 방법을 공부한다. 이를 위하여 이 장의 첫 번째 강에서는 '분자의 운동', 두 번째 강에서는 '반응의 속도'를 다룬다.

이 장의 첫 번째 강인 '11강 분자의 운동'에서 가장 간단한 분자의 운동인 기체 분자의 운동에 대하여 기체 운동 모형을 토대로 분자 운동의 속력과 분자 간 충돌을 다루는 방법을 공부한다. 이어서 '12강 반응의 속도'에서 분자 간 충돌의 결과로 야기되는 화학 반응의 속도를 다루는 반응 법칙을 세우는 방법을 배우고, 반응 속도에 대한 이론적 고찰들을 살펴본다.

11강 분자의 운동

■ 미리 생각해 보기

- 화학 반응은 분자 간의 충돌로부터 시작된다. 따라서 분자 간의 충돌수는 반응 속도에 결정적인 영향을 미친다. 분자 간의 충돌수는 어떻게 구할 수 있을까?
- 기체와 달리 액체에서는 용질 분자가 이동하는 데 용매 분자의 저항이 따른다. 따라서 용매의 성질에 따라 용질 분자의 이동 속도가 달라진다. 용액 속에서의 분자의 이동은 어떻게 다루어야 할까?
- 전해질은 전기장 하에서 전기장의 영향을 받아 특정한 한 방향으로 이동한다. 따라서 이온의 이동은 전기 전도도와 전기장의 세기와 밀접한 관계가 있다. 이들 사이의 관계는 어떻게 될까?

11.1 기체 분자의 운동

물질의 운반 성질은 기체 분자의 운동을 다루는 것으로부터 시작한다. 기체 분자의 운동은 **기체 분자 운동론(the kinetic theory of gas)**이라는 기체 운동 모형에 기초를 둔 이론으로 다룬다.

기체 운동 모형

기체 운동 모형(the kinetic model of gas)은 기체 분자가 병진 운동 에너지만을 갖는다는 전제하에 다음과 같이 가정한다.

1. 기체는 구성 입자의 크기에 비하여 입자가 서로 멀리 떨어져 있어 크기를 무시할 수 있다.
2. 기체는 끊임없이 **무작정 운동(random motion)**을 하는 분자로 이루어져 있다.
3. 기체 분자는 탄성 충돌을 하며, 충돌할 때를 제외하고는 상호작용을 하지 않는다.

기체의 속력

기체는 무작정한 불규칙 운동을 하므로 속도 성분의 분포보다는 속력 분포에 더 주목한다. 속도가 각각 v_1, v_2, ⋯, v_N인 불규칙한 운동을 하는 기체 분자 N개의 **평균 속도(mean velocity,** $\bar{v}$**)**는 다음과 같다.

$$\bar{v} = \frac{v_1 + v_2 + \cdots v_N}{N} \quad \text{(평균 속도)} \tag{11.1}$$

여기에서 속도 '$\bar{v}$'는 방향에 따라 부호가 다를 수 있으므로 분자의 평균 속력을 다루려면 다음과 같이 고쳐 주어야 한다.

$$s = \langle v^2 \rangle^{1/2} = \left(\frac{v_1^2 + v_2^2 + \cdots v_N^2}{N} \right)^{1/2} \quad \text{(제곱평균근 속력)} \tag{11.2}$$

여기에서 's'는 **제곱평균근 속력(root mean-square speed, rms)**이라고 한다. 많은 수의 분자로 이루어진 기체의 경우 제곱평균근 속력은 11.2식보다 약간 작은 다음과 같은 값을 갖는다.

$$s = \left(\frac{8}{3\pi} \right)^{1/2} \tag{11.3}$$

용기에 들어 있는 기체의 압력은 용기의 벽면에 기체가 충돌할 때 기체가 벽면에 가한 힘의 결과이다. 따라서 질량 m인 기체가 부피 V인 용기 안에 들어 있을 때 나타내는 압력은 다음과 같다.

$$P = \frac{nms^2}{3V} \tag{11.4a}$$

여기에서 'n'은 몰수이다. 이 식을 이상 기체 상태식과 같은 꼴로 정렬하면 다음과 같이 된다.

$$PV = \frac{1}{3} nms^2 \tag{11.4b}$$

11.4b식을 이상 기체 상태식 $PV = nRT$와 비교하면 다음과 같은 관계를 얻는다.

$$\frac{1}{3}nMs^2 = nRT$$

이 식을 s에 대하여 정리하면 임의의 온도에서 몰질량 M인 기체의 제곱평균근 속력 s는 다음과 같이 된다.

$$s = \left(\frac{3RT}{M}\right)^{1/2} \quad \text{(이상 기체의 제곱평균근 속력)} \qquad (11.5)$$

따라서 기체 분자의 제곱평균근 속력은 온도의 제곱근에 비례하고, 몰질량의 제곱근에 반비례한다.

속력의 분포

제곱평균근 속력은 수많은 분자들로 구성된 계의 연구에 유용한 평균 척도가 된다. 예를 들어 1 mol의 기체를 다룰 때 모든 분자가 같은 속력으로 움직이는 것도 아니고, 기체 분자 각각의 속력을 추적하여 알 수도 없다. 어떤 분자는 평균 속력보다 매우 느리게 운동하고, 어떤 분자는 평균 속력보다 빠르게 운동한다. 뿐만 아니라 분자들은 충돌에 의하여 끊임없이 속력의 재분포가 일어난다.

임의의 순간에 특정한 좁은 범위의 속력을 갖는 분자들의 분율을 나타낸 것을 분자 속력 분포(**distribution of molecular speed**)라고 하며, 맥스웰 속력 분포식(**Maxwell speed distribution equation**)으로 나타낸다.

$$f(s) = 4\pi s^2 \left(\frac{m}{2\pi kT}\right)^{3/2} e^{-ms^2/2kT} \quad \text{(맥스웰 속력 분포식)} \qquad (11.6)$$

여기에서 k는 볼츠만 상수(**Boltzmann's constant**)로 $k = R/N_A = 1.381 \times 10^{-23}\ \text{J K}^{-1}$이다.

이 식의 맥스웰 분포를 몰질량과 온도에 대하여 나타내면 그림 11.1(가)와 같고, 몰질량이 동일한 수소 기체에 대하여 300 K와 1000 K에 대하여 나타내면 그림 11.1(나)와 같이 된다.

맥스웰(James Clark Maxwell, 1831~1879)

영국의 물리학자, 수학자. 전기 및 자기 현상을 통일하여 전자기학을 확립하였고, 기체의 분자 운동에 관하여 속도 분포를 고려한 속도 분포 법칙을 만들고 통계역학의 기초를 닦았다.

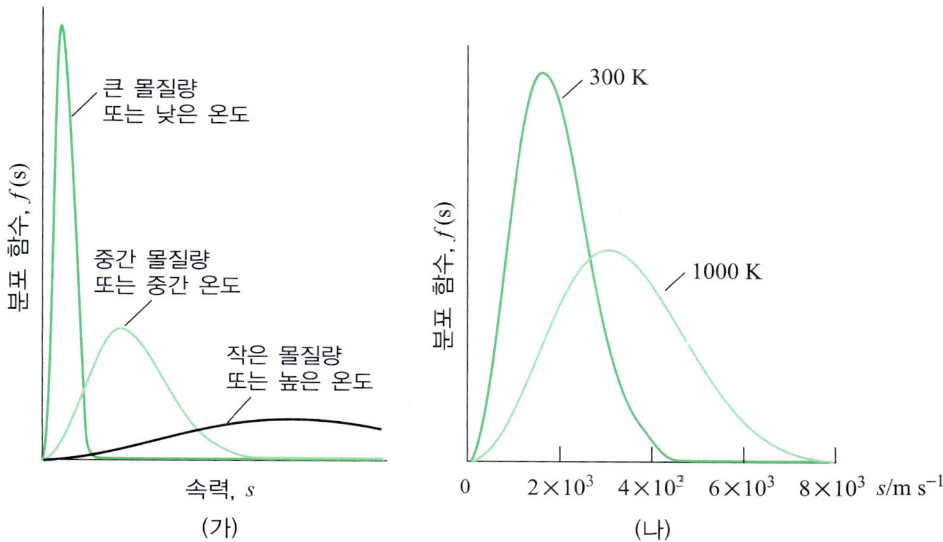

그림 11.1 맥스웰 속력 분포. (가) 분자 속력의 몰질량과 온도에 따른 분포, (나) 300 K와 1000 K에서 수소 기체의 속력 분포

그림 11.1에서 보듯이 시료 중 아주 작은 분율만이 대우 높은 속력 또는 매우 낮은 속력을 갖는다. 그러나 온도가 높아지면 높은 속력 분포를 갖는 분율이 증가하며 분포 곡선의 양 꼬리 부분의 속력도 높아짐을 알 수 있다. 또한 그림 11.1(가)에서 보듯이 몰질량이 큰 분자는 몰질량이 작은 분자에 비하여 평균 속력이 낮을 뿐만 아니라 속력 분포 영역도 좁다. 이는 몰질량이 큰 분자는 대부분의 분자들이 평균 속력에 가까운 속력을 갖는다는 것을 의미한다. 반면에 몰질량이 작은 분자들은 높은 속력과 넓은 속력 분포를 가져 많은 분자들이 평균 속력으로부터 멀리 떨어져 있음을 알 수 있다.

평균 속력과 가장 잦은 속력

맥스웰 속력 분포식을 이용하면 분자들의 평균 속력을 구할 수 있다.

기체 분자의 **평균 속력(mean speed, $\bar{s}$)**은 다음과 같이 각각의 속력에 그 속력을 갖는 분자의 분율을 곱한 다음 이를 적분하여 구한다.

$$\bar{s} = \int_0^\infty sf(s)\,ds \qquad (11.7)$$

이 식의 $f(s)$에 맥스웰 속력 분포식(11.6식)을 대입하면 다음과 같이 된다.

$$\overline{s} = 4\pi\left(\frac{m}{2\pi kT}\right)^{3/2} \int_0^\infty s^3 e^{ms^2/2kT}\,\mathrm{d}s$$

$\int_0^\infty s^3 e^{-ax^2}\,\mathrm{d}x = \dfrac{1}{2a^2}$ 이므로 이 식은 다음과 같이 된다. [1]

$$\begin{aligned}\overline{s} &= 4\pi\left(\frac{m}{2\pi kT}\right)^{3/2} \times \frac{1}{2}\left(\frac{2kT}{m}\right)^2 \\ &= \left(\frac{8kT}{\pi m}\right)^{1/2} = \left(\frac{8RT}{\pi M}\right)^{1/2} \quad \text{(평균 속력)} \qquad (11.8)\end{aligned}$$

또 11.7식의 분포 함수 $f(s)$를 s에 대하여 미분하고, 그 미분값이 0이 되는 s 값을 구하면 s에 대한 최댓값을 얻을 수 있다. 이 최댓값은 **가장 잦은 속력 (the most probable speed, s_{mp})**으로 다음과 같다.

$$s_{mp} = \left(\frac{2kT}{m}\right)^{1/2} = \left(\frac{2RT}{M}\right)^{1/2} \quad \text{(가장 잦은 속력)} \qquad (11.9)$$

예제 11.1 300 K에서 산소 기체에 대하여 다음을 구하시오. (산소 기체를 이상 기체로 가정하시오.)

(1) 제곱평균근 속력 (2) 평균 속력

(3) 가장 잦은 속력 (4) 각 값의 크기를 비교하시오.

풀이 주어진 온도에서 기체 분자의 여러 가지 속력을 구하는 문제이다.

(1) 제곱평균근 속력 $s = \left(\dfrac{3RT}{M}\right)^{1/2}$ 이므로 다음과 같이 계산하여 구한다.

$$R = 8.314\ \mathrm{J\ K^{-1}\ mol^{-1}},\ T = 300\ \mathrm{K},\ m(\mathrm{O_2}) = 0.03200\ \mathrm{kg\ mol^{-1}}$$

그러므로 제곱평균근 속력은 다음과 같다.

$$\begin{aligned}\mathbf{s} &= \left\{\frac{(3)(8.314\ \mathrm{J\ K^{-1}\ mol^{-1}})(300\ \mathrm{K})}{0.03200\ \mathrm{kg\ mol^{-1}}}\right\}^{1/2} \\ &= \mathbf{483.6\ m\ s^{-1}}\end{aligned}$$

---

[1] ▶ 참고 $\int_0^\infty s^3 e^{-ax^2}\,\mathrm{d}x = \dfrac{1}{2a^2}$

(2) 평균 속력 $\bar{s} = \left(\frac{8RT}{\pi M}\right)^{1/2}$ 이므로 다음과 같이 계산하여 구한다.

$$\bar{s} = \left\{\frac{(8)(8.314\ \mathrm{J\ K^{-1}\ mol^{-1}})(300\ \mathrm{K})}{\pi \times 0.03200\ \mathrm{kg\ mol^{-1}}}\right\}^{1/2}$$
$$= \mathbf{445.5\ m\ s^{-1}}$$

(3) 가장 잦은 속력 $s_{\mathrm{mp}} = \left(\frac{2RT}{M}\right)^{1/2}$ 이므로 다음과 같이 계산하여 구한다.

$$s_{\mathrm{mp}} = \left\{\frac{(2)(8.314\ \mathrm{J\ K^{-1}\ mol^{-1}})(300\ \mathrm{K})}{0.03200\ \mathrm{kg\ mol^{-1}}}\right\}^{1/2}$$
$$= \mathbf{394.8\ m\ s^{-1}}$$

(4) 위 (1), (2), (3)의 계산 결과 각 속력의 크기는 다음과 같은 순이다.

$$s > \bar{s} > s_{\mathrm{mp}}$$

11.2 분자의 충돌과 평균 자유 행로

화학 반응은 분자 간에 충돌이 있어야 일어난다. 충돌은 분자의 밀도 및 속도에 의존한다. 따라서 충돌은 계의 온도와 분자들의 충돌 간 이동거리에 의존하게 된다.

상대 평균 속력

분자 간의 충돌을 다루기 위해서는 평균 속력 대신 **한 분자가 다른 분자에 접근하는 속력, 즉 상대 평균 속력(relative mean speed, $\bar{s}_{\mathrm{rel}}$)**이 필요하다. 상대 평균 속력은 그림 11.2로부터 유도될 수 있다.

그림 11.2(다)의 일반적인 경우로부터 상대 평균 속력 $\bar{s}_{\mathrm{rel}}$는 다음과 같이 된다.

$$\bar{s}_{\mathrm{rel}} = \sqrt{2}\bar{s} \quad \text{(상대 평균 속력)} \tag{11.10}$$

상대 속력을 사용하기 위해서는 충돌하는 두 분자의 상대적인 질량을 사용하여야 한다. **상대적인 질량은 환산 질량(reduced mass, μ)**이라고 하며 다음과 같이 구해진다.

$$\frac{1}{\mu} = \frac{1}{m_A} + \frac{1}{m_B} + \cdots \quad \text{(환산 질량의 정의)} \qquad (11.11a)$$

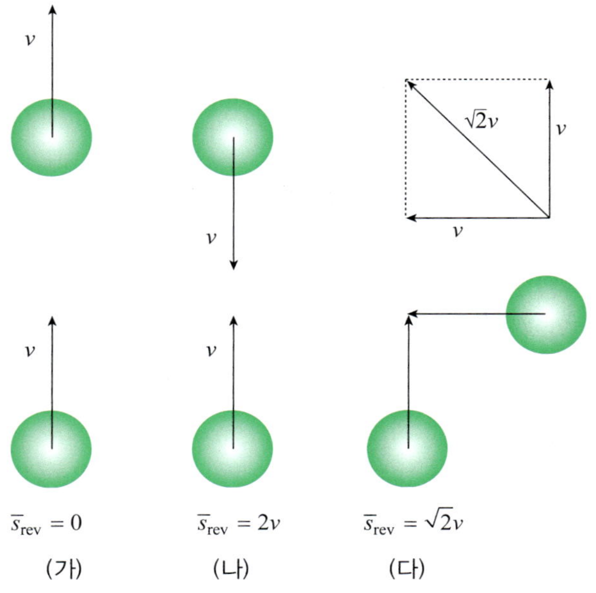

그림 11.2 분자의 상대 속력. (가) 분자들이 동일한 속력으로 같은 방향으로 이동할 때, (나) 분자들이 동일한 속력으로 반대 방향으로 이동할 때, (다) 분자들이 동일한 속력으로 측면에서 접근할 때

그러므로 두 분자 A, B에 대한 환산 질량은 다음과 같다.

$$\mu = \frac{m_A m_B}{m_A + m_B} \quad \text{(서로 다른 두 분자의 환산 질량)} \qquad (11.11b)$$

두 분자가 동일할 때는 $m_A = m_B = m$이므로 환산 질량은 다음과 같다.

$$\mu = \frac{m^2}{2m} = \frac{1}{2}m \quad \text{(동일한 두 분자의 환산 질량)} \qquad (11.11c)$$

그러므로 서로 같은 두 분자에 대한 상대 평균 속력은 다음과 같다.

$$\bar{s}_{rel} = \sqrt{2}\left(\frac{8kT}{2\pi\mu}\right)^{1/2} = \left(\frac{8kT}{\pi\mu}\right)^{1/2} \quad \text{(상대 평균 속력)} \qquad (11.12)$$

충돌 빈도

기체상에서 분자 간 상호작용은 분자 간 퍼텐셜 함수의 모양으로 인하여 대단히 복잡하다. 그러나 분자를 강체구로 가정하면 보다 간편하게 분자 간 충돌을 다룰 수 있다.

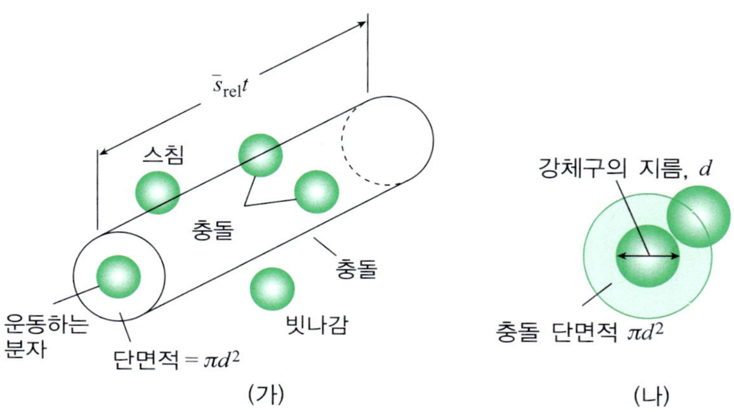

그림 11.3 충돌관과 충돌 단면적. (가) 충돌관, 충돌관 내에 있거나 접하고 있는 분자는 움직이는 분자와 충돌함, (나) 충돌 단면적 [2]

강체구의 분자가 어느 한 순간에 한 분자를 제외한 모든 분자가 멈춰 서 있다고 가정하면, 운동하는 강체구 분자는 시간 t 동안에 거리 $\bar{s}_{\text{rel}}t$ 만큼 이동하며 그림 11.3의 단면적이 πd^2인 충돌관을 지나갈 것이다. 이때 충돌관의 부피 $V = \pi d^2 \times \bar{s}_{\text{rel}}t$ 이고, 충돌관 내에 있는 분자는 운동하는 분자와 모두 충돌할 것이다.

만약 N개의 분자가 부피 V 속에 있다면, 시간 t에서 충돌수는 다음과 같다.

$$\text{충돌수} = \pi d^2 \bar{s}_{\text{rel}} t N$$

단위 부피에서의 분자 수(즉 분자 수 밀도)는 $\frac{N}{V}$ 이므로 단위 부피에 대한 단위 시간당 충돌수는 다음과 같다.

$$z = \pi d^2 \bar{s}_{\text{rel}} \frac{N}{V} \tag{11.13a}$$

---

2 ▶ **참고** 원의 넓이 $= \pi r^2$ (r: 원의 반지름)

여기에서 'z'는 충돌 빈도(**collision frequency**)라고 한다.

충돌 단면적(**collision cross section, σ**)을 $\sigma = \pi d^2$, 분자 수 밀도(N/V)를 $\tilde{N}$이라고 놓으면 위 식은 보다 간단하게 다음과 같이 표현된다. (몇 가지 기체의 반지름과 충돌 단면적은 표 11.1과 같고, 보다 많은 기체에 대한 충돌 단면적은 부록에 수록해 놓았다.)

$$z = \sigma \bar{s}_{\text{rel}} \tilde{N} \quad \text{(충돌 빈도)} \tag{11.13b}$$

또한 이상 기체에서 $V = \frac{nRT}{P} = \frac{(N/N_A)RT}{P}$이므로 충돌 빈도를 압력에 대하여 나타내면 다음과 같다.

$$z = \frac{\sigma \bar{s}_{\text{rel}} P}{kT} \quad \text{(압력으로 나타낸 충돌 빈도)} \tag{11.13c}$$

표 11.1 몇 가지 기체의 반지름 r과 충돌 단면적 σ

기체	r/nm	σ/nm^2
He	0.13	0.21
Ne	0.14	0.24
Ar	0.17	0.36
N_2	0.19	0.43
O_2	0.18	0.40
CO_2	0.20	0.52

이 11.13식들은 단일 분자의 충돌 빈도이다. 부피 V에 N개의 분자가 있고 분자들이 각각 운동하고 있는 계에서는 각 분자가 단위 시간당 z의 충돌을 하고, 한 충돌에 대하여 두 개의 분자가 관여한다. 따라서 두 분자 간의 충돌 빈도는 다음과 같다.

$$z_{11} = \frac{1}{2} z \tilde{N} = \frac{1}{2} \sigma \bar{s}_{\text{rel}} \tilde{N}^2 \quad \text{(쌍방 간 충돌 빈도)} \tag{11.14}$$

평균 자유 행로

충돌 빈도를 알면 **충돌과 충돌 사이에 이동하는 평균 거리**를 알 수 있다. 이 거리를 **평균 자유 행로(mean free path, λ)**라고 하며, 한 분자가 일련의 충돌을 하는 데 필요한 평균 이동 거리이다. 평균 자유 행로 λ는 다음과 같이 정의된다.

$$\lambda = (\text{평균 속력}) \times (\text{충돌과 충돌 사이에 걸린 평균 시간}) = \bar{s}_{\text{rel}}\Delta t$$

충돌 사이에 걸린 평균 시간은 충돌 빈도의 역수이므로 λ는 다음과 같이 된다.

$$\lambda = \bar{s}_{\text{rel}}\Delta t = \frac{\bar{s}_{\text{rel}}}{z} \quad (\text{평균 자유 행로}) \tag{11.15a}$$

이 식의 z에 식 11.13c를 넣으면 평균 자유 행로와 압력과의 관계를 얻을 수 있다.

$$\lambda = \frac{kT}{\sigma P} \quad (\text{압력으로 나타낸 평균 자유 행로}) \tag{11.15b}$$

이 11.56식에 의하면 평균 자유 행로는 온도에 비례하고 압력에 반비례한다. 그러므로 압력을 증가시키면 평균 자유 행로는 짧아진다. 그러나 용기의 부피가 일정한 상태에서 온도를 상승시키면 온도에 비례하여 압력 역시 상승하여(샤를 법칙) $\frac{T}{P}$는 일정한 값을 유지한다. 따라서 일정한 부피에서 평균 자유 행로는 온도에 무관하다.

예제 11.2 298.15 K 1 bar에서 질소 기체에 대하여 다음을 구하시오.

(1) 상대 평균 속력

(2) 충돌 빈도

(3) 쌍방 간 충돌 빈도

(4) 평균 자유 행로

풀이 분자의 운동으로 인한 분자 충돌에 관한 기본적인 값들을 구하는 문제이다.

(1) 상대 평균 속력 $\bar{s}_{\text{rel}} = \left(\frac{8kT}{\pi\mu}\right)^{1/2}$ 이므로 다음과 같이 구한다.

한 종류의 분자만으로 구성된 계이므로 동일한 두 질소 분자에 대한 환산 질량 $\mu = \frac{1}{2}m$은 다음과 같이 구한다.

질소 분자 1개의 질량

$$m = (28.02\times10^{-3}\ \text{kg mol}^{-1})/(6.022\times10^{23}\ \text{mol}^{-1})$$
$$= 4.6529\times10^{-26}\ \text{kg}$$

$$\mu = \frac{1}{2}m$$
$$= \frac{1}{2}(4.6529\times10^{-26}\ \text{kg}) = 2.326\times10^{-26}\ \text{kg}$$

$$\therefore \bar{s}_{\text{rel}} = \left(\frac{8kT}{\pi\mu}\right)^{1/2}$$
$$= \left(\frac{8(1.381\times10^{-23}\ \text{J K}^{-1})(298.15\ \text{K})}{\pi(2.326\times10^{-26})}\right)^{1/2}$$
$$\mathbf{= 671.4\ m\ s^{-1}}$$

(2) 충돌 빈도 $z = \sigma\bar{s}_{\text{rel}}\tilde{N}$ 이므로 다음과 같이 구한다.

충돌 단면적 $\sigma = \pi d^2 = \pi(0.38\times10^{-9}\ \text{m})^2 = 4.54\times10^{-19}\ \text{m}^2$

분자수 밀도 $\tilde{N} = \dfrac{N}{V} = \dfrac{PN_{\text{A}}}{RT}$

$$= \frac{(1.0\times10^{5}\ \text{Pa})(6.022\times10^{23}\ \text{mol}^{-1})}{(8.314\ \text{J K}^{-1}\ \text{mol}^{-1})(298.15\ \text{K})}$$
$$= 2.429\times10^{25}\ \text{m}^{-3}$$

충돌 빈도 $z = \sigma\bar{s}_{\text{rel}}\tilde{N}$

$$= (4.54\times10^{-19}\ \text{m}^2)(671.4\ \text{m s}^{-1})(2.429\times10^{25}\ \text{m}^{-3})$$
$$\mathbf{= 7.40\times10^{7}\ s^{-1}}$$

(3) 쌍방 간 충돌 빈도 $z_{11} = \dfrac{1}{2}z\tilde{N}$ 이므로 다음과 같이 구한다.

$$z_{11} = \frac{1}{2}z\tilde{N} = \frac{1}{2}(7.40\times10^{9}\ \text{s}^{-1})(2.429\times10^{25}\ \text{m}^{-3})$$
$$\mathbf{= 8.99\times10^{34}\ m^{-3}\ s^{-1}}$$

(4) 평균 자유 행로 $\lambda = \dfrac{\bar{s}_{\text{rel}}}{z}$ 이므로 다음과 같이 구한다.

$$\boldsymbol{\lambda} = \frac{\bar{s}_{\text{rel}}}{z} = \frac{671.4\ \text{m s}^{-1}}{7.40\times10^{9}\ \text{s}^{-1}} = \mathbf{9.07\times10^{-8}\ m}$$

11.3 기체의 운반 성질

기체상의 반응을 다루기 위해서는 일정한 시간 동안에 주어진 넓이의 표면에 충돌하는 충돌 분자의 수 또는 분자가 작은 구멍을 통해 빠져나가는 분출 속도를 알 필요가 있다.

표면과의 충돌

일정한 시간에 주어진 충돌수를 그 시간 간격과 면적의 넓이로 나누면 단위 시간당 단위 면적에 충돌하는 분자 수를 구할 수 있다. **이 단위 시간당 단위 면적에 충돌하는 분자 수를 충돌 유량(collision flux, J_N)**이라고 하며, 다음과 같이 구해진다.

분자 수 밀도 $\tilde{N}$, 기벽으로의 운동 속도가 v_x인 기체가 시간 Δt 동안에 면적이 A인 기벽에 충돌하는 충돌수는 다음과 같다.

$$\text{충돌수} = \tilde{N}A\Delta t \int_0^\infty v_x f(v_x)\,dx \tag{11.16}$$

충돌 유량 J_N은 충돌수를 A와 Δt로 나눈 것이므로 다음과 같이 된다.

$$J_N = \tilde{N}\int_0^\infty v_x f(v_x)\,dx \tag{11.17}$$

11.6식의 맥스웰 속력 분포식을 한 방향에 대하여 적용하면 다음과 같다.

$$f(v_x) = \left(\frac{m}{2\pi kT}\right)^{1/2} e^{-mv_x^2/2kT} \tag{11.18}$$

그러므로 $\int_0^\infty v_x f(v_x)\,dv_x$ 는 다음과 같이 된다.

$$\int_0^\infty v_x f(v_x)\,dv_x = \left(\frac{m}{2\pi kT}\right)^{1/2} \int_0^\infty v_x\, e^{-mv_x^2/2kT}\,dv_x = \left(\frac{kT}{2\pi m}\right)^{1/2}$$ [3]

따라서 충돌 유량 J_N은 다음과 같이 된다.

---

[3] ▶ 참고 $\int_0^\infty xe^{-ax^2}\,dx = \frac{1}{2a}$

$$J_N = \tilde{N}\left(\frac{kT}{2\pi m}\right)^{1/2} \quad \text{(충돌 유량)} \tag{11.19a}$$

이 식은 평균 속도에 대하여 표현하면 다음과 같이 간단한 꼴이 된다.

$$J_N = \frac{1}{4}\tilde{N}\bar{s} \quad \text{(평균 속도로 나타낸 충돌 유량)} \tag{11.19b}$$

기체가 이상 기체라면 이상 기체 법칙 $P = \tilde{N}kT$를 적용하면 11.19a식은 다음과 같이 충돌 유량과 압력과의 관계를 나타내는 식이 된다.

$$\begin{aligned} J_N &= \frac{P}{(2\pi mkT)^{1/2}} \\ &= \frac{PN_A}{(2\pi MRT)^{1/2}} \quad \text{(압력으로 나타낸 충돌 유량)} \end{aligned} \tag{11.19c}$$

분출 속도

작은 구멍을 통해 물질이 분출되는 분출 속도를 측정하면 물질의 압력을 계산할 수 있다.

압력 P와 온도 T의 물질이 들어 있는 용기에 작은 구멍을 뚫으면 물질 분자가 구멍을 통해 분출되는 속도는 이 분자가 구멍의 넓이에 충돌하는 속도와 같다. 따라서 **분출 속도(rate of effusion, v_{effu})**는 다음과 같이 된다.

$$v_{effu} = -J_N A = -\frac{PA}{(2\pi mkT)^{1/2}} \quad \text{(분출 속도)} \tag{11.20}$$

여기에서 음(−)의 부호는 분출이 진행됨에 따라 용기 안의 입자 수가 감소하는 것을 의미하며 A는 구멍의 면적이다. 그러므로 분출 속도는 질량 $m^{1/2}$에 반비례한다. 이는 분출 속도는 몰질량의 제곱근에 반비례한다는 분출에 대한 실험적 관측 법칙인 **그레이엄의 분출 법칙(Graham's effusion law)**과 잘 맞는다.

그레이엄(Thomas Graham, 1805~1869)

영국의 화학자. 기체의 흡수, 확산, 삼투압 등에 대한 연구를 하였고 그레이엄의 법칙을 발견하였다.

예제 11.3 298.15 K 1 bar에서 충돌 면적이 1 cm^{2}인 용기에 담겨 있는 질소 기체에 대하여 다음을 구하시오. (질소 기체는 이상 기체로 가정하시오.)

(1) 단위 시간당 1.0 cm^{2}인 벽에 충돌하는 충돌수

(2) 0.1 μm^{2}인 구멍으로 빠져나가는 기체 분자의 분출 속도

풀이 이상 기체 분자의 압력에 따른 충돌 유량과 분출 속도를 구하는 문제이다.

(1) 단위 시간당 1.0 cm^{2}인 벽에 충돌하는 충돌수, 즉 충돌 유량은 다음과 같이 구한다.

$$\boldsymbol{J_{\rm N}A} = \frac{PA}{(2\pi mkT)^{1/2}}$$

$$= \frac{(1.0\times10^5\ \text{Pa})(1.0\times10^{-4}\ \text{m}^2)}{\left\{2\pi\left(\dfrac{0.02802\ \text{kg mol}^{-1}}{6.022\times10^{23}\ \text{mol}^{-1}}\right)(1.381\times10^{-23}\ \text{J K}^{-1})(298.15\ \text{K})\right\}^{1/2}}$$

$$\mathbf{= 2.88\times10^{23}\ s^{-1}}$$

(2) 분출 속도는 단위 면적당 충돌 유량에 구멍의 넓이를 곱한 값이므로 다음과 같다.

$$\textbf{분출 속도} = -J_{\rm N}A$$

$$= -(2.88\times10^{27}\ \text{m}^{-2}\ \text{s}^{-1})(0.1\times10^{-12}\ \text{m}^2)$$

$$\mathbf{= -2.88\times10^{14}\ s^{-1}}$$

기체의 운반 성질

기체는 조성, 온도, 속도 등에서 균일한 상태에 있지 않으면 균일해질 때까지 운반현상이 일어난다. 이러한 운반 성질은 일반적으로 실험적 관찰 내용으로부터 정리된 실험식으로 나타낸다. 어떤 한 성질의 이동 속도는 **유량(flux)**으로 나타낼 수 있다. 물질의 흐름은 **물질 유량(matter flux)**, 에너지의 흐름은 **에너지 유량(energy flux)**으로 나타낸다.

운반 성질에서 한 성질의 유량은 일반적으로 흐름 방향의 거리에 따른 운반 성질의 변화율, 즉 기울기에 비례한다. 농도의 기울기가 감소해서 농도가 균

일한 분포를 이룰 때까지 자발적으로 물질이 운반되는 확산(**diffusion**)에서 성분 i가 z 방향으로 흘러가는 양은 픽의 제1법칙(**Fick's first law**)에 의하면 다음과 같다.

$$J_{iz} = -D\frac{dc_i}{dz} \quad (\text{픽의 제1법칙}) \tag{11.21}$$

여기에서 'D'는 확산 계수(**diffusion coefficient**)로 단위는 $m^2\ s^{-1}$이다.

그러므로 물질의 흐름인 물질 유량은 다음과 나타낼 수 있고,

$$J(\text{물질}) = -D\frac{d\tilde{N}}{dz} \tag{11.22}$$

온도의 기울기에 따라 흐르는 에너지 유량은 다음과 같이 나타낼 수 있다.

$$J(\text{에너지}) = -\kappa\frac{dT}{dz} \tag{11.23}$$

여기에서 'κ'는 열전도도 계수(**thermal conductivity coefficient**)이고, 단위는 $J\ K^{-1}\ m^{-1}\ s^{-1}$이다. 몇 가지 기체에 대한 열전도도 계수는 표 11.2와 같고, 더 많은 값들은 부록에 수록해 놓았다.

표 11.2 1 atm에서 몇 가지 기체의 열전도도 계수와 점도

기체	κ(273K)/J $K^{-1}\ m^{-1}\ s^{-1}$	η /10^{-5} Pa s	
		273 K	293 K
공기	0.0241	1.73	1.82
He	0.1442	1.87	1.96
Ar	0.0163	2.10	2.23
N_2	0.0240	1.66	1.76
O_2	0.0245	1.95	2.04
CO_2	0.0145	1.36	1.47

점도(**viscosity, η**)는 유체에 가해진 미는 힘에 대한 저항의 척도이다. 그림 11.4에서 보는 바와 같이 정지되어 있는 벽면에 접한 유체층은 정지되어 있으며 두 벽면 사이에 있는 유체의 흐름 속도는 벽면으로부터 떨어진 거리에 비례한다.

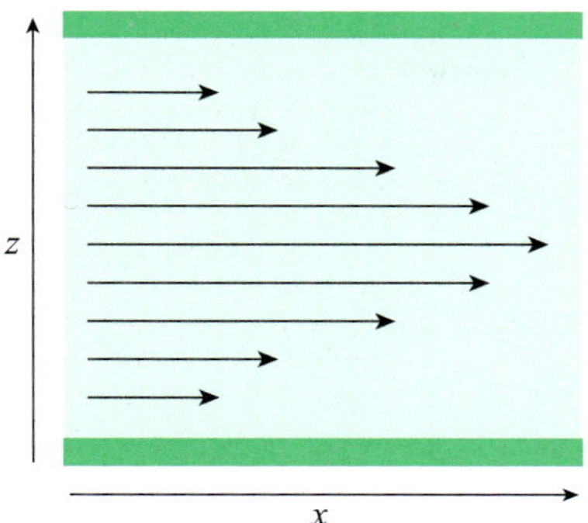

그림 11.4 두 판 사이를 흐르는 유체의 운동 모습. 화살표의 길이는 유체의 속력을 나타낸다.

따라서 유체의 흐름은 서로 다른 속력으로 이동하는 일련의 층들의 운동으로 다룰 수 있다. 유체 속 분자들은 이 층들 사이에 끊임없이 교환된다. 분자가 빠르게 흐르는 층에서 느린 층으로 이동하면 느린 층으로 운동량이 전달되어 속력은 빨라진다. 반면에 분자가 느린 층에서 빠른 층으로 이동하면 그 반대 현상이 나타난다. 이와 같은 효과로 인하여 층 간에 지연 효과가 나타나고, 이 지연 효과로 인한 것이 점도이다.

점도는 x-축 운동량 성분의 z-축 방향으로 이동하는 유량에 의존한다. 유체의 흐름 방향에 수직 거리에 따른 속도 기울기는 $\frac{dv_x}{dz}$ 가 된다. 따라서 단위 면적당 x-축 방향으로 전달되는 운동량은 다음과 같다.

$$J(\text{운동량의 } x\text{-축 성분}) = \frac{F}{A} = \eta \frac{dv_x}{dz} \tag{11.24}$$

여기에서 'η'는 비례 상수로 **점도 계수(viscosity coefficient)**이고 줄여서 점도라고 한다. 점도 η의 단위는 kg m^{-1} s^{-1}이고 SI 단위는 Pa s이다.

기체 분자는 무작정 운동을 하므로 분자들은 x, y, z 각 방향을 따라 $\frac{1}{3}$ 씩 움직인다고 가정할 수 있다. 그러므로 어느 한 순간에 특정 축을 따라 $\frac{1}{6}$ 은 위 방향으로 $\frac{1}{6}$ 은 아래 방향으로 움직인다. 그러므로 단위 면적당 한 층에서 다른 층으로 이동하는 분자 수는 $\frac{1}{6}\tilde{N}\bar{s}$ 이다.

따라서 단위 면적당 위 층으로 이동하는 분자의 운동량의 전달 속도는 다음과 같고,

$$\frac{1}{6}\tilde{N}\bar{s}\,m(h-\lambda)\frac{\mathrm{d}v}{\mathrm{d}z}$$

아래 층으로 이동하는 분자의 단위 면적당 운동량 전달 속도는 다음과 같다.

$$\frac{1}{6}\tilde{N}\bar{s}\,m(h+\lambda)\frac{\mathrm{d}v}{\mathrm{d}z}$$

여기에서 'h'는 층 간 간격의 높이이다. 그러므로 단위 시간 및 단위 면적당 운동량의 알짜 전달량 $\frac{F}{A}$는 두 양의 차이로 다음과 같이 된다.

$$\frac{F}{A}=\frac{1}{3}\tilde{N}\bar{s}\,m\lambda\frac{\mathrm{d}v}{\mathrm{d}z}$$

11.24식과 이 식을 비교하면 점도 η는 다음과 같다.

$$\eta=\frac{1}{3}\tilde{N}\bar{s}m\lambda \qquad \text{(기체의 점도)} \tag{11.25a}$$

여기에서 평균 자유 행로 $\lambda=\frac{\bar{s}}{z}=\frac{1}{\sqrt{2}\sigma\tilde{N}}$ 이므로 이 식은 다음과 같이 나타낼 수 있다.

$$\eta=\frac{m\bar{s}}{3\sqrt{2}\sigma} \tag{11.25b}$$

몇 가지 기체에 대한 점도는 표 11.2와 같고, 더 많은 값들은 부록에 수록해 놓았다.

11.4 액체에서의 분자 운동

액체 속에서 분자의 운동은 반응 속도 과정, 점도, 확산 및 전기 전도도 등으로 액체 속 분자 운동을 다룰 수 있다. 점도 및 확산은 반응물들이 용액 중에 서로 접근해 오는 속도를 알 수 있게 해준다. 이온들은 용액 속에 두 전극을 담가 전위차를 주어 용액 속에서의 이온의 운동을 조사할 수 있다.

액체의 점도

액체의 점도(**viscosity of liquid**)는 오스트발트 점도계법과 같은 비교적 간단한 실험으로 어렵지 않게 측정할 수 있다. 대부분의 점도계는 액체가 모세관을 얼마나 빠르게 흘러내려 가는지를 측정하여 점도를 구한다.

어떤 액체가 일정한 압력 P에서 그림 11.5와 같은 반지름이 R이고 길이가 L인 모세관을 흘러내려 간다고 생각하자.

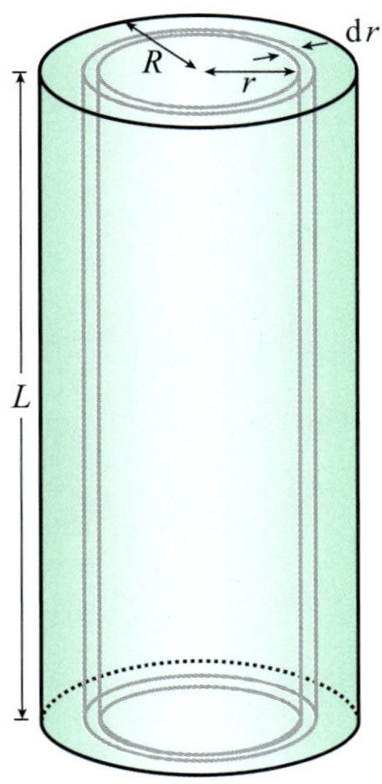

그림 11.5 반지름이 R인 모세관에서의 액체 흐름

이때 원통 벽에서의 액체의 점도는 0이고 관의 중심으로 갈수록 증가하여 중심에서 최댓값을 갖는다. 이때 반지름이 r과 $r + \mathrm{d}r$인 가상의 원통형 층을 고려하면 두 원통형 층 사이의 부분 항력은 다음과 같다. [4]

$$F = -(2\pi rL)\frac{\mathrm{d}v}{\mathrm{d}r} \tag{11.26}$$

정상 흐름에서 부분 항력은 하강 힘 $F = P(\pi r^2)$과 일치한다. 따라서 다음과 같이 놓을 수 있다.

$$P(\pi r^2) = -\eta(2\pi rL)\frac{\mathrm{d}v}{\mathrm{d}r} \tag{11.27}$$

이 식을 $\mathrm{d}v$에 대하여 정리하면 다음과 같이 된다.

---

[4] ▶ **참고** 원통의 표면적 $= 2\pi rL$ (r: 원의 반지름, L: 원통의 길이)

$$\mathrm{d}v = -\frac{P}{2\eta L} r\mathrm{d}r$$

이 식을 $r = R(v = 0)$에서 $r = r(v = v)$ 사이에 대하여 적분하면 흐름의 속도 v를 얻을 수 있다.

$$\int_0^v \mathrm{d}v = -\frac{P}{2\eta L}\int_R^r r\mathrm{d}r$$

$$v = \frac{P}{4\eta L}(R^2 - r^2) \quad \text{(액체의 흐름 속도)} \tag{11.28}$$

푸아죄유(Jean Léonard Marie Poiseuille, 1797~1869)

프랑스의 물리학자, 생리학자. 관을 통한 액체의 정상 흐름에 관한 푸아죄유 법칙을 발견하였다.

단위 시간당 단면적의 미소 영역 $2\pi r\mathrm{d}r$을 통해서 흐르는 액체의 부피는 $v(2\pi r\mathrm{d}r)$ 이므로 단위 시간당 모세관 전체를 통하여 흐르는 액체의 부피는 다음과 같이 구할 수 있다.

$$\frac{V}{t} = \int_0^R v(2\pi r)\mathrm{d}r = \frac{2\pi R}{4\eta L}\int_0^P (R^2 - r^2) r\mathrm{d}r$$

$$= \frac{\pi P R^4}{8\eta L}{}^{5} \quad \text{(푸아죄유 식)} \tag{11.29}$$

표 11.3 몇 가지 물질의 액체 점도($\eta/10^{-3}$ Pa s)

T/°C	0	25	50	75
물	1.793	0.891	0.549	0.380
에탄올	1.79	1.06	0.698	–
벤젠	0.90	0.601	0.44	–
글리세롤	–	945	–	–

이 식을 점도 계수 η에 대하여 정리하면 다음과 같다.

$$\eta = \frac{\pi P R^4 t}{8VL} \quad \text{(액체의 점도)} \tag{11.30}$$

---

5 ▶ **참고** $\int_0^R (R^2 - r^2) r\mathrm{d}r = R^2\int_0^R r\mathrm{d}r - \int_0^R r^3\mathrm{d}r = \frac{1}{4}R^4$

몇 가지 액체의 점도는 표 11.3과 같다. 더 많은 물질에 298.15 K에서의 액체 점도는 부록에 수록해 놓았다.

대부분의 액체는 온도가 상승하면 점도가 감소한다. 액체의 이동에 대한 분자론적 해석은 액체는 수많은 구멍, 즉 빈 공간을 가지고 있으며 분자들은 끊임없이 이 빈 공간으로 움직여 들어감으로써 흐름이 일어난다고 설명한다. 액체 속에서 분자가 빈 공간으로 이동해 들어가려면 이웃한 분자들로부터 빠져나오는데 필요한 활성화 에너지 장벽을 넘어야 한다. 따라서 점도 계수 η는 다음과 같은 아레니우스 식 형태로 표현될 수 있다.

$$\eta = \eta_0 e^{-E_a / RT} \tag{11.31}$$

따라서 액체는 온도가 높을수록 점도는 지수적으로 감소한다. 이는 온도가 상승할수록 더 많은 분자들이 활성화 에너지 장벽을 넘을 수 있어 빈 공간으로 빠져나갈 수 있게 되므로 액체는 더 잘 흐르게 되기 때문이다. 반면에 기체는 온도가 높을수록 점도가 증가한다. 이는 11.25식에서 온도가 높을수록 전달 속도가 커져 점도가 증가하기 때문이다.

이온의 이동도

이온 용액은 전기장의 영향을 받으면 이온들이 이동하여 전류를 전도한다.

용액 속에 두 전극 사이의 거리가 l이고, 전극 사이의 전위차가 $\Delta\phi$일 때 두 전극 사이에 있는 이온들은 다음과 같은 크기의 전기장 E의 영향을 받는다.

$$E = \frac{\Delta\phi}{l} \tag{11.32}$$

이 전기장 속에서 전하가 ze인 이온이 받는 힘은 다음과 같다.

$$F = zeE = \frac{ze\Delta\phi}{l} \tag{11.33}$$

여기에서 'z'는 전자의 화학량적 계수이고, 'e'는 기본 전하량 1.602×10^{-19} C이다.

한편 이온이 용액 속에서 이동을 하게 되면 용매로부터 **마찰 지연력 (frictional retarding force, F_{fric})**을 받게 되며, 이 마찰 지연력은 이온의 속력에 비례한다. 따라서 F_{fric}는 다음과 같이 나타낼 수 있다.

$$F_{\text{fric}} = fs \tag{11.34}$$

여기에서 's'는 이온의 이동 속력이고, 'f'는 마찰 계수로 반지름이 a인 구형 분자가 점도 η인 용매에서 다음과 같이 주어진다.

$$f = 6\pi a\eta \tag{11.35}$$

11.33식의 가속 힘 F와 11.34식의 마찰 지연력 F_{fric}은 서로 반대 방향으로 작용한다. 따라서 두 힘의 크기가 같을 때 이온들은 어느 방향으로도 이동하지 못하고 표류하게 되며, 다음의 관계가 성립된다.

$$zeE = fs$$

$$s = \frac{zeE}{f} \tag{11.36}$$

여기에서 's'를 **표류 속력(drift speed)**이라고 한다. 그러므로 이온의 표류 속력 s는 전기장의 세기에 비례하므로 다음과 같이 나타낼 수 있다.

$$s = uE \quad \text{(이온 이동도의 정의)} \tag{11.37}$$

여기에서 'u'를 **이온의 이동도(mobility of ion)**라고 하며 다음과 같다.

$$u = \frac{ze}{f} = \frac{ze}{6\pi a\eta} \quad \text{(이온의 이동도)} \tag{11.38}$$

이 이온 이동도는 '10.4 전자 이동 평형과 전기 화학'에서 다룬 이온 전도도와 밀접한 관계를 가지며 이 둘 사이의 관계는 다음과 같다.

$$\lambda_{\pm} = zu_{\pm}F \quad \text{(이온의 이동도와 전도도 관계)} \tag{11.39}$$

여기에서 '$\lambda_{\pm}$'는 양이온과 음이온의 평균 이온 전도도, '$u_{\pm}$'는 양이온과 음이온의 평균 이동도, 'F'는 패러데이 상수이다.

몇 가지 이온에 대한 묽은 수용액에서 이동도는 표 11.4와 같고, 더 많은 이온에 대한 이동도는 부록에 수록해 놓았다.

표 11.4 298.15 K에서 몇 가지 이온의 이동도

이온	u /10^{-8} m^2 V^{-1} s^{-1}	이온	u /10^{-8} m^2 V^{-1} s^{-1}
H^+	36.23	OH^-	20.64
Na^+	5.19	F^-	5.70
NH_4^+	7.63	Cl^-	7.91
Mg^{2+}	5.50	SO_4^{2-}	8.29

예제 11.4 표 11.4의 자료를 이용하여 다음을 구하시오.

(1) 298.15 K에서 무한 희석한 염화 이온의 몰전도도

(2) 전기장의 세기가 30 V cm^{-1}일 때 5.00 cm의 간격으로 떨어진 두 전극 사이를 이동하는 데 걸리는 시간

풀이 이온의 이동도와 전도도 관계를 구하고, 주어진 전기장 하에서 이온의 이동 속도와 이동 시간을 구하는 문제이다.

(1) 이온의 이동도와 전도도 사이에는 다음과 같은 관계가 성립한다.

$$\lambda_{\pm} = zu_{\pm}F$$

여기에서 염화 이온은 Cl^-이므로 $z = 1$, $u_- = 7.91 \times 10^{-8}\ m^2\ V^{-1}\ s^{-1}$ 이다. 그러므로 Cl^-의 몰전도도는 다음과 같이 구해진다.

$$\begin{aligned}\lambda_- = zu_-F &= (1)(7.91 \times 10^{-8}\ m^2\ V^{-1}\ s^{-1})(96485.3\ C\ mol^{-1}) \\ &= 7.63 \times 10^{-3}\ m^2\ V^{-1}\ s^{-1}\ C\ mol^{-1}\end{aligned}$$

$C\ s^{-1} = A$, $A\ V^{-1} = \Omega^{-1} = S$ 이고, Cl^-의 1당량 = 1 mol이므로 다음과 같이 된다.

$$\boldsymbol{\lambda_- = 7.63 \times 10^{-3}\ S\ m^2\ mol^{-1}}$$

(2) 먼저 염화 이온의 이동 속도를 구하면 다음과 같다.

$$\begin{aligned}s_- = u_-E &= (7.91 \times 10^{-8}\ m^2\ V^{-1}\ s^{-1})(30\ V\ cm^{-1})(100\ cm\ m^{-1}) \\ &= 2.37 \times 10^{-4}\ m\ s^{-1}\end{aligned}$$

$\text{속도} = \dfrac{\text{이동 거리}}{\text{이동 시간}}$ 이므로 이동 시간은 다음과 같다.

$$\text{이동 시간} = \frac{\text{이동 거리}}{\text{속도}} = \frac{0.050\ \text{m}}{2.37 \times 10^{-4}\ \text{m s}^{-1}}$$
$$= \mathbf{2.1 \times 10^{2}\ s = 3.5\,min}$$

핵심 개념

1. 기체 운동 모형
   (1) 기체 분자는 병진 운동 에너지만을 갖는다.
   (2) 기체는 구성 입자의 크기에 비하여 입자가 서로 아주 멀리 떨어져 있어 크기를 무시할 수 있다.
   (3) 기체는 끊임없이 무작정 운동을 하는 분자로 이루어져 있다.
   (4) 기체 분자는 탄성 충돌을 하며, 충돌할 때를 제외하고는 상호작용을 하지 않는다.
2. 기체의 속력: 기체는 무작정한 불규칙 운동을 하므로 속도 성분의 분포보다는 속력 분포에 더 관심을 두며, 기체 분자의 제곱평균근 속력은 온도의 제곱근에 비례하고, 몰질량의 제곱근에 반비례
3. 분자 속력 분포: 맥스웰 속력 분포식으로 나타남(그림 11.1)
4. 분자의 충돌: 분자의 밀도 및 속도에 의존, 따라서 계의 온도와 분자들의 충돌 간 이동거리에 의존
5. 충돌 빈도(z): 단위 시간당 단위 부피에 대한 충돌수
6. 평균 자유 행로(λ): 충돌과 충돌 사이에 이동하는 평균 거리
7. 충돌 유량(J_N): 단위 시간당 단위 면적에 충돌하는 분자 수
8. 분출 속도(v_{effu}): 분자가 구멍을 통해 빠져나가는 속도
9. 유량: 어느 한 성질의 이동 속도를 나타내는 것
   물질 유량: 물질의 이동 속도를 나타냄.
   에너지 유량: 에너지의 이동 속도를 나타냄.
10. 점도(η): 유체에 가해진 미는 힘에 대한 저항의 척도
    기체의 점도: 온도에 비례
    액체의 점도: 온도에 반비례
11. 이온 용액: 전기장의 영향을 받으면 이온들이 이동하여 전류를 전도
12. 이온 이동도: 이온의 전기 전도도와 밀접한 관계를 가짐.

주요 식

이름	식	설명
제곱평균근 속력	$s = \left(\frac{3kT}{m}\right)^{1/2}$	이상 기체의 제곱평균근 속력
맥스웰 속력 분포식	$f(s) = 4\pi s^2 \left(\frac{m}{2\pi kT}\right)^{3/2} e^{-ms^2/2kT}$	
평균 속력	$\bar{s} = \left(\frac{8kT}{\pi m}\right)^{1/2}$	
가장 잦은 속력	$s_{\text{mp}} = \left(\frac{2kT}{m}\right)^{1/2}$	
상대 평균 속력	$\bar{s}_{\text{rel}} = \sqrt{2}\bar{s} = \left(\frac{8kT}{\pi\mu}\right)^{1/2}$	
충돌 빈도	$z = \sigma\bar{s}_{\text{rel}}\tilde{N}$ $= \frac{\sigma\bar{s}_{\text{rel}}\text{P}}{kT}$ $(\sigma = \pi d^2,\ \tilde{N} = N/V)$	압력으로 나타낸 충돌 빈도
쌍방 간 충돌 빈도	$z_{11} = \frac{1}{2}z\tilde{N} = \frac{1}{2}\sigma\bar{s}_{\text{rel}}\tilde{N}^2$	
평균 자유 행로	$\lambda = \bar{s}_{\text{rel}}\Delta t = \frac{\bar{s}_{\text{rel}}}{z}$ $= \frac{kT}{\sigma P}$	압력으로 나타낸 평균 자유 행로
충돌 유량	$J_{\text{N}} = \tilde{N}\left(\frac{kT}{2\pi m}\right)^{1/2}$ $= \frac{1}{4}\tilde{N}\bar{S}$ $= \frac{P}{(2\pi mkT)^{1/2}}$ $= \frac{PN_{\text{A}}}{(2\pi MRT)^{1/2}}$	평균 속도로 나타낸 충돌 유량 압력으로 나타낸 충돌 유량
분출 속도	$v_{\text{effu}} = -J_{\text{N}}A$ $= -\frac{PA}{(2\pi mkT)^{1/2}}$	압력으로 나타낸 분출 속도
픽의 제1법칙	$J_{\text{iz}} = -D\frac{\text{d}c_{\text{i}}}{\text{d}z}$ (D: 확산 계수)	

이름	식	설명
유량	$J(\text{물질}) = -D\dfrac{d\tilde{N}}{dz}$ $J(\text{에너지}) = -k\dfrac{dT}{dz}$ (κ: 열전도도 계수)	
기체의 점도 액체의 점도	$\eta = \dfrac{1}{3}\tilde{N}\bar{s}m\lambda$ $\eta = \dfrac{\pi PR^4 t}{8VL} = \eta_0 e^{-E_a/RT}$	
이온의 이동도	$s = uE = \dfrac{ze}{f} = \dfrac{ze}{6\pi a\eta}$ $f(\text{마찰 계수}) = 6\pi a\eta$	
이온의 전도도	$\lambda_{\pm} = zu_{\pm}F$	이온의 이동도와 전도도 관계

연습 문제

11.1 기체 분자 운동론을 전개하는 기본 가정인 기체 운동 모형을 기술하시오.

11.2 기체 분자의 속력을 나타내는 데 맥스웰의 분포식을 적용하는 이유를 설명하시오.

11.3 충돌 빈도 등 기체 분자 운동의 성질을 다루는 데 압력 P를 사용하는 이유를 설명하시오.

11.4 기체의 점도는 온도에 비례하여 온도가 상승하면 증가하고, 액체의 점도는 온도에 반비례하여 온도가 상승하면 감소한다. 그 이유를 설명하시오.

11.5 298.15 K에서 다음 화학종의 평균 속력, 가장 잦은 속력, 상대 평균 속력을 구하시오.
(1) Ne (2) Kr (3) O_2 (4) CH_4

11.6 표준 상태 25°C와 100°C에서 수소 기체와 산소 기체에 대하여 다음을 구하시오.
(1) 평균 속력과 두 기체 간의 속력 관계
(2) 1초 동안에 이동하는 거리와 두 기체 간의 이동 거리 관계
(3) 산소 기체를 298.15 K의 수소 기체와 동일한 평균 속력을 갖게 하려면 온도를 몇 K로 하여야 하는가?

11.7 298.15 K, 1 bar에서 각 변의 길이가 10.0 cm인 용기에 Ar 기체가 들어 있다. 이 기체가 단위 시간에 용기 벽에 충돌하는 충돌수를 구하시오. (이상 기체로 가정하시오.)

11.8 문제 7의 용기에 수소 기체와 산소 기체를 넣고 직경이 0.10 cm인 구멍을 뚫었다. 1분 동안에 분출된 기체 분자 수는 각각 얼마인가? (이상 기체로 가정하시오.)

11.9 압력이 758 Torr이고 온도가 25°C인 Ar 기체에 지름이 1.00 cm인 구형 고체를 노출시켰다. 1.00분 동안에 이 고체에 충돌하는 Ar 기체의 충돌수는 얼마인가?

11.10 어떤 용기에 몰질량이 250 g mol^{-1}이고, 300 K에서 증기압이 0.805 Pa인 고체를 넣고 지름이 3.00 mm인 작은 구멍을 뚫었다. 1.00시간 후에 이

고체의 질량은 얼마나 감소하겠는가?

11.11 평균 온도가 273 K인 He 기체 시료의 온도 기울기 2.5 K m^{-1}일 때 흘러간 에너지 유량은 얼마인가? (부록의 표 11.2 자료를 사용하시오.)

11.12 부록의 표 11.2의 자료의 점도를 사용하여 CO_2 분자의 충돌 단면적을 구하시오.

11.13 공기 분자의 평균적인 충돌 단면적 $\sigma = 0.40\ nm^2$이다. 25°C와 100°C에서의 공기의 점도를 구하시오.

11.14 내부 반지름이 0.10 cm이고, 길이가 25 cm인 원통형 관에 어떤 액체를 흘려 보냈더니 60초 동안에 355 cm^3이 흘러나왔고, 관 양쪽의 압력 차이가 56 Torr이었다. 이 액체의 점도를 구하시오.

11.15 농도가 극한적으로 0에 가까운 전해질 용액에서 이온에 의하여 운반되는 전류의 분율 $t_\pm^\circ$은 다음과 같다.

$$t_\pm^\circ = \frac{u_\pm}{u_+ + u_-}$$

298.15 K에서 NaCl 수용액에 전류가 흐를 때 Na^+에 의하여 운반되는 전류의 분율은 얼마가 되겠는가? (표 11.4의 자료를 사용하시오.)

12강 반응의 속도

■ 미리 생각해 보기

- 반응 속도는 반응물이 얼마나 빨리 소모되고, 생성물이 얼마나 빨리 형성되는가에 의존한다. 이러한 반응 속도는 어떻게 나타내면 좋을까?
- 반응 속도를 연구하는 중요한 이유 중의 하나는 평형점과 임의의 시점에서 반응물들과 생성물들의 농도를 예측하는 것이다. 특정 시점에서의 농도는 어떻게 알 수 있을까?
- 반응 속도는 압력, 온도, 촉매와 같은 변수들에 의하여 좌우된다. 이들 변수들을 제어하여 최적의 반응 속도를 얻으려면 어떻게 하면 될까?

12.1 반응 속도와 속도 법칙

반응 속도론은 실험적으로 측정한 정량적 자료를 기초로 하여 반응물 및 생성물의 양(주로 농도)과 반응 속도와의 함수 관계를 다룬다. 반응 속도에 대한 이러한 함수 관계는 다양한 형태의 화학 반응에 대하여 그 반응의 농도 의존 관계를 알 수 있게 해준다.

반응 속도

반응 속도(reaction rate, *v*)는 시간 변화에 따른 반응물 또는 생성물의 농도 변화로 표현된다. 예를 들어 A + 2B → 3C + 4D와 같은 반응에서 반응 속도는 다음과 같다.

$$v = -\frac{\Delta[A]}{\Delta t} = -\frac{1}{2}\frac{\Delta[B]}{\Delta t} = \frac{1}{3}\frac{\Delta[C]}{\Delta t} = \frac{1}{4}\frac{\Delta[D]}{\Delta t} \qquad (12.1)$$

여기에서 부호는 반응이 진행됨에 따라 반응물은 감소하므로 음(−)의 부호, 생성물은 증가함으로 양(+)의 부호를 갖는다. 어느 한 짧은 순간에서의 반응 속도는 다음과 같이 표현된다.

$$v = -\frac{d[A]}{dt} = -\frac{1}{2}\frac{d[B]}{dt} = \frac{1}{3}\frac{d[C]}{dt} = \frac{1}{4}\frac{d[D]}{dt} \tag{12.2}$$

위와 같이 한 반응의 반응 속도가 여러 형태로 다르게 표현되는 문제를 피하기 위하여 반응 속도는 **반응 진척도(extent of reaction, ξ)**를 가지고 나타낸다.

$$v = \frac{d\xi}{dt} \quad (\text{반응 속도의 정의}) \tag{12.3a}$$

여기에서 화학종 J에 대하여 $dn_J = \nu_J d\xi$이므로 이 식은 다음과 같이 된다.

$$v = \frac{1}{\nu_J}\frac{dn_J}{dt} \tag{12.3b}$$

여기에서 'ν_J'는 균형 화학 반응식에서 화학종 J에 대한 화학량론 계수이다. 이 식은 균일 반응의 경우 dn_J를 계의 부피로 나누면 농도가 되므로 다음과 같이 표현된다.

$$v = \frac{1}{\nu_J}\frac{d[J]}{dt} \quad (\text{균일 반응의 반응 속도}) \tag{12.3c}$$

불균일 반응의 경우에는 dn_J를 화학종들의 표면적으로 나누면 다음과 같이 된다.

$$v = \frac{1}{\nu_J}\frac{d\sigma_J}{dt} \quad (\text{불균일 반응의 반응 속도}) \tag{12.3d}$$

여기에서 'σ_J'는 화학종 J의 표면 농도이다.

속도 법칙

반응 속도는 반응물들의 농도를 곱한 것에 비례하고, 각 반응물의 농도 기여도는 실험을 통하여 구해진 **반응 차수(reaction order)**로 나타난다. 따라서 반응 속도는 다음과 같이 표현될 수 있다.

반응: $A + B \rightarrow$ 생성물

반응 속도: $v = k_r[A]^x[B]^y$ (12.4)

여기에서 'k_r'은 속도 **상수(rate constant)**이고, x와 y는 각각 [A]와 [B]에 대한 반응 차수이다. 따라서 이 반응은 A에 대하여 x차, B에 대하여 y차인 반응이며, 전체 반응 차수는 $(x + y)$이다. 속도 상수 k_r은 농도에는 무관하고 온도에 의존하는 값이며, 반응 차수 x와 y는 실험적으로 결정되는 값이다. 이와 같이 **반응 속도를 농도의 함수로 나타내는 것을 속도 법칙(rate law)**이라고 부른다.

12.2 적분 속도 법칙

속도 법칙은 미분 방정식으로 주어지므로 농도와 시간과의 관계를 구하기 위해서는 속도 법칙의 식을 적분해야 한다. 이와 같이 **속도 법칙 식을 시간에 대하여 적분한 것을 적분 속도 법칙(integrated rate law)**이라고 하며, 농도는 시간의 함수가 된다. 적분 속도 법칙은 복잡한 반응의 경우에는 수치해석적인 방법을 사용해야 하나 간단한 경우에는 다음과 같이 해석적인 방법으로 쉽게 구할 수 있다.

1차 반응

반응물 A가 소모되는 1차 **반응(first-order reaction)**에 대한 속도 법칙은 다음과 같다.

반응: A → 생성물

$$v = -\frac{d[A]}{dt} = K_r[A] \tag{12.5}$$

이 식을 시간은 $t = 0$에서 $t = t$까지, A의 농도는 초기 농도 $[A]_0$에서 시간 t에서의 농도 $[A]_t$까지 변하는 구간에 대하여 적분하면 다음과 같은 형태의 적분 속도식을 얻는다.

$$\int_{[A]_0}^{[A]_t} \frac{d[A]}{[A]} = -\int_0^t k_r dt$$ [1]

$$\ln\frac{[A]_t}{[A]_0} = -k_r t \quad \text{(적분 1차 속도 법칙)} \tag{12.6a}$$

---

[1] ▶ **참고** $\int \frac{1}{x} = \ln x$

$$\ln[\mathrm{A}]_{\mathrm{t}} = -k_{\mathrm{r}}t + \ln[\mathrm{A}]_0 \tag{12.6b}$$

$$[\mathrm{A}]_{\mathrm{t}} = [\mathrm{A}]_0 e^{-k_{\mathrm{r}}t} \tag{12.6c}$$

12.6a식을 시간 t에 대하여 나타내면 그림 12.1(가)와 같이 기울기가 $-k_{\mathrm{r}}$인 직선을 얻을 수 있고, 직선의 기울기로부터 속도 상수를 구할 수 있다. 또한 12.6c식에서 반응물의 농도는 그림 12.1(나)에서 보는 바와 같이 지수함수적으로 감소하며 그 속도는 k_{r}에 의존됨을 알 수 있다.

반응 속도를 간단하게 확인하는 유용한 방법은 반응물의 농도가 반으로 줄어드는 데 걸리는 시간인 **반감기(half-life, $t_{1/2}$)**를 이용하는 방법이다. 1차 반응에서 반응물의 농도 [A]가 초기 농도 $[\mathrm{A}]_0$에서 $\frac{[\mathrm{A}]_0}{2}$로 되는 데 걸리는 시간 $t_{1/2}$은 12.6a식으로부터 다음과 같이 구해진다.

$$t_{1/2} = \frac{1}{k_{\mathrm{r}}}\ln\frac{[\mathrm{A}]_0}{[\mathrm{A}]_0/2} = \frac{1}{k_{\mathrm{r}}}\ln 2 \quad \text{(1차 반응의 반감기)} \tag{12.7}$$

그러므로 1차 반응에서 반응물의 반감기는 그 초기 농도에 무관하다.

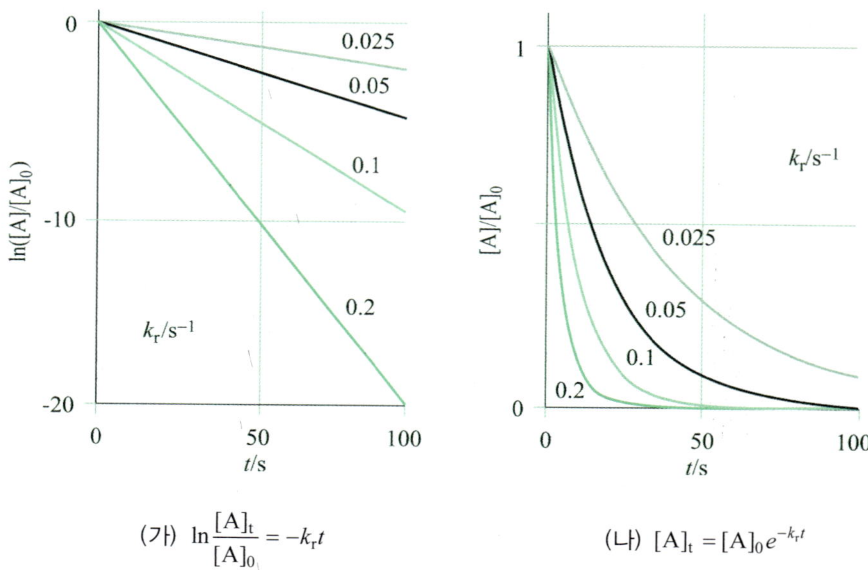

그림 12.1 1차 반응의 농도와 시간 사이의 함수 관계

예제 12.1 고대 유물의 연대를 측정하는 데 사용하는 탄소 동위 원소 ^{14}C는 반감기가 약 5730년이며, 1차 반응으로 붕괴한다. 자연 상태에서 생명체에 존재하는 ^{14}C의 양은 1.1×10^{-13} mol %이다. 다음을 구하시오.

(1) 이 반응의 속도 상수

(2) 어떤 고고학 현장에서 발굴된 나무 화석에서 측정된 ^{14}C의 양이 0.91×10^{-13} mol %이었다. 이 나무는 죽은 지 얼마나 되었는가?

풀이 반감기로부터 속도 상수와 연대를 구하는 문제이다.

(1) 1차 반응이므로 반감기는 다음과 같다.

$$t_{1/2} = \frac{1}{k_r}\ln 2$$

이 식을 k_r에 대하여 정리하여 계산하면 다음과 같이 속도 상수가 구해진다.

$$\boldsymbol{k_r} = \frac{\ln 2}{t_{1/2}} = \frac{\ln 2}{5730\ \text{yr}} = \mathbf{1.21 \times 10^{-4}\ yr^{-1}}$$

(2) 1차 반응의 적분 속도식은 다음과 같다.

$$\ln\frac{[^{14}C]_t}{[^{14}C]_0} = -k_r t$$

이 식을 시간 t에 대하여 정리하여 계산하면 다음과 같이 이 나무의 죽은 햇수가 구해진다.

$$\boldsymbol{t} = -\frac{1}{k_r}\ln\frac{[^{14}C]_t}{[^{14}C]_0}$$
$$= -\frac{1}{1.21 \times 10^{-4}\ \text{yr}^{-1}}\ln\frac{0.91 \times 10^{-13}}{1.1 \times 10^{-13}} = \mathbf{1.6 \times 10^3\ yr}$$

2차 반응

2차 반응(**second-order reaction**)에 대한 속도 법칙은 다음과 같다.

$$v = -\frac{d[A]}{dt} = k_r[A]^2 \tag{12.8}$$

이 식을 시간은 $t = 0$에서 $t = t$까지, A의 농도는 초기 농도 $[A]_0$에서 시간 t에서의 농도 $[A]_t$까지 변하는 구간에 대하여 적분하면 다음과 같은 형태의 적분 속도식을 얻는다.

$$\int_{[A]_0}^{[A]_t} \frac{d[A]}{[A]^2} = -\int_0^t k_r dt$$ [2]

$$\frac{1}{[A]_t} = k_r t + \frac{1}{[A]_0} \quad \text{(적분 2차 속도 법칙)} \tag{12.9a}$$

이 식을 $[A]_t$에 대하여 정리하면 다음과 같다.

$$[A]_t = \frac{[A]_0}{1 + k_r t[A]_0} \tag{12.9b}$$

12.9a식을 도시하면 그림 12.2(가)와 같이 기울기가 k_r인 직선을 얻을 수 있고, 직선의 기울기로부터 속도 상수를 구할 수 있다. 또한 12.9b식으로부터 임의의 시각 t에서 반응물의 농도를 구할 수 있다.

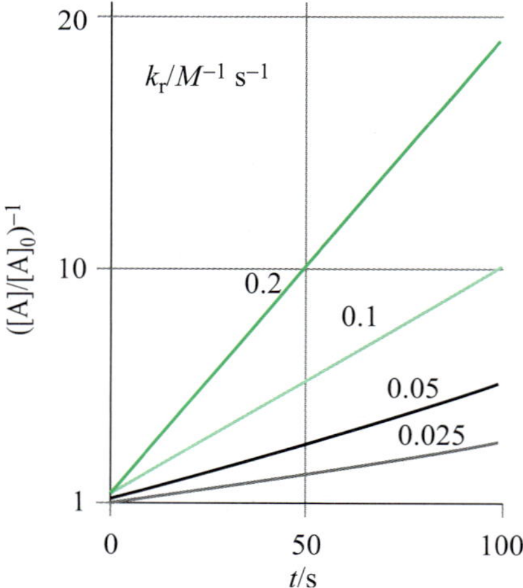

그림 12.2 2차 반응의 농도와 시간 사이의 함수 관계

---

[2] ▶ **참고** $\int \frac{1}{x^2} = -\frac{1}{x}$

2차 반응의 반감기는 적분 속도식에 시간 $t = t_{1/2}$, 농도 $[A]_t = \frac{[A]_0}{2}$ 을 대입하면 다음과 같이 된다.

$$\frac{1}{[A]_0/2} = \frac{1}{[A]_0} + k_r t_{1/2}$$

$$t_{1/2} = \frac{1}{k_r[A]_0} \quad \text{(2차 반응의 반감기)} \tag{12.10}$$

표 12.1 속도 법칙 요약

반응 차수	반응	속도 법칙	적분 속도 법칙	반감기($t_{1/2}$)
0	$A \rightarrow P$	$v = k_r$	$[A]_t = -k_r t + [A]_0$	$t_{1/2} = [A]_0/2k_r$
1	$A \rightarrow P$	$v = k_r[A]$	$\ln\frac{[A]_t}{[A]_0} = -k_r t$ $[A]_t = [A]_0 e^{-k_r t}$	$t_{1/2} = \frac{1}{k_r}\ln 2$
2	$A \rightarrow P$	$v = k_r[A]^2$	$\frac{1}{[A]_t} = k_r t + \frac{1}{[A]_0}$ $[A]_t = \frac{[A]_0}{1 + k_r t[A]_0}$	$t_{1/2} = \frac{1}{k_r[A]_0}$
	$A + B \rightarrow P$	$v = k_r[A][B]$	$\ln\left(\frac{[B]_t/[B]_0}{[A]_t/[A]_0}\right)$ $= ([B]_0 - [A]_0)k_r t$	
	$A + 2B \rightarrow P$	$v = k_r[A][B]$	$\ln\left(\frac{[A]_0([B]_0 - 2\xi)}{([A]_0 - \xi)[B]_0}\right)$ $= ([B]_0 - 2[A]_0)k_r t$	

0차 반응

일반적인 반응은 1차 또는 2차 반응이다. 0차 반응(**zero-order reaction**)은 반응물의 농도에 무관한 반응으로 속도 법칙은 다음과 같다.

$$v = -\frac{d[A]}{dt} = k_r \tag{12.11}$$

이 식을 시간은 $t = 0$에서 $t = t$까지, A의 농도는 초기 농도 $[A]_0$에서 시간 t에서의 농도 $[A]_t$까지 변하는 구간에 대하여 적분하면 다음과 같은 형태의 적분 속도식을 얻는다.

$$\int_{[A]_0}^{[A]_t} d[A] = -\int_0^t k_r dt$$

$$[A]_t - [A]_0 = -k_r t \quad \text{(적분 0차 속도 법칙)} \qquad (12.12a)$$

이 식을 $[A]_t$에 대하여 정리하면 다음과 같다.

$$[A]_t = -k_r t + [A]_0 \qquad (12.12b)$$

따라서 $[A]_t$를 시간 t에 대하여 나타내면 절편이 $[A]_0$이고 기울기가 $-k_r$인 직선을 얻는다.

0차 반응의 반감기는 0차 반응의 적분 속도식 12.12b에 시간 $t = t_{1/2}$, 농도 $[A]_t = \frac{[A]_0}{2}$을 대입하면 다음과 같이 얻어진다.

$$\frac{[A]_0}{2} = [A]_0 - k_r t_{1/2}$$

$$t_{1/2} = \frac{[A]_0}{2k_r} \quad \text{(0차 반응의 반감기)} \qquad (12.13)$$

12.3 반응 속도에 대한 이론

반응 속도를 다루는 두 가지 중요한 이론은 충돌 이론과 전이 상태 이론이다.

충돌 이론

충돌 이론(collision theory)은 반응이 일어나기 위해서는 반응 분자들이 서로 충돌하여야 하고, 이때 반응에 필요한 최소한의 에너지를 가지고 충돌한 분자들에 의하여 반응이 진행된다는 생각이다.

충돌 이론은 '11강 분자의 운동'에서 다룬 기체 분자 운동론에 기초를 두고 있다. 다음과 같은 2분자도 반응을 고려해 보자.

$$A + B \rightarrow \text{생성물} \quad v = k_r[A][B] \qquad (12.14)$$

반응 속도는 충돌 빈도에 의존한다. 그러므로 일정 영역의 공간에서 일정 시간 동안에 일어나는 충돌수를 충돌 밀도(**collision density**)라고 하면, 분자 A와 B가 단위 시간에 단위 부피 안에서 일어나는 충돌 밀도는 다음과 같다.

$$Z_{\mathrm{AB}} = \sigma\left(\frac{8kT}{\pi\mu}\right)^{1/2} N_{\mathrm{A}}^2[\mathrm{A}][\mathrm{B}] \tag{12.15}$$

여기에서 'σ'는 충돌 단면적, 'μ'는 환산 질량, 'N_{A}'는 아보가드로 수이다. 만일 A와 B가 동일한 분자이면 충돌 밀도는 다음과 같이 된다.

$$Z_{\mathrm{AA}} = \sigma\left(\frac{8kT}{\pi\mu}\right)^{1/2} N_{\mathrm{A}}^2[\mathrm{A}]^2 \tag{12.16}$$

만일 모든 충돌이 100% 유효하면(예를 들면 활성화 에너지 $E_{\mathrm{a}} = 0$인 작은 라디칼들의 2분자 반응) Z_{AB} 또는 Z_{AA}를 아보가드로 수 N_{A}로 나눈 일반적으로 정의되는 반응 속도가 된다.

$$-\frac{\mathrm{d}[\mathrm{A}]}{\mathrm{d}t} = \frac{Z_{\mathrm{AB}}}{N_{\mathrm{A}}} = \sigma\left(\frac{8kT}{\pi\mu}\right)^{1/2} N_{\mathrm{A}}[\mathrm{A}][\mathrm{B}] \tag{12.17}$$

그러므로 속도 상수 k_{r}은 다음과 같이 된다.

$$k_{\mathrm{r}} = N_{\mathrm{A}}\sigma\left(\frac{8kT}{\pi\mu}\right)^{1/2} = N_{\mathrm{A}}\sigma\bar{s}_{\mathrm{rel}} \quad (100\,\%\text{ 유효 반응의 속도 상수}) \tag{12.18}$$

여기에서 속도 상수 k_{r}의 단위는 $\mathrm{m^3\,mol^{-1}\,s^{-1}}$이다.

그러나 대부분의 반응에서 충돌은 100% 유효하지 못하다. 대부분의 반응에서 충돌이 반응으로 이어지려면 충돌시의 운동 에너지가 활성화 에너지 E_{a}보다 커야 한다. 따라서 충돌 중에 활성화 에너지보다 큰 운동에너지를 가진 충돌만이 반응을 일으킬 수 있다. 그러므로 12.17식에 볼츠만 분포 인자 $e^{-E\mathrm{a}/RT}$가 곱해져야 한다.

$$-\frac{\mathrm{d}[\mathrm{A}]}{\mathrm{d}t} = \frac{Z_{\mathrm{AB}}}{N_{\mathrm{A}}} = \sigma\left(\frac{8kT}{\pi\mu}\right)^{1/2} N_{\mathrm{A}}[\mathrm{A}][\mathrm{B}]\,e^{-E\mathrm{a}/RT} \tag{12.19}$$

그러므로 일반적인 반응의 속도 상수는 다음과 같다.

$$k_r = N_A\sigma\left(\frac{8kT}{\pi\mu}\right)^{1/2} e^{-Ea/RT}$$
$$= N_A\sigma\bar{s}_{rel}\, e^{-Ea/RT} \quad \text{(2분자도 반응의 속도 상수)} \qquad (12.20)$$

이 식은 아레니우스의 식 $k_r = Ae^{-Ea/RT}$와 같은 꼴이다.

충돌 이론은 원자종이나 단순한 분자의 경우 매우 잘 맞는다. 그러나 복잡한 구조를 가진 분자가 관여하는 반응에서는 상당한 오차가 발생한다. 이러한 오차가 발생하는 이유는 충분한 에너지를 가진 모든 충돌이 반응을 일으키는 데 유효한 것으로 취급하였기 때문이다. 그러나 실제로 충분한 에너지를 가지고 충돌하였다고 하더라도 반응을 일으킬 수 있는 정확한 방향으로 접근하지 않으면 반응은 일어나지 않는다. 이와 같은 입체적 효과를 고려하여 12.18식을 보정하면 다음과 같이 쓸 수 있다.

$$k_r = P\sigma N_A\left(\frac{8kT}{\pi\mu}\right)^{1/2} e^{-Ea/RT}$$
$$= \sigma^* N_A\left(\frac{8kT}{\pi\mu}\right)^{1/2} e^{-Ea/RT} \quad \text{(입체 인자를 포함한 속도 상수)} \qquad (12.21)$$

여기에서 'P'는 확률로 **입체 인자(steric factor)**라고 하며, 'σ^*' = $P\sigma$로 **반응성 단면적(reactive cross-section)**이라고 한다. 몇 가지 기체상 반응에 대한 아레니우스 식의 지수 앞 인자인 빈도 인자 A, 활성화 에너지 E_a, 입체 인자 P는 표 12.2와 같고, 이 표는 부록에도 수록해 놓았다.

표 12.2 몇 가지 기체상 반응에 대한 빈도 인자, 활성화 에너지, 입체 인자

반응	A/m^3 mol^{-1} s^{-1}		E_a/kJ mol^{-1}	P
	실험 값	이론 값		
$2NOCl \rightarrow 2NO + Cl_2$	9.4×10^6	5.9×10^7	102.0	0.16
$2NO_2 \rightarrow 2NO + O_2$	2.0×10^6	4.0×10^7	111.0	5.0×10^{-2}
$2ClO \rightarrow Cl_2 + O_2$	6.3×10^4	2.5×10^7	0.0	2.5×10^{-3}
$H_2 + C_2H_4 \rightarrow C_2H_6$	1.24×10^3	7.4×10^8	180	1.7×10^{-6}
$K + Br_2 \rightarrow KBr + Br$	1.0×10^9	2.1×10^8	0.0	4.8

예제 12.2 298.15 K에서 $NO + Cl_2 \rightarrow NOCl + Cl$ 반응에 대한 입체 인자를 구하시오. 이 반응에 대하여 실험적으로 결정된 빈도 인자 $A = 4.0 \times 10^6$ m^3

$mol^{-1}\ s^{-1}$이다. (충돌 단면적 값은 부록의 표 11.1 자료를 사용하시오.)

풀이 실험적으로 결정된 빈도 인자로부터 입체 인자 값을 구하는 문제이다. 아레니우스 식과 충돌 이론에 의한 반응 속도 k_r은 다음과 같다.

$$k_r = Ae^{-Ea/RT}$$

$$k_r = P\sigma N_A\left(\frac{8kT}{\pi\mu}\right)^{1/2} e^{-Ea/RT}$$

그러므로 위 두 식으로부터 빈도 인자 A는 다음과 같이 된다.

$$A = P\sigma N_A\left(\frac{8kT}{\pi\mu}\right)^{1/2}$$

이 식을 P에 대하여 정리하면 다음과 같이 된다.

$$P = A/\sigma N_A\left(\frac{8kT}{\pi\mu}\right)^{1/2}$$

이 계산을 위하여 두 반응물에 대한 환산 질량을 구하면 다음과 같다.

$$\mu = \frac{m_A m_B}{m_A + m_B} = \frac{(4.983\times10^{-23}\ g)(1.177\times10^{-22}\ g)}{(4.983\times10^{-23}\ g + 1.177\times10^{-22}\ g)}$$
$$= 3.501\times10^{-23}\ g = 3.501\times10^{-26}\ kg$$

충돌 단면적 σ는 반응물이 서로 다른 종류의 분자이므로 표 11.1의 자료로부터 얻은 두 분자의 평균 충돌 단면적을 사용한다.

$$\sigma_{ave} = \pi d_{ave}^2 = \frac{1}{4}(\sigma_{NO} + \sigma_{Cl_2} + 2\sqrt{\sigma_{NO}\sigma_{Cl_2}})$$
$$= \frac{1}{4}\{(4.2+9.3)\times10^{-19}\ m^2 + 2\sqrt{(4.2\times10^{-19}\ m^2)(9.3\times10^{-19}\ m^2)}\}$$
$$= 1.59\times10^{-18}\ m^2$$

그러므로 상대 평균 속력은 다음과 같고,

$$\bar{s}_{rel} = \left(\frac{8kT}{\pi\mu}\right)^{1/2} = \left\{\frac{8(1.381\times10^{-23}\ J\ K^{-1})(298.15\ K)}{\pi(3.501\times10^{-26}\ kg)}\right\}^{1/2} = 4.996\times10^{-6}\ m\ s^{-1}$$

입체 인자 P는 다음과 같이 계산된다.

$$\boldsymbol{P} = A/\sigma N_{\mathrm{A}}\bar{s}_{\mathrm{rel}}$$
$$= \left\{ \frac{4.0\times10^{6}\ \mathrm{m^3\ mol^{-1}\ s^{-1}}}{(1.59\times10^{-18}\ \mathrm{m^2})(6.022\times10^{23}\ \mathrm{mol^{-1}})(4.996\times10^{-6}\ \mathrm{s^{-1}})} \right\}$$
$$= \mathbf{8.4\times10^{5}}$$

전이 상태 이론

아이링(Henry Eyring, 1901~1981)

미국의 이론물리화학자. 화학 반응 속도와 중간체에 대한 많은 연구를 수행하였다. 폴라니(M. Polanyi)와 함께 전이 상태 이론을 개발하였고, 20세기 화학의 중요한 발전 중의 하나인 이 연구로 여러 과학자가 노벨상을 수상하였음에도 아이링은 노벨상을 받지 못하였다.

충돌 이론은 기체의 충돌에 근거하고 있으며 반응물은 단단한 구형으로 가정하며 분자의 구조는 무시한다. 따라서 분자 수준에서 입체 인자를 만족스럽게 설명할 수 없었다. 이에 아이링(Eyring H.) 등은 분자 수준에서 반응의 세부적인 것을 다룰 수 있게 해주는 **전이 상태 이론(transition state theory, 활성화물 이론**이라고도 함)을 개발하였다.

전이 상태 이론의 출발은 충돌 이론과 유사하게 시작한다. 전이 상태 이론에 의하면 2분자도 충돌에서 반응종 A와 B 사이에 상대적으로 높은 에너지의 활성화물 $C^{\ddagger}$가 사전 평형을 이루며 만들어진다.

$$\mathrm{A + B \rightleftharpoons C^{\ddagger}} \qquad K^{\ddagger} = \frac{[\mathrm{C}^{\ddagger}]}{[\mathrm{A}][\mathrm{B}]} \tag{12.22}$$

이 활성화물 $C^{\ddagger}$는 1분자도 붕괴 반응에 의하여 속도 상수 $k^{\ddagger}$를 가지고 생성물 P로 분해된다.

$$\mathrm{C^{\ddagger} \rightarrow P} \qquad v = k^{\ddagger}[\mathrm{C}^{\ddagger}] \tag{12.23}$$

12.22식에서 $[\mathrm{C}^{\ddagger}] = [\mathrm{A}][\mathrm{B}]K^{\ddagger}$이므로 $v = k^{\ddagger}[\mathrm{A}][\mathrm{B}]K^{\ddagger}$가 되고, 또한 속도 $v = k_{\mathrm{r}}[\mathrm{A}][\mathrm{B}]$이므로 다음과 같은 관계가 성립된다.

$$k_{\mathrm{r}}[\mathrm{A}][\mathrm{B}] = k^{\ddagger}[\mathrm{A}][\mathrm{B}]k^{\ddagger}$$
$$k_{\mathrm{r}} = k^{\ddagger}K^{\ddagger}$$

그러므로 속도 상수 k_{r}은 활성화물의 1분자도 속도 상수 $k^{\ddagger}$와 평형 상수 $K^{\ddagger}$를 구하면 얻을 수 있다.

전이 상태에 있는 활성화물은 원자들이 생성물로 변환되기 위한 배열을 가져야 한다. 속도 상수 $k^{\ddagger}$는 활성화물의 붕괴 속도와 연관이 있으며, 생성물이 만들어지려면 활성화물의 결합이 해리되어야 한다. 활성화물의 해리되는 결합은 약한 결합이어야 하며 활성화물의 해리는 이 약한 결합에 대한 신축 진동 좌표 축을 **반응 좌표(reaction coordinate)**로 하여 일어난다. 따라서 $k^{\ddagger}$는 이 신축 진동 운동의 진동수 $\nu^{\ddagger}$에 의존된다.

$$k^{\ddagger} = \kappa \nu^{\ddagger} \tag{12.24}$$

여기에서 'κ'는 **투과 계수(transmission coefficient)**라고 한다. κ는 특별한 정보가 없으면 1을 취하며, 이는 전이 상태에 도달한 반응물들은 모두 생성물이 된다고 보는 것이다.

평형 상수 $K^{\ddagger}$를 구하는 것은 매우 복잡하며 통계 열역학적으로 구해지는 $K^{\ddagger}$는 다음과 같다.

$$K^{\ddagger} = \frac{kT}{h\nu^{\ddagger}} \bar{K}^{\ddagger} \tag{12.25}$$

여기에서 'k'는 볼츠만 상수, 'h'는 플랑크 상수, '$\bar{K}^{\ddagger}$'는 활성화물 $C^{\ddagger}$의 진동 방식 하나에 대한 일종의 평형 상수이다.

그러므로 속도 상수 k_r은 다음과 같이 된다.

$$k_r = \kappa \nu^{\ddagger} \frac{kT}{h\nu^{\ddagger}} \bar{K}^{\ddagger} = \kappa \frac{kT}{h} \bar{K}^{\ddagger} \quad \text{(아이링의 속도 상수 식)} \tag{12.26}$$

따라서 2분자도 반응의 속도 상수를 반응물의 결합 길이, 원자 질량, 진동수와 같은 기본적인 분자 매개변수로부터 구할 수 있다.

12.4 반응 속도에 대한 열역학적 고찰

통계 열역학을 적용하여 구해진 속도 상수(12.26식)는 활성화물에 대한 구조 매개변수를 알지 못하면 그 값을 구할 수 없다. 이러한 문제는 화학 반응에 대한 열역학적 표현과 전이 상태 이론을 연결함으로써 해결할 수 있다.

$\bar{K}^{\ddagger}$는 열역학적으로 다음과 같이 나타낼 수 있다.

$$\Delta G^{\ddagger} = -RT \ln \bar{K}^{\ddagger} \qquad \bar{K}^{\ddagger} = e^{-\Delta G^{\ddagger}/RT} \tag{12.27}$$

여기에서 '$\Delta G^{\ddagger}$'는 반응물과 전이 상태 사이의 깁스 에너지 차인 **활성화 깁스 에너지(activated Gibbs energy)**이다. 그러므로 $\kappa = 1$로 가정하면 속도 상수는 다음과 같이 된다.

$$k_{\mathrm{r}} = \frac{kT}{h} e^{-\Delta G^{\ddagger}/RT} \quad (\Delta G^{\ddagger}\text{로 나타낸 속도 상수 식}) \qquad (12.28)$$

또한 활성화 깁스 에너지는 다음과 같이 **활성화 엔탈피(activated enthalpy, $\Delta H^{\ddagger}$)**와 **활성화 엔트로피(activated enthalpy, $\Delta S^{\ddagger}$)**로 나타낼 수 있다.

$$\Delta G^{\ddagger} = \Delta H^{\ddagger} - T\Delta S^{\ddagger} \qquad (12.29)$$

이 식을 12.28식에 대입하면 속도 상수는 다음과 같이 된다.

$$k_{\mathrm{r}} = \frac{kT}{h} e^{\Delta S^{\ddagger}/R} e^{-\Delta H^{\ddagger}/RT} \quad (\Delta H^{\ddagger}\text{와 } \Delta S^{\ddagger}\text{로 나타낸 속도 상수 식}) \qquad (12.30)$$

아레니우스의 활성화 에너지의 정의 $E_{\mathrm{a}} = RT^2\left(\dfrac{\mathrm{d}\ln k_{\mathrm{r}}}{\mathrm{d}T}\right)$을 이용하면 E_{a}는 다음과 같이 얻어진다.

$$E_{\mathrm{a}} = \Delta H^{\ddagger} + RT \quad (\text{기체, 1분자도 반응}) \qquad (12.31a)$$

$$E_{\mathrm{a}} = \Delta H^{\ddagger} + 2RT \quad (\text{기체, 2분자도 반응}) \qquad (12.31b)$$

$$E_{\mathrm{a}} = \Delta H^{\ddagger} + 3RT \quad (\text{기체, 3분자도 반응}) \qquad (12.31c)$$

$$E_{\mathrm{a}} = \Delta H^{\ddagger} + RT \quad (\text{용액}) \qquad (12.31d)$$

아레니우스(Svante August Arrhenius, 1859~1927)

스웨덴의 화학 및 물리학자. 물리화학 창시자의 한 사람이다. 1903년 노벨 화학상을 수상하였고, 아레니우스의 산·염기 정의, 아레니우스의 식이 널리 알려져 있고, 전해질에 대한 연구에 많은 업적을 남겼다.

한편 아레니우스의 속도 상수와 활성화 에너지에 대한 경험적인 식은 다음과 같다.

$$k_{\mathrm{r}} = Ae^{-Ea/RT} \quad (\text{아레니우스 식}) \qquad (12.32)$$

여기에서 'A'는 빈도 인자**(frequency factor)** 또는 지수앞자리 인자**(preexponetial factor)**라고 한다. 따라서 빈도 인자 A는 다음과 같이 된다.

$$A = \frac{kT}{h} e e^{\Delta S^{\ddagger}/R} \quad (\text{기체 1분자도 반응}) \qquad (12.33a)$$

$$A = \frac{kT}{h} e^2 e^{\Delta S^{\ddagger}/R} \quad (\text{기체 2분자도 반응}) \qquad (12.33b)$$

$$A = \frac{kT}{h} e^3 e^{\Delta S^\ddagger / R} \quad \text{(기체 3분자도 반응)} \qquad (12.33c)$$

$$A = \frac{kT}{h} e e^{\Delta S^\ddagger / R} \quad \text{(용액)} \qquad (12.33d)$$

예제 12.3 염화 나이트로실(NOCl) 기체는 대류권에서 다음과 같이 열분해 반응을 일으킨다. 표 12.2의 자료를 사용하여 243 K에서의 다음 값을 구하시오.

$$2NOCl \rightarrow 2NO + Cl_2$$

(1) 활성화 엔탈피 $\Delta H^\ddagger$

(2) 활성화 엔트로피 $\Delta S^\ddagger$

(3) 활성화 깁스 에너지 $\Delta G^\ddagger$

풀이 실험적으로 측정된 빈도 인자로부터 활성화물에 대한 열역학적 값들을 구하는 문제이다.

(1) 기체 2분자도 반응이므로 12.31b식을 사용하여 활성화 엔탈피는 다음과 같이 구해진다.

$$\begin{aligned}\boldsymbol{\Delta H^\ddagger} &= E_a - 2RT \\ &= (1.02 \times 10^5 \text{ J mol}^{-1}) - 2(8.314 \text{ J mol}^{-1} \text{ K}^{-1})(243 \text{ K}) \\ &= 9.80 \times 10^4 \text{ J mol}^{-1} \mathbf{= 98.0 \text{ kJ mol}^{-1}}\end{aligned}$$

(2) 12.33b식에서 빈도 인자와 활성화 엔트로피 관계는 다음과 같다.

$$A = \frac{kT}{h} e^2 e^{\Delta S^\ddagger / R}$$

이 식을 $\Delta S^\ddagger$에 대하여 정리하면 다음과 같이 $\Delta S^\ddagger$를 구할 수 있다.[3]

$$\begin{aligned}\boldsymbol{\Delta S^\ddagger} &= R \ln\left(\frac{Ah}{e^2 kT}\right) \\ &= (8.314 \text{ J mol}^{-1} \text{ K}^{-1}) \times \ln\left\{\frac{(9.4 \times 10^6)(6.626 \times 10^{-34})}{e^2 (1.381 \times 10^{-23})(243)}\right\} \\ &\mathbf{= -1.3 \times 10^2 \text{ J mol}^{-1} \text{ K}^{-1}}\end{aligned}$$

---

[3] ▶ 참고 $e = 2.718\ 281\ 828\ 46\cdots\cdots$

(3) $\Delta G^{\ddagger} = \Delta H^{\ddagger} - T\Delta S^{\ddagger}$ 이므로 활성화 깁스 에너지는 다음과 같다.

$$\begin{aligned}\boldsymbol{\Delta G^{\ddagger}} &= 9.80\times10^{4}\ \text{J mol}^{-1} - (243\ \text{K})(-1.3\times10^{2}\ \text{J mol}^{-1}\ \text{K}^{-1}) \\ &= 1.29\times10^{5}\ \text{J mol}^{-1} = \mathbf{129\ kJ\ mol^{-1}}\end{aligned}$$

위의 속도 상수 식을 이용하면 한 온도의 속도 상수와 활성화 에너지로부터 다른 온도의 속도 상수를 구할 수 있다. 만약 온도 T_1에서의 속도 상수를 k_{r1}, 온도 T_2에서의 속도 상수를 k_{r2}라고 하면, 12.32식은 다음과 같이 나타낼 수 있다.

$$\ln k_{r1} = \ln A - \frac{E_a}{R}\frac{1}{T_1} \qquad \ln k_{r2} = \ln A - \frac{E_a}{R}\frac{1}{T_2}$$

이 두 식의 차로부터 다음과 같은 관계를 얻을 수 있다.

$$\ln\frac{k_{r1}}{k_{r2}} = \frac{E_a}{R}\left(\frac{1}{T_2} - \frac{1}{T_1}\right) \qquad (12.34)$$

이 식은 두 온도에 대한 속도 상수로부터 활성화 에너지를 구하는 데 사용할 수도 있고, 한 온도의 속도 상수와 활성화 에너지로부터 다른 온도에서의 속도 상수를 구하는 데도 사용할 수 있다.

핵심 개념

1. **반응 속도**: 시간 변화에 따른 반응물 또는 생성물의 농도 변화
2. **속도 법칙**: 반응 속도를 농도의 함수로 나타내는 것
3. **적분 속도 법칙**: 속도 법칙 식을 시간에 대하여 적분한 것
4. **반감기($t_{1/2}$)**: 반응물의 농도가 반으로 줄어드는 데 걸리는 시간
5. **충돌 이론**: 반응이 일어나기 위해서는 반응 분자들이 서로 충돌하여야 하고, 이때 반응에 필요한 최소한의 에너지를 가지고 충돌하여야 한다는 이론
6. **충돌 밀도**: 일정 영역의 공간에서 단위 시간에 일어나는 충돌수
7. **전이 상태 이론(활성화물 이론)**: 반응 속도는 전이 상태에 의하여 결정된다는 이론

주요 식

이름	식	설명
반응 속도	$v = \dfrac{d\xi}{dt}$ (ξ: 반응 진척도)	정의
	$v = \dfrac{1}{\nu_J}\dfrac{d[J]}{dt}$	균일 반응
	$v = \dfrac{1}{\nu_J}\dfrac{d\sigma_J}{dt}$	불균일 반응
속도 법칙	$v = k_r[A]^x[B]^y$	정의
	$v = -\dfrac{d[A]}{dt} = k_r$	0차 반응
	$v = -\dfrac{d[A]}{dt} = k_r[A]$	1차 반응
	$v = k_r[A]^2$	2차 반응
적분 속도 법칙	$[A]_t - [A]_0 = -k_r t$ $[A]_t = -k_r t + [A]_0$	적분 0차 속도 법칙
	$\ln\dfrac{[A]_t}{[A]_0} = -k_r t$ $\ln[A]_t = -k_r t + \ln[A]_0$ $[A]_t = [A]_0 e^{-k_r t}$	적분 1차 속도 법칙
	$\dfrac{1}{[A]_t} = k_r t + \dfrac{1}{[A]_0}$ $[A]_t = \dfrac{[A]_0}{1 + k_r t[A]_0}$	적분 2차 속도 법칙
반감기	$t_{1/2} = \dfrac{[A]_0}{2k_r}$	0차 반응
	$t_{1/2} = \dfrac{1}{k_r}\ln 2$	1차 반응
	$t_{1/2} = \dfrac{1}{k_r[A]_0}$	2차 반응
충돌 밀도	$Z_{AB} = \sigma\left(\dfrac{8kT}{\pi\mu}\right)^{1/2} N_A^2[A][B]$	서로 다른 분자 A, B 간 충돌

이름	식	설명
	$Z_{AA} = \sigma\left(\frac{8kT}{\pi\mu}\right)^{1/2} N_A^2[A]^2$	서로 같은 분자 간 충돌
속도 상수	$k_r = N_A\sigma\left(\frac{8kT}{\pi\mu}\right)^{1/2}$	100 % 유효 반응
	$k_r = N_A\sigma\left(\frac{8kT}{\pi\mu}\right)^{1/2} e^{-Ea/RT}$	일반적인 2분자도 반응
	$k_r = P\sigma N_A\left(\frac{8kT}{\pi\mu}\right)^{1/2} e^{-Ea/RT}$ (P: 입체 인자)	입체 인자를 포함한 경우
	$k_r = \kappa\frac{kT}{h}\bar{K}^{\ddagger}$	아이링의 식
	$k_r = Ae^{-Ea/RT}$	아레니우스 식
빈도 인자	$A = \frac{kT}{h}ee^{\Delta S^{\ddagger}/R}$	기체 1분자도 반응
	$A = \frac{kT}{h}e^2e^{\Delta S^{\ddagger}/R}$	기체 2분자도 반응
	$A = \frac{kT}{h}e^3e^{\Delta S^{\ddagger}/R}$	기체 3분자도 반응
	$A = \frac{kT}{h}ee^{\Delta S^{\ddagger}/R}$	용액
속도 상수, 활성화 에너지, 온도 관계	$\ln\frac{k_{r1}}{k_{r2}} = \frac{E_a}{R}\left(\frac{1}{T_2} - \frac{1}{T_1}\right)$	

연습 문제

12.1 1차 반응을 제외한 다른 모든 차수의 반응에 대한 반감기는 다음과 같이 모두 초기 농도에 의존한다.

$$t_{1/2} \propto \frac{1}{[\mathrm{A}]_0^{n-1}} \quad (n\text{: 반응 차수})$$

A → P가 $n \neq 1$인 차수의 반응일 때 위 식이 성립됨을 보이시오.

12.2 서로 다른 압력과 온도 조건에서 반응 속도를 결정하였다. 이를 통하여 어떤 정보들을 얻을 수 있을까?

12.3 전이 상태 이론에 의하여 유도된 아이링 식이 충돌 이론보다 나은 점은 무엇인가?

12.4 2A + B → C + D 반응에 대하여 초기 속도를 측정하였더니 다음과 같았다. 이 반응의 속도 법칙을 결정하시오. B의 초기 농도 $[\mathrm{B}]_0$은 각각 (ㄱ) $1.0 \times 10^{-3}\ M$, (ㄴ) $5.0 \times 10^{-3}\ M$, (ㄷ) $10.0 \times 10^{-3}\ M$이다.

$[\mathrm{A}]_0/10^{-5}\ M$		1.0	2.0	4.0	6.0
	(ㄱ)	8.7×10^{-4}	3.5×10^{-3}	1.4×10^{-2}	3.1×10^{-2}
$v_0/M\mathrm{s}^{-1}$	(ㄴ)	4.4×10^{-3}	1.7×10^{-2}	7.0×10^{-2}	1.6×10^{-1}
	(ㄷ)	8.7×10^{-3}	3.5×10^{-2}	1.4×10^{-1}	3.1×10^{-1}

12.5 SO_2Cl_2는 다음과 같이 분해된다.

$$SO_2Cl_2(g) \rightarrow SO_2(g) + Cl_2(g)$$

이 반응계의 압력을 측정하였더니 다음과 같은 결과를 얻었다.

t/min	0	180	360	540	720
P_{tot}/Pa	1.11×10^4	1.48×10^4	1.73×10^4	1.89×10^4	2.00×10^4

다음을 구하시오.
(1) 속도 법칙
(2) 속도 상수

12.6 N_2O_5의 분해 반응은 1차 반응으로 반감기가 2.05×10^4 s이다. N_2O_5가 80 % 분해되는 데 걸리는 시간은 얼마인가?

12.7 반응이 A + B → P 형인 2차 반응의 초기 농도를 [A] = 0.075 *M*, [B] = 0.090 *M*로 하여 3600 s 후에 농도를 측정하였더니 A의 농도가 0.025 *M*이었다. 다음을 구하시오.

(1) 속도 상수

(2) 반응물들의 반감기

12.8 A + 2B → P 형인 어떤 2차 반응의 속도 상수가 $k_r = 0.25\ M^{-1}\ s^{-1}$이다. 초기 농도를 [A] = 0.015 *M*, [B] = 0.050 *M*로 혼합하였다. 다음을 구하시오.

(1) 10분 후의 P의 농도

(2) A의 농도가 0.005 *M*로 되는 데까지 걸리는 시간

12.9 아레니우스 식을 사용하여 빈도 인자 $A = 10^{10}\ s^{-1}$일 때 298.15 K에서 다음 각 경우에 대하여 속도 상수를 구하시오.

(1) $E_a = 0$

(2) $E_a = 10\ kJ\ mol^{-1}$

(3) $E_a = 50\ kJ\ mol^{-1}$

12.10 어떤 화합물의 1차 분해 속도가 다음과 같이 측정되었다. 이 반응에 대하여 빈도 인자와 활성화 에너지를 구하시오.

T/°C	5	15	25	35
k_r/s^{-1}	4.9×10^{-3}	2.2×10^{-2}	9.5×10^{-2}	3.3×10^{-1}

12.11 부록의 표 12.2의 자료를 사용하여 $H_2 + C_2H_4 \rightarrow C_2H_6$ 반응에 대한 속도 상수를 구하시오.

12.12 ·OH 라디칼과 수소 분자의 반응은 다음과 같다.

$$H_2(g) + \cdot OH(g) \rightarrow H_2O(g) + \cdot H(g)$$

이 반응에 대한 빈도 인자 $A = 8.0 \times 10^{13}\ M^{-1}\ s^{-1}$이고, 활성화 에너지 $E_a = 42\ kJ\ mol^{-1}$이다. 다음을 구하시오.

(1) 활성화 엔탈피 $\Delta H^{\ddagger}$

(2) 활성화 엔트로피 $\Delta S^{\ddagger}$

(3) 활성화 깁스 에너지 $\Delta G^{\ddagger}$

12.13 어떤 1차 반응의 속도 상수가 625 K에서 $4.15 \times 10^{-4}\ s^{-1}$이고, 활성화 에너지가 $102\ kJ\ mol^{-1}$이다. 645 K에서 이 반응의 속도 상수는 얼마가 되겠는가?

6장

복잡한 반응

■ 13강 다양한 형태의 반응과 촉매 작용

이 장은 5장에서 공부한 내용을 토대로 하여 다양한 형태의 반응들에 대하여 속도법칙을 적용하는 방법을 다룬다. 특히 간단한 유형의 반응에 대하여 유도된 속도 법칙들을 가역 반응, 연속 반응, 평행 반응과 같은 보다 복잡한 형태의 반응과 반응 메커니즘에 적용하는 방법을 공부한다. 아울러 화학 반응에서 촉매가 작용하는 경우에 대하여 반응속도론을 적용하여 다루는 방법을 익힌다.

13강 다양한 형태의 반응과 촉매 작용

■ 미리 생각해 보기

- 간단한 모형을 대상으로 하여 유도된 속도 법칙들을 가역 반응, 연속 반응, 평행 반응과 같은 다양한 형태의 반응에는 어떻게 적용할 수 있을까?
- 연속된 일련의 반응인 반응 메커니즘에 대한 속도는 어떻게 다루어야 할까?
- 촉매 또는 효소가 관여하는 반응의 속도는 어떻게 다룰 수 있을까?

13.1 다양한 형태의 반응에 대한 속도 법칙

'12강 반응의 속도'에서 다룬 반응들은 반응물이 생성물로 한 방향으로 진행되는 하나의 반응만 일어난다는 가정에서 다루었다. 그러나 실제 반응에서 이러한 하나의 반응만 일어나는 경우는 매우 드물다.

가역 반응

지금까지 구한 속도 법칙들은 역반응의 역할을 배제한 것들이다. 그러나 대부분의 반응은 가역적이어서 정반응의 속도와 역반응의 속도를 모두 고려해야 한다.

1차 반응으로 진행되는 다음과 같은 **가역 반응(reversible reaction)**을 생각해 보자.

$$\mathrm{A} \underset{k_{\mathrm{r,B}}}{\overset{k_{\mathrm{r,A}}}{\rightleftharpoons}} \mathrm{B} \tag{13.1}$$

여기에서 '$k_{\mathrm{r,A}}$'는 정반응의 속도 상수이고 '$k_{\mathrm{r,B}}$'는 역반응의 속도 상수이다. 이 가역 반응에서 정반응과 역반응에 대한 반응 속도는 다음과 같이 된다.

$$v(\text{정반응}) = k_{\mathrm{r,A}}[\mathrm{A}] \qquad v(\text{역반응}) = k_{\mathrm{r,B}}[\mathrm{B}] \tag{13.2}$$

따라서 A의 농도는 정반응에 의하여 $k_{r,A}$의 속도로 감소하고, 역반응에 의하여 $k_{r,B}$의 속도로 증가한다. 반면에 B의 농도는 $k_{r,A}$의 속도로 증가하고, $k_{r,B}$의 속도로 감소한다. 그러므로 [A]와 [B]의 순수한 순간 변화 속도는 다음과 같다.

$$\frac{d[A]}{dt} = -k_{r,A}[A] + k_{r,B}[B] \tag{13.3a}$$

$$\frac{d[B]}{dt} = k_{r,A}[A] - k_{r,B}[B] \tag{13.3b}$$

A의 처음 농도가 $[A]_0$, B의 처음 농도가 0이었다면 [A]와 [B] 사이에는 다음과 같은 관계가 항상 성립된다.

$$[A] + [B] = [A]_0 \tag{13.4}$$

그러므로 $[B] = [A]_0 - [A]$이므로 이 관계를 식 13.3a에 대입하면 다음과 같이 된다.

$$\frac{d[A]}{dt} = -k_{r,A}[A] + k_{r,B}([A]_0 - [A]) = -(k_{r,A} + k_{r,B})[A] + k_{r,B}[A]_0 \tag{13.5}$$

이 식을 변수 분리하여 시간은 $t = 0$에서 $t = t$까지, A의 농도는 초기 농도 $[A]_0$에서 시간 t에서의 농도 $[A]_t$까지 변하는 구간에 대하여 적분하면 다음과 같고,

$$\int_{[A]_0}^{[A]_t} \frac{d[A]}{(k_{r,A} + k_{r,B})[A] - k_{r,B}[A]_0} = -\int_0^t dt$$

이 적분의 해는 다음과 같이 된다. [1]

$$[A]_t = \frac{k_{r,B} + k_{r,A}e^{-(k_{r,A}+k_{r,B})t}}{k_{r,A} + k_{r,B}}[A]_0 \tag{13.6a}$$

그리고 시간 t에서 $[B]_t = [A]_0 - [A]_t$이므로 $[B]_t$는 다음과 같다.

---

[1] ▶ **참고** $\int \frac{dx}{(ax+b)} = \frac{1}{a}\ln(ax+b)$

$$[B]_t = \left(1 - \frac{k_{r,B} + k_{r,A}e^{-(k_{r,A}+k_{r,B})t}}{k_{r,A} + k_{r,B}}\right)[A]_0 \tag{13.6b}$$

13.6a와 13.6b식에 따른 $[A]_t$와 $[B]_t$의 시간 의존 관계를 그래프로 나타내면 그림 13.1과 같다.

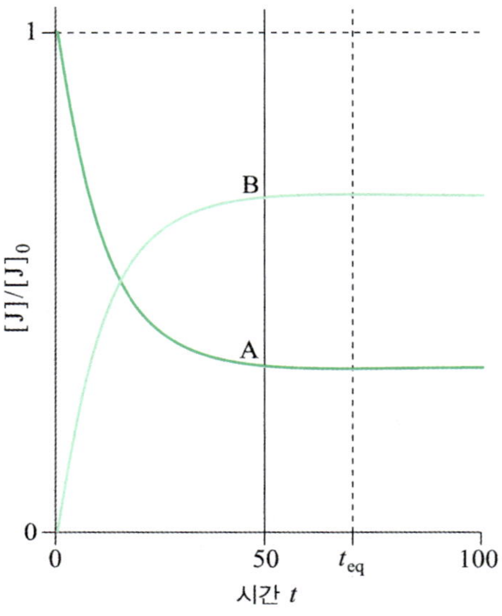

그림 13.1 가역 반응 A ⇌ B에서 농도의 시간 의존 관계. 이 예에서 $k_{r,A} = 2k_{r,B}$이다.

충분한 시간($t = \infty$)이 지나 반응이 평형에 도달하면 평형 상태에서 A와 B의 농도는 13.6a식과 13.6b식으로부터 다음과 같이 된다. [2]

$$[A]_{eq} = \frac{k_{r,B}}{k_{r,A} + k_{r,B}}[A]_0 \tag{13.7a}$$

$$[B]_{eq} = \left(1 - \frac{k_{r,B}}{k_{r,A} + k_{r,B}}\right)[A]_0 = \frac{k_{r,A}}{k_{r,A} + k_{r,B}}[A]_0 \tag{13.7b}$$

또한 평형 상태에서는 농도 변화가 없으므로 평형 상수 K와 속도 상수 사이에는 다음과 같은 관계가 성립된다.

---

2 ▶ **참고** $e^{-\infty} \approx 0$

$$\frac{d[A]_{eq}}{dt} = -k_{r,A}[A]_{eq} + k_{r,B}[B]_{eq} = 0 \quad (13.8)$$

$$\frac{k_{r,A}}{k_{r,B}} = \frac{[B]_{eq}}{[A]_{eq}} = K \quad \text{(평형 상수와 속도 상수의 관계)} \quad (13.9)$$

연속 반응

많은 화학 반응들은 중간체를 거쳐 생성물이 만들어지는 반응을 일으킨다. 이러한 반응을 연속 반응(**consecutive reaction**)이라고 하며, 두 단계로 일어나는 연속 1차 반응은 다음과 같이 나타낼 수 있다.

$$A \xrightarrow{k_{r,A}} I \xrightarrow{k_{r,I}} P \quad (13.10)$$

여기에서 'I'는 반응 중간체(**intermediate**)이다.

이 연속 반응에서 각 단계에 대한 속도식은 각각 다음과 같다.

$$\frac{d[A]}{dt} = -k_{r,A}[A] \quad (13.11)$$

$$\frac{d[I]}{dt} = k_{r,A}[A] - k_{r,I}[I] \quad (13.12)$$

$$\frac{d[P]}{dt} = k_{r,I}[I] \quad (13.13)$$

반응 초기에 반응물 A만 존재하고 반응물 A의 초기 농도를 $[A]_0$이라고 하면, $[A]_t$는 1차 반응의 적분 속도 법칙에 의하여 다음과 같이 된다.

$$[A]_t = [A]_0 e^{-k_{r,A}t} \quad (13.14)$$

이 식을 13.12식에 대입하면 다음과 같이 되고,

$$\frac{d[I]}{dt} = k_{r,A}[A]_0 e^{-k_{r,A}t} - k_{r,I}[I] \quad (13.15)$$

이 미분 방정식을 풀고(즉 적분하고) 중간체 I는 반응의 초기에는 아직 생성되지 않았으므로 $[\mathrm{I}]_0 = 0$ 으로 놓으면, $[\mathrm{I}]_\mathrm{t}$ 는 다음과 같이 된다.[3]

$$[\mathrm{I}]_\mathrm{t} = \frac{k_{\mathrm{r,A}}}{k_{\mathrm{r,I}} - k_{\mathrm{r,A}}}(e^{-k_{\mathrm{r,A}}t} - e^{-k_{\mathrm{r,I}}t})[\mathrm{A}]_0 \tag{13.16}$$

시간 t에서 생성물의 농도 $[\mathrm{P}]_\mathrm{t}$ 는 반응의 농도 조건 $[\mathrm{A}]_\mathrm{t} + [\mathrm{I}]_\mathrm{t} + [\mathrm{P}]_\mathrm{t} = [\mathrm{A}]_0$ 으로부터 다음과 같이 구해진다.

$$\begin{aligned}[\mathrm{P}]_\mathrm{t} &= [\mathrm{A}]_0 - [\mathrm{A}]_\mathrm{t} - [\mathrm{I}]_\mathrm{t} \\ &= [\mathrm{A}]_0 - [\mathrm{A}]_0 e^{-k_{\mathrm{r,A}}t} - \frac{k_{\mathrm{r,A}}}{k_{\mathrm{r,I}} - k_{\mathrm{r,A}}}(e^{-k_{\mathrm{r,A}}t} - e^{-k_{\mathrm{r,I}}t})[\mathrm{A}]_0 \\ &= \left(1 + \frac{k_{\mathrm{r,A}} e^{-k_{\mathrm{r,I}}t} - k_{\mathrm{r,I}} e^{-k_{\mathrm{r,A}}t}}{k_{\mathrm{r,I}} - k_{\mathrm{r,A}}}\right)[\mathrm{A}]_0 \end{aligned} \tag{13.17}$$

때때로 연구 및 산업적인 목적에서 최종 생성물보다 중간체를 더 필요로 하는 경우가 있다. 이러한 경우에 중간체가 최대 농도가 되는 시간을 알 필요가 있다. 중간체가 최대 농도가 되는 시간은 다음과 같이 구한다.

$$\begin{aligned}\frac{\mathrm{d}[\mathrm{I}]_\mathrm{t}}{\mathrm{d}t} &= \frac{\mathrm{d}}{\mathrm{d}t}\left(\frac{k_{\mathrm{r,A}}}{k_{\mathrm{r,I}} - k_{\mathrm{r,A}}}(e^{-k_{\mathrm{r,A}}t} - e^{-k_{\mathrm{r,I}}t})[\mathrm{A}]_0\right) \\ &= -\frac{k_{\mathrm{r,A}}}{k_{\mathrm{r,I}} - k_{\mathrm{r,A}}}(k_{\mathrm{r,A}} e^{-k_{\mathrm{r,A}}t} - k_{\mathrm{r,I}} e^{-k_{\mathrm{r,I}}t})[\mathrm{A}]_0 = 0\end{aligned}$$

이 식은 $k_{\mathrm{r,A}} e^{-k_{\mathrm{r,A}}t} = k_{\mathrm{r,I}} e^{-k_{\mathrm{r,I}}t}$ 일 때 0이 되므로 양변을 $k_{\mathrm{r,A}} e^{-k_{\mathrm{r,I}}t}$ 로 나누고 t에 대하여 정리하면, 최대 농도가 되는 시간 $t_{\max}$를 다음과 같이 얻을 수 있다.

$$t_{\max} = \frac{1}{k_{\mathrm{r,A}} - k_{\mathrm{r,I}}} \ln\left(\frac{k_{\mathrm{r,A}}}{k_{\mathrm{r,I}}}\right) \tag{13.18}$$

따라서 $k_{\mathrm{r,A}}$가 주어졌을 때 $k_{\mathrm{r,I}}$가 작을수록 [I]가 최대가 되는 시간이 길어지

---

[3] ▶ **참고** 미분 방정식 $\dfrac{\mathrm{d}y}{\mathrm{d}x} = g(x) - yf(x)$ 의 해

$$e^{\int f(x)dx} y = \int e^{\int f(x)dx} g(x)dx + C$$

13.15식은 $f(x) =$ 상수인 특별한 경우임.

고, 그 시간에서의 [I] 값은 커진다.

일정 상태 근사

연속 반응은 세 단계 이상으로 진행되면 대단히 복잡해져 해석적인 방법으로 이러한 반응에 대한 해를 구하는 것이 매우 어려워진다. 이러한 반응에 대한 해를 상당히 정확하게 구하려면 수치 해석적인 방법을 사용해야 한다. 그러나 일정 상태 근사라는 방법을 사용하면 간편하게 근사적인 해를 구할 수 있다.

일정 상태 근사(**steady-state approximation**)에서는 반응이 초기 유도 기간을 지나면 중간체 I의 농도는 거의 변하지 않는 것으로 취급한다. 따라서 다음과 같이 놓을 수 있다.

$$\frac{d[I]}{dt} = 0 \quad (\text{일정 상태 근사}) \tag{13.19}$$

따라서 위의 연속 1차 반응에 적용하면 중간체의 반응 속도 13.12식은 다음과 같이 된다.

$$\frac{d[I]}{dt} = 0 = k_{r,A}[A] - k_{r,I}[I] \tag{13.20}$$

이 식을 적분하면 일정 상태에서 I의 농도 $[I]_{SS}$는 다음과 같이 된다.

$$[I]_{SS} = \frac{k_{r,A}}{k_{r,I}}[A]_t = \frac{k_{r,A}}{k_{r,I}}[A]_0 e^{-k_{r,A}t} \tag{13.21}$$

여기에서 아래 첨자 'SS'는 일정 상태를 의미한다. 이 식을 적용하려면 중간체의 반응 속도가 매우 빨라 $\frac{k_{r,A}}{k_{r,I}} \ll 1$ 이어서 [I]의 시간에 따른 변화는 무시할 수 있을 정도여야 한다.

이어서 생성물 P의 농도는 다음과 같이 구해진다.

$$\frac{d[P]}{dt} = k_{r,I}[I] = k_{r,A}[A]_0 e^{-k_{r,A}t} \tag{13.22}$$

이 식을 적분하면 일정 상태에서 P의 농도 $[P]_{SS}$는 다음과 같다.

$$[P]_{SS} = (1 - e^{-k_{r,A}t})[A]_0 \tag{13.23}$$

이와 같이 일정 상태 근사법으로 구한 근사 해를 수치 해석법으로 구한 해와 비교하면 그림 13.2와 같다. 이 그림에서 보는 바와 같이 일정 상태 근사법으로 상당히 정확한 결과를 얻을 수 있음을 알 수 있다.

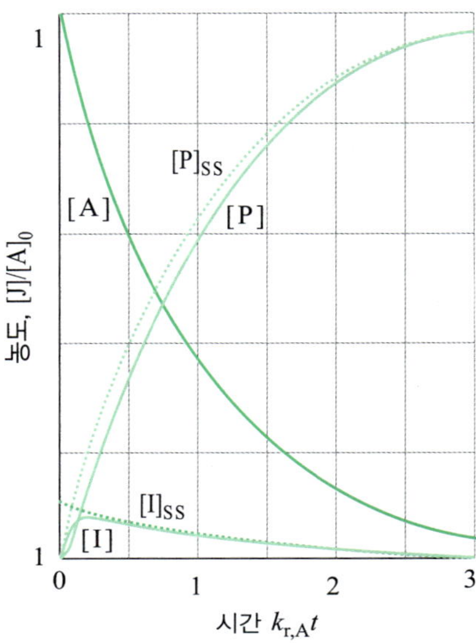

그림 13.2 $k_{r,I} = 20k_{r,A}$ 에 대하여 일정 상태 근사법으로 구한 농도 변화와 수치 해석법으로 구한 농도 변화의 비교

예제 13.1 다음과 같은 연속 반응에 대하여 일정 상태 근사법을 사용하여 생성물의 농도 [P]의 시간 의존 관계를 구하시오. 시간 t = 0에서 반응물 A만 존재한다고 가정하시오. (I_1, I_2는 중간체이다.)

$$A \xrightarrow{k_{r,A}} I_1 \xrightarrow{k_{r,1}} I_2 \xrightarrow{k_{r,2}} P$$

풀이 일련의 연속 반응에 대하여 일정 상태 근사법으로 적분 속도 법칙을 결정하는 문제이다.

이 반응에서 각 단계에 대한 속도식은 각각 다음과 같다.

$$\frac{d[A]}{dt} = -k_{r,A}[A] \quad (1)$$

$$\frac{d[I_1]}{dt} = k_{r,A}[A] - k_{r,1}[I_1] \quad (2)$$

$$\frac{d[I_2]}{dt} = k_{r,1}[I_1] - k_{r,2}[I_2] \quad (3)$$

$$\frac{d[P]}{dt} = k_{r,2}[I_2] \quad (4)$$

I_1과 I_2에 일정 상태 근사 $\frac{d[I]}{dt} = 0$을 적용하면 (2)와 (3)식은 각각 다음과 같이 놓을 수 있다.

$$\frac{d[I_1]}{dt} = k_{r,A}[A] - k_{r,1}[I_1] = 0$$

$$\frac{d[I_2]}{dt} = k_{r,1}[I_1] - k_{r,2}[I_2] = 0$$

이 식들을 적분하면 일정 상태에서 I_1과 I_2의 농도 $[I_1]_{SS}$와 $[I_2]_{SS}$는 각각 다음과 같이 된다.

$$[I_1]_{SS} = \frac{k_{r,A}}{k_{r,1}}[A]_t = \frac{k_{r,A}}{k_{r,1}}[A]_0 e^{-k_{r,A}t} \quad (5)$$

$$\begin{aligned}[I_2]_{SS} &= \frac{k_{r,1}}{k_{r,2}}[I_1]_{SS} = \frac{k_{r,1}}{k_{r,2}} \times \frac{k_{r,A}}{k_{r,1}}[A]_0 e^{-k_{r,A}t} \\ &= \frac{k_{r,A}}{k_{r,2}}[A]_0 e^{-k_{r,A}t}\end{aligned} \quad (6)$$

(4)식에 (6)식을 대입하면 다음과 같이 된다.

$$\frac{d[P]}{dt} = k_{r,2}[I_2] = k_{r,A}[A]_0 e^{-k_{r,A}t}$$

그러므로 적분하면 [P]의 시간 의존 관계는 다음과 같다.

$$\mathbf{[P]_{SS} = (1 - e^{-k_{r,A}t})\,[A]_0}$$

이 식은 본문의 13.23식과 동일하다. 따라서 연속 반응에서 생성물의 양은 얼마나 많은 단계를 거쳐 일어나는지와 상관없이 속도 결정 단계의 속도에 의존함을 알 수 있다.

평행 반응

지금까지 다룬 반응들은 반응물이 하나의 생성물을 형성하는 경우였다. 그러나 상당수의 반응은 **하나의 반응물이 여러 개의 생성물을 형성하는 반응**이 일어난다. 이러한 반응을 **평행 반응(parallel reaction)**이라고 한다.

반응물 A가 생성물 B와 C를 동시에 생성하는 반응은 다음과 같이 나타낼 수 있다.

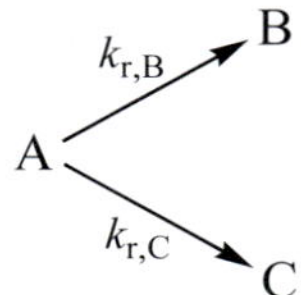

이 반응에 대한 속도는 다음과 같이 표현된다.

$$\frac{d[A]}{dt} = -k_{r,B}[A] - k_{r,C}[A] = -(k_{r,B} + k_{r,C})[A] \tag{13.24}$$

$$\frac{d[B]}{dt} = k_{r,B}[A] \tag{13.25}$$

$$\frac{d[C]}{dt} = k_{r,C}[A] \tag{13.26}$$

13.24식은 계수가 $-(k_{r,B} + k_{r,C})$ 인 1차 반응이므로 12.6c식에 따라 다음과 같이 된다.

$$[A]_t = [A]_0 e^{-(k_{r,B}+k_{r,C})t} \tag{13.27}$$

이어서 13.27식을 13.25와 13.26식에 각각 대입하여 적분하면 $[B]_t$와 $[C]_t$는 각각 다음과 같이 구해진다.

$$[B]_t = \frac{k_{r,B}}{k_{r,B} + k_{r,C}}(1 - e^{-(k_{r,B}+k_{r,C})t})[A]_0 \tag{13.28}$$

$$[C]_t = \frac{k_{r,C}}{k_{r,B} + k_{r,C}}(1 - e^{-(k_{r,B}+k_{r,C})t})[A]_0 \tag{13.29}$$

여기에서 13.28식을 13.29식으로 나누면 농도와 속도 상수 사이에 다음과 같은 관계가 있음을 알 수 있다.

$$\frac{[B]_t}{[C]_t} = \frac{k_{r,B}}{k_{r,C}} \qquad k_{r,B} = k_{r,C}\frac{[B]_t}{[C]_t} \tag{13.30}$$

이 결과는 평행 반응에서 생성물의 농도 비는 속도 상수의 비와 일치하고, 한 반응 가지의 속도 상수는 다른 반응 가지의 속도 상수와 생성물의 농도 비에 비례함을 나타낸다.

13.2 반응 메커니즘

지금까지 논의한 반응 법칙에 따른 반응들은 여러 단계에 걸쳐 일어나는 일련의 반응의 각 단계에서 나타날 수 있다. **일련의 연속된 반응에서 각각의 단계를 단일 단계(elementary step)**라고 하며, 이 **단일 단계 반응들을 순서에 따라 모아 놓은 것을 반응 메커니즘(reaction mechanism)**이라고 한다. 이 반응 메커니즘은 **화학적 변화가 일어나는 단계들을 일련의 단일 단계 반응들로 구성해 놓은 가상적 반응이다.** 따라서 제시된 반응 메커니즘은 반응에 대한 속도 법칙을 잘 설명할 수 있어야 하고, 반응물과 중간체에 대한 사실과도 잘 일치해야 한다.

한편 반응 메커니즘에서 모든 단일 단계는 자신만의 고유한 반응 속도에 따라 진행된다. 그 가운데 어느 한 단계는 다른 단계들보다 매우 느린 것이 일반적이다. 이 **매우 느린 단계가 전체 반응의 속도 법칙을 결정하며, 이 단계를 속도 결정 단계(rate-determining step)**라고 한다.

반응 분자도

반응 메커니즘을 구성하는 각 단일 단계 반응은 분자도를 사용하여 다룰 수 있다. **분자도(molecularity)**는 **단일 단계 반응에 관여하는 반응물 분자의 수이며,** 관여하는 분자의 수에 따라 1분자도 반응, 2분자도 반응, 3분자도 반응 등으로 구분한다.

이성질화 반응, 열분해 반응, 라세미화 반응과 같은 반응은 **단일 단계에서 한 분자의 반응물만이 관여하므로 1분자도 반응(unimolecular reaction)**이라고 한다. 1분자도 반응에 대한 몇 가지 예는 표 13.1과 같다.

$$\text{cyclo-}(CH_2)_3 \rightarrow CH_3CH{=}CH_2 \quad \text{(이성질화 반응)}$$

$$N_2O_4 \rightarrow 2NO_2 \quad \text{(열분해 반응)}$$

표 13.1 1분자도 반응 예

반응	온도 범위/K	E_a/kJ mol^{-1}
(이성질화)		
사이클로-$C_3H_6 \rightarrow CH_3CH{=}CH_2$	470~530	161
$CH_3NC \rightarrow CH_3CN$	700~800	274
(분해)		
$C_2H_5Cl \rightarrow C_2H_4 + HCl$	670~770	254
사이클로-$C_4H_8 \rightarrow 2C_2H_4$	690~740	262
$C_2H_6 \rightarrow 2(\cdot CH_3)$	820~1000	360
$HNO_3 \rightarrow \cdot OH + \cdot NO_2$	890~1200	205

1분자도 반응은 대부분 1차 속도 법칙을 따른다. 그러나 1분자도 반응이라고 하여도 분자가 반응을 일으키려면 필연적으로 두 분자 사이에 충돌이 있어야 한다. 따라서 1분자도 반응도 2분자 과정이므로 2차 반응이 되어야 한다고 생각할 수 있다. 그렇다면 1차 반응인 1분자도 반응은 어떻게 설명할 수 있을까?

린더만(Frederick Alexander Lindemann, 1886~1957) 영국의 물리학자.

1분자도 반응은 1921년 린더만(Lindemann, F. A.)에 의하여 설명되었고, 힌쉘우드(Hinshelwood, C. N.)에 의하여 다듬어졌다. 린더만-힌쉘우드 메커니즘**(Lindemann-Hinshelwood Mechanism)**에 의하면 반응 분자 A는 또 다른 분자 A와 충돌하여 에너지적으로 다음과 같이 들뜬다.

$$A + A \xrightarrow{k_{r,1}} A^* + A \qquad \frac{d[A^*]}{dt} = k_{r,1}[A]^2 \qquad (13.31)$$

여기에서 별표(*)는 활성 분자를 의미한다.

이어서 이 들뜬 분자 A^*는 다음과 같이 다른 분자와 충돌하여 에너지를 잃어 다시 반응물 A로 되돌아갈 수도 있고, 생성물 P가 될 수도 있다.

힌쉘우드(Cyril Norman Hinshelwood, 1897~1967) 영국의 물리화학자.

$$\mathrm{A}^* + \mathrm{A} \xrightarrow{k_{\mathrm{r},-1}} \mathrm{A} + \mathrm{A} \qquad \frac{\mathrm{d}[\mathrm{A}^*]}{\mathrm{d}t} = -k_{\mathrm{r},1}[\mathrm{A}][\mathrm{A}^*] \tag{13.32}$$

$$\mathrm{A}^* \xrightarrow{k_{\mathrm{r},2}} \mathrm{P} \qquad \frac{\mathrm{d}[\mathrm{A}^*]}{\mathrm{d}t} = -k_{\mathrm{r},2}[\mathrm{A}^*] \tag{13.33}$$

여기에서 A^*는 에너지가 들뜬 상태의 화학종으로 매우 불안정한 중간체이므로 일정 상태 근사법을 적용하면 다음과 같이 된다.

$$\frac{\mathrm{d}[\mathrm{A}^*]}{\mathrm{d}t} = k_{\mathrm{r},1}[\mathrm{A}]^2 - k_{\mathrm{r},-1}[\mathrm{A}][\mathrm{A}^*] - k_{\mathrm{r},2}[\mathrm{A}^*] = 0 \tag{13.34}$$

이 미분 방정식을 풀면 $[\mathrm{A}^*]$는 다음과 같이 된다.

$$[\mathrm{A}^*] = \frac{k_{\mathrm{r},1}[\mathrm{A}]^2}{k_{\mathrm{r},2} + k_{\mathrm{r},-1}[\mathrm{A}]} \tag{13.35}$$

따라서 생성물 P에 대한 속도 법칙은 다음과 같이 된다.

$$\frac{\mathrm{d}[\mathrm{P}]}{\mathrm{d}t} = k_{\mathrm{r},2}[\mathrm{A}^*] = \frac{k_{\mathrm{r},1}k_{\mathrm{r},2}[\mathrm{A}]^2}{k_{\mathrm{r},2} + k_{\mathrm{r},-1}[\mathrm{A}]} \tag{13.36}$$

A^*가 A와 충돌하여 반응물로 되돌아가는 속도가 A^*가 생성물이 되는 속도보다 대단히 빠르면, 즉 $k_{\mathrm{r},-1}[\mathrm{A}][\mathrm{A}^*] \gg k_{\mathrm{r},2}[\mathrm{A}^*]$, $k_{\mathrm{r},-1}[\mathrm{A}] \gg k_{\mathrm{r},2}$ 이면, 13.36식에서 분모의 $k_{\mathrm{r},2}$를 무시할 수 있다. 따라서 $\frac{\mathrm{d}[\mathrm{P}]}{\mathrm{d}t}$는 다음과 같이 된다.

$$\frac{\mathrm{d}[\mathrm{P}]}{\mathrm{d}t} = \frac{k_{\mathrm{r},1}k_{\mathrm{r},2}}{k_{\mathrm{r},-1}}[\mathrm{A}] = k_{\mathrm{r}}[\mathrm{A}] \qquad k_{\mathrm{r}} = \frac{k_{\mathrm{r},1}k_{\mathrm{r},2}}{k_{\mathrm{r},-1}} \tag{13.37}$$

이 식은 반응물 A에 대하여 1차인 속도 법칙이다.

그러나 A^*가 비활성화 되는 속도보다 생성물이 되는 속도가 빠르면, 즉 $k_{\mathrm{r},-1}[\mathrm{A}][\mathrm{A}^*] \ll k_{\mathrm{r},2}[\mathrm{A}^*]$, $k_{\mathrm{r},-1}[\mathrm{A}] \ll k_{\mathrm{r},2}$ 이면, $k_{\mathrm{r},-1}[\mathrm{A}]$를 무시할 수 있으므로 $\frac{\mathrm{d}[\mathrm{P}]}{\mathrm{d}t}$는 다음과 같이 2차 반응이 된다.

$$\frac{\mathrm{d}[\mathrm{P}]}{\mathrm{d}t} = \frac{k_{\mathrm{r},1}k_{\mathrm{r},2}}{k_{\mathrm{r},2}}[\mathrm{A}]^2 = k_{\mathrm{r}}[\mathrm{A}]^2 \qquad k_{\mathrm{r}} = k_{\mathrm{r},1} \tag{13.38}$$

그러므로 반응 속도가 느린 쪽이 반응 차수를 결정하게 된다.

한편 단일 단계에서 두 개의 분자가 관여하는 반응을 2분자도 반응(**bimolecular reaction**)이라고 한다. 2분자도 반응은 다음과 같은 형태가 있으며 2차 반응이다.

〈2분자도 반응의 형태〉

분자 + 분자

분자 + 라디칼

라디칼 + 라디칼

표 13.2 2분자도 반응의 예

반응	E_a/kJ mol^{-1}	반응	E_a/kJ mol^{-1}
(원자 관여 반응)		(원자 비관여 반응)	
$H_2 + Cl \rightarrow HCl + H$	23.0	$CH_3 + C_2H_6 \rightarrow CH_4 + C_2H_5$	45.2
$H_2 + Br \rightarrow HBr + H$	76.2	$C_6H_5 + CH_4 \rightarrow \cdot CH_3 + C_6H_6$	46.4
$H_2 + I \rightarrow HI + H$	143	$2C_2H_5 \rightarrow C_2H_4 + C_2H_6$	0
$H_2 + O \rightarrow H + OH$	42.7	$2CH_3 \rightarrow C_2H_6$	0
$OH + O \rightarrow O_2 + H$	0	$2C_2H_5 \rightarrow C_4H_{10}$	0
$O_3 + O \rightarrow 2O_2$	23.9	$CH_3 + NO \rightarrow CH_3NO$	0
$O_2 + N \rightarrow NO + O$	26.4		
$NO + N \rightarrow N_2 + O$	0		

분자 + 분자의 반응은 드물다. 이는 라디칼이 존재하는 반응 경로가 있으면 그 반응은 더 빠른 반응인 라디칼이 관여하는 경로를 통해 일어나기 때문이다. 2분자도 반응에 대한 몇 가지 예는 표 13.2와 같다. 표에서 보는 바와 같이 라디칼 간에 일어나는 반응은 활성화 에너지가 0 부근으로 대단히 빠르게 일어난다.

어떤 단일 단계에서 세 개의 분자가 관여하는 반응을 3분자도 반응(**termolecular reaction**)이라고 한다. 이러한 경우는 매우 드물며 몇 가지 경우만 알려져 있다. 예를 들면 일산화 질소의 할로젠화 반응이 이에 속한다.

$$2NO(g) + X_2(g) \rightarrow 2NOX(g)$$

여기에서 'X'는 Cl, Br, 또는 I이다.

또 다른 형태의 3분자도 반응은 기체 상태에서의 원자 재결합 반응(**atomic recombination reaction**)이다. 일반적으로 기체상에서 두 원자가 2분자도 반응으로 결합하여 2원자 분자를 형성하는 것은 매우 어렵다. 그 이유는 결합 반응 과정에서 방출된 에너지가 그 분자를 다시 해리시키기 때문이다. 그러나 이 방출된 에너지를 다른 원자 또는 분자가 제거할 수 있을 때에는 다음과 같은 반응이 일어날 수 있다.

$$A + A \rightarrow 2A$$
$$2A + M \rightarrow A_2 + M$$
$$A + B + M \rightarrow AB + M$$

따라서 A_2와 AB의 생성 속도식은 각각 다음과 같이 3차 속도식이 된다.

$$\frac{d[A_2]}{dt} = k_r[A]^2[M] \tag{13.39}$$

$$\frac{d[AB]}{dt} = k_r[A][B][M] \tag{13.40}$$

3분자도 반응은 표 13.3과 같은 것들이 있다.

표 13.3 3분자도 반응의 예

반응	M	T/K	$k_r/10^{10}\ L^2\ mol^{-2}\ s^{-2}$
$H + H + M \rightarrow H_2 + M$	H_2	300	10.0
	H_2	1072	9.5
$O + O + M \rightarrow O_2 + M$	O_2	300	8.9
	Ar	2000	7.4
$I + I + M \rightarrow I_2 + M$	Ne	300	9.3
$H + NO + M \rightarrow HNO + M$	H_2	300	10.17
$O + O_2 + M \rightarrow O_3 + M$	O_2	380	8.1
$O + NO + M \rightarrow NO_2 + M$	O_2	300	10.46

13.3 균일 촉매와 효소 반응

촉매(**catalyst**)는 반응 속도를 변화시키나 자신은 반응 중에 소모되지 않아 실효 반응을 일으키지 않는 물질을 말한다. 일반적으로 촉매는 다음과 같은 성질을 가진다.

〈촉매의 일반적인 성질〉

1. 촉매는 활성화 에너지를 변화시켜 새로운 반응 경로를 만든다.
2. 촉매는 반응 메커니즘의 초기 단계에 반응물에 작용하여 함께 중간체를 형성하고, 생성물 형성 단계에서는 분리되어 나온다. 따라서 전체 반응식에는 나타나지 않는다.
3. 촉매는 반응물과 생성물 간의 엔탈피나 깁스 에너지에 영향을 주지 않는다. 따라서 촉매는 반응 속도에는 영향을 주나, 평형 상수에는 영향을 주지 않는다.

균일 촉매 작용

반응 혼합물과 동일한 상을 이루는 촉매를 균일 촉매(**homogeneous catalyst**)라고 한다. 균일 촉매는 대단히 효과적이어서 과산화 수소가 용액 속에서 분해되는 반응은 활성화 에너지 E_a = 76 kJ mol^{-1}로 실온에서 이 반응은 느리게 진행된다. 그러나 촉매로 I^- 이온을 넣어주면 E_a = 57 kJ mol^{-1}로 감소하며 속도 상수가 약 2000배 증가한다.

촉매는 반응 중에 반응에 관여하는 하나 또는 그 이상의 반응물 또는 중간체와 결합되어야 한다. 가장 단순한 촉매 과정의 메커니즘은 다음과 같다.

$$\mathrm{S} + \mathrm{C} \underset{k_{\mathrm{r},-1}}{\overset{k_{\mathrm{r},1}}{\rightleftharpoons}} \mathrm{SC} \tag{13.41}$$

$$\mathrm{SC} \xrightarrow{k_{\mathrm{r},2}} \mathrm{P} + \mathrm{C} \tag{13.42}$$

여기에서 'S'는 반응물 또는 기질, 'C'는 촉매, 'SC'는 기질–촉매 착물, 'P'는 생성물이며, 이 반응에 대한 속도식은 다음과 같다.

$$\frac{\mathrm{d[SC]}}{\mathrm{d}t} = k_{\mathrm{r},1}[\mathrm{S}][\mathrm{C}] - k_{\mathrm{r},-1}[\mathrm{SC}] - k_{\mathrm{r},2}[\mathrm{SC}] \tag{13.43}$$

$$\frac{\mathrm{d[P]}}{\mathrm{d}t} = k_{\mathrm{r},2}[\mathrm{SC}] \tag{13.44}$$

SC는 반응 중간체이므로 일정 상태 근사를 적용하면 다음과 같이 된다.

$$\frac{d[SC]}{dt} = k_{r,1}[S][C] - k_{r,-1}[SC] - k_{r,2}[SC] = 0$$

$$[SC] = \frac{k_{r,1}[S][C]}{k_{r,-1} + k_{r,2}} = \frac{[S][C]}{K_m} \qquad K_m = \frac{k_{r,-1} + k_{r,2}}{k_{r,1}} \tag{13.45}$$

여기에서 'K_m'은 **복합 상수(composite constant)**라고 한다. 이 식을 13.44식에 대입하면 다음과 같이 된다.

$$\frac{d[P]}{dt} = \frac{k_{r,2}[S][C]}{K_m} \tag{13.46}$$

각 화학종의 농도 간에는 $[S]+[SC]+[P]=[S]_0$, $[C]+[SC]=[C]_0$ 의 관계에 있으므로 [S]와 [C]는 다음과 같이 된다.

$$[S] = [S]_0 - [SC] - [P] \tag{13.47}$$

$$[C] = [C]_0 - [SC] \tag{13.48}$$

이들을 13.45식에 대입하면 다음과 같이 된다.

$$\begin{aligned} K_m[SC] &= [S][C] = ([S]_0 - [SC] - [P])([C]_0 - [SC]) \\ &= [SC]^2 - ([S]_0 + [C]_0 - [P])[SC] + ([S]_0 - [P])[C]_0 \end{aligned} \tag{13.49}$$

이 식의 좌변을 우변으로 넘기면 다음과 같은 [SC]에 대한 2차 방정식이 된다.

$$[SC]^2 - ([S]_0 + [C]_0 - [P] + K_m)[SC] + ([S]_0 - [P])[C]_0 = 0 \tag{13.50}$$

따라서 [SC]는 13.50식의 해를 구하면 얻을 수 있다.

한편 [SC]는 작은 값이므로 $[SC]^2$은 무시할 수 있고, 반응의 초기에 생성물의 농도 [P] 역시 무시할 수 있으므로 [SC]는 다음과 같이 쓸 수 있다.

$$[SC] = \frac{[S]_0[C]_0}{[S]_0 + [C]_0 + K_m} \tag{13.51}$$

이 식을 13.44식에 대입하면 다음과 같이 된다.

$$\frac{d[P]}{dt} = v_0 = \frac{k_{r,2}[S]_0[C]_0}{[S]_0 + [C]_0 + K_m} \quad \text{(촉매 반응의 초기 속도)} \qquad (13.52)$$

여기에서 'v_0'은 반응의 초기 속도를 의미한다.

반응물 또는 기질의 초기 농도 $[S]_0$가 촉매의 초기 농도 $[C]_0$보다 대단히 크면 13.52식은 다음과 같이 쓸 수 있다.

$$v_0 = \frac{k_{r,2}[S]_0[C]_0}{[S]_0 + K_m} \quad ([S]_0 \gg [C]_0 \text{ 일 때}) \qquad (13.53a)$$

이 식에 역을 취하면 다음과 같이 되며,

$$\frac{1}{v_0} = \left(\frac{K_m}{k_{r,2}[C]_0}\right)\frac{1}{[S]_0} + \frac{1}{k_{r,2}[C]_0} \qquad (13.53b)$$

13.53b식은 $\frac{1}{v_0}$ 과 $\frac{1}{[S]_0}$ 에 대한 1차 함수로 그래프를 나타내면 그림 13.3과 같은 직선이 된다. 따라서 이 직선에 대한 절편과 기울기로부터 $k_{r,2}$와 K_m 값을 구할 수 있다.

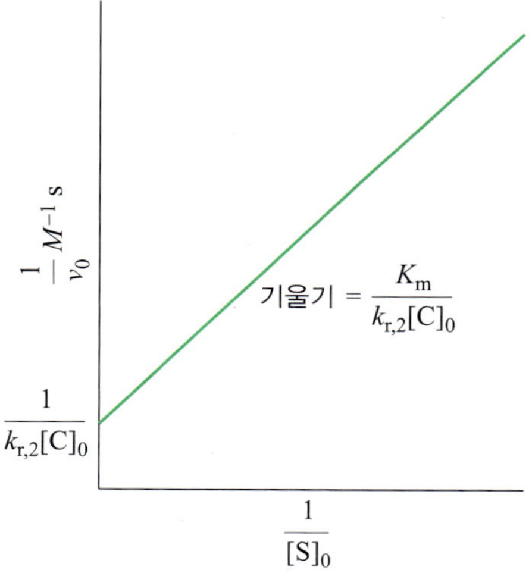

그림 13.3 $[S]_0 \gg [C]_0$ 일 때 $\frac{1}{v_0}$ 과 $\frac{1}{[S]_0}$ 을 도시한 그래프

기질의 초기 농도 $[S]_0 \gg K_m$ 이면 13.53a식에서 분모 $[S]_0 + K_m \approx [S]_0$이 되어 초기 속도 v_0는 다음과 같이 된다. 이때 생성물의 생성 속도는 $[S]_0$에 무관하여 최대 속도에 도달한다.

$$v_0 = k_{r,2}[C]_0 = v_{max} \tag{13.54}$$

따라서 $[S]_0 \gg K_m$ 의 조건에서 반응 속도는 기질의 농도에 대하여 0차이고, $[C]_0$의 농도에 1차인 속도 법칙을 따른다.

효소 작용

효소(enzyme)는 균일 생체 촉매로 활성 자리**(active site)**를 가지고 있는 단백질이나 핵산이다. 이 활성 자리는 반응물인 기질과 결합을 하여 반응물을 생성물로 변화시키고 본래 상태로 되돌아간다. 활성 자리의 원자단은 수소 결합, 정전기적 상호작용, 반데르발스 상호작용과 같은 분자 간 상호작용을 통하여 다음과 같이 상보적인 구조를 가진 특정 기질과 반응하여 생성물을 형성한다.

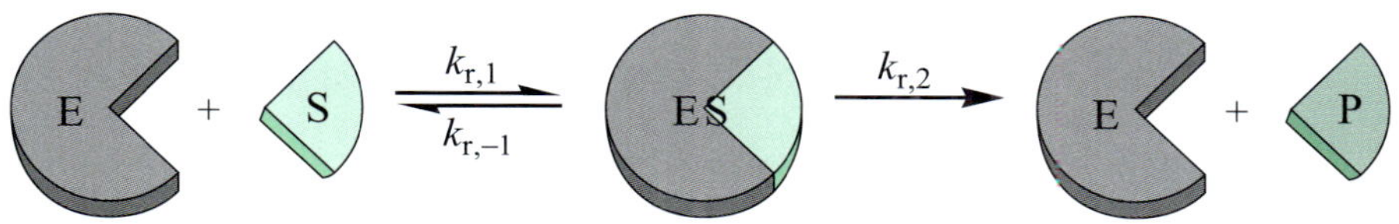

여기에서 'E'는 효소, 'S'는 기질, 'ES'는 효소–기질 착물, 'P'는 생성물이다.

일반적으로 효소의 반응 속도는 효소의 농도가 대단히 낮은 용액 속에서 생성물이 형성되는 초기 반응 속도를 추적하여 결정하며, 다음과 같은 특징을 갖는다.

1. 기질의 초기 농도 $[S]_0$과 효소의 초기 농도 $[E]_0$이 주어지고 $[E]_0$이 낮을 때는 생성물의 초기 생성 속도는 위의 13.53a식에 따라 다음과 같이 된다.

$$v_0 = \frac{k_{r,2}[S]_0[E]_0}{[S]_0 + K_m} \quad \text{(미하엘리스–멘텐 식)} \tag{13.55}$$

이 식은 미하엘리스–멘텐 식**(Michaelis-Menten equation)**이라고 하며, 효소 반응에 대한 K_m은 미하

미하엘리스(Leonor Michaelis, 1875~1949)

독일의 생화학자, 물리화학자, 내과의사. 미하엘리스-멘텐 반응속도론이 널리 알려져 있다.

엘리스 상수(**Michaelis constant**)라고 부른다.

2. $[E]_0$이 주어지고 $[S]_0$이 매우 높을 때는 미하엘리스 상수를 무시할 수 있어 v_0는 최대 속도에 도달한다.

$$v_0 = k_{r,2}[E]_0 = v_{max} \tag{13.56}$$

미하엘리스-멘텐 식의 역수를 취하면 다음과 같아지며,

$$\frac{1}{v_0} = \left(\frac{K_m}{k_{r,2}[E]_0}\right)\frac{1}{[S]_0} + \frac{1}{k_{r,2}[E]_0}$$

이 식에 13.56식을 대입하면 다음과 같이 된다.

멘텐(Maud Leonora Menten, 1879~1960)

캐나다의 내과의사. 효소 반응 속도론과 조직화학에 대한 중요한 연구를 하였다.

$$\frac{1}{v_0} = \left(\frac{K_m}{v_{max}}\right)\frac{1}{[S]_0} + \frac{1}{v_{max}} \quad \text{(라인위버-버크 식)} \tag{13.57}$$

이 식은 라인위버-버크 식(**Lineweaver-Berk equation**)이라고 하며, 이 식을 도시한 것을 라인위버-버크 도시(**Lineweaver-Berk plot**)라고 하여 그림 13.3과 동일한 그래프이다. 라인위버-버크 도시를 하면 절편으로부터 $k_{r,2}$ 값을 얻을 수 있다.

활성 자리의 단위 시간당 촉매 작용 순환 횟수 k_{cat}를 전환 빈도(**turnover frequency**) 또는 촉매 상수(**catalytic constant**)라고 하며, $k_{r,2}$와 동일한 값이다. 따라서 13.56식으로부터 다음과 같이 된다.

$$k_{cat} = k_{r,2} = \frac{v_{max}}{[E]_0} \quad \text{(전환 빈도)} \tag{13.58}$$

또한 미하엘리스 상수와 전환 빈도 비 k_{cat}/K_m을 촉매 효율(**catalytic efficiency**, η)이라고 하며 다음과 같다.

$$\eta = \frac{k_{cat}}{K_m} = \frac{k_{r,1}k_{r,2}}{k_{r,-1} + k_{r,2}} \quad \text{(촉매 효율)} \tag{13.59}$$

이 촉매 효율은 $k_{r,2} \gg k_{r,-1}$ 일 때 최고 효율을 갖는다.

예제 13.2 다음의 이산화 탄소의 수화 반응을 278.15 K에서 탄산 탈수 효소를 2.3 nM 첨가하여 촉진시켰다.

$$CO_2 + H_2O \rightleftharpoons HCO_3^- + H^+$$

이 반응에 대한 초기 반응 속도를 측정하였더니 다음과 같은 결과를 얻었다.

$v/M\ s^{-1}$	$[CO_2]$/mM
2.8×10^{-5}	1.3
5.0×10^{-5}	2.5
8.3×10^{-5}	5.0
1.7×10^{-4}	20.0

다음을 구하시오.
(1) 속도 상수 $k_{r,2}$
(2) 미하엘리스 상수 K_m

풀이 라인위버-버크 도시법을 사용하여 v_{max}, $k_{r,2}$, K_m을 구하는 문제이다. 실험 결과 자료를 $1/v$과 $1/[CO_2]$에 대하여 변환하면 다음과 같다.

$v^{-1}/M^{-1}\ s$	$[CO_2]^{-1}$/mM^{-1}
3.57×10^4	0.769
2.00×10^4	0.400
1.20×10^4	0.200
5.88×10^3	0.050

이 자료를 Excel 프로그램과 같은 컴퓨터 프로그램을 사용하여 도시하여 선형 회귀분석을 하면 다음과 같은 결과를 얻을 수 있다.

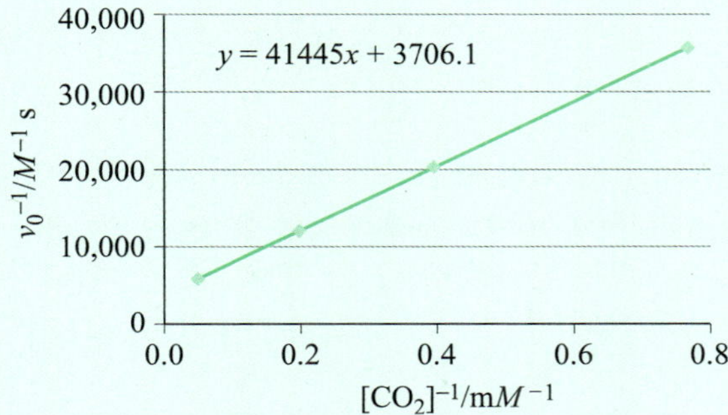

이 그래프에서 절편이 $3706 M^{-1}$ s 이므로 v_{max}는 다음과 같다.

$$v_{\max} = \frac{1}{3706 M^{-1}\ \mathrm{s}} = 2.7\times10^{-4}\ M\ \mathrm{s}^{-1}$$

따라서 13.58식 $k_{r,2}[\mathrm{E}_0] = v_{\max}$ 를 $k_{r,2}$에 대하여 정리하여 계산하면 다음과 같다.

$$\boldsymbol{k_{r,2}} = v_{\max}/[\mathrm{E}_0] = (2.7\times10^{-4}\ M\ \mathrm{s}^{-1})/(2.3\times10^{-9}\ M) = \mathbf{1.2\times10^{5}\ s^{-1}}$$

한편 기울기 $\dfrac{K_m}{v_{\max}} = 41,445\times10^{-3}$ s이므로 K_m은 다음과 같이 구해진다.

$$\boldsymbol{K_m} = (41.445\ \mathrm{s})\times(2.7\times10^{-4}\ M\ \mathrm{s}^{-1}) = \mathbf{11\ m}\boldsymbol{M}$$

효소 억제 작용

효소, ES 착물, 또는 효소와 ES 착물에 동시에 결합하여 효소-촉매 반응의 속도를 감소시키는 것을 억제제(**inhibitor**)라고 한다. 효소 억제 작용(**enzyme inhibition**)은 효소의 특이성과 활성 자리에서의 작용기의 성질에 관한 연구에서 매우 유용하다.

효소 억제 작용에 대한 일반적인 메커니즘은 다음과 같다.

$$\mathrm{E} + \mathrm{S} \underset{k_{r,-1}}{\overset{k_{r,1}}{\rightleftharpoons}} \mathrm{ES} \qquad (13.60)$$

$$\mathrm{ES} \xrightarrow{k_{r,2}} \mathrm{E} + \mathrm{P} \qquad (13.61)$$

$$\mathrm{E} + \mathrm{I} \underset{k_{r,-3}}{\overset{k_{r,3}}{\rightleftharpoons}} \mathrm{EI} \qquad (13.62)$$

여기에서 'I'는 억제제, 'EI'는 효소-억제제 착물이다.

이 효소 억제 메커니즘에서 효소의 농도 사이에는 다음과 같은 관계에 있다.

$$[\mathrm{E}]_0 = [\mathrm{E}] + [\mathrm{EI}] + [\mathrm{ES}] \qquad (13.63)$$

또한 억제 작용은 생성물 P가 만들어지는 것을 방해하는 작용이므로 $k_{r,1}$, $k_{r,-1}, k_{r,3} \gg k_{r,2}$ 라고 놓으면, 13.60과 13.62 반응에 대한 사전평형 상수는 각각 다음과 같이 된다.

$$K_S = \frac{[E][S]}{[ES]} \approx K_m \tag{13.64}$$

$$K_I = \frac{[E][I]}{[EI]} \tag{13.65}$$

13.64식과 13.65식의 관계를 13.63식에 적용하면 $[E]_0$는 다음과 같이 된다.

$$\begin{aligned}[E]_0 &= \frac{K_m[ES]}{[S]} + \frac{[E][I]}{K_I} + [ES] \\ &= \frac{K_m[ES]}{[S]} + \left(\frac{K_m[ES]}{[S]}\right)\frac{[I]}{K_I} + [ES] \\ &= [ES]\left(\frac{K_m}{[S]} + \frac{K_m[I]}{[S]K_I} + 1\right)\end{aligned} \tag{13.66}$$

이 식을 [ES]에 대하여 정리하면 다음과 같이 된다.

$$[ES] = [E]_0 / \left(\frac{K_m}{[S]} + \frac{K_m[I]}{[S]K_I} + 1\right) \tag{13.67}$$

따라서 생성물을 형성하는 속도는 다음과 같다.

$$\begin{aligned}v = \frac{d[P]}{dt} &= k_{r,2}[ES] = k_{r,2}[E]_0 / \left(\frac{K_m}{[S]} + \frac{K_m[I]}{[S]K_I} + 1\right) \\ &= k_{r,2}[S][E]_0 / \left\{[S] + K_m\left(1 + \frac{[I]}{K_I}\right)\right\}\end{aligned} \tag{13.68a}$$

억제 작용에 의하여 $[S] \gg [ES] + [P]$ 이면 $[S] \cong [S]_0$ 이라고 놓을 수 있어 13.68a 식은 다음과 같이 쓸 수 있다.

$$v \cong k_{r,2}[S]_0[E]_0 / \left\{[S]_0 + K_m\left(1 + \frac{[I]}{K_I}\right)\right\} \tag{13.68b}$$

여기에서 $K_m\left(1 + \frac{[I]}{K_I}\right) = K_m^*$ 라고 놓으면 억제되지 않은 효소에 대한 미하엘리스-멘텐 식(13.55식)의 꼴이 된다.

$$v_0 = \frac{k_{r,2}[S]_0[E]_0}{[S]_0 + K_m^*}$$

$$= \frac{v_{max}[S]_0}{[S]_0 + K_m^*} \quad \text{(억제된 효소 반응 속도)} \tag{13.69}$$

이 식은 억제제가 존재하지 않으면 $[I] = 0$이므로 $K_m^* = K_m$이 되어 미하엘리스–멘텐 식이 된다. 그러나 억제제가 존재하면 $K_m^* > K_m$으로 최고 속도에 도달하기 위해서 더 많은 기질이 필요함을 알 수 있다. 억제 효과는 라인위버–버크 도시를 하면 그 효과를 시각적으로 확인할 수 있다.

13.4 불균일 촉매

불균일 촉매(heterogeneous catalyst)는 화학 산업에서 대단히 중요하다. 불균일 촉매는 **반응 혼합물과 다른 상을 이루는 촉매**를 말하며 일반적으로 고체상이다. 고체 촉매가 관여하는 반응에서 중요한 단계 중 하나는 **흡착(adsorption)**이다. 흡착을 평가하는 중요한 매개변수는 **덮임률(fractional coverage, θ)**로 다음과 같이 정의된다.

$$\theta = \frac{\text{흡착된 자리 수}}{\text{흡착 가능 전체 자리 수}} \quad \text{(덮임률의 정의)} \tag{13.70a}$$

덮임률은 다음과 같이 나타내기도 한다.

$$\theta = \frac{V_{ads}}{V_m} \tag{13.70b}$$

여기에서 'V_{ads}'는 특정 압력에서 흡착 물질의 부피이고 'V_m'은 완전한 단분자 흡착층을 만드는 한계 압력에서 흡착 물질의 부피이다.

흡착 등온식

흡착은 물리 흡착과 화학 흡착 두 가지 형태로 일어난다. **물리 흡착(physisorption)**은 **반데르발스 상호작용에 의하여 고체 표면에 흡착되는 것**을 말한다. 반데르발스 상호작용은 매우 약하여 분자가 물리 흡착될 때 내놓는 에너지는 응축 엔탈피 정도의 크기이다. 물리 흡착 엔탈피는 열용량이 알려진 시료의 온도 상승을 측정하여 구할 수 있고, 대체적으로 약 $-20\ \text{kJ mol}^{-1}$이다. 물리 흡착양은 온도가 높을수록 감소한다. **화학 흡착(chemisorption)**은 흡착 물질이 고체 표면과 화학 결합을 형성하며, 화학 흡착 엔탈피는 대체적으로 약 $-200\ \text{kJ mol}^{-1}$로 물리 흡착 엔탈피에 비하여 매우 크다.

화학 흡착이 일어나면 자유 기체와 흡착된 기체 사이에 동적 평형이 이루어지며 덮임률 θ는 주어진 온도에서 계의 압력에 의존한다. 흡착에 대한 반응 속도론적 해석은 **랭뮤어 모형(Langmuir model)**으로 알려진 다음과 같은 가정에 입각하여 다룬다.

랭뮤어(Irving Langmuir, 1881~1957)

미국의 화학자, 물리학자. 1932년 노벨 화학상을 수상하였고, 원자와 분자에서 전자의 배열, 흡착 등에 많은 연구 업적을 남겼다.

〈랭뮤어 흡착 모형〉

1. 모든 흡착 자리는 동등하고 표면은 균일하다.
2. 흡착 자리의 점유 상태는 이웃한 자리의 흡착 또는 탈착 확률에 영향을 받지 않는다. 즉 흡착된 분자들 사이에는 상호작용이 없다.
3. 흡착은 단분자층 흡착율에 도달하면 완료된다.

이러한 경우에 흡착에 대한 동적 평형은 다음과 같이 나타낼 수 있다.

$$\text{A}(g) + \text{M}\,(\text{표면}) \underset{k_{\text{r,d}}}{\overset{k_{\text{r,a}}}{\rightleftharpoons}} \text{AM}\,(\text{표면}) \qquad (13.71)$$

여기에서 'A'는 반응물, 'M'은 비점유 흡착 자리, 'AM'은 점유 흡착 자리이고, '$k_{\text{r,a}}$'는 흡착 속도 상수, '$k_{\text{r,d}}$'는 탈착 속도 상수이다. 따라서 흡착에 의한 표면 덮임률의 변화 속도는 흡착 속도 상수 $k_{\text{r,a}}$, 반응물 A의 압력, 빈 흡착 자리 수에 비례할 것이다.

여기에서 표면의 전체 흡착 자리 수를 N이라고 하면, 빈 흡착 자리 수는 $N(1-\theta)$이므로 흡착율의 변화 속도는 다음과 같이 된다.

$$\frac{\text{d}[\theta]}{\text{d}t} = k_{\text{r,a}} PN(1-\theta) \qquad (\text{흡착 속도}) \qquad (13.72)$$

한편 **탈착(desorption)**에 의한 θ의 변화 속도는 탈착 속도 상수 $k_{\text{r,d}}$와 흡착된 자리 수 $N\theta$에 의존하므로 다음과 같이 된다.

$$\frac{d[\theta]}{dt} = -k_{r,d}N\theta \quad \text{(탈착 속도)} \tag{13.73}$$

평형 상태에서는 실효 변화가 없으므로 두 변화율의 합은 0이 되어야 하므로 다음과 같은 관계가 성립된다.

$$\left(\frac{d[\theta]}{dt}\right)_{eq} = k_{r,a}PN(1-\theta) - k_{r,d}N\theta = 0 \tag{13.74}$$

이 식을 θ에 대하여 정리하면 다음과 같고, 이를 랭뮤어 등온식(**Langmuir isotherm**)이라고 한다.

$$\theta = \frac{k_{r,a}P}{k_{r,a}P + k_{r,d}}$$

$$\theta = \frac{KP}{1+KP} \qquad K = \frac{k_{r,a}}{k_{r,d}} \quad \text{(랭뮤어 흡착 등온식)} \tag{13.75}$$

따라서 흡착율 θ는 $\frac{k_{r,a}}{k_{r,d}}$ 값에 따라 변하며, 높은 압력에서 $1+KP \approx KP$ 이므로 $\theta = 1$ 된다.

예제 13.3 273.15 K에서 염화 에테인의 활성탄에 대한 흡착 실험을 하였더니 다음과 같은 결과를 얻었다.

P/kPa	3.0	7.0	13.0	26.5	40.0
V_{ads}/cm^3	3.1	3.9	4.2	4.8	4.9

다음을 구하시오.

(1) 완전히 덮일 때의 부피 V_m

(2) 평형 상수 K

풀이 랭뮤어 등온식을 도시하여 측정 자료로부터 덮임률과 흡착–탈착 반응에 대한 평형 상수를 구하는 문제이다.

주어진 자료를 사용하여 덮임률 θ와 평형 상수 K를 구하기 위해서는 식 13.70b의 덮임률 $\theta = \frac{V_{ads}}{V_m}$ 를 랭뮤어 흡착 등온식과 결합시켜 사용해야 한다.

랭뮤어 흡착 등온식(13.75식)은 다음과 같으므로

$$\theta = \frac{KP}{1+KP}$$

이 식에 $\theta = \dfrac{V_{\mathrm{ads}}}{V_{\mathrm{m}}}$ 를 대입하여 정리하면 다음과 같은 식을 얻을 수 있다.

$$\frac{P}{V_{\mathrm{ads}}} = \frac{P}{V_{\mathrm{m}}} + \frac{1}{KV_{\mathrm{m}}}$$

따라서 $\dfrac{P}{V_{\mathrm{ads}}}$ 를 P에 대하여 나타내면 기울기가 $\dfrac{1}{V_{\mathrm{m}}}$ 이고, 절편이 $\dfrac{1}{KV_{\mathrm{m}}}$ 인 직선이 된다.

$\dfrac{P}{V_{\mathrm{ads}}}$ 를 P에 대하여 나타내기 위하여 주어진 자료를 변환하여 나타내면 다음과 같이 된다.

P/kPa	3.0	7.0	13.0	26.5	40.0
$\dfrac{P}{V_{\mathrm{ads}}}$ /kPa cm^{-3}	0.97	1.8	3.1	5.5	8.2

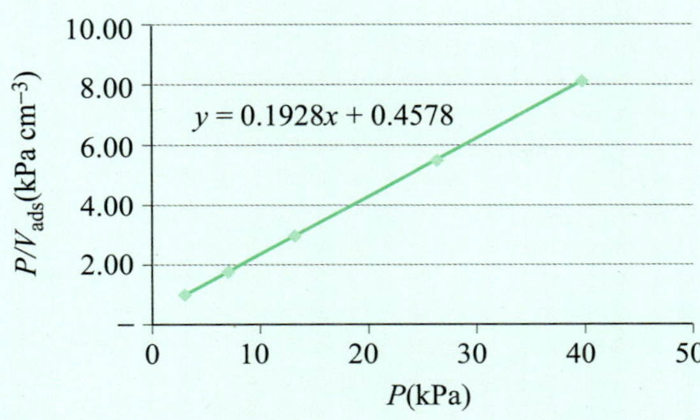

(1) 선형회귀분석에 의하여 얻어진 기울기가 0.1928이므로 완전 덮임부피 V_{m}은 다음과 같이 구해진다.

$$\frac{1}{V_{\mathrm{m}}} = 0.1928\ \mathrm{cm^{-3}} \qquad \therefore \boldsymbol{V_{\mathrm{m}} = \frac{1}{0.1928\ \mathrm{cm^{-3}}} = 5.2\ \mathrm{cm^{3}}}$$

(2) 한편 절편이 0.4578이므로 평형 상수 K는 다음과 다음과 같이 구해진다.

$$\frac{1}{KV_{\text{m}}} = 0.4578 \text{ kPa cm}^{-3}$$

$$\therefore \boldsymbol{K} = \frac{1}{(0.4578 \text{ kPa cm}^{-3})(5.2 \text{ cm}^3)} = \mathbf{0.42 \, kPa^{-1}}$$

많은 경우에 흡착은 흡착 물질의 분해와 동반되어 일어난다. 이러한 경우에 흡착 속도는 기체의 압력과 해리된 두 원자가 흡착 자리를 찾을 확률에 비례한다.

$$\frac{\text{d}[\theta]}{\text{d}t} = k_{\text{r,a}} P\{N(1-\theta)\}^2 \qquad (13.76)$$

탈착 속도 역시 표면에 흡착된 원자들의 자리 수에 비례하므로 다음과 같이 된다.

$$\frac{\text{d}[\theta]}{\text{d}t} = -k_{\text{r,d}} (N\theta)^2 \qquad (13.77)$$

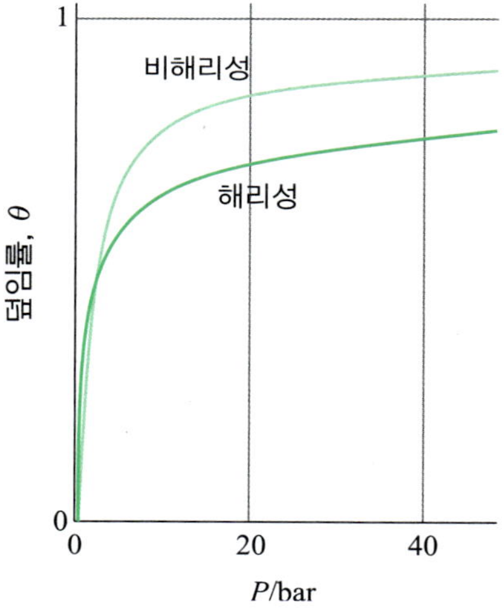

그림 13.4 K = 0.5 bar^{-1}에서 해리와 비해리 흡착에 대한 랭뮤어 등온 흡착식 비교

평형에서 실효 흡착 속도가 0이라는 조건을 적용하면 θ는 다음과 같이 된다.

$$\theta = \frac{(KP)^{1/2}}{1+(KP)^{1/2}} \quad \text{(해리 수반 흡착 등온식)} \tag{13.78}$$

따라서 해리가 수반되는 경우에는 비해리성 흡착의 경우보다 압력에 약하게 의존된다.

해리가 수반되는 경우와 해리가 수반되지 않는 랭뮤어 흡착 등온식을 나타내어 비교하면 그림 13.4와 같다. 그림에서 보듯이 압력이 높아지면 덮임률 $\theta = 1$에 접근하며, 비해리성 흡착이 해리성 흡착보다 압력 증가에 따라 덮임률의 증가가 빠르게 일어남을 알 수 있다.

핵심 개념

1. **가역 반응:** 정반응의 속도와 역반응의 속도를 모두 고려해야 함.

$$\mathrm{A} \underset{k_{r,B}}{\overset{k_{r,A}}{\rightleftharpoons}} \mathrm{B}$$

2. **연속 반응:** 중간체를 거쳐 생성물이 만들어지는 반응

$$\mathrm{A} \xrightarrow{k_{r,A}} \mathrm{I} \xrightarrow{k_{r,I}} \mathrm{P}$$

3. **일정 상태 근사:** 반응이 초기 유도 기간을 지나면 중간체 I의 농도는 거의 변하지 않는 것으로 취급하여 연속 반응을 근사적으로 다루는 방법, $\frac{\mathrm{d[I]}}{\mathrm{d}t} = 0$

4. **평행 반응:** 하나의 반응물이 여러 개의 생성물을 형성하는 반응

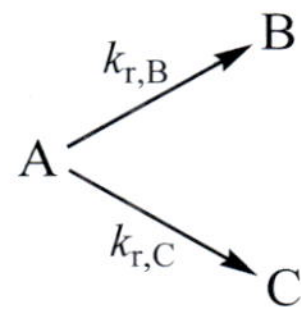

5. **반응 메커니즘:** 화학적 변화가 일어나는 단계들을 단일 단계 반응들로 구성해 놓은 가상적 반응

6. 단일 단계 반응: 일련의 연속된 반응의 각 단계 반응
7. 속도 결정 단계: 반응 메커니즘에서 매우 느리게 진행되는 단일 단계, 전체 반응의 속도 법칙을 결정
8. 반응 분자도: 단일 단계 반응에 관여하는 반응물 분자의 수
9. 1분자도 반응에 대한 린더만-힌쉘우드 메커니즘

$$A + A \xrightarrow{k_{r,1}} A^* + A \qquad \frac{d[A^*]}{dt} = k_{r,1}[A]^2$$

$$A^* + A \xrightarrow{k_{r,-1}} A + A \qquad \frac{d[A^*]}{dt} = -k_{r,-1}[A][A^*]$$

$$A^* \xrightarrow{k_{r,2}} P \qquad \frac{d[A^*]}{dt} = -k_{r,2}[A^*]$$

10. 2분자도 반응의 형태와 반응 속도

분자 + 분자, 분자 + 라디칼, 라디칼 + 라디칼

v(라디칼 + 라디칼) > v(라디칼 + 분자) > v(분자 + 분자)

11. 3분자도 원자 재결합 반응 메커니즘

$$A + A \rightarrow 2A$$

$$2A + M \rightarrow A_2 + M \qquad \frac{d[A_2]}{dt} = k_r[A]^2[M]$$

$$A + B + M \rightarrow AB + M \qquad \frac{d[AB]}{dt} = k_r[A][B][M]$$

12. 촉매: 반응 속도를 변화시키나 자신은 반응 중에 소모되지 않아 실효 반응을 일으키지 않는 물질
13. 촉매의 성질
    (1) 활성화 에너지를 변화시켜 새로운 반응 경로를 만듦
    (2) 반응 메커니즘의 초기 단계에 반응물에 작용하여 함께 중간체를 형성하고, 생성물 형성 단계에서는 방출되어 나옴
    (3) 반응물과 생성물 간의 엔탈피나 깁스 에너지에 영향을 주지 않아서 반응 속도에는 영향을 주나, 평형 상수에는 영향을 주지 않음

14. 균일 촉매와 불균일 촉매

균일 촉매: 반응 혼합물과 동일한 상을 이루는 촉매

균일 촉매: 반응 혼합물과 다른 상을 이루는 촉매

15. 촉매 과정 메커니즘

$$\mathrm{S} + \mathrm{C} \underset{k_{\mathrm{r},-1}}{\overset{k_{\mathrm{r},1}}{\rightleftharpoons}} \mathrm{SC} \qquad \frac{\mathrm{d[SC]}}{\mathrm{d}t} = k_{\mathrm{r},1}[\mathrm{S}][\mathrm{C}] - k_{\mathrm{r},-1}[\mathrm{SC}] - k_{\mathrm{r},2}[\mathrm{SC}]$$

$$\mathrm{SC} \xrightarrow{k_{\mathrm{r},2}} \mathrm{P} + \mathrm{C} \qquad \frac{\mathrm{d[P]}}{\mathrm{d}t} = k_{\mathrm{r},2}[\mathrm{SC}]$$

16. 효소: 균일 생체 촉매로 활성 자리(active site)를 가지고 있는 단백질이나 핵산

17. 효소 작용 메커니즘

$$\mathrm{E} + \mathrm{S} \underset{k_{\mathrm{r},-1}}{\overset{k_{\mathrm{r},1}}{\rightleftharpoons}} \mathrm{ES} \xrightarrow{k_{\mathrm{r},2}} \mathrm{E} + \mathrm{P}$$

18. 효소 반응 속도의 특징

(1) 기질의 초기 농도 $[\mathrm{S}]_0$와 효소의 초기 농도 $[\mathrm{E}]_0$이 주어지고 $[\mathrm{S}]_0$이 낮을 때 생성물의 초기 생성 속도는 다음과 같음

$$v_0 = \frac{k_{\mathrm{r},2}[\mathrm{S}]_0[\mathrm{E}]_0}{[\mathrm{S}]_0 + K_{\mathrm{m}}} \qquad \text{(미하엘리스-멘텐 식)}$$

(2) $[\mathrm{E}]_0$이 주어지고 $[\mathrm{S}]_0$이 매우 높을 때는 미하엘리스 상수를 무시할 수 있어 v_0는 최대 속도에 도달

$$v_0 = k_{\mathrm{r},2}[\mathrm{E}]_0 = v_{\mathrm{max}}$$

19. 전환 빈도(k_{cat}): 활성 자리의 단위 시간당 촉매 작용 순환 횟수

20. 촉매 효율(η): 복합 상수와 전환 빈도의 비 $K_{\mathrm{m}}/k_{\mathrm{cat}}$

21. 억제제: 효소, ES 착물, 또는 효소와 ES 착물에 동시에 결합하여 효소-촉매 반응의 속도를 감소시키는 물질

22. 효소 억제 작용 메커니즘

$$\mathrm{E} + \mathrm{S} \underset{k_{\mathrm{r},-1}}{\overset{k_{\mathrm{r},1}}{\rightleftharpoons}} \mathrm{ES}$$

$$ES \xrightarrow{k_{r,2}} E + P$$

$$E + I \underset{k_{r,-3}}{\overset{k_{r,3}}{\rightleftharpoons}} EI$$

23. 덮임률(θ): $\theta = \dfrac{\text{흡착된 자리 수}}{\text{흡착 가능 전체 자리 수}} = \dfrac{V_{ads}}{V_m}$

24. 물리 흡착과 화학 흡착
   물리 흡착: 반데르발스 상호작용에 의한 흡착
   화학 흡착: 화학 결합을 이루는 흡착

25. 랭뮤어 흡착 모형
   (1) 모든 흡착 자리는 동등하고 표면은 균일하다.
   (2) 흡착 자리의 점유 상태는 이웃한 자리의 흡착 또는 탈착 확률에 영향을 받지 않는다. 즉 흡착된 분자들 사이에는 상호작용이 없다.
   (3) 흡착은 단분자층 흡착율에 도달하면 완료된다.

26. 흡착 메커니즘

$$A(g) + M\,(\text{표면}) \underset{k_{r,d}}{\overset{k_{r,a}}{\rightleftharpoons}} AM\,(\text{표면})$$

$$\frac{d[\theta]}{dt} = k_{r,a}PN(1-\theta)\,,\quad \frac{d[\theta]}{dt} = -k_{r,d}N\theta \qquad (\text{비해리})$$

$$\frac{d[\theta]}{dt} = k_{r,a}P\{N(1-\theta)\}^2\,,\quad \frac{d[\theta]}{dt} = -k_{r,d}(N\theta)^2 \qquad (\text{해리})$$

주요 식

이름	식	설명
적분 속도 법칙	$[A]_t = \dfrac{k_{r,B} + k_{r,A}e^{-(k_{r,A}+k_{r,B})t}}{k_{r,A}+k_{r,B}}[A]_0$ $[B]_t = \left(1 - \dfrac{k_{r,B} + k_{r,A}e^{-(k_{r,A}+k_{r,B})t}}{k_{r,A}+k_{r,B}}\right)[A]_0$ $[A]_{eq} = \dfrac{k_{r,B}}{k_{r,A}+k_{r,B}}[A]_0$	가역 반응

이름	식	설명
	$[B]_{eq} = \frac{k_{r,A}}{k_{r,A} + k_{r,B}}[A]_0$ $\frac{k_{r,A}}{k_{r,B}} = \frac{[B]_{eq}}{[A]_{eq}} = K$	
	$[A]_t = [A]_0 e^{-k_{r,A}t}$ $[I]_t = \frac{k_{r,A}}{k_{r,I} - k_{r,A}} \times (e^{-k_{r,A}t} - e^{-k_{r,I}t})[A]_0$ $[P]_t = \left(1 + \frac{k_{r,A}e^{-k_{r,I}t} - k_{r,I}e^{-k_{r,A}t}}{k_{r,I} - k_{r,A}}\right)[A]_0$ $t_{max} = \frac{1}{k_{r,A} - k_{r,I}} \ln\left(\frac{k_{r,A}}{k_{r,I}}\right)$	연속 반응
	$[A]_t = [A]_0 e^{-(k_{r,B}+k_{r,C})t}$ $[B]_t = \frac{k_{r,B}}{k_{r,B} + k_{r,C}}[A]_0 \times (1 - e^{-(k_{r,B}+k_{r,C})t})$ $[C]_t = \frac{k_{r,C}}{k_{r,B} + k_{r,C}}[A]_0 \times (1 - e^{-(k_{r,B}+k_{r,C})t})$ $\frac{[B]_t}{[C]_t} = \frac{k_{r,B}}{k_{r,C}}$	평행 반응
일정 상태 근사	$\frac{d[I]}{dt} = 0$	정의
속도 법칙	$\frac{d[P]}{dt} = \frac{k_{r,1}k_{r,2}[A]^2}{k_{r,2} + k_{r,-1}[A]}$ $\frac{d[P]}{dt} = \frac{k_{r,1}k_{r,2}}{k_{r,1}}[A] = k_r[A]$ $\frac{d[P]}{dt} = \frac{k_{r,1}k_{r,2}}{k_{r,2}}[A]^2 = k_r[A]^2$	1분자도 반응
반응 속도	$v_0 = \frac{k_{r,2}[S]_0[C]_0}{[S]_0 + [C]_0 + K_m}$ $v_0 = \frac{k_{r,2}[S]_0[C]_0}{[S]_0 + K_m}$ $K_m = \frac{k_{r,-1} + k_{r,2}}{k_{r,1}}$ (복합 상수) $\frac{1}{v_0} = \left(\frac{K_m}{k_{r,2}[C]_0}\right)\frac{1}{[S]_0} + \frac{1}{k_{r,2}[C]_0}$	균일 촉매 작용의 초기 속도 $[S]_0 \gg [C]_0$ 일 때

이름	식	설명
	$v_0 = k_{r,2}[C]_0 = v_{max}$	$[S]_0 \gg [C]_0$ 일 때 최고 속도
	$v_0 = \dfrac{k_{r,2}[S]_0[C]_0}{[S]_0 + K_m}$	미하엘리스-멘텐 식
	$\dfrac{1}{v_0} = \left(\dfrac{K_m}{v_{max}}\right)\dfrac{1}{[S]_0} + \dfrac{1}{v_{max}}$	라인위버-버크 식
	$k_{cat} = k_{r,2} = \dfrac{v_{max}}{[E]_0}$	전환 빈도
	$\eta = \dfrac{k_{cat}}{K_m} = \dfrac{k_{r,1}k_{r,2}}{k_{r,-1} + k_{r,2}}$	촉매 효율
	$v_0 = \dfrac{v_{max}[S]_0}{[S]_0 + K_m^*}$ $\quad K_m^* = K_m\left(1 + \dfrac{[I]}{K_I}\right)$	억제된 효소 반응
덮임률	$\theta = \dfrac{V_{ads}}{V_m}$	정의
흡착 등온식	$\theta = \dfrac{(KP)}{1+(KP)}$ $\quad K = \dfrac{k_{r,a}}{k_{r,d}}$	비해리될 때
	$\theta = \dfrac{(KP)^{1/2}}{1+(KP)^{1/2}}$	해리될 때

연습 문제

13.1 반응 메커니즘이 무엇인지 말하고, 반응 메커니즘은 어떻게 결정되는지 설명하시오.

13.2 속도 결정 단계가 무엇인지 말하고, 속도 결정 단계가 속도 법칙을 결정하는 이유를 말하시오.

13.3 일정 상태 근사가 무엇인지 말하고, 어떤 경우에 일정 상태 근사를 사용할 수 있는지 말하시오.

13.4 1분자도 반응에 대한 린더만–힌쉘우드 메커니즘의 과정을 설명하시오.

13.5 효소에 대한 미하엘리스–멘텐 속도 법칙을 설명하시오.

13.6 표면 흡착에 대한 랭뮤어 모형의 가정을 기술하시오.

13.7 가역 반응은 일시적으로 온도를 급변시키면 평형이 깨진 후 다시 평형을 찾아 되돌아간다. 이러한 방법으로 속도 상수를 구하는 것을 완화법 **(relaxation method)**이라고 한다. 가역 반응들에 대한 완화 시간**(relaxation time, τ)**은 다음과 같다.

반응	완화 시간
$A \rightleftharpoons P$	$1/\tau = k_{r,1} + k_{r,-1}$
$2A \rightleftharpoons P$	$1/\tau = 4k_{r,1}[A] + k_{r,-1}$
$A+B \rightleftharpoons P$	$1/\tau = k_{r,1}([A]+[B]) + k_{r,-1}$
$2A+B \rightleftharpoons P$	$1/\tau = k_{r,1}(4[A][B]+[A]^2) + k_{r,-1}$

물의 자체 양성자 이전 반응의 재결합 반응은 다음과 같고, 이 반응에 대하여 $pH \approx 7$ 에서 완화 시간 $\tau = 37\ \mu s$ 로 측정되었다.

$$H_2O \underset{k_{r,-1}}{\overset{k_{r,1}}{\rightleftharpoons}} H^+ + OH^-$$

이 반응의 정반응과 역반응에 대한 속도 상수를 구하시오.

13.8 어떤 실험실에서 A를 반응시켜 B를 얻으려고 한다. 그러나 B는 다시 C로 분해된다. 이 반응에 대한 첫 번째 단계의 속도 상수 $k_{r,1} = 5.0 \times 10^5\ s^{-1}$이고, 두 번째 단계의 속도 상수 $k_{r,2} = 6.0 \times 10^5\ s^{-1}$이다. B의 농도가 최대

가 되는 시간을 구하시오.

13.9 다음은 사전에 평형이 일어나는 연속 반응의 메커니즘이다.

$$\mathrm{A} + \mathrm{B} \underset{k_{\mathrm{r},-1}}{\overset{k_{\mathrm{r},1}}{\rightleftharpoons}} \mathrm{I} \xrightarrow{k_{\mathrm{r},2}} \mathrm{P}$$

이 반응에 대한 속도 법칙이 다음과 같이 됨을 유도하시오. 단, 사전 평형 반응에서 $k_{\mathrm{r},-1} \gg k_{\mathrm{r},2}$ 이다.

$$\frac{\mathrm{d[P]}}{\mathrm{d}t} = k_\mathrm{r}[\mathrm{A}][\mathrm{B}] \qquad k_\mathrm{r} = \frac{k_{\mathrm{r},1}k_{\mathrm{r},2}}{k_{\mathrm{r},-1}}$$

13.10 사이클로뷰테인이 뷰텐이 되는 이성질화 반응에 대하여 350 K에서 사이클로뷰테인의 초기 압력 P_0에 대하여 측정한 속도 상수 k_r이 다음과 같았다.

P_0/kPa	14.7	28.0	52.0	84.0	101
$k_\mathrm{r}/\mathrm{s}^{-1}$	9.6	10.3	10.8	11.0	11.1

이 반응이 린더만-힌쉘우드 메커니즘에 잘 맞는다고 가정하여 다음을 구하시오.

(1) $\mathrm{A} + \mathrm{A} \xrightarrow{k_{\mathrm{r},1}} \mathrm{A}^* + \mathrm{A}$ 단계의 속도 상수 $k_{\mathrm{r},1}$

(2) $\mathrm{A}^* + \mathrm{A} \xrightarrow{k_{\mathrm{r},-1}} \mathrm{A} + \mathrm{A}$ 와 $\mathrm{A}^* \xrightarrow{k_{\mathrm{r},2}} \mathrm{P}$ 단계의 속도 상수 비 $\dfrac{k_{\mathrm{r},-1}}{k_{\mathrm{r},2}}$

13.11 탄화수소 화합물(RH)의 할로젠(X)화 반응 $\mathrm{RH} + \mathrm{X_2} \rightarrow \mathrm{RX} + \mathrm{HX}$에 대하여 다음과 같은 메커니즘이 제시되었다.

$$\mathrm{X_2} \xrightarrow{k_{\mathrm{r},1}} 2\mathrm{X}\bullet$$

$$\bullet\mathrm{X} + \mathrm{RH} \xrightarrow{k_{\mathrm{r},2}} \bullet\mathrm{R} + \mathrm{HX}$$

$$\bullet\mathrm{R} + \mathrm{X_2} \xrightarrow{k_{\mathrm{r},3}} \mathrm{RX} + \mathrm{X}\bullet$$

$$\bullet\mathrm{X} + \mathrm{R}\bullet \xrightarrow{k_{\mathrm{r},4}} \mathrm{RX}$$

이 메커니즘에 의하여 예측되는 속도 법칙을 유도하시오.

13.12 상온에서 어떤 기질이 촉매에 의하여 변하는 반응의 복합 상수 K_m = 0.025 M이고, 기질의 농도가 0.105 M일 때 반응 속도가 1.10×10^{-3} $M\ s^{-1}$이다. 이 반응의 최대 속도를 구하시오.

13.13 이산화 탄소를 수화시켜 탄산수소 이온을 생성하는 탄산 탈수 효소의 촉매 작용에 대하여 273.5 K에서 미하엘리스 상수 K_m = 50.00 M이고, 효소의 농도가 0.020 M일 때 최대 반응 속도가 1.7×10^{-3} $M\ s^{-1}$이다. 다음을 구하시오.

(1) 전환 빈도 k_{cat}

(2) 촉매 효율 η

13.14 어떤 효소 촉매 반응에 대하여 기질 S에 대하여 서로 다른 4가지 농도의 용액에 동일한 농도의 효소를 넣고 반응을 시켰다. 이 반응에 대하여 억제제 I를 넣었을 때와 넣지 않았을 때의 초기 반응 속도를 측정하였더니 다음과 같았다.

[S]/M	5.0×10^{-4}	1.0×10^{-3}	5.0×10^{-3}	1.0×10^{-2}
$v_0/M\ s^{-1}$ (I 가 없을 때)	1.3×10^{-6}	2.0×10^{-6}	3.9×10^{-6}	4.6×10^{-6}
$v_0/M\ s^{-1}$ (I 가 있을 때)	5.8×10^{-7}	1.0×10^{-6}	2.8×10^{-6}	3.6×10^{-6}

각 경우에 [I] = 8.0×10^{-3} M이었다. 다음을 구하시오.

(1) 최대 속도 v_{max}와 미하엘리스 상수 K_m

(2) 평형 상수 K_I

13.15 많은 고체 촉매 표면에서의 기체 반응은 둘 또는 그 이상의 서로 다른 기체의 흡착에 의하여 일어난다. 두 가지 기체가 흡착되는 경우에 대하여 각 기체의 덮임 분율에 대한 식을 유도하시오. (기체의 흡착은 고체 표면의 흡착 가능 자리 수로 제한된다고 가정하시오.)

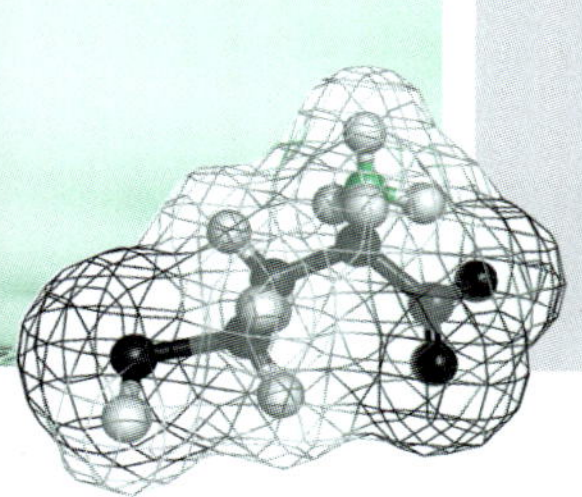

부록: 자료

표 3.1 몇 가지 물질의 둘째 비리알 계수, B/cm^3 mol^{-1}

물질	온도			
	100 K	273 K	373 K	600 K
공기	−167.3	−13.5	3.4	19.0
Ar	−187.0	−21.7	−4.2	11.9
CH_4		−53.6	−21.2	8.1
CO_2		−142	−72.2	−12.4
H_2	−2.0	13.7	15.6	
He		−62.9	−28.7	1.7
N_2	−160.0	−10.5	6.2	21.7
Ne	−6.0	10.4	12.3	13.8
O_2	−197.5	−22	−3.7	12.9

출처: *Handbook of Thermophysical and Thermochemical Data*, Lide, D. R. ed., CRC Press, Boca Raton, FL. (1994).

표 3.2 몇 가지 물질의 반데르발스 및 레드리히-퀑 매개변수*

물질	반데르발스		레드리히-퀑	
	a/L^2 bar mol^{-2}	b/10^{-2} L mol^{-1}	a/L^2 bar mol^{-2} K$^{1/2}$	b/10^{-2} L mol^{-1}
Ar	1.355	3.20	1.427	1.837
Br_2	9.75	5.91	236.5	4.085
CH_4	2.303	4.31	32.20	2.985
CO	1.472	3.95	17.20	2.739
C_2H_2	4.533	5.24	80.65	3.632
C_2H_4	4.612	5.82	78.51	4.034
C_2H_6	5.580	6.51	98.79	4.514
CH_3OH, 메탄올	9.476	6.59	217.1	4.561
C_2H_5OH, 에탄올	12.56	8.71	287.7	6.021
CCl_4	20.01	12.81	473.2	8.793
CO_2	3.658	4.29	64.63	2.971
F_2	1.171	2.90	14.17	1.993

표 3.2 몇 가지 물질의 반데르발스 및 레드리히–퀑 매개변수(계속)

물질	반데르발스		레드리히–퀑	
	a/L^2 bar mol^{-2}	b/10^{-2} L mol^{-1}	a/L^2 bar mol^{-2} K$^{1/2}$	b/10^{-2} L mol^{-1}
H_2	0.2452	2.65	15.55	2.675
H_2O	5.537	3.05	142.6	2.113
N_2	1.370	3.87	16.86	2.219
NH_3	4.225	3.71	86.12	2.572
O_2	1.382	3.19	64.63	2.971
Xe	4.192	5.16	17.40	2.203

*임계 상수로부터 계산

표 3.3 몇 가지 물질의 임계 상수

물질	T_c/K	P_c/bar	$V_{m,c}$/10^{-3} L mol^{-1}	Z_c
Ar	150.86	48.98	74.57	0.291
Xe	289.74	58.40	118.00	0.286
H_2	32.98	12.93	64.20	0.303
N_2	126.20	33.98	90.10	0.292
O_2	154.58	50.43	73.37	0.288
F_2	144.30	51.72	66.20	0.285
Br_2	588.00	103.40	127.00	0.268
CO	132.91	34.99	93.10	0.295
CO_2	304.13	73.75	94.07	0.274
H_2O	647.14	220.64	55.95	0.229
NH_3	405.40	113.53	72.47	0.244
CH_4	190.56	45.99	98.60	0.286
C_2H_2	308.30	61.38	112.20	0.269
C_2H_4	282.34	50.41	131.1	0.281
C_2H_6	305.32	48.72	145.50	0.279
CH_3OH, 메탄올	521.50	80.84	117.00	0.221
C_2H_5OH, 에탄올	513.92	61.37	168.00	0.241
CCl_4	556.60	45.16	276.00	0.269

출처: *Handbook of Chemistry and Physics*, 83rd ed., Lide, D. R. ed., CRC Press, Boca Raton, FL. (2002).

표 5.1 몇 가지 물질의 298 K에서의 팽창 계수 α 및 등온 압축률 κ_T

물질	$\alpha/10^{-6}\ K^{-1}$	$\kappa_T/10^{-6}\ bar^{-1}$
고체		
Al(*s*)	69.3	1.33
Au(*s*)	42.6	0.563
Cu(*s*)	49.5	0.702
Fe(*s*)	36.9	0.56
액체		
$CCl_4(l)$	1140	103
$CH_3OH(l)$, 메탄올	1490	120
$C_2H_5OH(l)$, 에탄올	1120	110
$C_6H_6(l)$	1140	94
$H_2O(l)$	204	45.9
Hg(*l*)	181	3.91

출처: *Handbook of Chemistry and Physics*, 83rd ed., Lide, D. R. ed., CRC Press, Boca Raton, FL. (2002); *Handbook of Physics*, Benenson, W., et al., Springer, Newyork (2002).

표 5.2 몇 가지 물질의 1 atm 298 K에서의 주울–톰슨 계수 μ_{JT}와 반전 온도 T_I

물질	$\mu_{JT}/K\ atm^{-1}$	T_I/K
공기	0.189 (323 K)	603
Ar		723
CH_4		968
CO_2	1.11 (300 K)	1500
He	−0.062	40
H_2	−0.03	202
N_2	0.27	621
Ne		231
O_2	0.31	764

출처: *American Institute of Physics Handbook*, Gray, D. E. ed., McGraw Hill, New York. (1972).

표 5.3 몇 가지 물질의 전이 온도에서 표준 전이 엔탈피 $\Delta_{trs}H^{\circ}$

물질	녹음		증발	
	T_f/K	$\Delta_{fus}H^{\circ}$/kJ mol^{-1}	T_b/K	$\Delta_{vap}H^{\circ}$/kJ mol^{-1}
무기물				
Ag	1234	1130	2436	250.6
Ar	83.81	1.118	87.29	6.506
Br_2	265.9	10.57	332.4	29.45
Cl_2	172.1	6.45	239.1	20.41
CO_2	271.0	8.33	194.6	25.23(승화)
CS_2	161.2	4.39	319.4	26.74
H_2O	273.15	6.008	373.15	40.656(44.016, 298 K에서)
H_2S	187.6	2.377	212.8	18.67
H_2SO_4	283.5	2.56		
He	3.3	0.021	4.22	0.084
Hg	234.3	2.292	629.7	59.30
I_2	386.8	15.52	458.4	41.80
N_2	63.15	0.719	77.35	5.586
Na	371.0	2.601	1156	98.01
NH_3	195.4	5.652	239.7	23.35
O_2	54.36	0.444	90.18	6.820
Xe	161	2.30	165	12.6
K	336.4	2.35	1031	80.23
유기물				
CCl_4	250.3	2.47	349.9	30.00
CH_4	90.68	0.941	111.7	8.18
C_2H_6	89.85	2.86	184.6	14.7
C_6H_6, 벤젠	278.61	10.59	353.2	30.8
C_6H_{14}	178	13.08	342.1	28.85
CH_3OH, 메탄올	175.2	3.16	337.2	35.27
C_2H_5OH, 에탄올	158.7	4.60	352	43.5

출처: *American Institute of Physics Handbook*, Gray, D. E. ed., McGraw Hill, New York. (1972).

표 5.4 298.15 K, 표준 상태에서 원소 및 화합물의 열역학 자료(무기 화합물)

물질	$\Delta_f H^o$/kJ mol^{-1}	$\Delta_f G^o$/kJ mol^{-1}	$S_m{}^o$/J K^{-1} mol^{-1}	$C_{P,m}{}^o$/J K^{-1} mol^{-1}
구리				
$Cu(s)$	0	0	33.15	24.44
$Cu(g)$	338.32	298.58	166.38	20.79
$Cu^+(aq)$	71.67	49.98	40.6	
$Cu^{2+}(aq)$	64.77	65.49	–99.6	
$CuCl_2(s)$	–220.1	–175.7	108.1	71.9
$CuO(s)$	–157.3	–129.7	42.63	42.30
$Cu_2O(s)$	–168.6	–146.0	93.14	63.64
$CuSO_4(s)$	–771.36	–661.8	109	100.0
$CuSO_4 \cdot H_2O(s)$	–1085.8	–918.11	146.0	134
$CuSO_4 \cdot 5H_2O(s)$	–2279.7	–1879.7	300.4	280
규소				
$Si(s)$	0	0	18.83	20.00
$Si(g)$	455.6	411.3	167.97	22.25
$SiCl_4(g)$	–662.7	–662.8	330.9	90.3
$SiO_2(s, \alpha)$	–910.94	–856.64	41.48	44.43
금				
$Au(s)$	0	0	47.40	25.42
$Au(g)$	366.1	326.3	180.50	20.79
소듐				
$Na(s)$	0	0	51.21	28.24
$Na(g)$	107.32	76.76	153.71	20.79
$Na^+(aq)$	–240.12	–261.91	59.0	46.4
$NaBr(s)$	–361.06	–348.98	86.82	51.38
$NaCl(s)$	–411.15	–384.14	72.13	50.50
$NaI(s)$	–287.78	–286.06	98.53	52.09
$NaOH(s)$	–425.61	–379.49	64.46	59.54
납				
$Pb(s)$	0	0	64.81	26.44
$Pb(g)$	195.0	161.9	175.37	20.79

표 5.4 298.15 K, 표준 상태에서 원소 및 화합물의 열역학 자료(무기 화합물)(계속)

물질	$\Delta_f H^o$/kJ mol^{-1}	$\Delta_f G^o$/kJ mol^{-1}	$S_m{}^o$/J K^{-1} mol^{-1}	$C_{P,m}{}^o$/J K^{-1} mol^{-1}
$Pb_2{}^+(aq)$	–1.7	–24.43	10.5	
$PbO(s,$황$)$	–217.32	–187.89	68.70	45.77
$PbO(s,$적$)$	–218.99	–188.93	66.5	45.81
$PbO_2(s)$	–277.4	–217.33	68.6	64.64
$PbSO_4(s)$	–920.0	–813.20	148.5	86.4
네온				
$Ne(g)$	0	0	146.33	20.79
리튬				
$Li(s)$	0	0	29.12	24.77
$Li(g)$	159.37	126.66	138.77	20.79
$Li^+(aq)$	–278.49	–293.31	13.4	68.6
$LiH(s)$	–90.5	–68.3	20.0	27.9
$LiH(g)$	140.6	117.8	170.9	29.7
마그네슘				
$Mg(s)$	0	0	32.68	24.89
$Mg(g)$	147.70	113.10	148.65	20.79
$Mg^{2+}(aq)$	–466.85	–458.8	–138.1	
$MgCl_2(s)$	–641.32	–591.79	89.62	71.38
$MgCO_3(s)$	–1095.8	–1012.1	65.7	75.52
$MgO(s)$	–601.70	–569.43	26.94	37.15
$MgSO_4(s)$	–1284.9	–1170.6	91.6	96.5
바륨				
$Ba(s)$	0	0	62.8	28.07
$Ba(g)$	180	146	170.24	20.79
$Ba^{2+}(aq)$	–537.64	–560.77	9.6	
$BaCl_2(s)$	–858.6	–810.4	123.68	75.14
$BaCO_3(s)$	–1216.3	–1137.6	112.1	85.4
$BaO(s)$	–553.5	–525.1	70.43	47.78
$BaSO_4(s)$	–1473.2	–1362.3	132.2	101.8

표 5.4 298.15 K, 표준 상태에서 원소 및 화합물의 열역학 자료(무기 화합물)(계속)

물질	$\Delta_f H^o$/kJ mol^{-1}	$\Delta_f G^o$/kJ mol^{-1}	$S_m{}^o$/J K^{-1} mol^{-1}	$C_{P,m}{}^o$/J K^{-1} mol^{-1}
베릴륨				
Be(s)	0	0	9.50	16.44
Be(g)	324.3	286.6	136.27	20.79
브로민				
$Br_2(l)$	0	0	152.23	75.69
$Br_2(g)$	30.91	3.11	245.46	36.02
Br(g)	111.88	82.40	175.02	20.79
$Br^-(g)$	–219.07			
$Br^-(aq)$	–211.55	–103.96	82.4	–141.8
HBr(g)	–36.40	–53.45	198.70	29.14
비소				
As(s, α)	0	0	35.1	24.64
As(g)	302.5	261.0	174.21	20.79
$As_4(g)$	143.9	92.4	314	
$AsH_3(g)$	66.44	68.93	222.78	38.07
비스무트				
Bi(s)	0	0	9.50	16.44
Bi(g)	324.3	286.6	136.27	20.79
산소				
$O_2(g)$	0	0	205.14	29.36
O(g)	249.17	231.73	161.06	21.91
$O_3(g)$	142.7	163.2	238.93	39.20
OH(g)	39.0	34.22	183.7	29.9
$OH^-(aq)$	–229.99	–157.24	–10.75	–148.5
세슘				
Cs(s)	0	0	85.23	32.17
Cs(g)	76.06	49.12	175.60	20.79
$Cs^+(aq)$	–258.28	–292.02	133.05	–10.5
수소(중수소 참조)				
$H_2(g)$	0	0	130.68	28.82
H(g)	217.97	203.25	114.71	20.78

표 5.4 298.15 K, 표준 상태에서 원소 및 화합물의 열역학 자료(무기 화합물)(계속)

물질	$\Delta_f H^o$/kJ mol^{-1}	$\Delta_f G^o$/kJ mol^{-1}	$S_m{}^o$/J K^{-1} mol^{-1}	$C_{P,m}{}^o$/J K^{-1} mol^{-1}
$H^+(aq)$	0	0	0	0
$H^+(g)$	1536.20			
$H_2O(s)$/273 K			37.99	36.2
$H_2O(l)$	–285.83	–237.13	69.91	75.29
$H_2O(g)$	–241.82	–228.57	188.83	33.58
$H_2O_2(l)$	–187.78	–120.35	109.6	89.1
수은				
$Hg(l)$	0	0	76.02	27.98
$Hg(g)$	61.32	31.82	174.96	20.79
$Hg^{2+}(aq)$	171.1	164.40	–32.2	
$Hg_2{}^{2+}(aq)$	172.4	153.52	84.5	
$HgCl_2(s)$	–224.3	–178.6	146.0	
$Hg_2Cl_2(s)$	–265.22	–210.75	192.5	
$HgO(s)$	–90.83	–58.54	70.29	44.06
$HgS(s,$흑$)$	–53.6	–47.7	88.3	
아르곤				
$Ar(g)$	0	0	154.84	20.79
아연				
$Zn(s)$	0	0	41.63	25.40
$Zn(g)$	130.73	95.14	160.98	20.79
$Zn^{2+}(aq)$	–153.89	–147.06	–112.1	46
$ZnCl_2(s)$	–415.1	–369.4	111.5	71.3
$ZnO(s)$	–346.28	–318.30	43.64	40.25
$ZnSO_4(s)$	–982.8	–871.5	110.5	99.2
아이오딘				
$I_2(s)$	0	0	116.14	54.44
$I_2(g)$	62.44	19.33	260.69	36.90
$I(g)$	106.84	70.25	180.79	20.79
$I^-(aq)$	–55.19	–51.57	111.3	–142.3
$HI(g)$	26.48	1.70	206.59	29.16

표 5.4 298.15 K, 표준 상태에서 원소 및 화합물의 열역학 자료(무기 화합물)(계속)

물질	$\Delta_f H^o$/kJ mol^{-1}	$\Delta_f G^o$/kJ mol^{-1}	$S_m{}^o$/J K^{-1} mol^{-1}	$C_{P,m}{}^o$/J K^{-1} mol^{-1}
안티모니				
$Sb(s)$	0	0	45.69	25.23
$SbH_3(g)$	145.11	147.75	232.78	41.05
알루미늄				
$Al(s)$	0	0	28.33	24.35
$Al(l)$	10.56	7.20	39.55	24.21
$Al(g)$	326.4	285.7	164.54	21.38
$Al^{3+}(g)$	5483.17			
$Al^{3+}(aq)$	–531	–485	–321.7	
$Al_2O_3(s, \alpha)$	–1675.7	–1582.3	50.92	79.04
$AlCl_3(s)$	–704.2	–628.8	110.67	91.84
염소				
$Cl_2(g)$	0	0	223.07	33.91
$Cl(g)$	121.68	105.68	165.20	21.84
$Cl^-(g)$	–233.13			
$Cl^-(aq)$	–167.16	–131.23	56.5	–136.4
$HCl(g)$	–92.31	–95.30	186.91	29.12
$HCl(aq)$	–167.16	–131.23	56.5	–136.4
$ClO_2(g)$	104.6	105.1	256.8	45.6
$ClO_4^-(aq)$	–128.1	–8.52	184.0	
은				
$Ag(s)$	0	0	42.55	25.35
$Ag(g)$	284.55	245.65	173.00	20.79
$Ag^+(aq)$	105.58	77.11	72.68	21.8
$AgBr(s)$	–100.37	–96.90	107.1	52.38
$AgCl(s)$	–127.07	–109.79	96.2	50.79
$AgNO_3(s)$	–129.39	–33.41	140.92	93.05
$Ag_2O(s)$	–31.05	–11.20	121.3	65.86
$Ag_2SO_4(s)$	–715.9	–618.4	200.4	131.4

표 5.4 298.15 K, 표준 상태에서 원소 및 화합물의 열역학 자료(무기 화합물)(계속)

물질	$\Delta_f H^o$/kJ mol^{-1}	$\Delta_f G^o$/kJ mol^{-1}	$S_m{}^o$/J K^{-1} mol^{-1}	$C_{P,m}{}^o$/J K^{-1} mol^{-1}
인				
P(*s*,백)	0	0	41.09	23.84
P(*s*,적)	–17.6	–12.1	22.8	21.2
$P(g)$	314.64	278.25	163.19	20.79
$P_2(g)$	144.3	103.7	218.13	32.05
$P_4(g)$	58.91	24.44	279.98	67.15
$PH_3(g)$	5.4	13.4	210.23	37.11
$PCl_3(g)$	–287.0	–267.8	311.78	71.84
$PCl_3(l)$	–319.7	–272.3	217.1	
$PCl_5(g)$	–374.9	–305.0	364.6	112.8
$PCl_5(s)$	–443.5			
$PO_4^{3-}(aq)$	–1277.4	–1018.7	–221.8	
$P_4O_{10}(s)$	–2984.0	–2697.0	228.86	211.71
$H_3PO_3(s)$	–964.4			
$H_3PO_3(aq)$	–964.8			
$H_3PO_4(s)$	–1279.0	–1119.1	110.50	106.06
$H_3PO_4(l)$	–1266.9			
$H_3PO_4(aq)$	–1277.4	–1018.7	–222	
$HPO_4^{2-}(aq)$	–1299.0	–1089.2	–33.5	
$H_2PO_4^{-}(aq)$	–1302.6	–1130.2	92.5	
제논				
$Xe(g)$	0	0	169.68	20.79
주석				
Sn(*s*, *β*, 백)	0	0	51.55	26.99
$Sn(g)$	302.1	267.3	168.49	20.26
$Sn^{2+}(aq)$	–8.8	–27.2	–17	
$SnO(s)$	–285.8	–256.9	56.5	44.31
$SnO_2(s)$	–580.7	–519.6	52.3	52.59
중수소				
$D_2(g)$	0	0	144.96	29.20

표 5.4 298.15 K, 표준 상태에서 원소 및 화합물의 열역학 자료(무기 화합물)(계속)

물질	$\Delta_f H^o$/kJ mol^{-1}	$\Delta_f G^o$/kJ mol^{-1}	$S_m{}^o$/J K^{-1} mol^{-1}	$C_{P,m}{}^o$/J K^{-1} mol^{-1}
$D_2O(l)$	–294.60	–243.44	75.94	84.35
$D_2O(g)$	–249.20	–234.54	198.34	34.27
$HD(g)$	3.32	–1.46	143.80	29.20
$HDO(l)$	–289.89	–241.86	79.29	
$HDO(g)$	–245.30	–233.11	199.51	33.81
질소				
$N_2(g)$	0	0	191.61	29.13
$N(g)$	472.70	455.56	153.30	20.79
$NH_3(g)$	–46.11	–16.45	192.45	35.06
$NH_3(aq)$	–80.29	–26.50	111.3	
$NH_4^+(aq)$	–132.51	–79.31	113.4	79.9
$NH_4Cl(s)$	–314.43	–202.87	94.6	
$NH_4NO_3(s)$	–365.56	–183.87	151.08	84.1
$NH_2OH(s)$	–114.2			
$N_2H_4(l)$	50.63	149.43	121.21	139.3
$NO(g)$	90.25	86.55	210.76	29.84
$N_2O(g)$	82.05	104.20	219.85	38.45
$NO_2(g)$	33.18	51.31	240.06	37.20
$N_2O_4(g)$	9.16	97.89	304.29	77.28
$N_2O_5(s)$	–43.1	113.9	178.2	143.1
$N_2O_5(g)$	11.3	115.1	355.7	84.5
$NO_3^-(aq)$	–205.0	–108.74	146.4	–86.6
NOCl	51.7	66.1	261.7	44.7
$HN_3(l)$	264.0	327.3	140.6	43.68
$HN_3(g)$	294.1	328.1	238.97	98.87
$HNO_3(l)$	–174.10	–80.71	155.60	109.87
$HNO_3(aq)$	–207.36	–111.25	146.4	–86.6
철				
$Fe(s)$	0	0	27.28	25.10
$Fe(g)$	416.3	370.7	180.49	25.68
$Fe^{2+}(aq)$	–89.1	–78.90	–137.7	

표 5.4 298.15 K, 표준 상태에서 원소 및 화합물의 열역학 자료(무기 화합물)(계속)

물질	$\Delta_f H^o$/kJ mol^{-1}	$\Delta_f G^o$/kJ mol^{-1}	$S_m{}^o$/J K^{-1} mol^{-1}	$C_{P,m}{}^o$/J K^{-1} mol^{-1}
$Fe^{3+}(aq)$	–48.5	–4.7	–315.9	
$Fe_2O_3(s,$적철광$)$	–824.2	–742.2	87.40	103.85
$Fe_3O_4(s,$자철광$)$	–1118.4	–1015.4	146.4	143.43
$FeS(s, \alpha)$	–100.0	–100.4	60.29	50.54
$FeS_2(s)$	–178.2	–166.9	52.93	62.17
$FeSO_4(s)$	–928.4	–820.8	107.5	100.6
카드뮴				
$Cd(s, \gamma)$	0	0	51.76	25.98
$Cd(g)$	112.01	77.41	167.75	20.79
$Cd^{2+}(aq)$	–75.90	–77.61	–73.2	
$CdCO_3(s)$	–750.6	–669.4	92.5	
$CdO(s)$	–258.2	–228.4	54.8	43.43
포타슘				
$K(s)$	0	0	64.18	29.58
$K(g)$	89.24	60.59	160.34	20.79
$K^+(g)$	514.26			
$K^+(aq)$	–232.38	–283.27	102.5	21.8
$KBr(s)$	–393.80	–380.66	95.90	52.30
$KCl(s)$	–436.75	–409.14	82.59	51.30
$KF(s)$	–576.27	–537.75	66.57	49.04
$KI(s)$	–327.90	–324.89	106.32	52.93
$KOH(s)$	–424.76	–379.08	78.9	64.9
$K_2O(s)$	–361.5	–322.8	102.0	77.4
$K_2SO_4(s)$	–1437.8	–1321.4	175.6	131.5
칼슘				
$Ca(s)$	0	0	41.42	25.31
$Ca(g)$	178.2	144.3	154.88	20.786
$Ca^{2+}(aq)$	–542.83	–553.58	–53.1	
$CaCO_3(s,$방해석$)$	–1206.9	–1128.8	92.9	81.88
$CaCO_3(s,$선석$)$	–1207.1	–1127.8	88.7	81.25

표 5.4 298.15 K, 표준 상태에서 원소 및 화합물의 열역학 자료(무기 화합물)(계속)

물질	$\Delta_f H^o$/kJ mol^{-1}	$\Delta_f G^o$/kJ mol^{-1}	$S_m{}^o$/J K^{-1} mol^{-1}	$C_{P,m}{}^o$/J K^{-1} mol^{-1}
$CaBr_2(s)$	–682.8	–663.6	130	
$CaF_2(s)$	–1219.6	–1167.3	68.87	67.03
$CaCl_2(s)$	–795.8	–748.1	104.6	72.59
$CaO(s)$	–635.09	–604.03	39.75	42.80
$CaSO_4(s)$	–1434.5	–1322.0	106.5	99.7
크로뮴				
$Cr(s)$	0	0	23.77	23.35
$Cr(g)$	396.6	351.8	174.50	20.79
$CrO_4^{2-}(aq)$	–881.15	–729.75	50.21	
$Cr_2O_7^{2-}(aq)$	–1490.3	–1301.1	261.9	
크립톤				
$Kr(g)$	0	0	164.08	20.786
탄소				
$C(s,$흑연$)$	0	0	8.74	8.53
$C(s,$다이아몬드$)$	1.90	2.90	2.38	6.11
$C(g)$	716.68	671.26	158.10	20.84
$C_2(g)$	831.90	775.89	199.42	43.21
$CCl_4(l)$	–135.44	–65.21	216.40	131.75
$CN^-(aq)$	150.6	172.4	94.1	
$CO(g)$	–110.53	–137.17	197.67	29.14
$CO_2(g)$	–393.51	–394.36	213.74	37.11
$CO_2(aq)$	–413.80	–385.98	117.6	
$CO_3^{2-}(aq)$	–677.14	–527.81	–56.9	
$CS_2(l)$	89.70	65.27	151.34	75.7
$HCN(l)$	108.87	124.97	112.84	70.63
$HCN(g)$	135.1	124.7	201.78	35.86
$H_2CO_3(aq)$	–699.65	–623.08	187.4	
$HCO_3^-(aq)$	–691.99	–586.77	91.2	
플루오린				
$F_2(g)$	0	0	202.78	31.30

표 5.4 298.15 K, 표준 상태에서 원소 및 화합물의 열역학 자료(무기 화합물)(계속)

물질	$\Delta_f H^o$/kJ mol^{-1}	$\Delta_f G^o$/kJ mol^{-1}	$S_m{}^o$/J K^{-1} mol^{-1}	$C_{P,m}{}^o$/J K^{-1} mol^{-1}
F(*g*)	78.99	61.91	158.75	22.74
F^-(*aq*)	–332.63	–278.79	–13.8	–106.7
HF(*g*)	–271.1	–273.2	173.78	29.13
헬륨				
He(*g*)	0	0	126.15	20.79
황				
S(*s*, *α*,사방)	0	0	31.80	23.64
S(*s*, *α*,단사)	0.33	0.1	32.6	23.6
S(*g*)	278.81	238.25	167.82	23.67
S_2(*g*)	128.37	79.30	228.18	32.47
S^{2-}(*aq*)	33.1	85.8	–14.6	
SF_6(*g*)	–1209	–1105.3	291.82	97.28
SO_2(*g*)	–296.83	–300.19	248.22	39.87
SO_3(*g*)	–395.72	–371.06	256.76	50.67
$SO_3{}^{2-}$(*aq*)	–635.5	–486.6	–29.3	
$SO_4{}^{2-}$(*aq*)	–909.27	–744.53	20.1	–293
HS^-(*aq*)	–17.6	12.08	62.08	
H_2S(*g*)	–20.63	–33.56	205.79	34.23
H_2S(*aq*)	–39.7	–27.83	121	
H_2SO_4(*l*)	–813.99	–690.00	156.90	138.9
$HSO_4{}^-$(*aq*)	–887.34	–755.91	131.8	–84

출처: *Handbook of Chemistry and Physics*, 83rd ed., Lide, D. R. ed., CRC Press, Boca Raton, FL. (2002); *CRC Handbook of Thermophysical and Thermochemical Data*, Lide, D. R. ed., CRC Press, Boca Raton, FL. (1994).

표 5.4 298.15 K, 표준 상태에서 원소 및 화합물의 열역학 자료(유기 화합물)

물질	$\Delta_f H^o$ /kJ mol^{-1}	$\Delta_f G^o$ /kJ mol^{-1}	S_m^o /J K^{-1} mol^{-1}	$C_{P,m}^o$ /J K^{-1} mol^{-1}	$\Delta_c H^o$ /kJ mol^{-1}
탄화수소 화합물					
$CH_3(g)$, 메틸	145.69	147.92	194.2	38.70	
$CH_4(g)$, 메테인	–74.81	–50.72	186.26	35.31	–890
$C_2H_2(g)$, 에타인/아세틸렌	226.73	209.20	200.94	43.93	–1300
$C_2H_4(g)$, 에텐/에틸렌	52.26	68.15	219.56	43.56	–1411
$C_2H_6(g)$, 에테인	–84.68	–32.82	229.60	52.63	–1560
$C_3H_6(g)$, 프로펜	20.42	62.78	267.05	63.89	–2058
$C_3H_6(g)$, 사이클로프로페인	53.30	104.45	237.55	55.94	–2091
$C_3H_8(g)$, 프로페인	–103.85	–23.49	269.91	73.5	–2220
$C_4H_8(g)$, 1-뷰텐	–0.13	71.39	305.71	85.65	–2717
$C_4H_8(g)$, 시스-2-뷰텐	–6.99	65.95	300.94	78.91	–2710
$C_4H_8(g)$, 트랜스-2-뷰텐	–11.17	63.06	296.59	87.82	–2707
$C_4H_{10}(g)$, 뷰테인	–126.15	–17.03	310.23	97.45	–2878
$C_5H_{12}(l)$, 펜테인	–173.1				
$C_5H_{12}(g)$	–146.44	–8.20	348.40	120.2	–3537
$C_6H_5CH_3(g)$, 메틸벤젠/톨루엔	50.0	122.0	320.7	103.6	–3953
$C_6H_6(l)$, 벤젠	49.0	124.3	173.3	136.1	
$C_6H_6(g)$	82.93	129.72	269.31	81.67	–3302
$C_6H_{12}(l)$, 사이클로헥세인	–156	26.8	204.4	156.5	–3920
$C_6H_{14}(l)$, 헥세인	–198.7		204.3		–4163
$C_7H_{16}(l)$, 헵테인	–224.4	1.0	328.6	224.3	
$C_8H_{18}(l)$, 옥테인	–249.9	6.4	361.1		–5471
$C_8H_{18}(l)$, 아이소옥테인	–255.1				–5461
$C_8H_{18}(l)$, 나프탈렌	78.53				–5157
알코올, 페놀					
$CH_3OH(l)$, 메탄올	–238.66	–166.27	126.8	81.6	–726
$CH_3OH(g)$	–200.66	–161.96	239.81	43.89	–764

표 5.4 298.15 K, 표준 상태에서 원소 및 화합물의 열역학 자료(유기 화합물)(계속)

물질	$\Delta_f H^\circ$ /kJ mol^{-1}	$\Delta_f G^\circ$ /kJ mol^{-1}	S_m° /J K^{-1} mol^{-1}	$C_{P,m}^\circ$ /J K^{-1} mol^{-1}	$\Delta_c H^\circ$ /kJ mol^{-1}
$C_2H_5OH(l)$, 에탄올	–277.69	–174.78	160.7	111.46	–1368
$C_2H_5OH(g)$	–235.10	–168.49	282.70	65.44	–1409
$C_6H_5OH(s)$, 페놀	–165.0	–50.9	146.0		
알데하이드, 케톤					
$HCHO(l)$, 메탄알	–108.57	–102.53	218.77	35.40	–571
$CH_3CHO(l)$, 에탄알	–192.30	–128.12	160.2		–1166
$CH_3CHO(g)$	–166.19	–128.86	250.3	57.3	–1192
$CH_3COCH_3(l)$, 프로판온	–248.1	–155.4	200.4	124.7	–1790
카복실산, 하이드록시산, 에스터					
$HCOOH(l)$, 메탄산	–424.72	–361.35	128.95	99.04	–255
$CH_3COO^-(l)$, 에탄산 이온	–486.01	–369.31	86.6	–6.3	
$CH_3COOH(l)$, 에탄산	–484.5	–389.9	159.8	124.3	–875
$CH_3COOH(aq)$	–485.76	–396.46	178.7		
$(COOH)_2(s)$, 옥살산	–827.2			117	–254
$C_6H_5COOH(s)$, 벤조산	–385.1	–245.3	167.6	146.8	–3227
$CH_3COOC_2H_5(l)$, 에탄산 에틸	–479.0	–332.7	259.4	170.1	–2231
질소 화합물					
$CO(NH_2)_2(s)$, 요소	–333.51	–197.33	104.60	93.14	–632
$CH_3NH_2(g)$, 메틸아민	–22.97	32.16	243.41	53.1	–1085
$C_6H_5NH_2(l)$, 아닐린	31.1				–3393
$CH_2(NH_2)COOH(s)$, 글리신	–532.9	–373.4	103.5	99.2	–969

출처: *Handbook of Chemistry and Physics*, 83rd ed., Lide, D. R. ed., CRC Press, Boca Raton, FL. (2002); *Thermochemical Data of Organic Compounds*, Pedley, J. B., et al., Chapman and Hall, London (1986).

표 5.5 온도 함수로서의 등압 몰 열용량 $C_{P,m} = a + bT + cT^2$

물질	a/J K^{-1} mol^{-1}	b/10^{-3} J K^{-2} mol^{-1}	c/10^{-5} J K^{-3} mol^{-1}
기체			
Br_2	30.11	33.53	−5.50
Cl_2	22.85	65.43	−12.52
CO	31.08	−14.52	3.14
CO_2	13.86	79.37	−6.78
F_2	23.06	37.42	−3.68
H_2	22.66	43.81	−10.84
H_2O	33.80	−7.95	2.82
HBr	29.72	−4.16	0.73
HCl	29.81	−4.12	6.22
HF	28.94	1.52	−4.07
N_2	30.81	−11.87	2.40
NH_3	29.29	11.03	4.24
NO	33.58	−25.93	5.33
NO_2	32.06	−9.84	13.81
O_2	32.83	−36.33	11.53
SO_2	26.07	54.17	−2.68
CH_4	30.65	−17.39	13.90
CH_3OH	26.53	37.03	9.45
C_6H_6	−46.48	537.35	−38.30
고체			
Ag	26.11	−11.0	3.83
Al	6.56	115.3	−24.60
Au	34.97	−76.8	21.17
C(흑연)	−12.19	112.6	−19.47
CsCl	43.38	46.7	−8.97
$CuSO_4$	−13.81	703.6	−163.60
Fe	−10.99	335.3	−123.80
NaCl	25.19	197.3	−60.11
Si	−6.25	168.1	−34.37

출처: *Handbook of Chemistry and Physics*, 83rd ed., Lide, D. R. ed., CRC Press, Boca Raton, FL. (2002); *Handbook of Thermophysical and Thermochemical Data*, Lide, D. R. ed., CRC Press, Boca Raton, FL. (1994).

표 8.1 몇 가지 물질에 대한 삼중점 온도(T_{tp})와 압력(P_{tp})

물질	T_{tp}/K	P_{tp}/Pa
Ar	83.806	68950
Br_2	280.4	5879
CO	68.15	15420
CO_2	216.58	518500
Cl_2	172.17	1392
HCl	158.8	
H_2	13.8	7042
H_2O	273.16	611.73
H_2S	187.67	23180
Kr	115.8	72920
NH_3	195.41	6077
NO	109.54	21916
O_2	54.36	146.33
SO_3	289.94	21130
Xe	161.4	81590
CH_4, 메테인	90.694	11696
C_3H_6, 프로펜	87.89	9.50×10^{-4}

출처: *Handbook of Chemistry and Physics*, 83rd ed., Lide, D. R. ed., CRC Press, Boca Raton, FL. (2002); *Handbook of Thermophysical and Thermochemical Data*, Lide, D. R. ed., CRC Press, Boca Raton, FL. (1994).

표 9.1 298.15 K에서 몇 가지 물질의 기체에 대한 헨리의 법칙 상수(K_a/bar)

물질	용매		물질	용매	
	물	벤젠		물	벤젠
Ar	3.72×10^4		H_2S	5.68×10^2	
CH_4	4.08×10^4	5.69×10^2	H_2	7.12×10^4	3.67×10^3
C_2H_4	1.16×10^4		He	1.49×10^6	
C_2H_6	3.06×10^4		N_2	9.04×10^4	2.39×10^3
CO	5.84×10^3	1.63×10^3	O_2	4.95×10^4	
CO_2	1.65×10^3	1.14×10^2			

표 9.2 몇 가지 물질의 어는점 내림 상수(K_f)와 끓는점 오름 상수(K_b)

물질	K_f/K kg mol^{-1}	K_b/K kg mol^{-1}
나프탈렌	6.94	5.8
물	1.86	0.51
벤젠	5.12	2.53
사염화 탄소	30	4.95
사이클로헥세인	20.0	2.79
아세트산	3.59	3.08
에탄올	2.0	1.07
이황화 탄소	3.8	2.40
장뇌(캄파)	40	5.95
페놀	7.27	3.04

출처: *Handbook of Chemistry and Physics*, 83rd ed., Lide, D. R. ed., CRC Press, Boca Raton, FL. (2002).

표 9.3 1 atm에서 몇 가지 불변 끓음 혼합물의 조성과 끓는점(°C)

불변 끓음 혼합물	성분의 끓는점	첫 성분의 몰분율	불변 끓는점
물–벤젠	100/80.2	0.295	84.1
물–에탄올	100/78.5	0.096	78.2
물–톨루엔	100/111	0.444	58.7
물–트라이클로로메테인	100/61.2	0.160	56.1
에탄올–벤젠	78.5/80.2	0.440	65.2
에탄올–헥세인	78.5/68.8	0.332	67.9
에탄산에틸–헥세인	78.5/68.8	0.394	65.2
이황화 탄소–프로판온	46.3/56.2	0.608	39.3
톨루엔–에탄산	111/118	0.625	100.7

표 10.1 298.15 K에서 몇 가지 전해질의 몰랄 농도에 대한 평균 활동도 계수

전해질	0.1 *m*	0.3 *m*	0.5 *m*	0.7 *m*	0.9 *m*	1.0 *m*
HCl	0.796	0.756	0.757	0.772	0.795	0.809
NaCl	0.778	0.710	0.681	0.667	0.659	0.657
KCl	0.770	0.688	0.649	0.626	0.610	0.604
$MgCl_2$	0.529	0.477	0.481	0.506	0.544	0.570
$CaCl_2$	0.518	0.455	0.448	0.460	0.484	0.500
$CuCl_2$	0.508	0.429	0.411	0.409	0.413	0.417
$BaCl_2$	0.500	0.419	0.397	0.391	0.392	0.395
HNO_3	0.791	0.735	0.720	0.717	0.721	0.724
$AgNO_3$	0.734	0.606	0.536	0.485	0.446	0.429
H_2SO_4	0.266	0.183	0.156	0.142		0.132
$MgSO_4$	0.150	0.0874	0.0675	0.0571	0.0508	0.0485
$ZnSO_4$	0.150	0.084	0.063	0.0523	0.0458	0.0435
$CuSO_4$	0.105	0.0829	0.0620	0.0512	0.0446	0.0423
KOH	0.798	0.742	0.732	0.736	0.749	0.756
NaOH	0.766	0.708	0.690	0.681	0.678	0.678

출처: *Handbook of Chemistry and Physics*, 83rd ed., Lide, D. R. ed., CRC Press, Boca Raton, FL. (2002).

표 10.2 298.15 K에서 산의 K_a 및 pK_a

산	HA	A^-	K_a	pK_a
아이오딘화 수소산	HI	I^-	10^{11}	–11
브로민화 수소산	HBr	Br^-	10^{9}	–9
염화 수소산(염산)	HCl	Cl^-	10^{7}	–7
황산	H_2SO_4	HSO_4^-	10^{2}	–2
과염소산*	$HClO_4$	ClO_4^-	4.0×10^{1}	–1.6
하이드로늄 이온	H_3O^+	H_2O	1	0.0
옥살산	$(COOH)_2$	$HOOCCO_2^-$	5.6×10^{-2}	1.25
아황산	H_2SO_3	HSO_3^-	1.4×10^{-2}	1.85
황산수소 이온	HSO_4^-	SO_4^{2-}	1.0×10^{-2}	1.99
인산	H_3PO_4	$H_2PO_4^-$	6.9×10^{-3}	2.16
글리시늄 이온	NH_3CH_2COOH	NH_2CH_2COOH	4.5×10^{-3}	2.35
플루오린화 수소산	HF	F^-	6.3×10^{-4}	3.20
메탄산(폼산)	$HCOOH$	HCO_2^-	1.8×10^{-4}	3.75
옥살산 이온	$HOOCCO_2^-$	$C_2O_4^{2-}$	1.5×10^{-5}	3.81
젖산	$CH_3CH(OH)COOH$	$CH_3CH(OH)CO_2^-$	1.4×10^{-4}	3.86
에탄산(아세트산)	CH_3COOH	$CH_3CO_2^-$	1.4×10^{-5}	4.76
뷰탄산	$CH_3CH_2CH_2COOH$	$CH_3CH_2CH_2CO_2^-$	1.5×10^{-5}	4.83
프로판산	CH_3CH_2COOH	$CH_3CH_2CO_2^-$	1.4×10^{-5}	4.87
아닐리늄 이온	$C_6H_5NH_3^+$	$C_6H_5NH_2$	1.3×10^{-5}	4.87
피리디늄 이온	$C_5H_5NH^+$	C_6H_5N	5.9×10^{-6}	5.23
탄산	H_2CO_3	HCO_3^-	4.5×10^{-7}	6.35
황화 수소산	H_2S	HS^-	8.9×10^{-8}	7.05
인산이수소 이온	$H_2PO_4^-$	HPO_4^{2-}	6.2×10^{-8}	7.21
하이포염소산	$HClO$	ClO^-	4.0×10^{-8}	7.40
하이드라지늄 이온	$NH_2NH_3^-$	NH_2NH_2	8×10^{-9}	8.1
하이포브로민산	$HBrO$	BrO^-	2.8×10^{-9}	8.55
사이안산	HCN	CN^-	6.2×10^{-10}	9.21
암모늄 이온	NH_4^+	NH_3	5.6×10^{-10}	9.25
붕산*	$B(OH)_3$	$B(OH)_4^-$	5.4×10^{-10}	9.27

표 10.2 298.15 K에서 산의 K_a 및 pK_a(계속)

산	HA	A^-	K_a	pK_a
삼메틸암모늄 이온	$(CH_3)_3NH^+$	$(CH_3)_3N$	1.6×10^{-10}	9.80
페놀	C_6H_5OH	$C_6H_5O^-$	1.0×10^{-10}	9.99
탄산수소 이온	HCO_3^-	CO_3^{2-}	4.8×10^{-11}	10.33
하이포아이오딘산	HIO	IO^-	3×10^{-11}	10.5
에틸암모늄 이온	$CH_3CH_2NH_3^+$	$CH_3CH_2NH_2$	2.2×10^{-11}	10.65
메틸암모늄 이온	$CH_3NH_3^+$	CH_3NH_2	2.2×10^{-11}	10.66
이메틸암모늄 이온	$(CH_3)_2NH_2^+$	$(CH_3)_2NH$	1.9×10^{-11}	10.73
삼메틸암모늄 이온	$(CH_3CH_2)_3NH^+$	$(CH_3CH_2)_3N$	1.8×10^{-11}	10.75
이에틸암모늄 이온	$(CH_3CH_2)_2NH_2^+$	$(CH_3CH_2)_2NH$	1.4×10^{-11}	10.84
비산수소 이온	$HAsO_4^{2-}$	AsO_4^{3-}	5.1×10^{-12}	11.29
인산수소 이온	HPO_4^{2-}	PO_4^{3-}	4.8×10^{-13}	12.32
황화 수소산 이온	HS^-	S_2^-	1.0×10^{-19}	19.00

* 293K에서

표 10.3 25°C에서 염기의 K_b 및 pK_b

화합물명	화학식	K_b	pK_b
트라이에틸아민(triethylamine)	$(C_2H_5)_3N$	1.0×10^{-3}	2.99
에틸아민(ethylamine)	$C_2H_5NH_2$	6.5×10^{-4}	3.19
뷰틸아민(butylamine)	$C_4H_9NH_2$	5.9×10^{-4}	3.23
다이메틸아민(dimethylamine)	$(CH_3)_3NH$	5.4×10^{-4}	3.27
메틸아민(methylamine)	CH_3NH_2	4.6×10^{-4}	3.34
트라이메틸아민(trimethylamine)	$(CH_3)_3N$	6.5×10^{-5}	4.19
암모니아(ammonia)	NH_3	1.8×10^{-5}	4.75
하이드라진(hydrazine)	NH_2NH_2	1.7×10^{-6}	5.77
모르핀(morphine)	$C_{17}H_{19}O_3N$	1.6×10^{-6}	5.79
니코틴(nicotine)	$C_{10}H_{11}N_2$	1.0×10^{-6}	5.98
하이드록실아민(hydroxylamine)	$HONH_2$	6.6×10^{-9}	8.18
피리딘(pyridine)	C_5H_5N	1.5×10^{-9}	8.82
아닐린(aniline)	$C_6H_5NH_2$	7.7×10^{-10}	9.11
요소(urea)	$CO(NH_2)_2$	1.8×10^{-14}	13.90

표 10.4 25°C에서 몇 가지 다양성자산의 연속적 산도 상수

화합물명, 화학식	K_{a1}	K_{a2}	K_{a3}	pK_{a1}	pK_{a2}	pK_{a3}
탄산, H_2CO_3	4.3×10^{-7}	5.6×10^{-11}		6.37	10.25	
황화 수소산, H_2S	1.3×10^{-7}	7.1×10^{-15}		6.88	14.15	
옥살산, $(COOH)_2$	5.9×10^{-2}	6.5×10^{-5}		1.23	4.19	
인산, H_3PO_4	7.6×10^{-3}	6.2×10^{-8}	2.1×10^{-13}	2.12	7.21	12.67
아인산, H_2PO_3	1.0×10^{-2}	2.6×10^{-7}		2.00	6.59	
황산, H_2SO_4	강산	1.2×10^{-7}			1.92	
아황산, H_2SO_3	1.5×10^{-2}	1.2×10^{-7}		1.81	6.91	

표 10.5 몇 가지 양이온과 음이온의 이온 전도도(mS m^2 mol^{-1})

양이온	λ_+	음이온	λ_-
H_3O^+	34.96	OH^-	19.91
Li^+	3.87	F^-	5.54
Na^+	5.01	Cl^-	7.64
K^+	7.35	Br^-	7.81
Rb^+	7.78	I^-	7.68
Cs^+	7.72	CO_3^{2-}	13.86
Mg^{2+}	10.60	NO_3^-	7.15
Ca^{2+}	11.90	SO_4^{2-}	16.00
Sr^{2+}	11.89	$HCOO^-$	5.46
NH_4^+	7.35	CH_3COO^-	4.09

표 10.6 298.15 K에서 몇 가지 물질의 표준 환원 전위(환원 전위 순)

환원 반쪽 반응	$E°/V$	환원 반쪽 반응	$E°/V$
$H_4XeO_6 + 2H^+ + 2e^- \rightarrow XeO_3 + 3H_2O$	+3.0	$MnO_4^- + e^- \rightarrow MnO_4^{2-}$	+0.56
$F_2 + 2e^- \rightarrow 2F^-$	+2.87	$I_2 + 2e^- \rightarrow 2I^-$	+0.54
$O_3 + 2H^+ + 2e^- \rightarrow O_2 + H_2O$	+2.07	$I_3^- + 2e^- \rightarrow 3I^-$	+0.53
$S_2O_8^{2-} + 2e^- \rightarrow 2SO_4^{2-}$	+2.05	$Cu^+ + e^- \rightarrow Cu$	+0.52
$Ag^{2+} + e^- \rightarrow Ag^+$	+1.98	$NiOOH + H_2O + e^- \rightarrow Ni(OH)_2 + OH^-$	+0.49
$Co^{3+} + e^- \rightarrow Co^{2+}$	+1.81	$Ag_2CrO_4 + 2e^- \rightarrow 2Ag + CrO_4^{2-}$	+0.45
$HO_2 + 2H^+ + 2e^- \rightarrow 2H_2O$	+1.78	$O_2 + 2H_2O + 4e^- \rightarrow 4OH^-$	+0.40
$Au^+ + e^- \rightarrow Au$	+1.69	$ClO_4^- + H_2O + 2e^- \rightarrow ClO_3^- + 2HO^-$	+0.36
$Pb^{4+} + 2e^- \rightarrow Pb^{2+}$	+1.67	$[Fe(CN)_6]^{3-} + e^- \rightarrow [Fe(CN)_6]^{4-}$	+0.36
$2HClO + 2H^+ + 2e^- \rightarrow Cl_2 + 2H_2O$	+1.63	$Cu^{2+} + 2e^- \rightarrow Cu$	+0.34
$Ce^{4+} + 2e^- \rightarrow Ce^{3+}$	+1.61	$Hg_2Cl_2 + 2e^- \rightarrow 2Hg + 2Cl^-$	+0.27
$2HBrO + 2H^+ + 2e^- \rightarrow Br_2 + 2H_2O$	+1.60	$AgCl + e^- \rightarrow Ag + Cl^-$	+0.22
$MnO_4^- + 8H^+ + 5e^- \rightarrow Mn^{2+} + 4H_2O$	+1.51	$Bi^{3+} + 3e^- \rightarrow Bi$	+0.20
$Mn^{3+} + e^- \rightarrow Mn^{2+}$	+1.51	$Cu^{2+} + e^- \rightarrow Cu^+$	+0.16
$Au^{3+} + 3e^- \rightarrow Au$	+1.40	$Sn^{4+} + 2e^- \rightarrow Sn^{2+}$	+0.15
$Cl_2 + 2e^- \rightarrow 2Cl^-$	+1.36	$AgBr + e^- \rightarrow Ag + Br^-$	+0.07
$Cr_2O_7^{2-} + 14H^+ + 6e^- \rightarrow 2Cr^{3+} + 7H_2O$	+1.33	$Ti^{4+} + e^- \rightarrow Ti^{3+}$	0.00
$O_3 + H_2O + 2e^- \rightarrow O_2 + 2OH^-$	+1.24	$2H^+ + 2e^- \rightarrow H$	0(정의)
$O_2 + 4H^+ + 4e^- \rightarrow 2H_2O$	+1.23	$Fe^{3+} + 3e^- \rightarrow Fe$	−0.04
$ClO_4^- + 2H^+ + 2e^- \rightarrow ClO_3^- + 2H_2O$	+1.23	$O_2 + H_2O + 2e^- \rightarrow HO_2^- + OH^-$	−0.08
$MnO_2 + 4H^+ + 2e^- \rightarrow Mn^{2+} + 2H_2O$	+1.23	$Pb^{2+} + 2e^- \rightarrow Pb$	−0.13
$Br_2 + 2e^- \rightarrow 2Br^-$	+1.09	$In^+ + e^- \rightarrow In$	−0.14
$Pu^{4+} + e^- \rightarrow Pu^{3+}$	+0.97	$Sn^{2+} + 2e^- \rightarrow Sn$	−0.14
$NO_3^- + 4H^+ + 3e^- \rightarrow NO + 2H_2O$	+0.96	$AgI + e^- \rightarrow Ag + I^-$	−0.15
$2Hg^{2+} + 2e^- \rightarrow Hg_2^{2+}$	+0.92	$Ni^{2+} + 2e^- \rightarrow Ni$	−0.23
$ClO^- + H_2O + 2e^- \rightarrow Cl^- + 2OH^-$	+0.89	$Co^{2+} + 2e^- \rightarrow Co$	−0.28
$Hg^{2+} + 2e^- \rightarrow Hg$	+0.86	$In^{3+} + 3e^- \rightarrow In$	−0.34
$NO_3^- + 2H^+ + e^- \rightarrow NO_2 + H_2O$	+0.80	$Tl^+ + e^- \rightarrow Tl$	−0.34
$Ag^+ + e^- \rightarrow Ag$	+0.80	$PbSO_4 + 2e^- \rightarrow Pb + SO_4^{2-}$	−0.36
$Hg_2^{2+} + 2e^- \rightarrow 2Hg$	+0.79	$Ti^{3+} + e^- \rightarrow Ti^{2+}$	−0.37
$Fe^{3+} + e^- \rightarrow Fe^{2+}$	+0.77	$Cd^{2+} + 2e^- \rightarrow Cd$	−0.40
$BrO^- + H_2O + 2e^- \rightarrow Br^- + 2OH^-$	+0.76	$In^{2+} + e^- \rightarrow In^+$	−0.40
$Hg_2SO_4 + 2e^- \rightarrow 2Hg + SO_4^{2-}$	+0.62	$Cr^{3+} + e^- \rightarrow Cr^{2+}$	−0.41
$MnO_4^{2-} + 2H_2O + 2e^- \rightarrow MnO_2 + 4OH^-$	+0.60	$Fe^{2+} + 2e^- \rightarrow Fe$	−0.44

표 10.6 298.15 K에서 몇 가지 물질의 표준 환원 전위(환원 전위 순)(계속)

환원 반쪽 반응	$E°$/V	환원 반쪽 반응	$E°$/V
$In^{3+} + 2e^- \rightarrow In^+$	–0.44	$U^{3+} + 3e^- \rightarrow U$	–1.79
$S + 2e^- \rightarrow S^{2-}$	–0.48	$Mg^{2+} + 2e^- \rightarrow Mg$	–2.36
$In^{3+} + e^- \rightarrow In^{2+}$	–0.49	$Ce^{3+} + 3e^- \rightarrow Ce$	–2.48
$U^{4+} + e^- \rightarrow U^{3+}$	–0.61	$La^{3+} + 3e^- \rightarrow La$	–2.52
$Cr^{3+} + 3e^- \rightarrow Cr$	–0.74	$Na^+ + e^- \rightarrow Na$	–2.71
$Zn^{2+} + 2e^- \rightarrow Zn$	–0.76	$Ca^{2+} + 2e^- \rightarrow Ca$	–2.87
$Cd(OH)_2 + 2e^- \rightarrow Cd + 2OH^-$	–0.81	$Sr^{2+} + 2e^- \rightarrow Sr$	–2.89
$2H_2O + 2e^- \rightarrow H_2 + 2OH^-$	–0.83	$Ba^{2+} + 2e^- \rightarrow Ba$	–2.91
$Cr^{2+} + 2e^- \rightarrow Cr$	–0.91	$Ra^{2+} + 2e^- \rightarrow Ra$	–2.92
$Mn^{2+} + 2e^- \rightarrow Mn$	–1.18	$Cs^+ + e^- \rightarrow Cs$	–2.92
$V^2 + 2e^- \rightarrow V$	–1.19	$Rb^+ + e^- \rightarrow Rb$	–2.93
$Ti^{2+} + 2e^- \rightarrow Ti$	–1.63	$K^+ + e^- \rightarrow K$	–2.93
$Al^{3+} + 3e^- \rightarrow Al$	–1.66	$Li + e^- \rightarrow Li$	–3.05

출처: *Handbook of Chemistry and Physics*, 83rd ed., Lide, D. R. ed., CRC Press, Boca Raton, FL. (2002).

표 10.6 298.15 K에서 물질들의 표준 환원 전위(알파벳 순)

환원 반쪽 반응	$E°/V$	환원 반쪽 반응	$E°/V$
$Ag^+ + e^- \rightarrow Ag$	+0.80	$F_2 + 2e^- \rightarrow 2F^-$	+2.87
$Ag^{2+} + e^- \rightarrow Ag^+$	+1.98	$Fe^{2+} + 2e^- \rightarrow Fe$	−0.44
$AgBr + e^- \rightarrow Ag + Br^-$	+0.0713	$Fe^{3+} + 3e^- \rightarrow Fe$	−0.04
$AgCl + e^- \rightarrow Ag + Cl^-$	+0.22	$Fe^{3+} + e^- \rightarrow Fe^{2+}$	+0.77
$Ag_2CrO_4 + 2e^- \rightarrow 2Ag + CrO_4^{2-}$	+0.45	$[Fe(CN)_6]^{3-} + e^- \rightarrow [Fe(CN)_6]^{4-}$	+0.36
$AgF + e^- \rightarrow Ag + F^-$	+0.78	$2H^+ + 2e^- \rightarrow H_2$	0(정의)
$AgI + e^- \rightarrow Ag + I^-$	−0.15	$2H_2O + 2e^- \rightarrow H_2 + 2OH^-$	−0.83
$Al^{3+} + 3e^- \rightarrow Al$	−1.66	$2HBrO + 2H^+ + 2e^- \rightarrow Br_2 + 2H_2O$	+1.60
$Au^+ + e^- \rightarrow Au$	+1.69	$2HClO + 2H^+ + 2e^- \rightarrow Cl_2 + 2H_2O$	+1.63
$Au^{3+} + 3e^- \rightarrow Au$	+1.40	$H_2O_2 + 2H^+ + 2e^- \rightarrow 2H_2O$	+1.78
$Ba^{2+} + 2e^- \rightarrow Ba$	−2.91	$H_4XeO_6 + 2H^+ + 2e^- \rightarrow XeO_3 + 3H_2O$	+3.0
$Be^{2+} + 2e^- \rightarrow Ba$	−1.85	$2Hg^{2+} + 2e^- \rightarrow Hg_2^{2+}$	+0.92
$Bi^{3+} + 3e^- \rightarrow Bi$	+0.20	$Hg^{2+} + 2e^- \rightarrow Hg$	+0.86
$Br_2 + 2e^- \rightarrow 2Br^-$	+1.09	$Hg_2^{2+} + 2e^- \rightarrow 2Hg$	+0.79
$BrO^- + H_2O + 2e^- \rightarrow Br^- + 2OH^-$	+0.76	$Hg_2Cl_2 + 2e^- \rightarrow 2Hg + 2Cl^-$	+0.27
$Ca^{2+} + 2e^- \rightarrow Ca$	−2.87	$Hg_2SO_4 + 2e^- \rightarrow 2Hg + SO_4^{3-}$	+0.62
$Cd(OH)_2 + 2e^- \rightarrow Cd + 2OH^-$	−0.81	$I_2 + 2e^- \rightarrow 2I^-$	+0.54
$Cd^{2+} + 2e^- \rightarrow Cd$	−0.40	$I_3^- + 2e^- \rightarrow 3I^-$	+0.53
$Ce^{3+} + 3e^- \rightarrow Ce$	−2.48	$In^+ + e^- \rightarrow In$	−1.14
$Ce^{4+} + e^- \rightarrow Ce^{3+}$	+1.61	$In^{2+} + e^- \rightarrow In^+$	−0.40
$Cl_2 + 2e^- \rightarrow 2Cl^-$	+1.36	$In^{3+} + 2e^- \rightarrow In^+$	−0.44
$ClO^- + H_2O + 2e^- \rightarrow Cl^- + 2OH^-$	+0.89	$In^{3+} + 3e^- \rightarrow In$	−0.34
$ClO_4^- + 2H^+ + 2e^- \rightarrow ClO_3^- + H_2O$	+1.23	$In^{3+} + e^- \rightarrow In^{2+}$	−0.49
$ClO_4^- + H_2O + 2e^- \rightarrow ClO_3^- + 2HO^-$	+0.36	$K^+ + e^- \rightarrow K$	−2.93
$Co^{2+} + 2e^- \rightarrow Co$	−0.28	$La^{3+} + 3e^- \rightarrow La$	−2.52
$Co^{3+} + e^- \rightarrow Co^{2+}$	+1.81	$Li^+ + e^- \rightarrow Li$	−3.05
$Cr^{2+} + 2e^- \rightarrow Cr$	−0.91	$Mg^{2+} + 2e^- \rightarrow Mg$	−2.36
$Cr_2O_7^{2-} + 14H^+ + 6e^- \rightarrow 2Cr^{3+} + 7H_2O$	+1.33	$Mn^{2+} + 2e^- \rightarrow Mn$	−1.18
$Cr^{3+} + 3e^- \rightarrow Cr$	−0.74	$Mn^{3+} + e^- \rightarrow Mn^{2+}$	+1.51
$Cr^{3+} + e^- \rightarrow Cr^{2+}$	−0.41	$MnO_2 + 4H^+ + 2e^- \rightarrow Mn^{2+} + 2H_2O$	+1.23
$Cs^+ + e^- \rightarrow Cs$	−2.92	$MnO_4^- + 8H^+ + 5e^- \rightarrow Mn^{2+} + 4H_2O$	+1.51
$Cu^+ + e^- \rightarrow Cu$	+0.52	$MnO_4^- + e^- \rightarrow MnO_4^{2-}$	+0.56
$Cu^{2+} + 2e^- \rightarrow Cu$	+0.34	$MnO_4^{2-} + 2H_2O + 2e^- \rightarrow MnO_2 + 4OH^-$	+0.60
$Cu^{2+} + e^- \rightarrow Cu^+$	+0.16	$Na^+ + e^- \rightarrow Na$	−2.71

표 10.6 298.15 K에서 물질들의 표준 환원 전위(알파벳 순)(계속)

환원 반쪽 반응	$E°/V$	환원 반쪽 반응	$E°/V$
$Ni^{2+} + 2e^- \rightarrow Ni$	−0.23	$Ra^{2+} + 2e^- \rightarrow Ra$	−2.92
$NiOOH + H_2O + e^- \rightarrow Ni(OH)_2 + OH^-$	+0.49	$Rb^+ + e^- \rightarrow Rb$	−2.93
$NO_3^- + 2H^+ + e^- \rightarrow NO_2 + H_2O$	+0.80	$S + 2e^- \rightarrow S^{2-}$	−0.48
$NO_3^- + 3H^+ + 3e^- \rightarrow NO + 2H_2O$	+0.96	$S_2O_8^{2-} + 2e^- \rightarrow 2SO_4^{2-}$	+2.05
$NO_3^- + H_2O + 2e^- \rightarrow NO_2^- + 2OH^-$	+0.10	$Sn^{2+} + 2e^- \rightarrow Sn$	−0.14
$O_2 + 2H_2O + 4e^- \rightarrow 4OH^-$	+0.40	$Sn^{4+} + 2e^- \rightarrow Sn^{2+}$	+0.15
$O_2 + 4H^+ + 4e^- \rightarrow 2H_2O$	+1.23	$Sr^{2+} + 2e^- \rightarrow Sr$	−2.89
$O_2 + e^- \rightarrow O_2^-$	−0.56	$Ti^{2+} + 2e^- \rightarrow Ti$	−1.63
$O_2 + H_2O + 2e^- \rightarrow HO_2^- + OH^-$	−0.08	$Ti^{3+} + e^- \rightarrow Ti^{2+}$	−0.37
$O_3 + 2H^+ + 2e^- \rightarrow O^2 + H_2O$	+2.07	$Ti^{4+} + e^- \rightarrow Ti^{3+}$	0.00
$O_3 + H_2O + 2e^- \rightarrow O_2 + 2OH^-$	+1.24	$Tl^+ + e^- \rightarrow Tl$	−0.34
$Pb^{2+} + 2e^- \rightarrow Pb$	−0.13	$U^{3+} + 3e^- \rightarrow U$	−1.79
$Pb^{4+} + 2e^- \rightarrow Pb^{2+}$	+1.67	$U^{4+} + e^- \rightarrow U^{3+}$	−0.61
$PbSO_4 + 2e^- \rightarrow Pb + SO_4^{2-}$	−0.36	$V^{2+} + 2e^- \rightarrow V$	−1.19
$Pt^{2+} + 2e^- \rightarrow Pt$	+1.20	$V^{3+} + e^- \rightarrow V^{2+}$	−0.26
$Pu^{4+} + e^- \rightarrow Pu^{3+}$	+0.97	$Zn^{2+} + 2e^- \rightarrow Zn$	−0.76

출처: *Handbook of Chemistry and Physics*, 83rd ed., Lide, D. R. ed., CRC Press, Boca Raton, FL. (2002).

표 11.1 몇 가지 기체의 충돌 단면적 σ

기체	σ/nm^2	기체	σ/nm^2
He	0.21	Cl_2	0.93
Ne	0.24	NO	0.42
Ar	0.36	CO_2	0.52
Kr	0.52	SO_2	0.58
H_2	0.27	CH_4	0.46
N_2	0.43	C_2H_4	0.64
O_2	0.40	C_6H_6	0.88

출처: *Tables of Physical and Chemical constants*, Kaye, G. W. C. and Lady, T. H. ed. Longman, London, (1973).

표 11.2 1 atm에서 몇 가지 기체의 열전도도 계수와 점도

기체	$\kappa(273K)/J\ K^{-1}\ m^{-1}\ s^{-1}$	$\eta/10^{-5}$ Pa s	
		273 K	293 K
공기	0.0241	1.73	1.82
He	0.1442	1.87	1.96
Ne	0.0465	2.98	3.13
Ar	0.0163	2.10	2.23
Kr	0.0087	2.34	2.50
Xe	0.0052	2.12	2.28
H_2	0.1682	0.84	0.88
N_2	0.0240	1.66	1.76
O_2	0.0245	1.95	2.04
Cl_2	0.0790	1.23	1.32
CO_2	0.0145	1.36	1.47
CH_4	0.0302	1.03	1.10
C_2H_4	0.0164	0.97	1.03

출처: *Tables of Physical and Chemical constants*, Kaye, G. W. C. and Lady, T. H. ed. Longman, London, (1973).

표 11.3 몇 가지 물질의 298.15 K에서 액체 점도

물질	$\eta/10^{-3}$ Pa s	물질	$\eta/10^{-3}$ Pa s
벤젠	0.601	펜테인	0.224
사염화 탄소	0.880	황산	27
에탄올	1.06	물	0.891
수은	1.55	글리세롤	945
메탄올	0.553		

출처: *Tables of Physical and Chemical constants*, Kaye, G. W. C. and Lady, T. H. ed. Longman, London, (1973).

표 11.4 298.15 K에서 몇 가지 이온의 이동도

이온	$u/10^{-8}$ m^2 V^{-1} s^{-1}	이온	$u/10^{-8}$ m^2 V^{-1} s^{-1}
Ag^+	6.24	Br^-	8.09
Ca^{2+}	6.17	CH_3COO^-	4.24
Cu^{2+}	5.56	Cl^-	7.91
H^+	36.23	CO_3^{2-}	7.46
K^+	7.62	F^-	5.70
Li^+	4.01	$[Fe(CN)_6]^{3-}$	10.5
Na^+	5.19	$[Fe(CN)_6]^{4-}$	11.4
NH_4^+	7.63	I^-	7.96
$[N(CH_3)_4]^+$	4.65	NO_3^-	7.40
Rb^+	7.92	OH^-	20.64
Zn^{2+}	5.47	SO_4^{2-}	8.29
Mg^{2+}	5.50	ClO_3^-	6.70
Pb^{2+}	7.20	$C_6H_5COO^-$	3.36

표 12.2 몇 가지 기체상 반응에 대한 빈도 인자, 활성화 에너지, 입체 인자

반응	A/m^3 mol^{-1} s^{-1}		E_a/kJ mol^{-1}	P
	실험 값	이론 값		
$2NOCl \rightarrow 2NO + Cl_2$	9.4×10^6	5.9×10^7	102.0	0.16
$2NO_2 \rightarrow 2NO + O_2$	2.0×10^6	4.0×10^7	111.0	5.0×10^{-2}
$2ClO \rightarrow Cl_2 + O_2$	6.3×10^4	2.5×10^7	0.0	2.5×10^{-3}
$H_2 + C_2H_4 \rightarrow C_2H_6$	1.24×10^3	7.4×10^8	180	1.7×10^{-6}
$K + Br_2 \rightarrow KBr + Br$	1.0×10^9	2.1×10^8	0.0	4.8

출처: *Reaction Kinetics*, Pilling, M. J., and Seakins. P. W., Oxford Univ. Press, (1995).

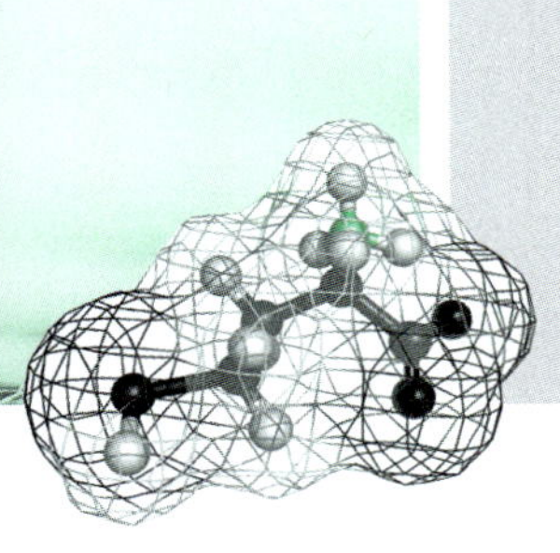

찾아보기

국 문

(ㄱ)

(ㄴ)

(ㄷ)

(ㅇ)

(ㅈ)

(ㅊ)

(ㅋ)

(ㅌ)

(ㅍ)

(ㅎ)

영 문

(A)

(B)

(C)

(D)

(E)

(F)

(G)

(H)

(I)

(J)

(K)

(L)

(M)

(N)

(P)

(R)

| 저자 소개 |

이 민 주

인하대학교 이과대학 화학과 이학사(1984)
인하대학교 대학원 화학과 이학석사(1986)
미국 Univ. of South Calolina, Dept. of Chemistry PhD(1991)
국립 창원대학교 자연과학대학 화학과 교수(1993 ~ 현재)

물리화학: 화학 열역학과 반응 속도론

| 저 자 이민주
| 발 행 인 김지영
| 발 행 처 자유아카데미
| 주 소 경기도 파주시 회동길 37-42
파주출판도시
| 전 화 031-955-1321
| 팩 스 031-955-1322
| 홈페이지 www.freeaca.com
| 전자우편 main@freeaca.com(대표)
editor@freeaca.com(편집)
crm@freeaca.com(영업)
| 등 록 제406-2003-017호, 1980. 7. 12
| 제1판1쇄 2015년 2월 28일 발행
| 제1판8쇄 2025년 1월 10일 발행
| 정 가 27,000원

저자와의
협의하에
인지생략

ISBN 979-11-5808-011-2 93430

주기율표

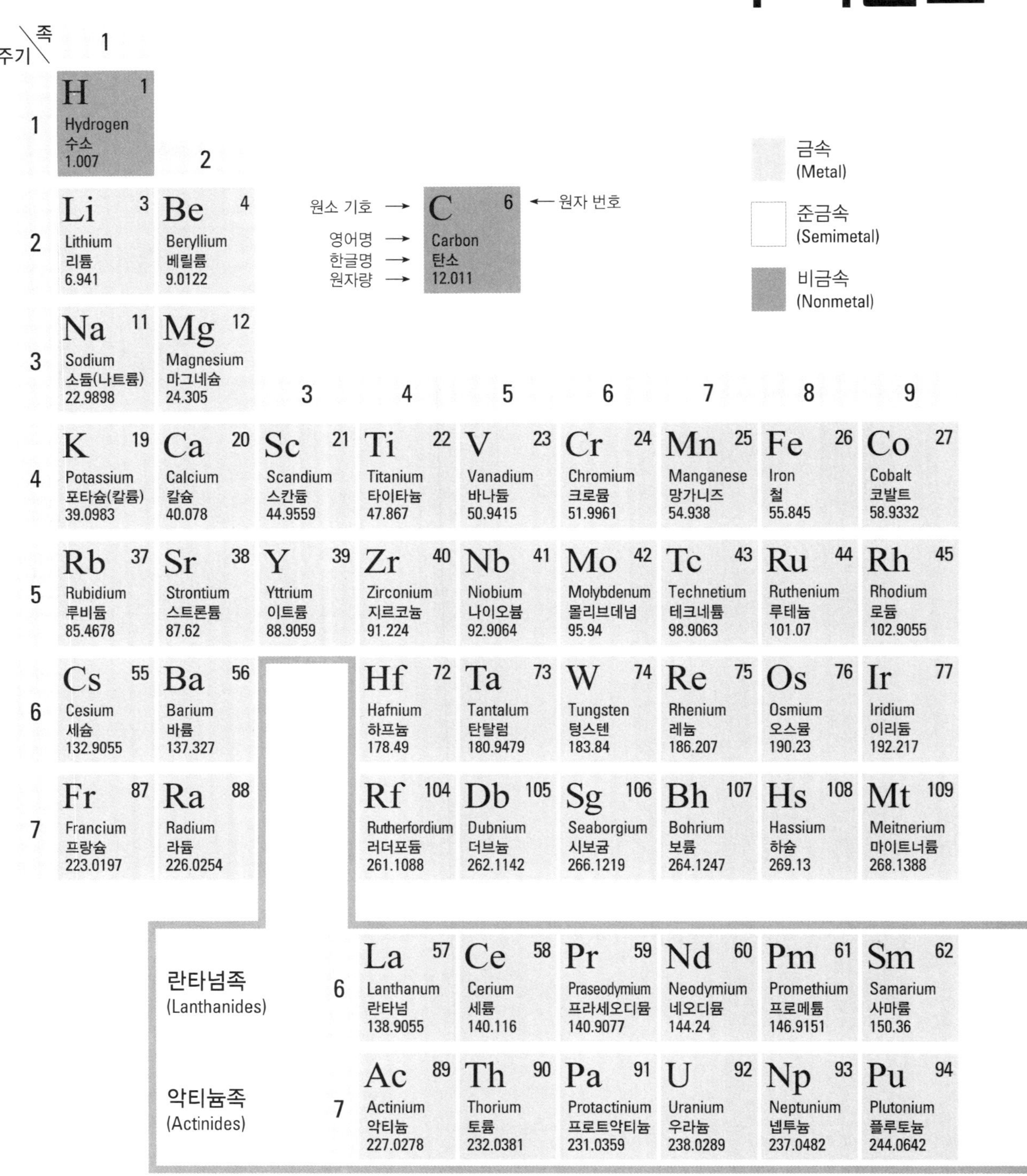

주기＼족	1	2	3	4	5	6	7	8	9
1	H 1 Hydrogen 수소 1.007								
2	Li 3 Lithium 리튬 6.941	Be 4 Beryllium 베릴륨 9.0122							
3	Na 11 Sodium 소듐(나트륨) 22.9898	Mg 12 Magnesium 마그네슘 24.305							
4	K 19 Potassium 포타슘(칼륨) 39.0983	Ca 20 Calcium 칼슘 40.078	Sc 21 Scandium 스칸듐 44.9559	Ti 22 Titanium 타이타늄 47.867	V 23 Vanadium 바나듐 50.9415	Cr 24 Chromium 크로뮴 51.9961	Mn 25 Manganese 망가니즈 54.938	Fe 26 Iron 철 55.845	Co 27 Cobalt 코발트 58.9332
5	Rb 37 Rubidium 루비듐 85.4678	Sr 38 Strontium 스트론튬 87.62	Y 39 Yttrium 이트륨 88.9059	Zr 40 Zirconium 지르코늄 91.224	Nb 41 Niobium 나이오븀 92.9064	Mo 42 Molybdenum 몰리브데넘 95.94	Tc 43 Technetium 테크네튬 98.9063	Ru 44 Ruthenium 루테늄 101.07	Rh 45 Rhodium 로듐 102.9055
6	Cs 55 Cesium 세슘 132.9055	Ba 56 Barium 바륨 137.327		Hf 72 Hafnium 하프늄 178.49	Ta 73 Tantalum 탄탈럼 180.9479	W 74 Tungsten 텅스텐 183.84	Re 75 Rhenium 레늄 186.207	Os 76 Osmium 오스뮴 190.23	Ir 77 Iridium 이리듐 192.217
7	Fr 87 Francium 프랑슘 223.0197	Ra 88 Radium 라듐 226.0254		Rf 104 Rutherfordium 러더포듐 261.1088	Db 105 Dubnium 더브늄 262.1142	Sg 106 Seaborgium 시보귬 266.1219	Bh 107 Bohrium 보륨 264.1247	Hs 108 Hassium 하슘 269.13	Mt 109 Meitnerium 마이트너륨 268.1388

	주기						
란타넘족 (Lanthanides)	6	La 57 Lanthanum 란타넘 138.9055	Ce 58 Cerium 세륨 140.116	Pr 59 Praseodymium 프라세오디뮴 140.9077	Nd 60 Neodymium 네오디뮴 144.24	Pm 61 Promethium 프로메튬 146.9151	Sm 62 Samarium 사마륨 150.36
악티늄족 (Actinides)	7	Ac 89 Actinium 악티늄 227.0278	Th 90 Thorium 토륨 232.0381	Pa 91 Protactinium 프로트악티늄 231.0359	U 92 Uranium 우라늄 238.0289	Np 93 Neptunium 넵투늄 237.0482	Pu 94 Plutonium 플루토늄 244.0642

Periodic Table of the Elements

10	11	12	13	14	15	16	17	18
								He 2 Helium 헬륨 4.0026
			B 5 Boron 붕소 10.811	C 6 Carbon 탄소 12.011	N 7 Nitrogen 질소 14.0067	O 8 Oxygen 산소 15.9994	F 9 Fluorine 플루오린 18.9984	Ne 10 Neon 네온 20.1797
			Al 13 Aluminium 알루미늄 26.9815	Si 14 Silicon 규소 28.0855	P 15 Phosphorus 인 30.9738	S 16 Sulfur 황 32.0650	Cl 17 Chlorine 염소 35.4533	Ar 18 Argon 아르곤 39.948
Ni 28 Nickel 니켈 58.6934	Cu 29 Copper 구리 63.546	Zn 30 Zinc 아연 65.409	Ga 31 Gallium 갈륨 69.723	Ge 32 Germanium 저마늄 72.64	As 33 Arsenic 비소 74.9216	Se 34 Selenium 셀레늄 78.96	Br 35 Bromine 브로민 79 904	Kr 36 Krypton 크립톤 83.798
Pd 46 Palladium 팔라듐 06.421	Ag 47 Silver 은 107.8682	Cd 48 Cadmium 카드뮴 112.411	In 49 Indium 인듐 114.818	Sn 50 Tin 주석 118.71	Sb 51 Antimony 안티모니 121.76	Te 52 Tellurium 텔루륨 127.6	I 53 Iodine 아이오딘 126.9045	Xe 54 Xenon 제논 131.293
Pt 78 Platinum 백금 95.078	Au 79 Gold 금 196.9666	Hg 80 Mercury 수은 200.59	Tl 81 Thallium 탈륨 204.3833	Pb 82 Lead 납 207.2	Bi 83 Bismuth 비스무트 208.9804	Po 84 Polonium 폴로늄 208.9824	At 85 Astatine 아스타틴 209.9871	Rn 86 Radon 라돈 222.0176
Ds 110 Darmstadtium 다름스타튬 271.15	Rg 111 Roentgenuim 뢴트게늄 272.1535	Cn 112 Copernicium 코페르니슘 (277)	Uut 113 Ununtrium 우눈트륨 (284)	Fl 114 Flerovium 플레로븀	Uup 115 Ununpentium 우눈펜튬 (288)	Lv 116 Livermorium 리버모륨	Uus 117 Ununseptium 으눈셉튬	Uuo 118 Ununoctium 우눈옥튬 (294)

Eu 63 Europium 유로퓸 51.964	Gd 64 Gadolinium 가돌리늄 157.25	Tb 65 Terbium 터븀 22.9898	Dy 66 Dysprosium 디스프로슘 162.5	Ho 67 Holmium 홀뮴 164.93	Er 68 Erbium 어븀 167.259	Tm 69 Thulium 툴륨 168.9342	Yb 70 Ytterbium 이터븀 173.04	Lu 71 Lutetium 루테튬 174.967
Am 95 Americium 아메리슘 243.0614	Cm 96 Curium 퀴륨 247.0703	Bk 97 Berkelium 버클륨 247.0703	Cf 98 Californium 캘리포늄 251.0796	Es 99 Einsteinium 아인슈타이늄 252.083	Fm 100 Fermium 페르뮴 257.0951	Md 101 Mendelevium 멘델레븀 258.0984	No 102 Nobelium 노벨륨 259.101	Lr 103 Lawrencium 로렌슘 262.1097